破碎机

郎宝贤　郎世平　著

北京
冶金工业出版社
2022

内 容 提 要

本书共 25 章：第 1 章物料的粉碎与破碎机概述；第 2~6 章颚式破碎机；第 7~14 章圆锥破碎机；第 15~17 章锤式破碎机；第 18~22 章反击式破碎机；第 23 章立轴式破碎机；第 24 章冲击式制砂机；第 25 章辊式破碎机。其主要内容包括破碎机破碎、原理，破碎机机型与性能以及各机型的比较、发展趋势，破碎机主要参数的选择与计算、破碎腔设计，破碎机主要件的设计和破碎机磨损与润滑，破碎机使用维修等。

本书可供从事破碎机研究、设计制造技术人员、破碎机使用管理以及维修技术人员参考，也可供高等院校有关专业师生阅读。

图书在版编目(CIP)数据

破碎机/郎宝贤，郎世平著 .—北京：冶金工业出版社，2008.11(2022.4 重印)

ISBN 978-7-5024-4746-5

Ⅰ. 破…　Ⅱ. ①郎…　②郎…　Ⅲ. 破碎机　Ⅳ. TD451

中国版本图书馆 CIP 数据核字(2008) 第 162436 号

破碎机

出版发行 冶金工业出版社　**电　话** (010)64027926
地　址 北京市东城区嵩祝院北巷 39 号　**邮　编** 100009
网　址 www.mip1953.com　**电子信箱** service@mip1953.com

策划编辑 张　卫　责任编辑 王雪涛 高　娜　美术编辑 彭子赫
版式设计 张　青　责任校对 王永欣　责任印制 李玉山
北京虎彩文化传播有限公司印刷
2008 年 11 月第 1 版，2022 年 4 月第 5 次印刷
787mm×1092mm 1/16；19.75 印张；475 千字；300 页
定价 55.00 元

投稿电话 (010)64027932　投稿信箱 tougao@cnmip.com.cn
营销中心电话 (010)64044283
冶金工业出版社天猫旗舰店 yjgycbs.tmall.com
(本书如有印装质量问题，本社营销中心负责退换)

前 言

破碎机是冶金、矿山、化工、电力、陶瓷、水泥、建筑和筑路等工业部门广泛应用的重要设备。随着我国基本建设快速发展，破碎机用量、产量逐年增加，国内破碎机行业兴旺发达。近些年，国外各种先进的破碎机几乎国内都有引进，对国内破碎机械行业造成很大的冲击，其根本原因是国产破碎机在性能和质量方面与国外相比存在差距。为了尽快地缩小差距，赶上世界一流破碎机水平，使国产破碎机在世界市场竞争中立于不败之地，要求研究、设计以及制造厂家研制出性能优越、质量最佳的名牌产品。同时要求使用部门，采用现代的管理方法，正确使用、精心维护、及时检修，以保证破碎机正常运转和延长其使用寿命，提高破碎机运转作业率和充分发挥它的潜力。为此，必须精深地掌握破碎机的专业知识和技能。目前，国内还没有专门论述各种破碎机设计计算和使用维修的书籍。为了满足广大读者的需求，作者根据多年研究成果和设计经验以及吸收当前国内外破碎机领域研究成果和资料，结合国内具体情况编写了《破碎机》一书。其内容有破碎机概述、破碎机机型与性能、主要参数计算、主要件设计以及破碎机磨损与润滑和使用维修等。

本书在编写过程中，曾得到上海建设路桥机械设备有限公司郑鸣皋高级工程师、贵州成智破碎设备有限公司刘劲松总工、北京矿冶研究总院王宏勋、饶绮麟、吴建明研究员和矿山机械杂志社翟小华编审以及中科院院士、东北大学闻邦椿教授等的支持和帮助。在此表示衷心感谢。

由于作者的水平所限，书中会有不足之处，敬请读者提出宝贵意见。

著 者

2008 年 7 月于武汉

前言

目　录

1 物料的粉碎与破碎机概述

凡用外力将大颗粒物料变成小颗粒物料的过程叫破碎，其使用的机械称为破碎机。凡用外力将小颗粒物料变成粉体物料的过程称为粉磨或磨碎，其所使用的机械称为粉磨机械。将破碎和粉磨联合起来简称粉碎或碎磨，所使用的机械简称粉碎机械或碎磨机械。

1.1 物料的粉碎

1.1.1 物料粉碎的目的与意义

1.1.1.1 物料粉碎的目的

A 增加物料的比表面积

物料破碎后，其比表面积增加，因而可提高物理作用的效果和化学反应的速度。如几种不同固体物料的混合，若物体破碎得越细，则混合均匀的程度越高；水泥熟料的烧成，基本上是一种固相反应，其反应速度与物料碎磨粒度有关，物料磨得越细，反应速度进行得越快。反应速度越快，煅烧时节省热量越多。

B 制备混凝土骨料与人造砂

制备混凝土需要各种粒度的骨料（碎石），是由开采出来的大块石料，经破碎筛分加工后得到的各种粒度的碎石。当天然砂不足时，可用破碎方法制备人造砂。

C 使矿石中有用成分解离

在选矿作业中，破碎与磨碎作业，是把各种有用矿物里紧密结合与共生在一起的有用成分和杂质分开，即“解离”。物料解离后，才能用选矿的方法除去杂质而得到纯洁的精矿。

D 为原料下一步加工作准备或便于使用

在炼焦厂、烧结厂、制团厂、建筑材料以及粉末冶金部门中，所用的原料块度一般都比较大，要求碎磨到一定粒度以下，供下一步加工处理用。

在食品、化学医药、化肥及农药等工业部门中，常将产品碎磨成粉末状态，以便使用。

1.1.1.2 物料粉碎的意义

物料的粉碎是冶金、矿山、建材、化工、电力等工业部门应用广泛的一种工艺过程，每年有大量的原料和再利用的废料都需要进行粉碎处理。

在选矿工业中，物料的破碎占有重要地位。选矿厂破碎与磨碎作业的生产费用，平均约占全部选矿生产费用的40%以上，而碎磨设备的投资约占选矿厂总投资的60%左右。

在水泥工业中，水泥厂碎磨作业费用约占生产成本的30%以上，破碎机械的耗电量约占全厂总耗电量的10%，而磨碎机械的耗电量则占60%。

据介绍[33]世界上约15%的电能消耗在粉碎作业，而且逐年增加，其中85%以上用于磨碎。随着贫矿增多、建筑材料需求量不断增加、工业利用积聚起来的再生材料占有比例愈来愈大，加之能源短缺，急需不断改善碎磨作业，如采用“多碎少磨”工艺，特别是研制高效粉碎设备和改进现有碎磨机械，对于达到优质、高产、低成本、低能耗具有非常重要的意义。

1.1.2　破碎比与粉碎流程

1.1.2.1　破碎比

衡量破碎机破碎效果，常用破碎比这个概念。破碎机破碎比就是原料粒度与破碎后产品粒度之比，它表示破碎后原料减小的倍数。

破碎比（i）有以下几种计算方法：

（1）用破碎前物料最大粒度与破碎后产品最大粒度之比计算：

$$i = \frac{D_{max}}{d_{max}} \tag{1-1}$$

式中　D_{max}——破碎前物料最大粒度；

d_{max}——破碎后物料最大粒度。

由于各国的习惯不同，最大粒度取值方法也不同。英、美以物料80%能通过筛孔的筛孔宽度为最大粒度的直径；我国和前苏联以物料的95%能通过筛孔的筛孔宽度为最大粒度的直径。

（2）用破碎机给料口有效宽度和排料口宽度的比值计算：

$$i = \frac{0.85B}{b} \tag{1-2}$$

式中　B——破碎机给料口宽度；

b——破碎机排料口宽度。

式中的0.85是为保证破碎机咬住物料的有效宽度系数。排料口宽度b的取值，粗碎机取最大排料口宽度，中、细碎机取最小排料口宽度。

用式（1-2）计算破碎比很方便，因在生产中不可能经常对大批物料作筛分分析，但是只要知道破碎机给料口和排料口宽度，便可按式（1-2）计算破碎比。

（3）用平均粒度计算：

$$i = \frac{D_{cp}}{d_{cp}} \tag{1-3}$$

式中　D_{cp}——破碎前物料的平均直径；

d_{cp}——破碎后物料的平均直径。

这种方法求得的破碎比，能较真实地反映破碎程度。因而理论研究中采用它。

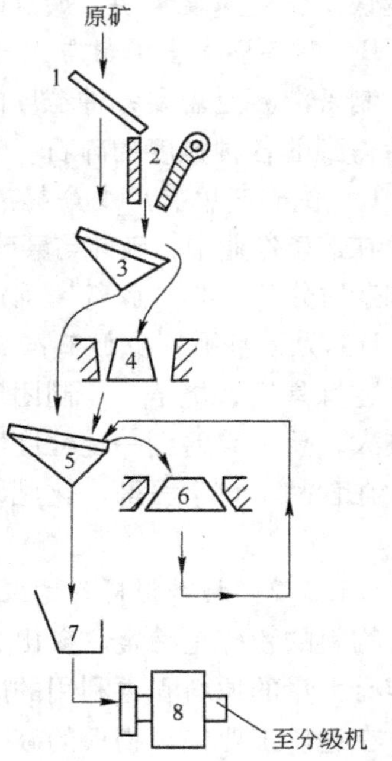

图1-1　三段破碎机械流程图
1—固定格条筛；2—粗碎颚式破碎机；3，5—振动筛；4—中碎圆锥破碎机；6—细碎圆锥破碎机；7—矿仓；8—磨机

1.1.2.2　粉碎流程

图1-1所示为典型破碎筛分流程图，原矿进入棒条

筛1进行预先筛分，这样可以把原矿中细粒级分出，从而减轻破碎机负荷。筛上物料进入颚式破碎机2里，经破碎后，所得产品与1号筛下物料都落到振动筛3上。经筛分后，筛上物料进入中碎圆锥破碎机（简称中碎机），筛下物料落到振动筛5上，从中碎机4排出的产品也落到振动筛5上。经筛分后，筛上物料再进入细碎圆锥破碎机6（简称细碎机）里。这样，振动筛5既是预先筛分又是检查筛分。检查筛分的作用，是对破碎机排料进行筛分，其筛孔尺寸大致等于预先筛分筛孔尺寸。筛上不合格的物料进入细碎机6，其产品返回到振动筛5，而筛下合格品落入料仓7，然后被送入球磨机8。振动筛5上的不合格物料再进入细碎机6。

这个流程中，细碎机为闭路破碎，颚式与中碎机都是开路破碎。颚式破碎机为一段破碎（一次破碎）。中碎机为二段破碎（二次破碎），细碎机为三段破碎（三次破碎）。整个流程也可称为粗碎段、中碎段、细碎段及磨碎段。各破碎段给料和破碎产品的粒度范围见表1-1。

表1-1 破碎段的划分

破碎段	粗 碎	中 碎	细 碎
给料粒度 D/mm	500 ~ 1500	100 ~ 350	40 ~ 100
排料粒度/mm	100 ~ 350	40 ~ 100	10 ~ 30

表1-1的划分方法主要适用于颚式、旋回、圆锥、辊式等破碎机。冲击式和锤式破碎机能将1000mm大块物料，一次破碎至10 ~ 30mm以下。又如自磨机能将600mm大块物料，一次破碎到0.044mm以下，即一台机器能完成粗、中细碎或粗、中、细碎及磨碎的全部作业。

1.2 产品粒度及物料破碎力学分析

1.2.1 产品粒形与粒度分析

1.2.1.1 产品粒形与粒度

产品粒形是指颗粒的几何形状。产品粒度是指颗粒的大小。不论是产品粒形还是粒度，都是衡量产品质量的主要工艺指标。但从工艺要求看，有时只要求产品最大粒度限定值，而且细末（过粉碎）不得超过限定值。有时不仅要求粒度，而且要求粒形。例如，作为混凝土骨料，不仅对粒度有一定要求，还要求粒形为立方体（所谓立方体是指颗粒的三维尺寸 a、b、c，其中 $a > b > c$，且 a/c 值不得大于3），又以带棱角的为好，这样可提高混凝土强度。作为炼钢用的石灰石，要求粒度大小控制在一定范围，并要求不产生或少产生粉末。

1.2.1.2 产品粒度分析

A 颗粒粒度表示方法

由于料块都是不规则的几何形体，所以要用几个尺寸才能表示它的大小。但是，通常都用一个尺寸，即平均直径或等值直径来表示料块大小。平均直径一般用来表示破碎机的给料与排料中最大料块尺寸，可用它计算破碎比。料块平均直径可用下式求得：

$$d = \frac{l + b}{2} \tag{1-4}$$

或

$$d = \frac{l + b + h}{3} \tag{1-5}$$

式中 d——料块平均直径；
l——料块长度；
b——料块宽度；
h——料块高度。

当物料粒度很小时，可用等值直径来表示。等值直径是将细物料颗粒作为球体计算，其计算公式为：

$$d = \sqrt[3]{\frac{6V}{\pi}} = 1.24\sqrt[3]{\frac{m}{\rho}} \tag{1-6}$$

式中 m——料块质量；
ρ——物料密度；
V——料块体积。

对于由不同粒度混合的粒度群，通常用筛分方法来确定粒度群的平均直径。例如上层筛孔尺寸为 d_1，下层筛孔尺寸为 d_2，通过上层筛孔而留在下层筛面上的物料，其粒度既不能用 d_1 表示，也不能用 d_2 表示。当粒级的粒度范围很窄，上下层筛孔尺寸之比不超过 $\sqrt{2}=1.414$ 时，则此粒级的平均直径可用式（1-7）计算：

$$d = \frac{d_1 + d_2}{2} \tag{1-7}$$

也可用 $d_1 \sim d_2$ 或 $-d_1 + d_2$ 来表示粒级的粒度。

B 产品粒度分析

破碎产品都是由各种粒度的混合矿粒组成。为了鉴定破碎产品的质量和破碎机的破碎效果，需要对它们的产品进行筛分分析（简称筛析）。利用筛析方法可以确定矿石的粒度组成和粒度特性曲线。

筛析一般采用标准筛，筛面是使用正方形筛孔的筛网。标准筛是由一组带有不同筛孔尺寸的套筛组成，最上面一层套筛的筛孔最大，下面各层套筛的筛孔尺寸按一定的规律依次逐渐缩小。

我国通常采用泰勒标准筛，其筛孔大小用网目来表示。网目是指 1in 长度内（1in = 25.4mm）所具有的筛孔数目。网目越多筛孔越小。这种筛子是以 200 目（筛孔宽为 0.074mm）作为基本筛，筛孔由上到下逐渐减小，构成筛序。两个相邻筛子的筛孔尺寸之比称为筛比，泰勒标准筛有两个筛比，即基本筛比（$\sqrt{2}=1.414$）和补充筛比（$\sqrt[4]{2}=1.189$）。补充筛比即在筛比为$\sqrt{2}$的基本筛序中间又插入一套筛比为$\sqrt{2}$的附加筛序构成。筛孔尺寸可根据筛比计算。例如计算基本筛的上一基本筛序为 150 目的筛子筛孔尺寸时，用基本筛的筛孔乘以基本筛比确定，即 $0.074\times\sqrt{2}=0.104$mm。若计算两筛之间的补充筛筛孔尺寸，则用基本筛的筛孔尺寸乘以补充筛比得到，即 $0.074\times\sqrt[4]{2}=0.088\text{mm}$。泰勒标准筛的筛序列于表1-2中。

表1-2　泰勒标准筛的筛序

网目/孔·in^{-1}	2.5	3	3.5	4	5	6	7	8
孔尺寸/mm	7.925	6.63	5.619	4.699	3.962	3.327	2.794	2.262
网丝直径/mm	2.235	1.778	1.651	1.651	1.118	0.914	0.833	0.813
网目/孔·in^{-1}	9	10	12	14	16	20	24	28
孔尺寸/mm	1.981	1.651	1.397	1.168	0.991	0.833	0.701	0.589
网丝直径/mm	0.838	0.889	0.711	0.635	0.597	0.437	0.353	0.318
网目/孔·in^{-1}	32	35	42	48	60	65	80	100
孔尺寸/mm	0.495	0.417	0.351	0.295	0.246	0.208	0.175	0.147
网丝直径/mm	0.300	0.310	0.254	0.234	0.178	0.183	0.162	0.107
网目/孔·in^{-1}	115	150	170	200	230	270	325	400
孔尺寸/mm	0.124	0.104	0.088	0.074	0.062	0.053	0.043	0.038
网丝直径/mm	0.097	0.066	0.061	0.053	0.041	0.041	0.036	0.025

表1-2未列出的大孔套筛的筛孔尺寸可按筛比为 $\sqrt{2}$ 或 $\sqrt[4]{2}$ 依次推算。

筛析的操作过程：将被筛析的物料均匀拌好，称出适量（对于原矿或破碎产品约3kg）的试样，放入标准套筛的最上层筛面上，并用盖封闭，然后用振动器进行筛分，筛分时间一般为15min左右，以保证被筛物料在各层筛面上分级。将筛分好的物料从各层筛面上取出，分别称其质量并记录结果，即可得出每级相应的产率，用百分数表示。

根据筛析所得到的数据，可对原矿或产品粒度特性进行分析。粒度特性用粒度特性曲线表示，纵坐标表示套筛中各筛筛上物料质量的累积百分数（简称筛上量累积产率，%），横坐标用筛孔尺寸与最大粒度之比，或用筛孔尺寸与排矿口尺寸之比表示。

如图1-2所示，从粒度特性曲线图中看出，难碎性矿石的粒度特性曲线1都是凸形曲

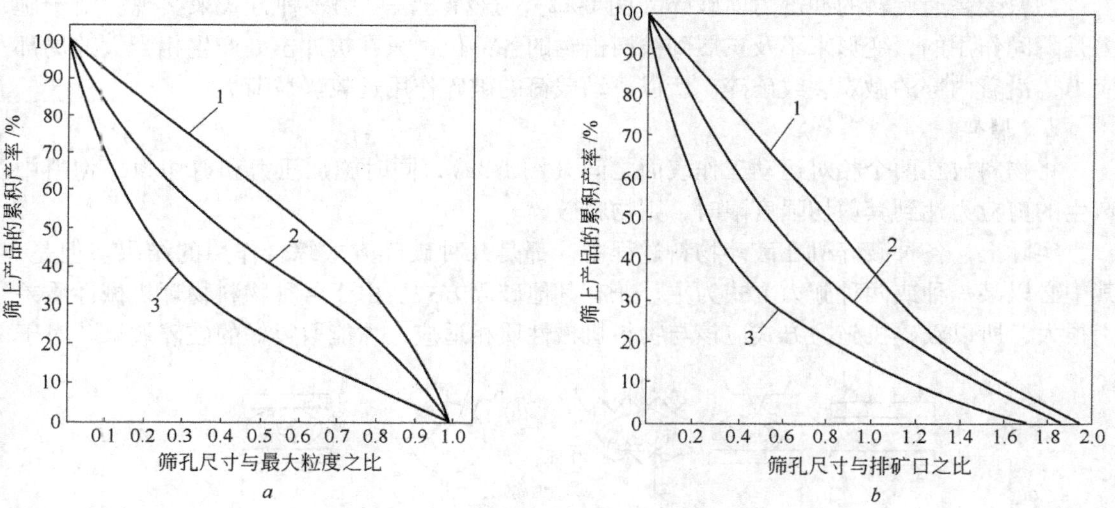

图1-2　物料粒度特性曲线

a—原矿粒度特性曲线；*b*—颚式破碎机产品粒度特性曲线

1—难碎性矿石；2—中等可碎性矿石；3—易碎性矿石

线，这表明矿石中粒度较大的粒级的质量百分数较大；中等可碎性矿石的粒度特性曲线2近似于直线，这表明矿石中各种粒级所占质量百分数大致相等；易碎性矿石的粒度特性曲线3是凹形曲线，这表明该矿石中细粒级所占质量百分数比较大。根据粒度特性曲线，可比较各种矿石的破碎难易程度，检查破碎机械的工作情况，比较各种破碎机的破碎效果。

1.2.2　物料破碎力学分析

1.2.2.1　物料破碎方法

随着科学技术的发展，对物料破碎的认识也取得了很大进展。巨大的颗粒物料采用各种不同的破碎方法，可获得几个微米的产品，以适应各种工艺要求。

在工业中，目前广泛应用的物料破碎方法仍是机械力破碎，主要有挤压、劈碎、折断、研磨和冲击破碎等。非机械力破碎至今尚未在大工业生产中使用。

物料在外力作用下，所产生的应力达到极限强度，物料即行破碎。破碎机械施力方式有下列几种。

A　压碎

将物料放在两挤压表面之间（图1-3*a*），施力后，因物料压应力达到抗压强度限而破碎。

B　劈碎

将物料放在一个平面和一个牙齿之间（图1-3*b*），当施加挤压力后，物料中产生拉应力，因其拉应力达到拉伸强度限，则沿作用力方向劈裂。

C　折断

将物料放在两个带牙齿的表面之间（图1-3*c*），当施加挤压力后，其弯曲应力达到物料弯曲强度极限时，则物料被折断。

D　冲击破碎

物料受高速旋转的冲击力而破碎（图1-3*d*）。这种方法可用多种方式来实现。由于施力是瞬间作用的，变形来不及扩展到被撞击物的各部位，只在被冲击处产生相当大的局部应力，沿着内部的微观裂纹破碎。所以，动载荷的破碎作用远较静载荷大。

E　磨碎

将物料放在两个相对运动工作表面之间（图1-3*e*），同时施加压力和剪切力，物料中产生的剪应力达到其剪切强度限时，则物料破碎。

实际上，各种破碎机在破碎物料过程中，都是几种破碎方式综合作用的结果。但是，其中必以某一种或两种施力方式为主，兼有其他破碎方式。由于各种物料物理机械性质差别很大，所以破碎机施力方式应该与物料机械性质相适应，才能取得好的破碎效果。对于

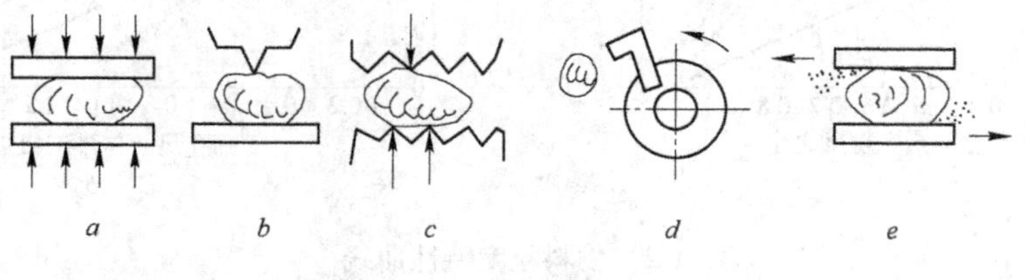

图1-3　物料的破碎方法

a—压碎；*b*—劈碎；*c*—折断；*d*—冲击破碎；*e*—磨碎

各种硬度的物料采用冲击破碎或配合折断来破碎比较合适，如用研磨破碎，机件磨损严重；对于脆性物料，采用劈碎、弯折和压碎破碎比较有利，若用研磨粉碎，则产品中细粉会增多；对于韧性及黏性较大物料采用磨碎和劈碎方式比较适宜。

1.2.2.2 物料破碎力学分析

所有机械的破碎都是用外力施于被破碎的物料上，克服物料颗粒之间的内聚力使物料产生破碎。

物料的内聚力有两种：一种内聚力作用于晶体内部的晶体各质点之间；另一种内聚力作用于晶体与晶体之间，即作用在晶界面上。两种内聚力的物理性质相同，区别在于内聚力大小不同，前者比后者大很多倍。

内聚力的大小，取决于物料块中晶体本身的性质和结构，也与晶体结构中所具有的错位和微裂纹等缺陷有很大关系。如果选择晶体物料的缺陷处破碎，不仅能省功而且又能保证要求的粒度，减少过粉碎。达到这样破碎的目的叫“选择性破碎”。

实现选择性破碎的技术方法是，被破碎的物料应在体积料层中承受全方位的挤压，同时在晶体或微晶边缘引发应力，料块应承受组合负荷，包括剪切、弯曲和扭转，最好还兼有拉伸。若具体到破碎机上是，物料在破碎腔中承受全方位挤压；料块彼此多次冲击或冲击到衬板上，料块群的快速转移；控制料层有一定密实度，并使物料从破碎腔入口到出口，破碎力是逐渐增加。此外，若对料层采用高频强烈振动作用，可使料块彼此改变方向，从而可在料块中产生交变剪切和弯曲应力。这种破碎方法称为强迫内层振动破碎。

现有破碎机，如惯性振动圆锥破碎机就是采用强迫内层振动破碎，兼有上述某几种办法，从而可完全实现选择性破碎。

旋盘破碎机采用料层粉碎，料块承受全方位挤压，并产生物料层间冲击作用以及动锥对物料冲击取向作用。物料有一定的密实度并满足了逐渐增加破碎力的要求等，从而这种破碎机在较大程度上实现选择性破碎。

传统圆锥破碎机若能采用旋转布料器，正确控制给料也能在一定程度上实现选择性破碎。

对传统复摆颚式破碎机实现层压破碎，原江西冶金学院院长姚践谦、郭年琴教授做了大量实验和研究并取得很有价值的成果，对破碎机创新很有帮助。

对传统复摆颚式破碎机若不改变结构和运动特性，仅就改善腔形及其运动参数很难实现选择性破碎。故早年德国洪堡特公司曾研制一种冲击颚式破碎机，它的冲击速度高达500～1200r/min，国内也曾试制，至今都未得到推广使用。惯性振动颚式破碎机基本上可以实现选择性破碎，但也没能得到广泛应用。

冲击破碎可实现选择性破碎。因在冲击破碎开始的瞬间，颗粒内部产生应力波，迅速向四方传播，并在内部缺陷、裂纹和晶粒界面等处产生应力集中，促使颗粒首先沿这些脆弱面破碎。

像已有的冲击式破碎机，如反击式破碎机和立轴冲击式破碎机等，从物料破碎机理来看冲击式破碎机是非常先进和有发展前途的设备。但这种破碎机易损件寿命较低，一直是阻碍它快速发展的重要因素。

运用选择性破碎方法的研究成果，可建立新的工艺，制成各种规格尺寸破碎机，可破碎极高强度的物料而没有晶粒的过粉碎，从而达到在一个工作循环中，用最小的力和能耗量，得到很高的破碎比。

矿石的力学性能对物料破碎效果、破碎机零部件的磨损、强度和选择破碎方法等有重要意义。也是破碎机选型和设计的主要考虑因素。如国内某选厂，在引进美国底部单缸液压圆锥破碎机时，没能充分结合本厂矿石很硬或矿石含泥量太多，最后导致不能使用，不得不拆除这种破碎机。

矿石的强度和硬度见表1-3。

表1-3 各种矿石硬度和强度

矿石硬度类别	矿石名称	抗压强度 σ_k/MPa	普氏硬度系数
软矿石	煤	2~4	2~4
	方铝矿	4.5	
	菱铁矿	7	
	无烟煤	13~49	
	闪锌矿	10	
	松散的石灰岩	40	
软至中硬矿石	致密的石灰岩	50~100	5~10
	砂　岩	50~100	
	褐铁矿	82	
	磁铁矿	100~150	
中硬矿石	花岗岩	120~150	12~15
	正长岩	125~150	
中至高硬矿石	大理岩	55~150	15~18
	致密的砂岩	160	
	半假象赤铁矿	158~195.5	
	辉绿岩	190~250	
高硬矿石	闪缘岩	200	15~18
	片麻岩	172~220	
极硬矿石	石英岩	200~220	18~20
	闪缘岩	180~240	
	斑　岩	150~280	
	铜矿石	150~280	
	钛磁铁矿	234	
	玄武岩	200~300	
	花岗长英岩	350	

我国一些选矿厂处理的矿石普氏硬度如下：

大孤山赤铁矿为12~18；大孤山磁铁矿为12~16；东鞍山铁矿为12~18；南芬铁矿为12~16；海南铁矿为12~15；大冶铁矿为10~16。

大吉山钨矿为10~14；通化铜矿为8~12；桓仁铅锌矿为8~12；新冶铜矿为8~10；双塔山铁矿为9~13；铜官山铜矿为9~17；因民铜矿为8~10；凹山铁矿为8~12；水口

山铅锌矿为 8～10；青城子铅锌矿为 8。

1.3 破碎理论与破碎机类型

1.3.1 破碎理论

破碎理论，实质上就是阐明物料粉碎过程的输入功与破碎前后物料潜能变化之间的关系。从而明确输入功是怎样消耗的。为了寻找这种能耗规律和降低能耗途径，许多学者从各种不同角度提出不同形式的破碎功耗学说，其中公认的有表面积学说、体积学说和裂缝学说。

1.3.1.1 *表面积学说*

1867 年雷廷智（P. R. Rittinger）提出表面积学说：“粉碎物料所消耗的能量与物料新生成的表面积成正比。”

根据此学说经数学诱导，最后得物料破碎所消耗的功 W（J/kg）为：

$$W = K\left(\frac{1}{d} - \frac{1}{D_0}\right)$$

式中 D_0——破碎前物料粒径，m；

d——破碎后物料粒径，m；

K——比例系数，由实验确定。

1.3.1.2 *体积学说*

1874 年 В · Л · 基尔皮切夫（Кирпицев）与 1885 年 F · 基克先后独自提出体积学说：“在相同的条件下，将几何形状相似的物料粉碎成相似的成品时，所消耗的能量与物料体积或质量成正比。”

该学说的物理基础是任何物料受到外力时，在其内部引起应力和产生应变，应力和应变随外力增加而增加，当应力达到强度限后，导致物料破碎，应力与应变近似看作线性关系，经数学诱导可得粉碎功 W（J）为：

$$W = \frac{\sigma_{max}^2 V}{2E}$$

式中 σ_{max}——物料强度限，Pa；

V——物料体积，m^3；

E——弹性模量，Pa。

1.3.1.3 *裂缝学说*

1952 年 F · C · 邦德（Bond）和中国旅美学者王仁东根据大量的试验结果，提出裂缝学说：“粉碎物料消耗的能量与物料产生的裂缝长度成正比，而裂缝又与物料粒径的平方根成反比。”该学说认为，物料先在压力作用下变形，积累一定变形功后，物料中某些脆弱面的内应力达到极限强度，因而产生裂缝，此时变形功就集中于裂缝附近并使裂缝加大，变为产生断裂面所需的功。经诱导可得，破碎单位质量所消耗的功 W（J/kg）为：

$$W = W_1\left(\frac{10}{\sqrt{d}} - \frac{10}{\sqrt{D_0}}\right)$$

式中 D_0——给料质量80%所通过的标准筛孔尺寸的粒径，μm；

d——产品质量80%所通过的标准筛孔尺寸的粒径，μm；

W_1——功指数，J/kg。可通过试验求得，在已有文献中也常常给出实验数据。

上述三个学说，各有一定的应用范围。R·T·胡基（Hukki）的试验研究证实，粗碎以体积学说较为准确，而细碎以面积学说较为准确。在粗碎与细碎之间的较宽范围内，裂缝学说计算结果比较符合实际。三个学说本质就是揭示了物料强度、给料粒度、产品粒度及功耗等各因素之间的关系。在破碎机设计中，必须进行修正后，方能用于计算破碎机功率。

1.3.2 破碎机类型

1.3.2.1 颚式破碎机

图1-4*a*所示为颚式破碎机，其工作部分由固定颚板和活动颚板组成。当活动颚板周期性地接近固定颚板时，借压碎作用破碎物料。因在两颚板上的衬板有牙齿，故兼有劈碎和折断作用。

1.3.2.2 圆锥破碎机

图1-4*b*所示为旋回式破碎机，其工作部分由固定的外锥和活动的内锥组成。内锥以一定的偏心半径绕外圆锥中心线做偏心运动，物料在两锥体之间被压碎和折断。

1.3.2.3 锤式破碎机

图1-4*c*所示为锤式破碎机，其工作部分是铰接在转盘上的锤头。物料被高速旋转的锤头冲击破碎并被带到下面箅条筛，从筛孔排出。

1.3.2.4 反击式破碎机

图1-4*d*所示为反击式破碎机，其工作部分是刚性固定在转盘上的板锤。物料被高速旋转的板锤冲击破碎并抛射到反击板再次破碎，同时形成块料之间的撞击破碎，最后从机体下部排出。

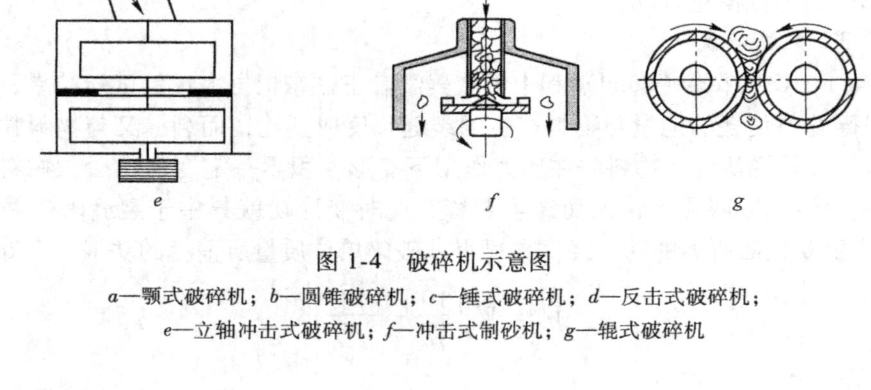

图1-4 破碎机示意图

a—颚式破碎机；*b*—圆锥破碎机；*c*—锤式破碎机；*d*—反击式破碎机；
e—立轴冲击式破碎机；*f*—冲击式制砂机；*g*—辊式破碎机

1.3.2.5 立轴破碎机

图 1-4e 所示为立轴破碎。它有两种形式：立轴锤式破碎机和立轴反击式破碎机，其工作部分基本与锤式反击式破碎机相似，工作原理也一样。物料从上部进料斗经第一级转子破碎后落到第二级转子后再进行第二次破碎，产品从机体下部自由排出。

1.3.2.6 冲击式制砂机

图 1-4f 所示为冲击式制砂机（原立轴冲击式破碎机），其工作部分是高速旋转的叶轮。物料从中心给料筒落到叶轮中心，然后沿叶轮的流道被抛射到衬板上撞碎。碎后的产品沿叶轮与衬板圆周空间自由排出。

1.3.2.7 辊式破碎机

图 1-4g 所示为辊式破碎机，其工作部分是做相向旋转的两个辊子。物料给在两辊之间，随着辊子旋转将物料拉入辊间后被挤压破碎。这种破碎机是强制排料的。

2 颚式破碎机概述

2.1 颚式破碎机类型与应用

颚式破碎机是由美国人 E·W·布雷克（Blake）发明的。自第一台颚式破碎机问世以来，至今已有 140 多年的历史。在此过程中，其结构得到不断完善。

颚式破碎机最基本的机型有两种，即简摆颚式破碎机和复摆颚式破碎机。图 2-1 所示为简摆颚式破碎机，其工作原理是：电动机 8 驱动皮带 7 和皮带轮 5，通过偏心轴 6 使连杆 11 上下运动。当连杆上升时，肘板 10、12 之间的夹角变大，从而推动动颚板 3 向固定颚板 1 接近，与此同时物料 2 被压碎；当连杆下行时，肘板 10、12 之间的夹角变小，动颚板在拉杆弹簧 9 的作用下离开固定颚板，此时被压碎的物料从破碎腔排出。随着电动机连续转动而破碎机动颚做周期性的压碎物料。这种破碎机由于动颚是绕悬挂点做简单摆动，故称简摆颚式破碎机。该机是曲柄双摇杆机构。动颚绕悬挂轴摆动的轨迹为圆弧。

将简摆破碎机动颚悬挂轴去掉，并将动颚悬挂在偏心轴上，同时去掉前肘板和连杆，便构成复摆颚式破碎机，如图 2-2 所示。由于该机动颚绕偏心轴转动的同时，还绕同一中心做摆动，构成一种复杂运动，故称为复摆颚式破碎机。该机是曲柄连杆机构，动颚运动轨迹为连杆曲线，视为椭圆。

这两种破碎机比较，前者优点是动颚垂直行程较小，使衬板磨损轻；在工作中，连杆施以较小的力而肘板能产生很大的推力；其缺点是：结构较复杂又比较重，比同规格的破碎机重 20% ~30%；其次它的动颚运动轨迹不理想，其上部水平行程较小而下部水平行程较大。破碎腔中物料分布是：上腔里料块较大而下腔里料块较小，大块要求有较大的压碎行程而小块刚好相反。若满足大块物料要求，则排料口水平行程又偏大，不能保证产品

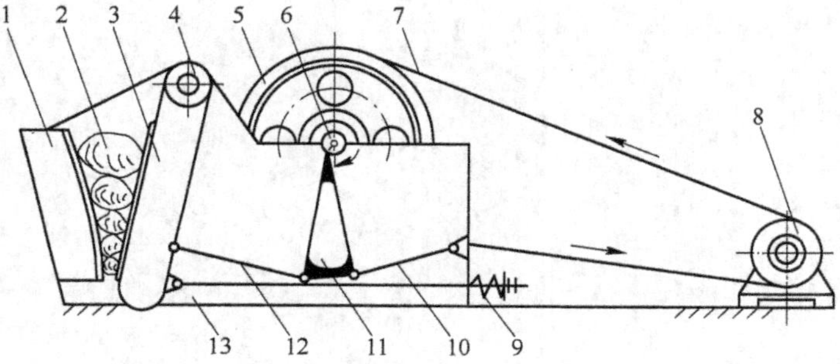

图 2-1　颚式破碎机工作原理

1—固定颚板；2—物料；3—动颚板；4—动颚悬挂轴；5—带轮；6—偏心轴；7—带；8—电动机；9—拉杆弹簧；10—后肘板；11—连杆；12—前肘板；13—机架

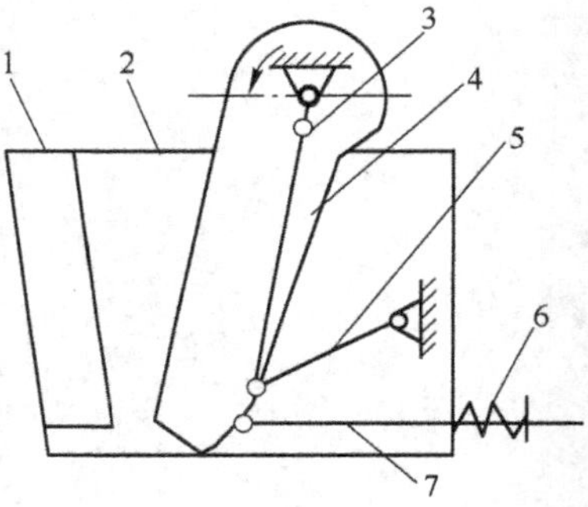

图 2-2　复摆颚式破碎机示意图

1—固定颚；2—动颚；3—偏心轴（曲柄）；4—连杆；5—肘板（摇杆）；6—弹簧；7—拉杆

粒度。此外，动颚在压碎物料的过程中，有阻碍排料作用。因此，在相同条件下，它比复摆破碎机生产率低30%左右。随着滚动轴承质量和耐磨材料耐磨性的提高以及采用现代的设计方法，减轻衬板的磨损等，复摆颚式破碎机基本代替了简摆颚式破碎机。国内最大规格的有1500×2100复摆颚式破碎机以及国外有1800×2100和2000×3000复摆颚式破碎机。

近些年国内高校，设计院所以及制造厂研制了数种异型颚式破碎机，参见文献[1]、[31]。虽然取得一定成果并对破碎机行业发展有一定推动作用，但都未能得到大面积推广使用。目前，从国内外市场看绝大多数还是复摆颚式破碎机。应该大力研发这种破碎机。

由于颚式破碎机结构简单，制造容易，工作可靠，使用维修方便，所以在冶金、矿山、建材、化工、煤炭等行业得到广泛应用。

在粗碎作业，颚式破碎机主要与旋回破碎机竞争。若能满足产量要求，一般以选择颚式破碎机为宜；当产量较大时，再考虑选旋回破碎机。在中、细碎方面，对于产量较小的情况多数是选颚式破碎机。反之，选圆锥破碎机。

颚式破碎机的规格是以给料口宽度 B 和长度 L 的大小来表示。例如，简摆颚式破碎机（PEJ）给料口宽为1200mm，长为1500mm，则表示为PEJ1200×1500破碎机，复摆颚式破碎机给料口宽为250mm，长为400mm，则表示为PEF250×400破碎机。新标准中，将F去掉，改为PE250×400。给料口宽度大于600mm为大型破碎机，给料口宽度500~600mm为中型破碎机，给料口宽度小于500mm者为小型破碎机。颚式破碎机破碎比可达10。

2.2 颚式破碎机动颚运动轨迹

复摆颚式破碎机的机构，是一种曲柄摇杆机构。因此，它的动颚运动轨迹就是连杆轨迹。

2.2.1 描绘动颚运动轨迹方法

描绘动颚运动轨迹的方法有两种：作图法和解析法。

2.2.1.1 作图法

图2-3中 O_1A_0 为曲柄、A_0B_0 为连杆、O_2B_0 为肘板、O_1O_2 为机架。现求动颚上 C_0、D_0 两点的运动轨迹如下：将曲柄 O_1A_0 的运动轨迹按圆周等分为若干等份，并按其旋转方向标出序号 A_0，A_1，A_2，…筋板上 B_0 点的轨迹是以 O_2 为圆心，O_2B_0 为半径的圆弧 $\widehat{mm}$；在运动过程中 A_0B_0 长度不变，因此动颚 A_0B_0 上 B_0 点的轨迹也是以 A_0B_0 为半径，分别以 A_0，A_1，…点为圆心，作弧与圆弧 $\widehat{mm}$ 分别交

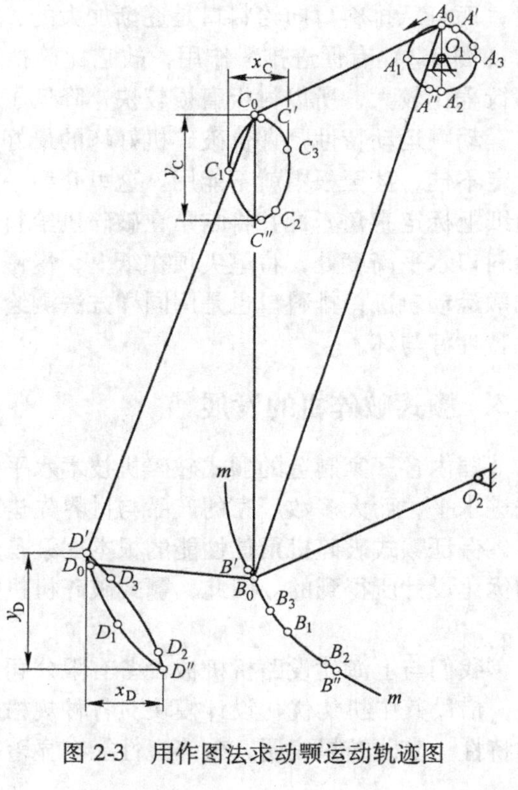

图2-3 用作图法求动颚运动轨迹图

于 B_0，B_1，…，即得 B_0点的轨迹。

连接 A_0C_0和 C_0B_0线构成$\triangle A_0C_0B_0$，在曲柄旋转过程中，三角形各边长度不变，只要找出动颚各个位置，C_0点的位置 C_0，C_1，…，把各点按照运动的连续性描绘成圆滑的曲线，即得 C_0点的轨迹，D_0点的运动轨迹可用上述同样方法绘出。

特别应该指出，肘板最上和最下位置 B'及 B''点的作法。B'点是动颚 $A'B'$运动到与曲柄 O_1A'完全重合时的位置，因此以 O_1为圆心，以（$A_0B_0 - A_0O_1$）为半径作弧，与$\widehat{mm}$的交点，即 B'、B''是 $A''B''$位于曲柄 O_1A''的延长线上的位置，因此以 O_1为圆心，以（$O_1A_0 + A_0B_0$）为半径作弧，与$\widehat{mm}$的交点即 B''。根据 B'、B''的位置即可求出 C_0、D_0点相应的位置 C'、C''及 D'、D''等。

图中 y_C、y_D为动颚给、排料口的垂直行程，而 x_C、x_D为动颚给、排料口水平行程。标志动颚运动特性的行程比也叫特性值，$i_C = \dfrac{y_C}{x_C}$，$i_D = \dfrac{y_D}{x_D}$。

2.2.1.2 解析法

解析法就是对平面连杆机构进行位置分析，并借助计算机求解，待后述之。

2.2.2 对运动轨迹的分析

从破碎物料来说，要求动颚运动轨迹是：动颚的水平行程要大，并使其从排料口向给料口逐渐加大，从减少衬板磨损来说，动颚垂直行程要小，并使其有助于排料的作用。这样的运动轨迹，不仅能提高生产率，而且又能大大地减少衬板的磨损。

复摆颚式破碎机动颚运动特性基本能满足上述要求。如复摆破碎机动颚水平行程较大，而且从排料口向给料口是逐渐加大的，因此有利于破碎物料；动颚运动轨迹的运动方向（图 2-2）有促进排料作用，故它比简摆破碎机生产率高。但是，它的垂直行程较大，即行程比较大，所以衬板磨损较快，降低了衬板使用寿命。

动颚运动特性是评价破碎机好坏的最好的尺度。若破碎机运动特性很差，该机的性能肯定不佳，甚至根本就不能用。这里介绍一种最简单的测绘动颚运动特性的方法：在一张白纸上标定直角坐标并将它贴在破碎机给料口机架侧壁内侧，然后用手拿支铅笔按在动颚给料口水平高度处，将笔尖顶在纸上，慢慢地转动皮带轮一周后，白纸上就描绘出真实的动颚运动轨迹；排料口也是用同样方法测绘。最后用尺量出实际数值，由此可评定动颚运动特性好与坏。

2.3 颚式破碎机的发展

国内各厂家制造的颚式破碎机技术水平相差很悬殊，有少数厂家的产品基本接近世界先进水平，而大多数厂家的产品与世界先进水平相比差距较大。

保证颚式破碎机最佳性能的根本因素是动颚有最佳的运动特性，这个特性又是借助机构优化设计所得到的。因此，颚式破碎机机构优化设计是保证破碎机有最佳性能的根本方法。

我们与上海建设路桥机械设备有限公司（简称上建）合作开发了颚式破碎机 CAD 软件，借助其中机构优化设计模块对各种规格的破碎机进行优化设计，得到了最佳的动颚运动特性。实践结果表明，破碎机性能有显著提高。该厂山宝牌颚式破碎机销往欧美各大洲以及东南亚各国，产品基本上达到世界先进水平。目前，计算机在国内各厂家已基本普及，但颚式破碎机机构优化设计尚未得到广泛应用。我们相信，在上建实践结果的拉动下，各厂家会积极采用破碎机机构优化设计的好办法。

国内颚式破碎机的机重普遍高于国外同规格的破碎机。减轻机重也是一个重要课题。

颚式破碎机机架占整机质量的比例很大（铸造机架占50%，焊接机架占30%）。国外颚式破碎机都是焊接机架，甚至动颚也采用焊接结构。颚式破碎机采用焊接机架是发展方向。国内颚式破碎机机架结构设计不合理实例有许多，其原因就是没按破碎机实际受力情况去布置加强筋[29]。动颚结构设计也应以动颚受力为依据，在满足强度、刚度要求的条件下，尽量减轻质量[30]。此外，应加强机架、动颚有限元研究，进行机架、动颚有限元优化设计，达到机架、动颚质量轻又有高度的可靠性。另外，还要合理地确定破碎机参数，破碎腔、破碎机动力平衡等都可以借助计算进行优化设计。总之，应采用现代设计方法代替原有的常规设计方法。

再者，由于焊接、铸造、热处理工艺等因素都会对破碎机产生影响。所以，我们应提高设计制造工艺等综合技术水平以及采用液压调整排料口和液压保险，逐步使国产颚式破碎机达到世界一流水平。

3　颚式破碎机机型与性能

颚式破碎机依据进料口尺寸可划分为大、中、小三种型号。一般认为进料口尺寸大于 600×900 机型为大型颚式破碎机；小于 600×900 为小型颚式破碎机。不论大、中、小型破碎机，基本上都由机架、动颚、肘板、肘板座的调整机构，动颚拉紧装置和传动装置等组成。

3.1　小型颚式破碎机

3.1.1　PEX150×500 小型破碎机

PEX150×500 小型破碎机，如图 3-1 所示。该机是由作者设计，并进行机构优化设计；由山西、湖北、内蒙古等地区制造厂生产。作者曾在山西榆茨使用现场观察到：由于排料皮带堵料使破碎机自动停车，当清除堵料后，理应先清除破碎腔堆满的物料后方能启动破碎机，然而操作工人没清除物料而直接满负荷启动，破碎机却轻而易举的进入正常工作。它违背颚式破碎机必须空负荷启动的规定。作者认为：当时破碎腔堆满的物料没经预先筛分，其中大小块物料混合并带有部分粉料以及该物料强度也较低；破碎机动颚的重心离回转中心较近，所以才能出现满负荷启动事实。不仅如此，该机空负荷工作几乎听不到振动声音，说明破碎机平衡最佳。该机采用零悬挂。

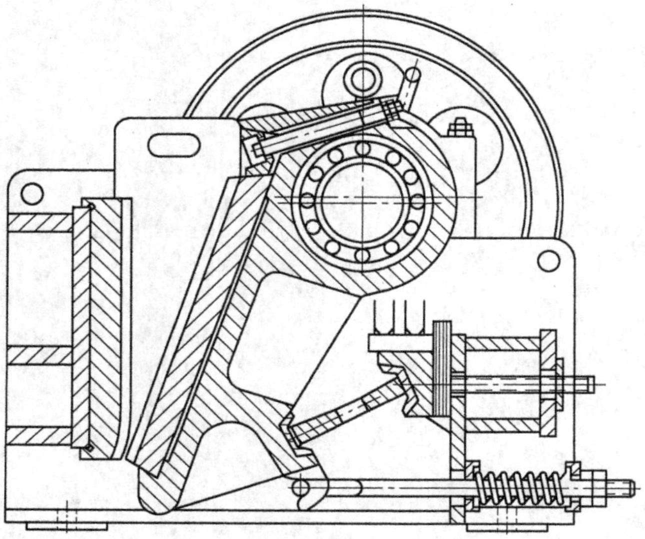

图 3-1　PEX150×500 颚式破碎机

3.1.2　大破碎比破碎机

PEF400×600 大破碎比颚式破碎机，如图 3-2 所示。该机比目前已有破碎机的破碎比都大很多，可达17。用它一台，可代替原400×600破碎机和两台250×400破碎机的两段破碎。其主要技术经济指标优于同规格破碎机。这种大破碎比破碎机是首创，它为开发大破碎比颚式破碎机开辟一条新路。

该机先后在湖北、内蒙古和江西某厂家制造并受到用户好评。该机是采用负悬挂，由于动颚悬挂高度降低，可用较小的偏心距，得到较大的动颚行程，从而提高产量又能降低能耗，减小动颚行程比，以及减少衬板磨损。由于动颚结构紧凑、质量轻、质量中心距回转中心距离减小，产生惯性力较小，从而使破碎机易启动，运转中机器振动和噪声显著降低，提高了机器运转平稳性。

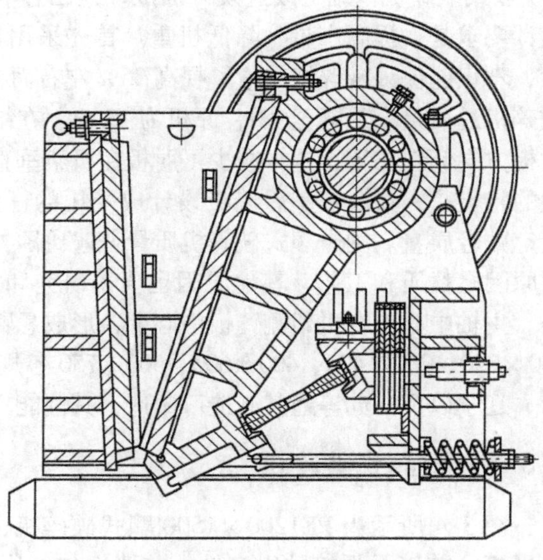

图 3-2　负悬挂复摆颚式破碎机剖面图

图3-1、图3-2两种破碎机机构参数，都是采用多目标优化设计，致使偏心距分别为 $e=7\text{mm}$、$e=9\text{mm}$，动颚悬挂高度 $h=0$、$h=-80\text{mm}$，行程比 $i=\frac{y}{x}\approx2.8$，$i=\frac{y}{x}\approx2.4$，而且机构紧凑，从而使机器体积小、质量轻、产量高、能耗低。一般可降耗20%以上，提高产量25%以上，机重又能减轻20%以上，可谓性能优越。其原因就是用现代设计方法，可以综合考虑所有设计参数的相互影响，从而可以找到一个最佳设计方案以及各个参数值。

3.2　中型颚式破碎机

图3-3所示为PE600×900颚式破碎机，该机动颚为正悬挂。这种破碎机是在老式600×

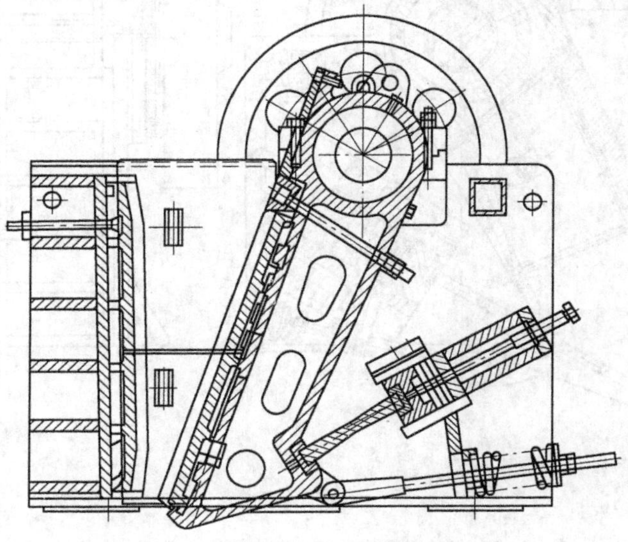

图 3-3　PE600×900 颚式破碎机

900 颚式破碎机基础上改进设计而成，是由作者设计由上海某厂制造并销售给意大利厂商，设计要求是，提高产量、降低机重。首先采用机构优化设计使破碎机有最佳的动颚运动特性，不仅能保证破碎机产量可提高35%左右而衬板使用寿命又可延长，具体数值没有记载。破碎机总质量大约降至14t，原机为15.5t。在结构方面，将肘座后墙水平方向布置改为沿着肘板方向倾斜布置，这样减少了肘板在机架垂直方向的分力，使肘座导轨受力得到改善，其次的特点是，将肘板座后墙板设计成受压的杆件而不是一种呈梁的形式，从而提高它的强度，减轻质量。国产颚式破碎机质量普遍比国外先进破碎机质量大而且差值也不小，其中重要原因是材质和工艺，其他原因也值得研究和探讨，如动颚、机架结构不合理和飞轮过重等。主轴中心不在机架侧臂板中心上，形成悬臂等也是一个因素。在此前，作者先后曾设计150×750、250×400、400×600、500×750各规格复摆颚式破碎机，分别在湖南、湖北、河南、辽宁以及江苏等地某制造厂制造，其性能均比国标中所规定技术指标优越。

3.3　大型颚式破碎机

图3-4所示为PE1200×1500颚式破碎机，该机机架为组合式焊接结构，即侧壁为两块平板、前墙是焊接的组合件。前墙板与大块横筋板焊在一起后，在两端焊有附加壁板。壁板上开有四个方形键与两块侧壁板上四个方形键槽对准，四个方键将侧壁与前墙组合件连接在一起，然后再用横向螺栓把紧。后墙组合件也是用同样办法与两侧壁连接在一起，组成一个长方形机架。这种机架称为组合式机架，实际上，就是由四“大扇”连成一体。这种机架便于安装和运输，但加工量较大，增加机重。其次是动颚，它是由铸造圆筒（动颚头部）以及焊在本身的各个筋板和前面与动颚齿板相贴盖板以及下部由一根圆钢制成的动颚上的肘座构成焊接动颚。在机架两侧壁装有整体轴承座，它与侧壁上的半圆孔相配合，轴承座下边用螺栓把在机架侧壁上。在后肘座上边装一个带有三个螺栓的斜铁，用

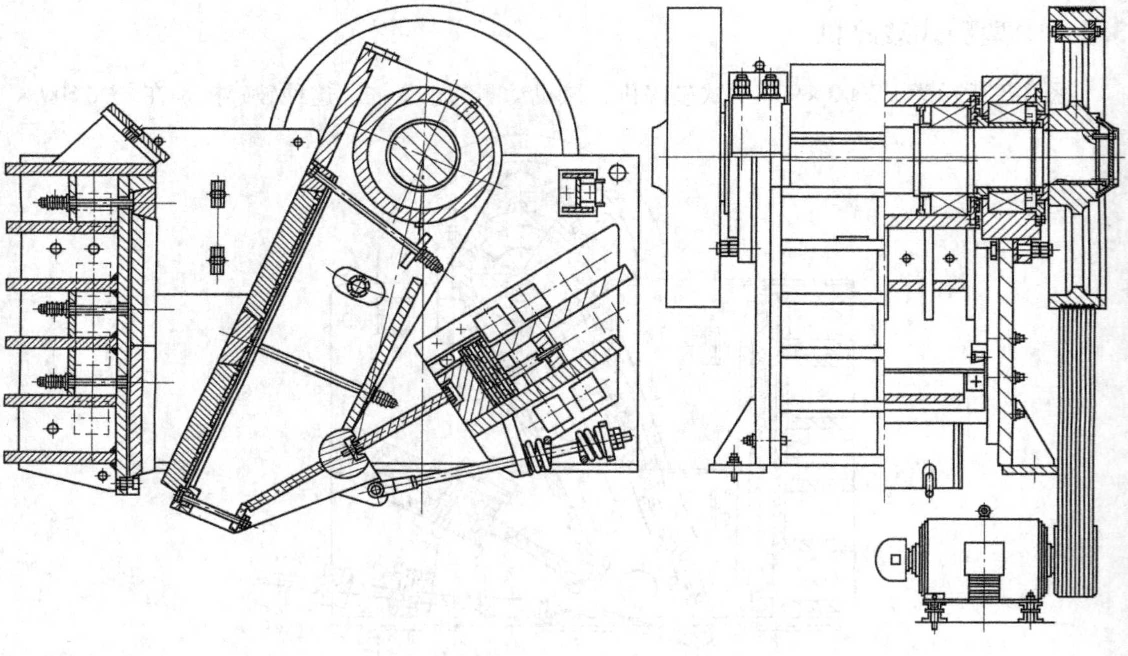

图3-4　PE1200×1500颚式破碎机

它来消除肘座与轨槽之间的间隙，从而避免工作中产生附加的冲击负荷。在动颚中部偏上有一个椭圆孔中间装一根支撑两侧壁的螺栓，借以增强机架横向刚性。其他部分结构从图中便可看出，不再赘述。

1996年受上海建设路桥机械设备有限公司（简称上建）之邀到该厂谈出书与技术合作之事。当时厂方拿出一套PE1200×1500颚式破碎机施工图以及计算书，让作者帮助审查。经审阅后提出，该机机构设计极不合理，并上机求得证实。接着由我们对该机重新作机构优化设计及破碎腔设计，由厂方完成全套施工图。这就是图3-4所示的PE1200×1500颚式破碎机。实践证明该机性能优越，用户十分满意。在此基础上，作者与上建合作开发了颚式破碎机CAD软件。之后又于2004年4月将DOS版本升级为Windows版。上建"山宝牌"颚式破碎机销往欧美各大洲以及东南亚各国，产品基本达到世界先进水平。

3.4　大传动角颚式破碎机

3.4.1　上置式颚式破碎机

图3-5为上置式（也叫负支承）复摆颚式破碎机。国外、国内都生产了这种破碎机。该机与传统复摆破碎机比较，区别是它的传动角大于90°，因此它的肘板是向上倾斜放置，故得名为上置式颚式破碎机。由于传动角很大，其动颚运动特性得到改善，从而提高了生产率约20%；减少了衬板磨损；保证了产品粒度；动颚有利于咬住大块物料；增大破碎比。

该机的缺点是：破碎机动颚上 E 点为肘板延长线与衬板表面的交点。该点是动颚轨迹改变旋转方向的界限点。E 点以上，动颚运动轨迹是按逆时针方向旋转，而 E 点以下，动颚运动轨迹是按顺时针方向旋转。因此上置式破碎机动颚从 E 点到排料口这一段，有阻碍排料作用，易产生堵塞现象；由于肘板向上放置，致使破碎机高度增加，机体加大；由于肘板向上放置，使轴承受力恶化，详见后面破碎机受力分析。据分析可知，若改善轴

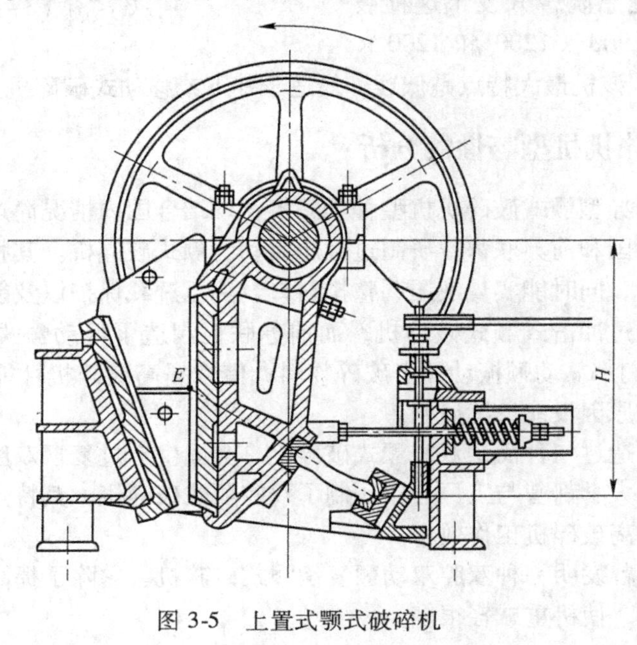

图3-5　上置式颚式破碎机

承受力，可减少动颚齿面倾角等于零度，即垂直放置（图 3-5）；可增加动颚悬挂高度 h，如图 3-5 所示。两种因素综合结果是轴承受力基本沿轴承水平面剖分的垂直方向，但轴承力指向轴承端盖，使螺栓受拉而不受剪切力。

这种破碎机由于传动角大于传统破碎机传动角 55°～45°范围，故称为大传动角颚式破碎机。英国帕克弗雷德里克有限公司生产大传动角颚式破碎机，其形式与图 3-5 所示不一样。国内几年前也曾有厂家生产过 250×400 和 400×600 大传角颚式破碎机，也称为负支承颚式破碎机。后者在使用中发生了不少事故，目前再没生产这种破碎机。

3.4.2 倾斜式颚式破碎机

美国鹰破碎机公司（Eagle Crusher Co.）生产了倾斜颚式破碎机（tilted-jaw crusher），这种颚式破碎机结构新颖，如图 3-6 所示。肘板支持在动颚顶部，而动颚通过两侧板与动颚轴承孔部分连为一体，其中装有偏心轴。这样，当偏心轴旋转时，驱动动颚以比较理想的轨迹运动，从而减少衬板的磨损。动颚运动作用利于装料。

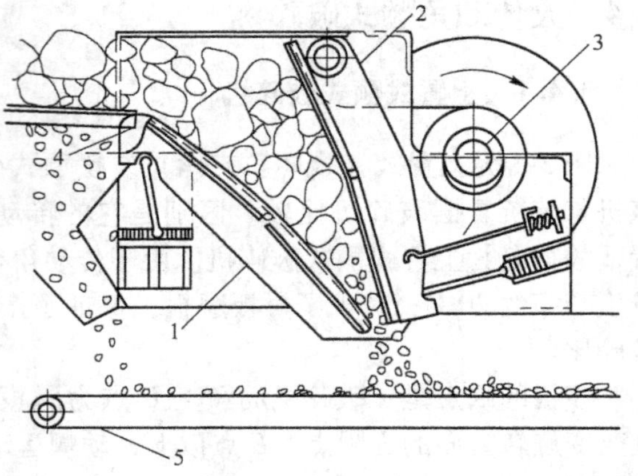

图 3-6 倾斜式破碎机
1—动颚；2—固定颚；3—偏心轴；
4—始料筛板；5—皮带机

固定颚上部悬挂在心轴上，下部由压杆支承并由弹簧拉紧。借调整压杆后部垫片来改变排料口大小。

这种破碎机转速较高，与同规格破碎机相比，有较高的产量和较大的破碎比。

北京矿冶研究总院曾开发了这种破碎机最大规格为 900×1200 和 1200×1500 颚式破碎机。该机最大特点是低矮，最适于井下或移动式破碎机上工作。

3.5 对颚式破碎机机型与性能分析

国内外生产的异型颚式破碎机机型种类繁多，现结合国内情况简述如下。

早年，联邦德国和前苏联都曾研制过液压驱动的颚式破碎机。其特点是提高动颚摆动次数借以增加产量，同时能实现液压调整排料口、液压过载保护以及能负荷启动。

联邦德国制造过冲击式颚式破碎机，而前苏联也制造了振动颚式破碎机（也叫惯性颚式破碎机）。它们都靠动颚振动冲击破碎物料，借以提高破碎机性能。前者在我国曾经试制过，由于某些原因没能继续研制。

民主德国曾制造过一种简摆双腔颚式破碎机，美国生产过复摆双腔颚式破碎机。北京某设计院和湖南某大学都曾与工厂合作研制了双腔颚式破碎机，其特点是使间歇工作变成连续工作，借以提高破碎机工作效率。

安徽某设计院曾发明一种双腔双动颚复摆颚式破碎机。它除了提高工作效率，同时又能降低破碎机负荷，使机重减轻很多。

前苏联曾制造一种双动颚颚式破碎机。辽宁某学院与矿山也合作开发了双动颚颚式破碎机。这种破碎机就是将原来两个破碎机去掉前墙对置后而成。为了两动颚同步运转，在偏心轴一端增设一对开式齿轮。由于它的结构太复杂，近年又研制一种单轴倒悬挂的双动颚破碎机。上海某学院曾研制过此种颚式破碎机。这两种破碎机的特点是，其动颚同步运转，使破碎机强制排料。这样，靠提高转数增加破碎机产量，同时由于物料与动颚没有相对运动，减少衬板磨损延长使用寿命。近来又研制了单动颚倒悬挂颚式破碎机。

早年，美国、英国、联邦德国相继生产了 Kue-Ken 简摆颚式破碎机。该机特点是，动颚悬挂高度很高并且前倾。连杆下行为工作行程、主轴承为半圆无盖滑动轴承。山东招远黄金机械厂曾引进了这种破碎机，并在此基础上研制了 Jc 颚式破碎机。

国外制造过一种肘板向上放置的颚式破碎机。国内有几家设计院和制造厂生产了这种破碎机。它的特点是靠增大传动角改善动颚运动特性，提高破碎机性能。在国内该机有叫负支承、上斜式、上推式和上置式破碎机。作者认为叫大传动角（包括倾斜式）破碎机更合适。

山西某煤矿引进德国 WB8/26 颚式破碎机。该机置于皮带机上方，借助曲柄连杆机构驱动动颚压碎煤块。实践证明使用效果较好。

以上各项异型破碎机的研制都取得了一定的效果并对国内破碎机行业的发展起到了一定的推动和促进作用。但是，多数没能得到大面积推广使用。国内绝大多数制造厂生产的和现场使用的都还是传统复摆颚式破碎机。就近两年国外机械设备展览会上展出的颚式破碎机来看，也都是传统颚式破碎机，没有异型颚式破碎机出现。

此外，简摆颚式破碎机也将逐渐被复摆颚式破碎机所代替。

前面述及的几种国产颚式破碎机技术性能都比较先进。因为不仅是采用现代设计方法而且结合比较好的机械制造工艺，最后才能保证破碎机先进技术水平。早年作者曾对上建生产的和湖北某矿机厂生产的 PE400×600 复摆颚式破碎机机构上机验算结果：前者的动颚运动特性不如后者。而后者还是沿用前苏联的老图纸生产的破碎机。但是，在破碎机实际运转中证实，的确前者优于后者。其原因是上建厂机械工艺水平优于湖北某厂，所以才导致这种结果。因此说，机构优化设计是保证破碎机有最佳性能的基本因素，结合先进的机械制造工艺就是保证最佳性能的充分条件，两者缺一不可。

目前国产破碎机与国外相比，主要是机械元件材质和综合机械制造工艺水平还有差距，至于破碎机的自动控制，对于从事自动控制人员来说，是很简单的。

表 3-1 给出作者设计的各规格颚式破碎机的主要技术参数。表 3-2 是最新制定的颚式破碎机国家标准中破碎机基本参数。

表 3-1 复摆颚式破碎机主要技术参数

参数 型号	进料最大粒度/mm	排料口尺寸/mm	生产率/$t \cdot h^{-1}$	电动机功率/kW	质量(不包括电机)/t	外形尺寸(长×宽×高)/mm×mm×mm
PE250×400	210	20~60	6~25	15	2.5	1616×1033×1140
PE400×600	350	40~100	22~75	30	5.5	1630×1600×1580
PE500×750	425	50~100	43~110	55	9.2	1948×1865×1948
PE600×900	500	65~160	67~168	75	14	1840×2360×2240
PE750×1060	630	80~140	110~200	110	27.5	2470×2450×2840

续表 3-1

型号＼参数	进料最大粒度/mm	排料口尺寸/mm	生产率/$t \cdot h^{-1}$	电动机功率/kW	质量(不包括电机)/t	外形尺寸(长×宽×高)/mm×mm×mm
PE1200×1500	1020	150~300	432~864	200	82	3340×4320×3750
PE1500×2100①	1200	220~350	790~1000	250	133	4200×4850×4550
PEX150×500	120	10~40	7.5~30	10	1.340	1216×960×860
PEX150×750	120	10~40	9.5~45	15	2.4	1490×1100×920
PEX250×750	210	25~60	17~48	22	5	1660×1520×1330
PEX300×1300	250	20~90	20~130	75	11	2320×1760×1724
PEX400×600	350	20~80	16~64	37	7.8	1850×1500×1550

①设计数据。

表 3-2　颚式破碎机基本参数（国标）

参数			单位	型号			
				PE-150×250	PE-250×400	PE-400×600	PE-500×750
给料口尺寸	宽度	公称尺寸	mm	150	250	400	500
		极限偏差		±10	±10	±20	±25
	长度	公称尺寸		250	400	600	750
		极限偏差		±15	±20	±30	±35
最大给料尺寸				130	210	340	425
开边排料口宽度 b		公称尺寸		30	40	60	75
		调整范围		≥±15	≥±20	≥±25	≥±25
生产率			m^3/h	≥3.0	≥7.5	≥15.0	≥40.0
电动机功率			kW	≤7.5	≤18.5	≤45.0	≤75.0
质量（不包括电动机）			kg	≤1500	≤3000	≤7000	≤15000

参数			单位	型号			
				PE-600×900	PE-750×1060	PE-900×1200	PE-1200×1500
给料口尺寸	宽度	公称尺寸	mm	600	750	900	1200
		极限偏差		±30	±35	±45	±60
	长度	公称尺寸		900	1060	1200	1500
		极限偏差		±45	±55	±60	±75
最大给料尺寸				500	630	750	950
开边排料口高度 h		公称尺寸		100	110	130	220
		调整范围		≥±25	≥±30	≥±35	≥±60
生产率			m^3/h	≥60.0	≥110.0	≥180.0	≥260.0
电动机功率			kW	≤90.0	≤110.0	≤132.0	≤200.0
质量（不包括电动机）			kg	≤21000	≤33000	≤55000	≤95000

注：1. 生产率的测定和粒度组成以下列条件为依据：

1）破碎物料松散密度为 $1.6t/m^3$，抗压强度为 150MPa 的矿石（自然状态）；

2）颚板为新颚板，排料口宽度为公称尺寸；

3）工作情况为连续进料。

2. 表 3-1 所列规格系列可根据市场和用户调整和发展，其生产率等基本参数按设计文件的规定。

4 参数计算、破碎腔与机构优化设计

4.1 结构参数

4.1.1 给、排料口尺寸与啮角

设计破碎机时，原料最大颗粒的尺寸为已知。为保证原料最大颗粒能顺利地进入破碎腔中，则给料口尺寸为：

$$B = (1.1 \sim 1.25)D_{max}$$

式中 D_{max}——原料最大颗粒尺寸。

国内颚式破碎机规格尺寸已标准化。因此，根据已知 D_{max} 按上式求得 B 值后，再按破碎机标准选取破碎机规格尺寸，即破碎机给料口宽度 B 和长度 L。对非标准设计，按上式确定给料口宽度之后，其给料口长度可根据用户对破碎机生产率的要求确定。

破碎机排料口尺寸 b，可按式（1-2）计算。在一般情况下，对于简摆破碎机破碎比 $i = 5 \sim 10$。近年来，为得到更细粒级产品，中、小型破碎机向高深破碎腔、大破碎比方向发展。目前最大破碎比可达17。

颚式破碎机动颚板与固定颚板之间的夹角叫啮角（图4-1）。在动颚压紧物料时，保证动颚板有效地咬住物料而不向上滑动和考虑提高生产率的关系，实际上颚式破碎机啮角 α 为：

$$17° \leqslant \alpha \leqslant 26°$$

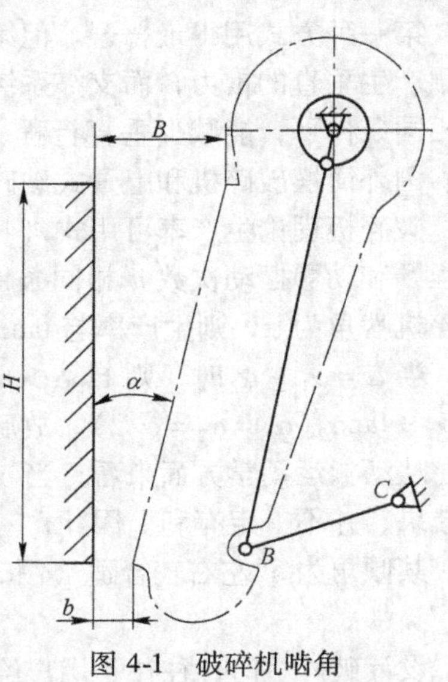

图 4-1 破碎机啮角

破碎机排料口有一个范围由 b_{min} 到 b_{max} 和平均值 $b = (b_{max} + b_{min})/2$，对应排料口尺寸就有进料口尺寸 B_{max} 和 B_{min} 以及 $B = (B_{max} + B_{min})/2$。

如图4-1所示，动颚处下死点位置，此时排料口 b 值为平均值（开边制）并有下列关系：

$$\tan\alpha = \frac{B - b}{H} \quad 或 \quad H = \frac{B - b}{\tan\alpha} \tag{4-1}$$

式中 B——给料口尺寸；

b——排料口尺寸。

应该指出式（4-1）仅仅对于动颚处于图4-1所示位置时，才能成立。否则不存在式（4-1）的关系。因为动颚齿面随偏心所处位置不同，则有不同的啮角，即所谓的变啮角。

4.1.2 两颚板的布置方式

破碎机定、动颚板的布置方式，可归纳为三种：动颚板相对垂直方向倾斜一个 α 角而定颚板垂直（图 4-2*a*）；定、动颚板分别倾斜为 α_1 和 α_2 角（图 4-2*b*）；定颚板倾斜 α 角而动颚板垂直（图 4-2*c*）。

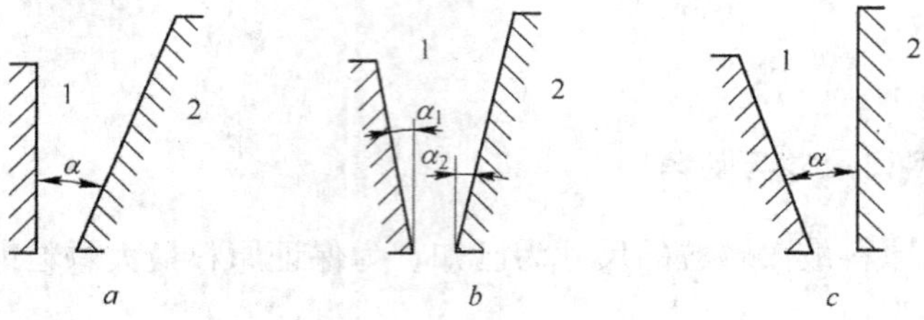

图 4-2 定、动颚板布置方式
a—动颚板倾斜、定颚板垂直；*b*—两颚板都倾斜；*c*—动颚板垂直、定颚板倾斜
1—定颚板；2—动颚板

第一种方式用得最普遍。但第三种也有它的长处，即通过精心设计，能够使衬板相对动颚产生垂直的推力，而支撑系统上，只产生不大的分力。此外，还能改善动颚特性，即在相同条件下，能减少垂直行程、减少阻碍排料的作用。国产 900 × 1200 简摆颚式破碎机、国外简摆破碎机和上置式破碎机（图 3-5），均有动颚垂直布置方式。

破碎机理论生产率可用式（4-11）计算。在破碎机规格尺寸 L、排矿口尺寸 b、动颚行程 S 和动颚摆动次数 n 相同条件下，生产率与 $\tan\alpha_1 + \tan\alpha_2$ 成反比。对图 4-1*a*、*c* 两种破碎机啮角为 α，则生产率与 $\tan\alpha$ 成反比。

当 $\alpha = \alpha_1 + \alpha_2$ 时，则 $\tan\alpha > \tan\alpha_1 + \tan\alpha_2$，更甚者是 $\tan\alpha > \tan\alpha_1 + \tan\alpha_2 (\alpha_1 \neq \alpha_2) > \tan\alpha_1 + \tan\alpha_2 (\alpha_1 = \alpha_2 = \alpha/2)$。故后者布置方式较为合理，而且 $\alpha_1 = \alpha_2 = \alpha/2$ 更为有利。但是，从动颚运动学方面来看，当 $\alpha_1 = \alpha_2 = \alpha/2$ 时，会受到动颚运动特性的约束，其综合影响结果，并不一定有利。因此，一般常采用 $\alpha_1 \neq \alpha_2 \neq 0$ 的方案。若固定颚板装设曲线形衬板，其倾角为5°左右较合适（图 3-2）。当然，动颚板的布置方式还要受到其他因素的影响。

设计破碎机时，往往是用户给定破碎机规格尺寸 $B \times L$、排料口调整范围 b_{min} 和 b_{max} 以及 b 值都是已知。所以首先应确定啮角 α 和破碎腔高 H（式 4-1）。

4.1.3 啮角对生产率、破碎腔高度的影响

从式（4-1）得知，减小啮角 α，增加破碎机高度，从而增加机重。

而啮角与破碎机生产率有下列关系：

$$\tan\alpha = \frac{30LnS_x(2b + S_x)}{Q}$$

令 $30LnS_x(2b + S_x) = K_0$ 为常数，则：

$$\tan\alpha = \frac{K_0}{Q} \quad 或 \quad Q = \frac{K_0}{\tan\alpha} \tag{4-2}$$

从式（4-2）得知，啮角 α 减小，机器生产率增加；反之生产率减少。根据 Gieskieng 和 Gauldie 的试验（表4-1），可得实际影响生产率的数据（表中数据以 $\alpha=26°$的生产率为1）。

表 4-1 啮角与生产率关系

啮角 α/(°)	25	24	23	22	21	20
Gieskieng 的生产率	1.03	1.06	1.09	1.12	1.15	1.18
Gauldie 的生产率	1.05	1.10	1.15	1.21	1.27	1.34

由此可知，啮角与破碎腔高度、生产率都成反比。从提高生产率观点，希望有较小的啮角。从降低破碎腔高度观点，希望有较大的啮角。设计破碎腔力求高度小而生产率高，从而两者发生矛盾。这就需要找到一个最佳设计方案。

4.1.4 动颚行程及相关参数

动颚水平行程对破碎机生产率和破碎力都有影响。排料口水平行程较小时，会降低生产率，但又不能太大，否则，在排料口处的物料，由于产生过压实现象而使破碎力急剧增大，导致过载而机件损坏。因此动颚在排料口处的水平行程为：

$$S_x \leqslant (0.3 \sim 0.4) b_{min} \tag{4-3}$$

式中 b_{min}——最小排料口尺寸（开边）。

式（4-3）求得 S_x 偏低，故常用 $S_x=0.054B$（B 为给料口尺寸，单位为 mm）求动颚排料口水平行程。

对于简摆颚式破碎机，动颚下部水平行程为：

$$S_x = 8 + 0.26 b_{min} \tag{4-4}$$

设计时可按式（4-3）和式（4-4）初定动颚水平行程，如式（4-3）和式（4-4）这种经验式还有很多，但它都有局限性。因此，设计时还应参考实际数据。

偏心距是设计破碎机机构的一个重要参数。在其他条件相同的情况下，改变偏心距大小，对动颚行程的影响列于表4-2。

表 4-2 偏心距与动颚行程

偏心距 e /mm	肘板摆动角 Φ_0 /(°)	给料口行程/mm			排料口行程/mm		
		S'_x	S'_y	S'_y/S'_x	S_x	S_y	S_y/S_x
6	3°36′	9	16.5	1.8	7	19.5	2.79
8	4°23′	11.5	22	1.9	9.2	26.0	2.74
10	5°52′	14.5	28	1.93	12.3	33.5	2.71

从表中看出，偏心距 e 增加，使水平行程增加，可提高破碎机生产率，但同时也会增加功率消耗。所以在保证水平行程的条件下，减小偏心距，可减小功率消耗。在保证动颚运动特性的条件下，尽量减小偏心距值，在传统的设计中，偏心距可根据动颚行程，画机构图来确定，也可用分析法确定；在优化设计中，可将它视为一个设计变量。

连杆与肘板之间的夹角叫传动角。传动角对动颚运动轨迹、传动效率等都有影响，当偏心距一定时，随传动角增加而动颚行程比增大，加剧衬板的磨损。增加传动角 γ，会提高传动效率，当增加过多，又导致功耗增加。若传动角 γ 小，传动效率低，沿肘板方向的力分解为垂直肘座上导轨的分力增加，易使导轨损坏，故传动角一般为：

$$45° \leqslant \gamma \leqslant 55°$$

传动角 γ 可用下式计算：

$$\gamma = \frac{l_2^2 + l_3^2 - l_1^2 - l_4^2 + 2l_1 l_4 \cos\theta_1}{2l_2 l_3} \tag{4-5}$$

式中符号见图 4-9 所示。

美国生产的 800×1000 复摆式破碎机，其传动角约 43°，经上机计算该机动颚运动特性很好。作者设计的大传动比破碎机（图 3-2）传动角为 45°。传动角 γ 值取小值目的是为了用较小的偏心距值而得到好的运动性能。但是，γ 值小连杆产生的拉力增大，必须权衡利弊。

为了保证肘板在肘板垫上滚动，则肘板摆动角 Φ_0 不能超过接触处二倍的摩擦角。考虑各种因素的影响，通常可取肘板摆动角为：

$$4° \leqslant \Phi_0 \leqslant 6° \tag{4-6}$$

动颚悬挂中心刚好落在给料口水平线上为零悬挂；在给料口水平线以上为正悬挂；在给料口水平线以下为负悬挂。

对于复摆破碎机，在其他条件相同情况下，降低悬挂高度 h，会增加动颚水平行程，特别是给料口水平行程，其特性值也会得到改善，如表 4-3 所列。但是，过分降低悬挂高度 h 将导致主轴受力恶化，甚至有使动颚翻转的可能，故悬挂高度为：

$$-\left|\frac{B - D_{max}}{\tan\alpha}\right| \leqslant h \leqslant 0.1L \tag{4-7}$$

式中　L——动颚悬挂中心至排料口处的距离在动颚衬板表面上的投影值。

表 4-3　动颚悬挂高度与动颚行程

h/mm	给料口行程/mm			排料口行程/mm		
	S'_x	S'_y	S'_y/S'_x	S_x	S_y	S_y/S_x
25	14	23	1.6	10.2	27	2.5
125	11.5	22	1.9	9.5	26	2.7
265	9	21.5	2.4	9	24.2	2.7

上述这些结构参数不是孤立的，而是彼此相关的，彼此互相矛盾。因此，靠常规设计方法很难得到最佳方案，还是以优化设计为好。

4.2　工作参数

4.2.1　主轴转速计算

4.2.1.1　转速与主要经济指标的关系

偏心轴转一周，动颚往返摆动一次，因此，偏心轴每分钟转速即为动颚每分钟的摆动次数。偏心轴转速是破碎机主要性能参数之一。转速直接影响生产率、比功耗以及过粉碎产品的含量等，故转速是破碎机经济运转的主要因素。

由试验[1]可得，转速与生产率、比功耗以及过粉碎产品的含量之间变化关系，如图 4-3 所示。由图中看出，在给定的工作条件下，破碎机生产率随转速增加而增长。当转速达到一定值（约为 430r/min）时，生产率为最大，此后转速再增加，生产率急速下降，过粉碎产品含量也随之增加。比功耗的变化是：在达到最大生产率之前，随转速增加而比功耗变化不大，但达到最大生产率以后，随转速增加而功耗急剧增加。此外，还可看出，颚式破碎机偏心轴的最高转速，都应低于 430r/min。这个结论几乎完全符合实际情况。

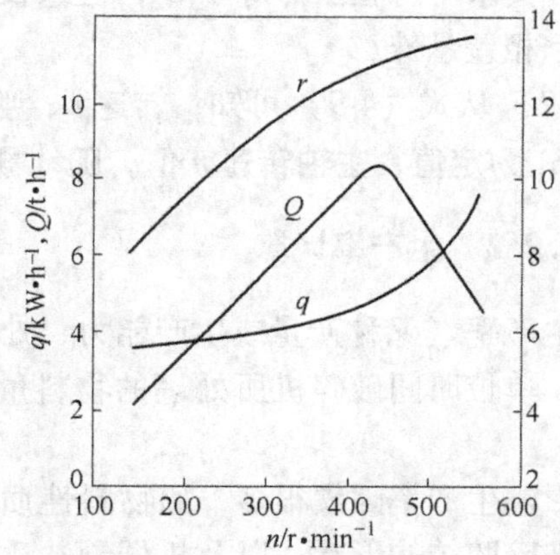

图 4-3 偏心轴转速与破碎机工作指标的关系
q—比功耗（kW/t）；Q—生产率（t/h）；
r— -5mm 级别含量的百分数（%）；
n—偏心轴转速（r/min）

4.2.1.2 主轴转速计算

从图 4-4 可知，动颚齿面从 A_0B_0 位置开始压缩到 AB 位置终止后再返回到 A_0B_0 位置，此时截面为 $ABCD$ 的棱柱形体，其自由降落高度为 h，在此过程动颚水平行程为 S_x(cm)。e 为压缩终了时的最小排料口、α 为齿面压缩到终点位置时的啮角（°）、b 为最大排料口尺寸。若物料以自由落体形式排料，则

$$h = \frac{S_x}{\tan\alpha} = gt^2 \tag{4-8}$$

式中 t——棱柱体自由降落时间，$t = \frac{30}{n}$(s)；

g——重力加速度，$g = 980$（cm/s^2）。

将 t、g 代入式（4-8）中，得主轴转速 n（r/min）为

$$n = 665\sqrt{\frac{\tan\alpha}{S}} \tag{4-9}$$

若 $\alpha = \alpha_1 + \alpha_2$，则

$$n = 665\sqrt{\frac{\tan\alpha_1 + \tan\alpha_2}{S_x}} \tag{4-10}$$

讨论：

（1）式（4-9）与传统求转速公式完全一样，但它诱导的前提是截然不同的。此时是完全根据动颚运动轨迹求得式（4-9），它是完全符合复摆颚式破碎机动颚运动实际情况。而传统求得式（4-9）的结果是，建立在动颚平行移动的基础上，是完全不符合动颚实际运动情况，并相差悬殊。如图 4-4 所示，若 A_0B_0 平行移动到 AB 位置，其水平行程远大于 S_x；若以 $A_0'B_0'$ 为开始压

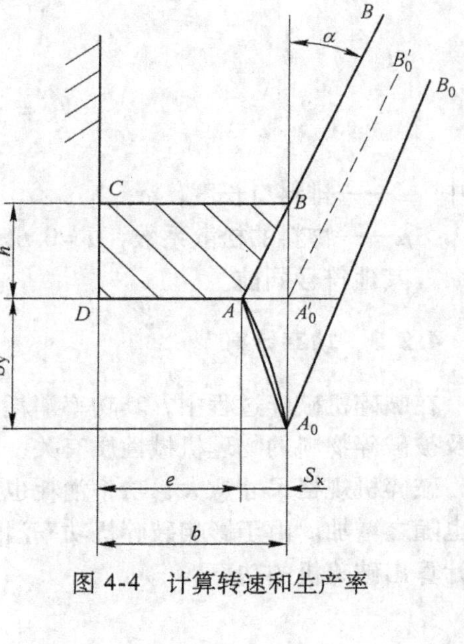

图 4-4 计算转速和生产率

缩时，其水平行程虽然等于 S_x，但它仅仅是动颚运动行程的一部分，两种情况都不符合实际且相差悬殊。

（2）从式（4-9）可知，转速 n、啮角 α 和摆动行程 S_x 三参数是相匹配的。当机构设计后 S_x 为定值，主轴转速 n 值，随动颚压缩到终点时齿面啮角 α 值改变而改变。

4.2.2　生产率计算

生产率（又称产量或生产能力、处理能力等）是指在一定的给料粒度和排料粒度条件下，单位时间破碎机所处理的物料量（kg/h 或m^3/h）。它是破碎机重要的性能指标之一。

影响生产率因素很多，如物料性质、破碎机形式、规格、操作、转速、动颚运动特性、破碎腔结构形状，以及机器制造质量等。所以理论公式求得的生产率还与实际有误差，必须经工业试验后所得数据才准确。但理论公式可以反映较多因素与生产率的相互关系。

从图 4-4 可知，动颚摆一次，从破碎腔排出的棱柱体截面积为：

$$F(\mathrm{m}^2) = \frac{(e - S_x + e)h}{2}$$

将 $e = 2b - S_x$ 和 $h = \dfrac{S_x}{\tan\alpha}$ 代入得：

$$F = \frac{S_x(2b - S_x)}{2\tan\alpha}$$

由此可求得每小时破碎机的生产率 $V_h(\mathrm{m}^3/\mathrm{h})$ 为：

$$V_h = \frac{30LnS_x(2b - S_x)}{\tan\alpha}$$

或

$$V_h = \frac{30LnS_x(2b - S_x)\mu}{\tan\alpha_1 + \tan\alpha_2} \tag{4-11}$$

式中　L——排料口长度，m；

　　μ——物料的松散系数，$\mu = 0.65 \sim 0.75$；

　　其他符号同前。

4.2.3　功率计算

在破碎机破碎过程中，其功率消耗与转数、规格尺寸、排料口尺寸、啮角、粒度特性以及被破碎物料的物理机械性质有关，其中以物料物理机械性质对功率消耗影响最大。当然，破碎机规格尺寸愈大，功率消耗也愈大；偏心轴转速的增高和破碎比的增大，功率消耗也随之增加。由于影响破碎机功率消耗因素很多，现在尚无一定完整的理论公式能精确地计算出破碎机的功率。

求颚式破碎机功率是以破碎机在一个工作循环的破碎行程中，破碎力在齿面上诸点位移方向上所做的功为基础。为了方便计算，假定在破碎过程中，动颚齿面上诸点按其水平行程的平均值 S_{xp} 平行移动；不计物料与衬板间的摩擦，不论破碎力在衬板上如何分布及其动颚衬板行程大小如何变化，设有一个垂直于动颚齿面的集中力 F_0（图 4-5）。它在动颚一个工作循环中，沿平均水平行程做功，与动颚齿面上呈分布载荷的实际破碎力沿其作用点处的实际水平行程所做的功之和等效。该集中力 F_0 称为等效破碎力。该力与最大破碎力的关系为：

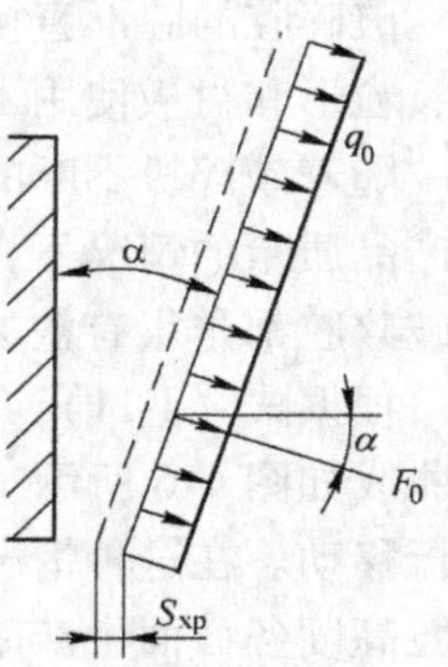

图 4-5 动颚齿面上分布破碎力与等效破碎力

$$F_0 = F_{max} k_e \tag{4-12}$$

F_0 在位移方向上所做的功为 $F_0 S_{xp} \cos\alpha$。一个工作循环的时间为 $t = \frac{60}{n}$，考虑破碎机传动效率和物料与衬板摩擦损耗，则破碎机功率为：

$$P = \frac{F_{max} k_e S_{xp} n \cos\alpha}{6 \times 10^6 \eta} \tag{4-13}$$

式中 n——偏心轴转速，$r \cdot min^{-1}$；

F_{max}——最大破碎力，N；

S_{xp}——齿板面上诸点水平行程平均值，m；

α——破碎腔平均啮角，(°)；

η——破碎机总效率，$\eta = 0.81 \sim 0.85$；

k_e——等效破碎系数，对中、小型破碎机 $k_e = 0.27 \sim 0.37$；对于大型破碎机 $k_e = 0.21 \sim 0.28$。

生产中常用下列经验公式估算破碎机功率，对大型破碎机（900 ×1200 以上）功率为：

$$P = \frac{BL}{100} \sim \frac{BL}{120} \tag{4-14}$$

对中、小型破碎机（600 ×900 以下）功率为：

$$P = \frac{BL}{50} \sim \frac{BL}{70} \tag{4-15}$$

式中 B，L——破碎机给料口宽度和长度，cm。

4.3 破碎腔设计

颚式破碎机破碎腔是由动颚板、定颚板以及机架两侧壁衬板所组成。破碎腔的形状是由给料口尺寸、排料口尺寸、啮角、动颚板与定颚板以及两侧壁衬板的布置方式、衬板纵向和横向断面的形状等因素所决定的。

破碎腔的腔形直接影响破碎机主要经济技术指标，如生产率、比能耗、产品粒度组成、粒形和衬板使用寿命等，因此受到国内外学者的重视，并进行大量研究工作。

随着破碎机不断的发展，特别是近几年来提出“多碎少磨”增大破碎机破碎比和提高产品质量的情况下，不论是设计新型破碎机，还是对现有老破碎机挖潜、改造，设计最佳破碎腔都是很有益的工作。

根据式（4-11），计算出负悬挂复摆颚式破碎机（图 3-2）生产率，沿破碎腔高度变化曲线如图 4-6 所示。图中曲线 1 为直线形破碎腔，并且假设动颚按排料口处水平行程值平行移动。在这种情况下，用式（4-11）求得曲线 1 为一条斜直线。由曲线 1 可知，沿破碎腔高度各截面生产率，从给料口向排料口愈来愈小，且排料口处有最小生产率，故此处为堵塞点。

图 4-6 中曲线 2，是根据动颚板表面各点实际水平行程，计算得到的生产率沿破碎腔高度变化的曲线。由曲线 1、2 比较看出：实际上，曲线 2 在给料口处生产率大很多；破碎腔下部，约三分之一高度处生产率小很多而排料口生产率两者一样。其原因是：破碎腔给料口水平行程，远大于排料口处水平行程，而在破碎腔下部约三分之一高度处，有最小水平行程。

为了改善排料口处生产率小，提高破碎机生产率，采用曲线形破碎腔。

曲线 3 所示为最佳腔形时，生产率沿破碎腔高度变化曲线。将该曲线 3 与曲线 1、2 比较可知，破碎腔排料口处生产率增加 1 倍以上。因此，可采用变啮角设计破碎腔，且啮角值从排料口向给料口是逐渐加大的，但必须保证给料口啮角值小于极限啮角值。

根据图 4-6 曲线 3 所示破碎腔高度与生产率关系，将复摆颚式破碎机破碎腔制成如图 4-7 所示的形式。为了使衬板能调头使用，也可将两头制成对称形。

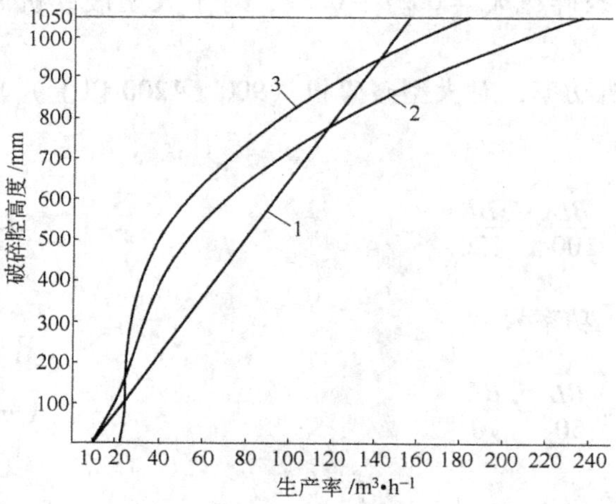

图 4-6　400 × 600 复摆颚式破碎机生产率沿破碎腔高度变化曲线

1—直线形破碎腔，并假设动颚平动；2—直线形破碎腔，按动颚实际水平行程计算；3—最优化的曲线腔形，按动颚实际水平行程计算

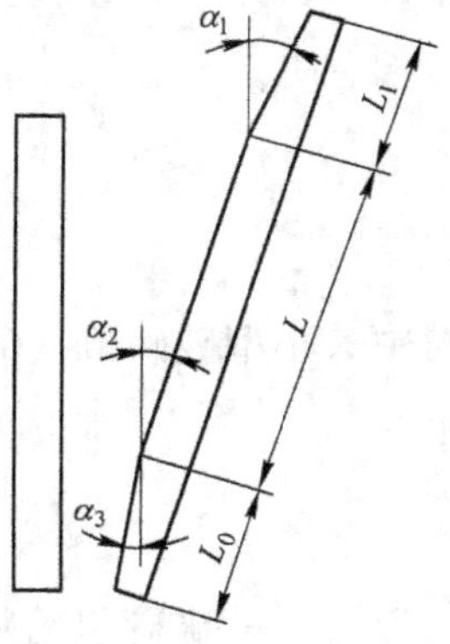

图 4-7　复摆破碎机破碎腔

（$\alpha_1 > \alpha_2 > \alpha_3$）

150×500 细碎颚式破碎机的破碎腔，就是用图解分析法设计的（图 3-1）。其效果，不仅增加了产量，减少了衬板磨损和降低能耗，而且使产品平均破碎粒度下降了 24%（表 4-4）。

表 4-4 曲线衬板与直线衬板对产品粒度的影响

机 型	破碎产品平均粒度/mm	
	150×500 破碎机（曲线衬板）	150×750 破碎机（直线衬板）
水泥熟料	6.53	10.37
石灰石	9.28	12.28

物料在直线形破碎腔排料口部位，沿动颚表面垂直作用的力为 R_H（图 4-8），因为动颚板的相对速度方向向上，在这种情况下，作用在矿块上的摩擦力 F 沿衬板表面向上、向右。R_H 和 F 的合力为 T_H，它与固定颚板成 $\alpha+\phi$ 角的方向。

因为 $\alpha+\phi$ 大于摩擦角 ϕ，所以明显看出，作用在矿块上的力 T_H 超出了摩擦锥极限，使矿块将沿固定颚板滑动。因此，从分析力的相互关系中可知，矿块在破碎腔下部被压紧时，破碎腔下部固定颚板磨损加重。图 3-1 所示破碎机固定衬板下部较厚就是根据此磨损规律而设计。

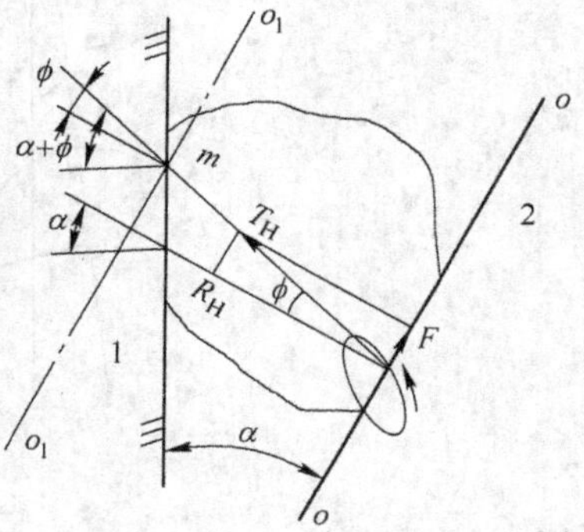

图 4-8 破碎腔下部磨损分析

由于动颚中下部有一处动颚运动特征的行程比最大，以及物料里含中等块度又比较多，故动颚中部磨损很厉害。针对这种情况，有的破碎机将动颚衬板制成圆弧曲线。总之，设计破碎腔时，要力求满足；增加产量、针对衬板磨损规律，尽量延长衬板使用寿命、合理确定破碎腔高度，减轻机重。

4.4 破碎机机构优化设计

4.4.1 机构的运动分析

复摆颚式破碎机的机构简图如图 4-9 所示，计算动颚排矿口处 M_2 点的运动轨迹的基本关系，对于曲柄摇杆机构有：

$$\left.\begin{aligned} x'_A &= l_i\cos\theta_1 \\ y'_A &= l_i\sin\theta_1 \end{aligned}\right\} \tag{4-16}$$

$$\left.\begin{aligned} x'_B &= l_4 - l_s\cos\varphi \\ y'_B &= l_s\sin\varphi \end{aligned}\right\} \tag{4-17}$$

若令

$$a = \frac{l_1^2 + l_3^2 + l_2^2 - 2l_4x'_A}{2l_1l_3} \tag{4-18}$$

$$b = \frac{l_4 - x'_A}{l_1} \tag{4-19}$$

并由图 4-9 中的几何关系，有

$$l^2 = l_1^2 + l_4^2 - 2l_1 l_4 \cos\theta_1 \tag{4-20}$$

$$\cos\varphi_1 = (l_4^2 + l^2 - l_1^2)/2l_4 l \tag{4-21}$$

$$\cos\varphi_2 = (l_3^2 + l^2 - l_2^2)/2l_3 l \tag{4-22}$$

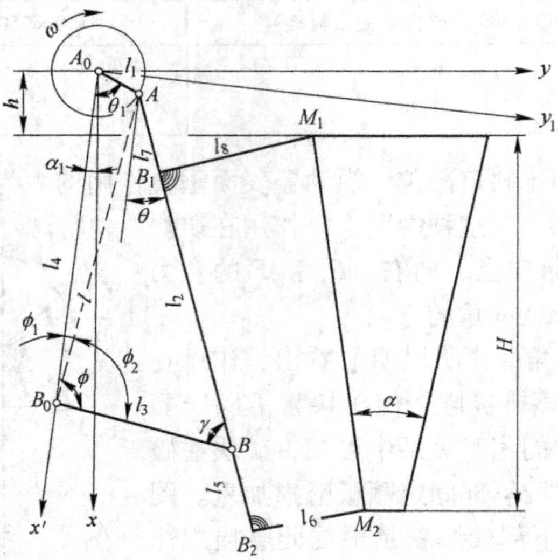

图 4-9　破碎机机构简图

$l_1 = A_0A$; $l_2 = AB$; $l_3 = BB_0$; $l_4 = A_0B_0$; $l_5 = AB_2$; $l_6 = B_2M_2$;

$l_7 = AB_1$; $l_8 = B_1M_1$; $l = AB$

再由两角和的三角函数式，得

$$\left.\begin{aligned} \sin\varphi &= \cos\varphi_2\sin\varphi_1 + \sin\varphi_2\cos\varphi_1 \\ \cos\varphi &= \cos\varphi_2\cos\varphi_1 - \sin\varphi_2\sin\varphi_1 \end{aligned}\right\} \tag{4-23}$$

经过整理和化简，得

$$\left.\begin{aligned} \sin\varphi &= \frac{1}{z}(\alpha\sin\theta_1 + bw) \\ \cos\varphi &= \frac{1}{z}(ab - w\sin\theta_1) \end{aligned}\right\} \tag{4-24}$$

式中

$$\left.\begin{aligned} z &= l^2/l_1^2 = b^2 + \sin^2\theta_1 \\ w &= (l/l_1)\sin\varphi_2 = \sqrt{z - a^2} \end{aligned}\right\} \tag{4-25}$$

通过以上公式，可以计算出相应于不同曲柄转角 θ_1 时的 x'_A、y'_A 和 x'_B、y'_B 值。并由此可以进一步计算出连杆上的点 M_2 在（$x'Aoy'$）坐标系内的坐标值：

$$\left.\begin{aligned} x'_{M_2} &= x'_A + l_5\cos\theta - l_6\sin\theta \\ y'_{M_2} &= y'_A + l_6\cos\theta + l_5\sin\theta \end{aligned}\right\} \tag{4-26}$$

式中

$$\left.\begin{aligned}\cos\theta &= (x'_B - x'_A)/l_2 \\ \sin\theta &= (y'_B - y'_A)/l_2\end{aligned}\right\} \tag{4-27}$$

换算到 $xAoy$ 坐标系内，连杆上点 M_2 的坐标值为：

$$\left.\begin{aligned}x_{M_2} &= x'_{M_2}\cos\alpha_1 - y'_{M_2}\sin\alpha_1 \\ y_{M_2} &= x'_{M_2}\sin\alpha_1 + y'_{M_2}\cos\alpha_1\end{aligned}\right\} \tag{4-28}$$

当 θ_1 从 0°～360°变化一周时，即可按上式求得 M_2 点的运动轨迹，进而可求得水平行程 S_x 和垂直行程 S_y。如果求给料口处 M_1 点轨迹，只要用 l_7、l_8 分别替换上述诸式中的 l_5 和 l_6 即可。

4.4.2 设计变量的选取

机构优化设计的要求是选取的设计变量要尽可能少，以节省计算时间，同时还要能准确地反映动颚运动轨迹、行程比等特性值，以便能获得满足各种设计要求，动颚运动特性最佳的机构参数。根据以上机构参数分析和运动分析可知，l_1～l_8 和 α_1 都与动颚运动特性有关，都可取为设计变量，但 l_7 与破碎腔高度有关，即：

$$l_7 = l_5 - \sqrt{\left(\frac{H}{\cos\alpha}\right)^2 - (l_6 - l_3)^2} \tag{4-29}$$

式中 H——破碎腔高度；

α——啮角。

故选取 l_1～l_6、l_8 和 α_1 为设计变量，即

$$\begin{aligned}x &= (x_1, x_2, x_3, x_4, x_5, x_6, x_7, x_8) \\ &= (l_1, l_2, l_3, l_4, l_5, l_6, l_8, \alpha_1)\end{aligned}$$

4.4.3 目标函数的建立

在对破碎机机构进行优化设计时，希望获得较理想的动颚运动特性，同时，在满足各种设计要求的情况下，希望偏心距 l_1 尽可能地小，以节省能量。因此，可以把偏心距 l_1 取为分目标函数，即

$$F_1(x) = x_1 = l_1 \tag{4-30}$$

动颚排料口处的行程比，取为另一个分目标函数，即

$$F_2(x) = S_{yo}/S_{xo}$$

式中 S_{yo}——垂直行程；

S_{xo}——水平行程。

所以，目标函数为：

$$F(x) = \omega_1 F_1(x)/D + \omega_2 F_3(x) \tag{4-31}$$

其中，ω_1 和 ω_2 为因子，且 $\omega_1 + \omega_2 = 1$；D 为常数；$F_1(x)$ 除以常数 D，是为了将两个分目标函数化为同一数量级。

这里，需要特别指出的是，目标函数和约束条件，都是设计变量的稳函数，其值是在

对破碎机机构进行了运动分析之后才确定的。

4.4.4　约束条件的确定

为了满足破碎机机构的合理性、实用性和强度等方面的要求，必须对机构的尺寸结构参数进行必要的限制，同时，为了保证优化计算顺利进行，对设计变量的变化范围也要进行约束。

4.4.4.1　设计变量的约束

$$X_{\min} \leqslant X \leqslant X_{\max} \tag{4-32}$$

式中　$X_{\min}$，$X_{\max}$——设计变量的下限和上限。

根据四杆机构曲柄存在的条件，有如下约束：

$$\left.\begin{aligned} X_2 &\geqslant X_1 \\ X_3 &\geqslant X_1 \\ X_4 &\geqslant X_1 \\ X_3 + X_2 &\geqslant X_1 + X_4 \\ X_4 + X_2 &\geqslant X_1 + X_3 \\ X_4 + X_3 &\geqslant X_1 + X_2 \end{aligned}\right\} \tag{4-33}$$

4.4.4.2　肘板支点位置的约束

$$\left.\begin{aligned} X_2 + 100 \leqslant X_5 \leqslant X_2 + 200 \\ X_4 + 150 \leqslant X_5 \leqslant X_4 + 300 \end{aligned}\right\} \tag{4-34}$$

4.4.4.3　给、排料口水平行程约束

$$\left.\begin{aligned} 7 \leqslant S'_x \leqslant 13 \\ 14 \leqslant S_x \leqslant 22 \end{aligned}\right\} \tag{4-35}$$

4.4.4.4　传动角和啮角约束

$$\begin{aligned} 45° \leqslant \gamma \leqslant 55° \\ 17° \leqslant \alpha' \leqslant 26° \end{aligned} \tag{4-36}$$

4.4.4.5　悬挂高度约束

$$-100 \leqslant h \leqslant 100$$

上述约束均为不等式约束，将其整理为标准形式，则为

$$g_i(x) \geqslant 0,\ i = 1, 2, \cdots, m \tag{4-37}$$

$$m = 2n + 20$$

式中，设计变量 $n = 8$，所以约束条件为 36 个。

综上所述，机构优化归结为求 8 个设计变量，36 个不等式约束多目标函数的非线性规划问题，即

$$\begin{cases} g_i(x) \geqslant 0 \\ F(x) \to \min \end{cases}, \ i = 1, 2, \cdots, 36 \tag{4-38}$$

由于约束条件和目标函数都是隐式，故采用复合形法。这种直接法求解，机构优化程序框图如图 4-10 所示。

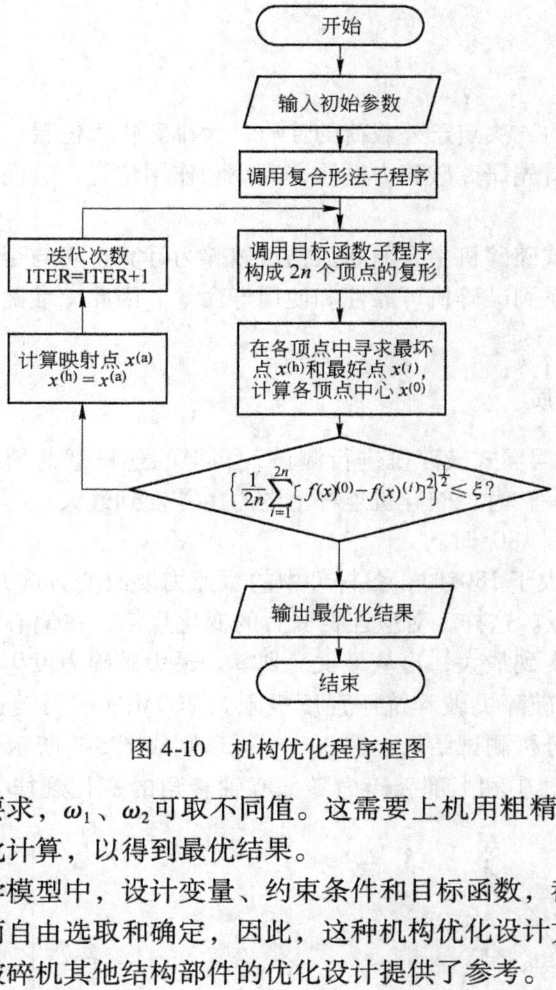

图 4-10　机构优化程序框图

根据不同的设计要求，ω_1、ω_2可取不同值。这需要上机用粗精度试算和比较确定后，再用细精度进行最优化计算，以得到最优结果。

在机构优化的数学模型中，设计变量、约束条件和目标函数，都可以根据设计者的需要和原破碎机的类型而自由选取和确定，因此，这种机构优化设计方法，具有很大的灵活性和适应性，为进行破碎机其他结构部件的优化设计提供了参考。

5 破碎机受力分析与主要件结构设计

5.1 破碎力计算

机器中机构的受力，决定于外载荷的性质、大小和作用位置，而颚式破碎机的外载荷就是破碎力。因此，首先研究破碎力性质、大小和作用位置，进而分析破碎力在机构中引起的作用力。

破碎力是设计颚式破碎机主要原始数据。破碎力计算正确与否，直接影响破碎机零部件的强度和刚度，关系到破碎机可靠性和使用寿命等。因此，准确地计算破碎力是非常重要的问题。

5.1.1 破碎力性质

对 1500×2100 简摆颚式破碎机进行测试，测得的连杆载荷情况如图 5-1 所示。从图中看出，当机器每转一转时，破碎机连杆上的力由零变到最大，再由最大变到零，并且最大力发生在偏心轴转到 180°时。

当偏心轴转角 ϕ 大于 180°时，各杆件中的摩擦力要改变方向，因而使得曲线 *CKQ* 中 *C* 点的纵坐标突然降低。这样，对应连杆受力的变化规律，在偏心轴转一转时间内，动颚上的破碎力也是从零变到最大，再从最大变到零。最大破碎力发生在偏心轴转角 180°。

对 250×900 复摆破碎机破碎抗压强度极限为 200MPa 的石英进行测试，并以数字统计法和或然率理论，分析测试结果，按 300 个循环制成图 5-2 所示的各种曲线。图中曲线 2、3 和 4 为破碎腔下、中和上部破碎力随偏心轴转角的变化规律，而曲线 1 为总破碎力

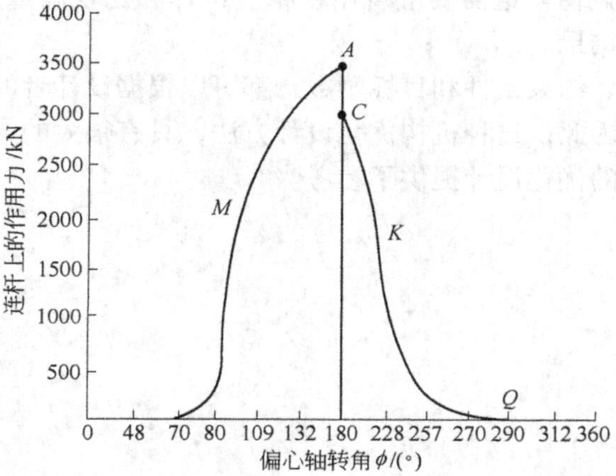

图 5-1 破碎机连杆载荷图

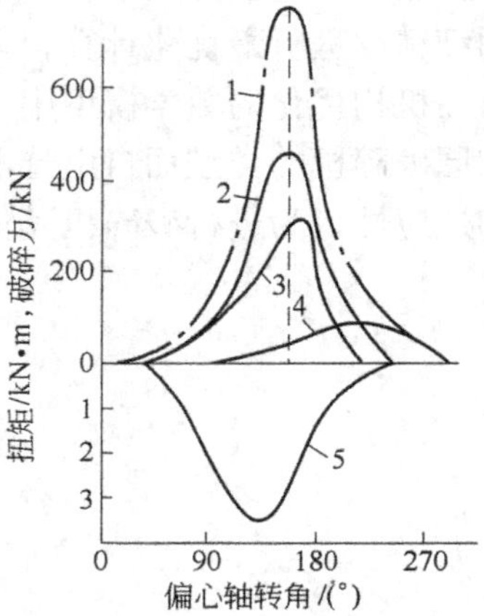

图 5-2 破碎机破碎腔载荷图

1—总破碎力；2～4—破碎腔下部、中部和上部破碎力；5—偏心轴扭矩

随偏心轴转角的变化规律，曲线 5 为偏心轴上的扭矩变化规律。

从图可以看出，作用在破碎腔衬板上的破碎力，也是从零变到最大，再从最大变到零，并且最大值发生在偏心轴转角为 160°时；破碎力沿破碎腔高度是变化的，即从进料口向排料口方向，破碎力是从小到大，如曲线 4、3、2 所示；偏心轴的扭矩最大值提前于最大破碎力一个角度。

结论：颚式破碎机在一个工作循环中，破碎力是由零变到最大，再由最大变到零，故可看作为脉动循环载荷；并且最大破碎力，对简摆破碎机发生在偏心轴转角为 180°时；对复摆破碎机发生在偏心轴转角为 160°时。

5.1.2 求最大破碎力

确定破碎力方法可概括为两种：一种根据破碎功或电动机功率，结合破碎机的结构特点，诱导出破碎力理论计算公式；另一种是根据实验数据，诱导出破碎力计算公式。由于破碎力与许多因素有关，因此，用理论公式求得破碎力与实际相差较大，故多用后一种实验分析法求破碎力。

根据对复摆颚式破碎机的实验综合分析，求得最大破碎力为：

$$F_{\max} = \frac{\sigma_B}{20}HLK \tag{5-1}$$

式中 σ_B——物料抗压强度，MPa；

H——破碎腔有效高度，mm；

L——破碎腔有效宽度，mm；

K——物料充填系数，$K = 0.24 \sim 0.30$。

5.1.3 最大破碎力作用位置

根据对复摆颚式破碎机试验得知，最大破碎力作用于固定颚板有效高度的中间。最大破碎力在动颚板上的作用位置，按它在固定颚板上的作用位置，用作图法或分析法来确定（图 5-3），经过数学分析诱导可得：

$$AB' = \frac{H}{\cos\alpha} - \frac{(iH\tan\alpha + b)\tan\alpha - \sin\alpha}{\sin\alpha + \tan\alpha} \tag{5-2}$$

式中 iH——破碎力在固定颚板上的作用位置（对复摆破碎机 i 等于 0.5）；

α——啮角；

b——排料口宽度。

根据式（5-2），已知 iH，可求出 AB；若已知 AB，可求出 iH。

应该指出：不论是用理论计算方法，还是按实验数据，确定新设计破碎机最大破碎力作用位置，都不会完全准确无误，即都是近似值。因为它受各种因素影响而发生变化。

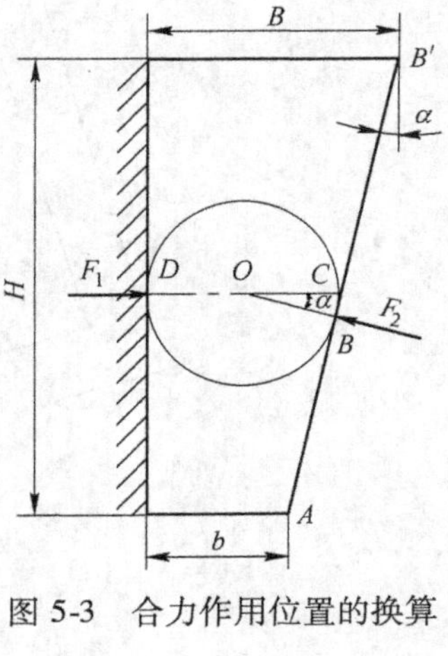

图 5-3 合力作用位置的换算

5.2　破碎机机构受力分析

在颚式破碎机工作中，动颚对料块施以破碎力，料块也以同样大小的力反作用于动颚或固定颚上。这些力通过破碎机的机构，传递到各主要零部件上，使它们产生应力、变形，甚至破坏。设计破碎机时，为了正确计算这些零件的结构形状和尺寸，或者校核它们的强度和刚度，都必须求得作用于这些零件上的外力。一般可用图解法和解析法。

5.2.1　图解法

用图解法求破碎机受力比较简单方便。为了使问题简单化，可不计各铰链间的摩擦影响。

首先按选定的长度和力的比例尺，画出机构工作位置（图5-4）。将动颚作为一个整体，动颚上的作用力有三个：破碎力 $F'_{max}=F_{max}\cos\alpha$，其大小方向均为已知；肘板作用力 F_{CB}沿 CB 线方向。并与 F'_{max} 交于 H 点，再根据“在同一平面内三个互不平行的力相互平衡，则它们的作用线必交于一点”的原理，动颚悬挂心轴的反力 F_{DH} 方向，必沿 D、H 点的连线（D 点处于160°），从 H 点用选定的比例尺画出 F'_{max} 的矢量，根据力的平行四边形定理，便可按选定的比例尺，求得 F_{DH} 和 F_{BC}的大小和方向。

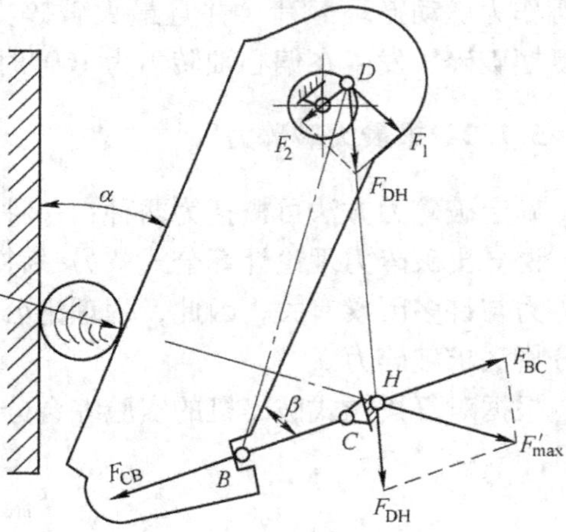

图5-4　用图解法分析复摆破碎机受力

5.2.2　解析法

如图5-5所示，动颚受有三个作用力：物料对动颚的反作用力 F'_{max}，肘板的作用力

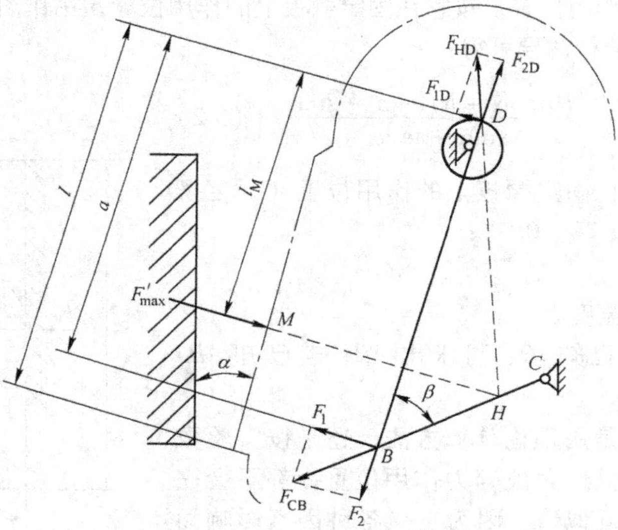

图5-5　破碎机受力计算

F_{CB}和动颚轴承反力 F_{HD}。

设计时，可取动颚与曲柄的铰点 D 处于160°的状态。由图5-5可知：

$$F_2 = F_{CB}\cos\beta \tag{5-3}$$

$$F_1 = F_{CB}\sin\beta \tag{5-4}$$

$$F_{CB} = \sqrt{F_1^2 + F_2^2} \tag{5-5}$$

对 D 点取力矩平衡方程式，得：

$$F'_{max}l_M = F_1 a = 0$$

或

$$F_1 = F'_{max}\frac{l_M}{a} \tag{5-6}$$

将式（5-4）代入式（5-6）中，得：

$$F_{CB} = \frac{l_M}{a} \times \frac{F'_{max}}{\sin\beta} \tag{5-7}$$

将式（5-7）代入式（5-3），得：

$$F_2 = \frac{l_M}{a} \times \frac{F'_{max}}{\tan\beta}$$

偏心轴支反力 F_{HD}为：

$$F_{HD} = \sqrt{F_{1D}^2 + F_{2D}^2} \tag{5-8}$$

$$\theta = \arctan\frac{F_{1D}}{F_{2D}} \tag{5-9}$$

对 B 点取力矩平衡方程式，得：

$$F_{1D}F'_{max}(a - l_M) = 0$$

或

$$F_{1D} = F'_{max}\left(\frac{a - l_M}{a}\right) \tag{5-10}$$

若沿动颚 DB 方向，取力平衡方程式，得：

$$F_{2D} = F_2 = \frac{l_M F'_{max}}{a\tan\beta} \tag{5-11}$$

将式（5-10）和式（5-11）代入式（5-8），得：

$$F_{BD} = \frac{F'_{max}}{a}\sqrt{l_M^2\mathrm{ctan}^2\beta + (a - l_M)^2} \tag{5-12}$$

将式（5-10）与式（5-11）代入式（5-9），得：

$$\theta = \arctan\beta \frac{F_{BD}\left(\frac{a - l_M}{a}\right)}{\frac{l_M F'_{max}}{a\tan\beta}}$$

或

$$\theta = \arctan\left[\left(\frac{a}{l_M} - 1\right)\tan\beta\right] \tag{5-13}$$

5.2.3　两种破碎机受力比较

现将传统复摆颚式破碎机和上置式复摆颚式破碎机的受力情况进行比较，从中了解上置式破碎机受力的特征。

两种破碎机除传动角和肘板支点位置不同外，其他都一样，并按集中破碎力 F 计算。图 5-6 中 H 为传统复摆破碎机受力图，而 H' 为上置式破碎机受力图。

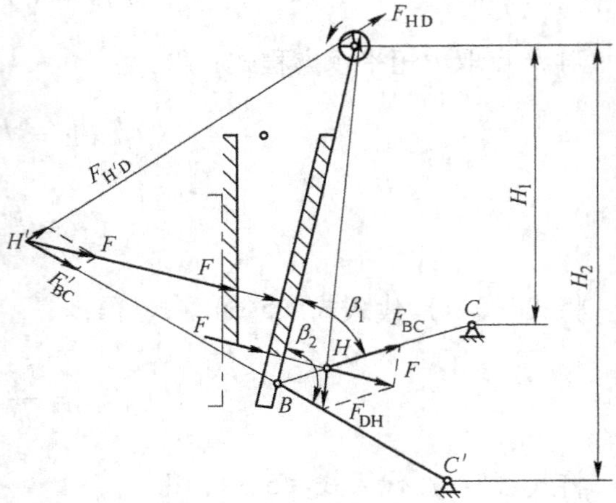

图 5-6　破碎机受力情况比较

由式（5-7）可知 $F_{CB} = \frac{l_M F'_{max}}{a\sin\beta}$，当两种破碎机其他条件相同，只是 $\beta_1 < \beta_2$ 时，则 $F_{BC} > F'_{BC}$，即上置式破碎机比传统破碎机肘板受力得到改善。

主轴承的受力 $R_{H'D}$ 可由式（5-11）、式（5-8）、式（5-9）和式（5-10），经整理求得：

$$F_{H'D} = \sqrt{\left(F'_{js} - \frac{l_M F'_{max}}{a}\right)^2 + \left(\frac{l_M F'_{max}\cos\beta}{a\sin\beta}\right)^2} \tag{5-14}$$

当两种破碎机其他条件相同，只是 $\beta_1 < \beta_2$ 时，由式（5-14）可知：$F_{DH} > F_{H'D}$ 即上置式破碎机比传统破碎机轴承受力得到改善，但是 $F_{H'D}$ 的受力方向不利，即上置式破碎机主轴承螺栓不仅受拉力而且受剪力作用。螺栓承受剪力能力较差，大约是承受拉力能力的一半。

此外还可看出，$F_{H'D}$ 力对偏心轴产生的阻力矩也比较大。

某厂生产的上置式破碎机在工业试验中发现，主轴承螺栓经常折断。查其原因是：该机主轴结构是沿水平面剖分，螺栓是垂直水平方向安装的，使螺栓不仅受拉力，还受剪力。这个事实证明了上述受力分析的正确性。若将轴承沿垂直 $F_{H'D}$ 力方向剖分，将螺栓沿 $F_{H'D}$ 力方向安装，便能避免螺栓折断情况发生。

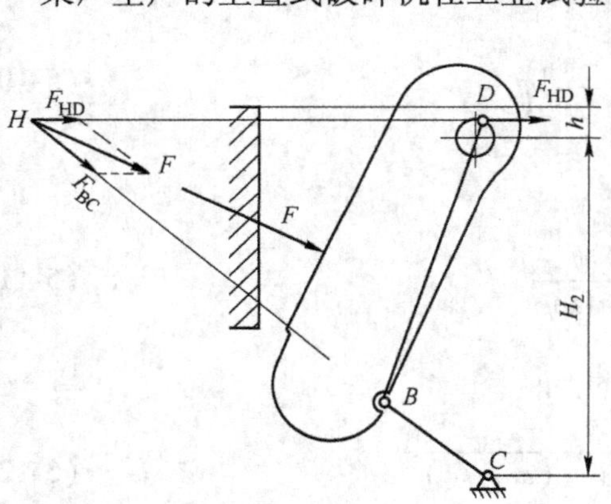

图 5-7　上置式负悬挂颚式破碎机受力情况

上置式破碎机肘板支点到主轴中心的距离，远大于传统破碎机，即 $H_2 > H_1$，为改善这个缺点，采用负悬挂，降低破碎机高度。这样，使 F_{HD} 力的方向更趋近于水平方向，如图 5-7 所示。此时在 F_{HD} 力作用下，使螺栓几乎承受纯剪切力，因此，它也是使螺栓折断，不能保证破碎机正常工作的又一因素。上置式破碎机这些受力特征，设计该种破碎机时必须注意。

5.3 主要件结构设计

5.3.1 动颚结构设计

动颚是破碎机重要件之一，也是一个结构较复杂的零件。如果说破碎机机构优化设计是保证破碎机性能优越的最根本因素，那么最合理的动颚结构是保证破碎机性能优越的充分条件。

经长期运转实践，发现动颚是在其下部肘座偏上处，即在Ⅰ—Ⅰ截面附近产生裂纹。根据动颚受力分析可知，动颚上最大作用力位于Ⅰ—Ⅰ截面附近，而且从直观可知，此截面面积又比较小，故产生较大的应力，致使在此处损坏（图5-8）。

图5-8所示为PE400×600破碎机动颚应力测试结果。Ⅰ—Ⅰ截面应力 $\sigma_1=172$MPa，Ⅱ—Ⅱ截面 $\sigma_2=100$MPa，Ⅲ—Ⅲ截面 $\sigma_3=47$MPa，Ⅳ—Ⅳ截面 $\sigma_4=39$MPa。由此可知，应力最大截面位于动颚肘座附近偏上一点；其次各截面应力之差值以Ⅳ—Ⅳ截面与Ⅰ—Ⅰ截面相差最大，达133MPa。

根据上述破碎机动颚应力分析可知：1）动颚在肘座附近产生最大应力，致使它常在此处产生裂纹损坏；2）动颚体上部与下部（Ⅰ—Ⅰ截面与Ⅳ—Ⅳ截面）应力值差得悬殊，即Ⅰ—Ⅰ截面太薄弱，降低动颚使用寿命，而Ⅳ—Ⅳ截面又太粗大，使得动颚笨重，浪费材料，故这种动颚结构设计极不合理，急需改进。

颚式破碎机动颚结构形状和尺寸，主要取决于两个因素：其一是动颚受力；其二是动颚的制造工艺性和外观。前者是保证动颚强度和刚度的最根本依据，在满足此要求的基础上，动颚质量越小越好，特别是其回转中心离重心越近越好。同时还要考虑工艺性以及外观等。

根据前面对动颚结构分析可知，在满足危险截面强度和刚度要求后，尽量使动颚各截面应力差值小。这样不仅能延长动颚使用寿命，又能减轻动颚质量。

动颚体轮廓尺寸厚度（图5-9）可参考表5-1中给出的实际数据。

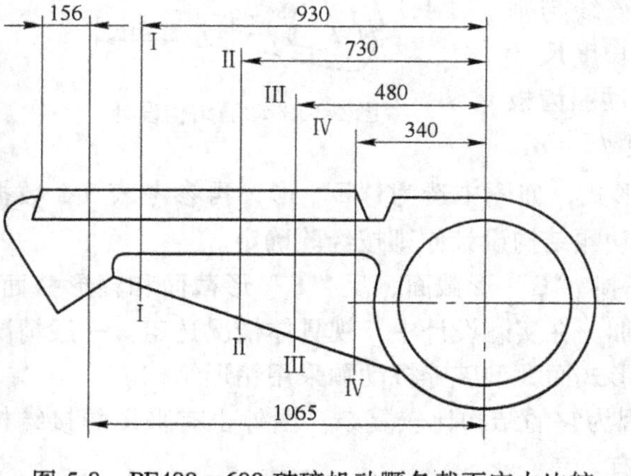

图5-8 PE400×600破碎机动颚各截面应力比较

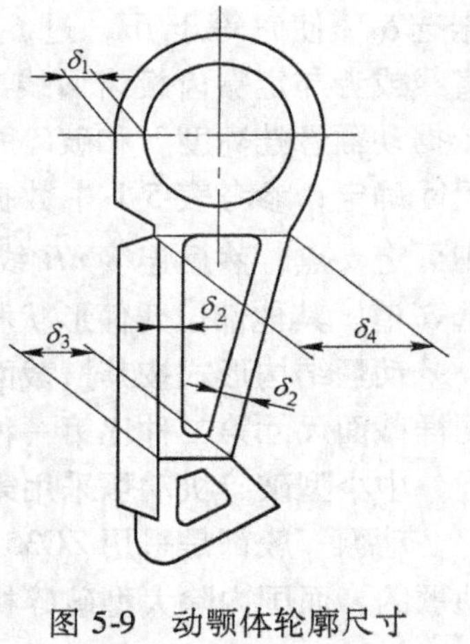

图5-9 动颚体轮廓尺寸

表 5-1　颚式破碎机动颚壁厚

破碎机规格 /mm × mm		150×250	150×500	150×750	150×1000	250×400	250×750	250×1000	250×1200	400×600	500×750	600×900
动颚头部壁厚 δ_1/mm		22.5	40	40	40	50	50	45	45	50	50	75
动颚体壁厚/mm	δ_2	25	35	35	35	40	30	30	40（35）	55	35	50（55）
	δ_3	150	150	140	165	80	190	190	210	140	190	330
	δ_4	190	210①	230	245	180	260	340	350	320	260	500
动颚重/kg		140	320		560	320	750	1010	1250		750	2000

①系指零悬挂破碎机，指动颚体最厚部位尺寸。

表 5-1 中给出的数据设计动颚时仅供参考，不能照抄，因为各厂家生产的同一规格破碎机其动颚结构也不完全一样。特别是动颚质量误差较大，如负悬挂与正悬挂的动颚，虽然破碎机同一规格，但其质量相差较大。此外，动颚头部应力较小，但考虑到刚度影响，一般不能减薄，否则会影响轴承寿命，严重时将使轴承产生事故磨损。

动颚头部主要是借助装轴承部位传递动力，为了减轻质量可适当将两轴承之间一段壁厚减薄。

动颚结构设计首先是在装配草图中确定动颚结构，然后根据装配草图中的动颚结构再画动颚施工图。

在画装配草图前已知破碎机机构尺寸以及破碎腔尺寸等。如图 5-10 所示，偏心距为 OA，连杆长为 AB，肘板长为 BC，后肘座 C 点位置尺寸 a 和 b，动颚悬挂高度 h，破碎腔高度 H 和齿角 α 等。

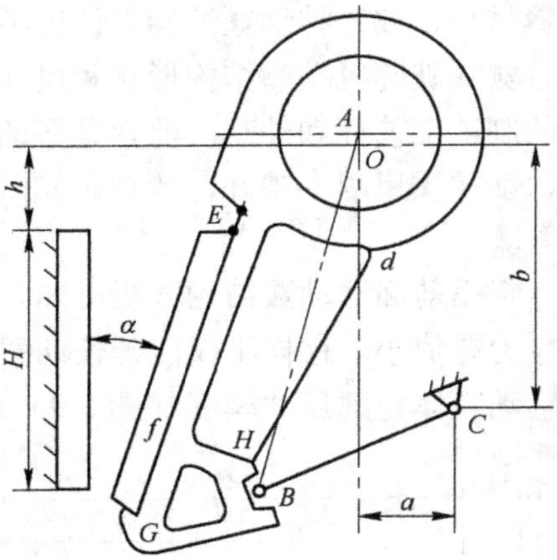

图 5-10　动颚结构设计

根据所选定的动颚滚动轴承外径尺寸之半为半径以 A 点为圆心画出动颚内孔，参考表 5-1 中数据选定 δ_1 值，画出动颚头部外圆；根据肘垫和肘板头部尺寸以 B 点为准画出肘槽尺寸，参考表 5-1 中数据选 δ_3 值使它等于 fH，过 f 点作 Ef 线使该线与垂直线或者与定颚齿板齿面线成 α 角，EfG 长度尺寸依据动颚悬挂高度 h 和破碎腔高度 H 以及动颚齿板尺寸确定；参考表 5-1 中数据选定 δ_4 值使 $dE=\delta_4$，则可定 d 点，然后连接 dH 线；选定动颚形式，如图中选为“E”形，再参考表 5-1 数据选 δ_2 值。其他部位几何形状和尺寸依前述动颚结构设计原则按经验确定。

动颚结构形式按其横截面形状分有三种：“E”形截面、反“E”形截面和箱形截面。同样截面尺寸第二种比第一种形式强度增加。在实际设计中，视具体情况选定。一般情况下，中小型破碎机动颚采用第一和第二种形式而大型破碎机动颚采用箱形结构。

动颚一般都是采用 ZG35 材料铸成，因为它的结构比较复杂。国外也有采用焊接结构动颚的，而国内除大型破碎机外，几乎没有。

动颚的加强筋布置方式，也应按上述受力要求设计。已有的颚式破碎机加强筋横向厚度从上到下厚度一样。为符合受力条件，又满足质量轻的要求，可采用变厚度加强筋。即靠上部（头部）的加强筋厚度沿轴向方向应小，越往下厚度越大。就是说，改原来矩形加强筋为梯形加强筋，这样会减轻动颚质量又保证有足够的强度。动颚两轴承之间部位的壁厚可适度减薄，借以减轻其质量。

动颚头部内孔在两端的滚动轴承部位的尺寸，应按轴承宽度等尺寸来确定。至于其他如动颚头部吊钩，脚部与拉紧装置拉杆连接的挂钩以及动颚的铸造工艺要求等，这里不再赘述。

上述动颚结构的确定过程要经反复修改完善后才能定案。然后作强度计算确认无误再画动颚施工图。

动颚强度核算是把动颚看作两支点梁，根据大家所熟知的强度理论校核各个断面的主应力。

5.3.2 动颚有限元分析

由前述可知，动颚受有三个作用力，这些力都作用在垂直于偏心轴的平面内。动颚结构虽然是空间体，但由于动颚体在垂直于偏心轴的各横截面上的形状大体上是一样的，总的厚度也不很大。所以，可将动颚体的强度计算，简化为弹性力学的平面应力问题来求解。

动颚结构的有限元网格划分如图 5-11 所示。考虑到动颚形状比较复杂，应力集中现象严重，所以单元划分得较密，单元总数 NE = 250，节点总数 NP = 175。动颚应力场计算，采用变厚度平面三角形常应变单元。

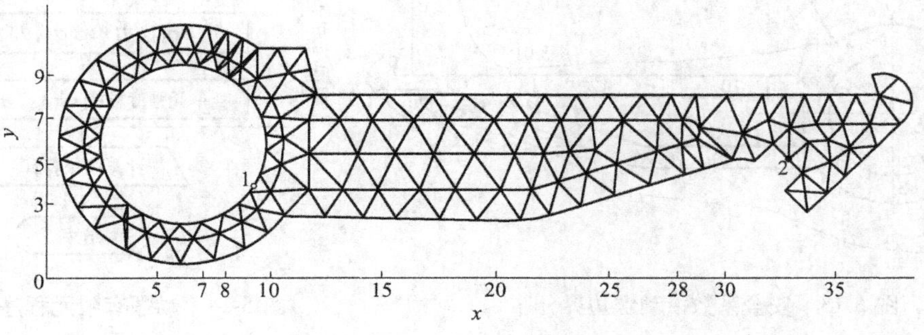

图 5-11 动颚有限元网格图

5.3.2.1 计算实例

以 PE250×400 颚式破碎机的动颚为例上机计算。网格划分如图 5-11 所示。计算是按最大破碎力在静载荷条件下进行的。动颚板上的破碎力 $P=750\text{kN}$。

约束条件是图 5-11 中的 1、2 点的水平和垂直位移为零。动颚材料为 ZG35，其弹性模数 $E=2.1\times10^5\text{MPa}$，泊松比 $\mu=0.3$，屈服极限 $\sigma_s=240\text{MPa}$。

由于 ZG35 为塑性材料，应按第四强度理论（形状改变比能理论）计算各点的相当应力：

$$\sigma_{xd4}=\sqrt{\frac{1}{2}[(\sigma_1-\sigma_2)^2+(\sigma_2-\sigma_3)^2+(\sigma_3-\sigma_1)^2]} \tag{5-15}$$

当采用实际安全系数进行强度校核时，对于 ZG35 塑性材料制成的动颚，在它发生显著塑性变形时，往往影响它的正常工作，所以通常取材料的屈服极限 σ_s 作为极限应力，因此实际安全系数为：

$$n=\frac{\sigma_s}{\sigma_{xd4}} \tag{5-16}$$

按式（5-15）和式（5-16）求得相当应力和实际安全系数。它们沿动颚边界的分布，分别示于图 5-12 和图 5-13。

整个动颚有限元分析的次序框图，如图 5-14 所示。

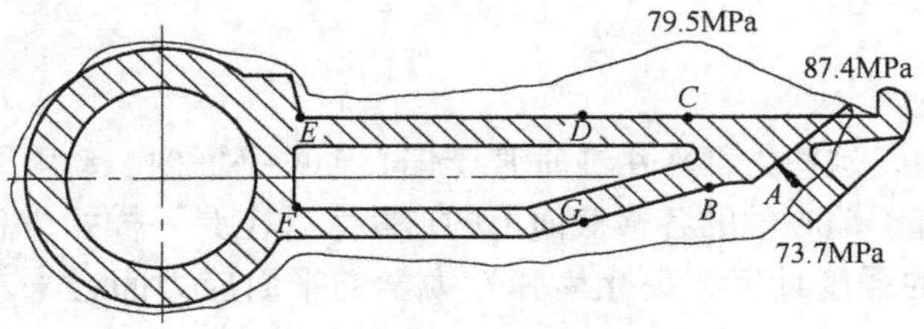

图 5-12 应力沿动颚边界分布

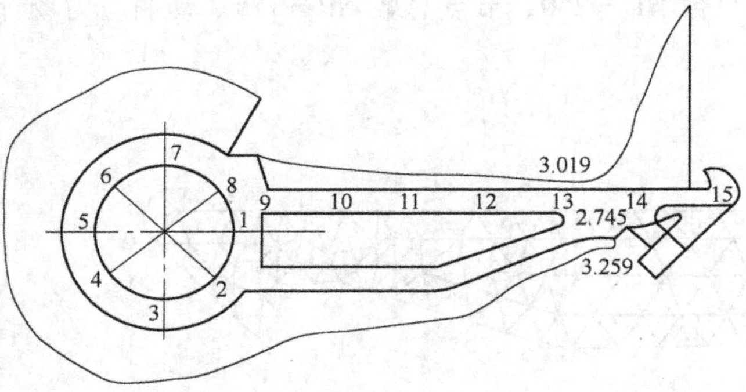

图 5-13 安全系数沿动颚边界分布

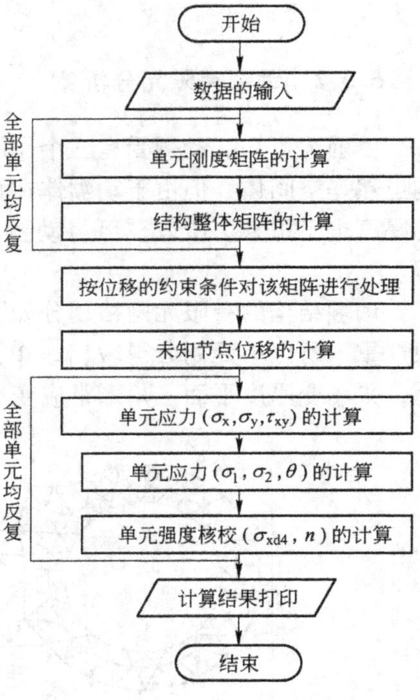

图 5-14 动颚有限元程序框图

5.3.2.2 对计算结果进行分析

A 强度分析

从图 5-12 可知，在肘板座附近的 A、B、C 点产生的应力较大，因而这几处是动颚最薄弱环节。从图 5-13 可知，最小安全系数为 2.745。破碎机零部件强度计算时，正常选用的许用安全系数 $n_s=2\sim2.5$。因此，从动颚承受荷载角度看，动颚有足够的可靠性。但是，在实际运转过程中，还时有发生动颚破坏现象，而破坏位置大多数是在肘板座附近。其原因是：用户使用不当（将排料口过分调小，产生过压实现象）；破碎机经常过铁；破碎高强度物料（350MPa 以上），使破碎机经常产生尖峰负荷，导致动颚损坏。

此外，从图5-12还可看出，动颚体（DE段、FG段）和动颚头部的应力值较低，特别是头顶部应力值很低。它说明：该动颚体强度贮备较大，采用箱形结构，其应力值较低，故可改为“E”形或反“E”形截面，借以降低动颚质量。

动颚变形和应力分布，不仅取决于破碎力大小，还与破碎力作用位置有关。当齿板磨损后，破碎力将增大，而作用位置沿动颚齿板下移，因此对其下部（肘座附近）更不利。计算结果表明，肘座附近（A、B、C）应力值较大，故将动颚体改为“E”形截面后，可将肘板座附近适当加强。

B 刚度分析

动颚的刚度在破碎机设计时，一般不很重视。然而实际上动颚刚度对破碎机破碎效果和轴承寿命均有较明显的影响。例如，同一台破碎机，若将固定颚齿板与机架前壁采用加工面接触，比原来两件采用不加工面接触时，机器生产率有明显提高。这种现象说明，造成变形能损失。故破碎机设计时，其刚度不可忽视。例如，动颚头部应力值虽低，但不能减薄，因为必须保证它有足够的刚度。否则将影响轴承寿命，严重时将使轴承产生事故磨损。

从表5-2中可知，动颚体最大变形值为0.23mm，故动颚体的刚度足够；动颚头部最大变形值在y方向为0.15mm（1点），在x方向为0.07mm。各点的相对最大差值，在y方向为0.15mm；在x方向为0.06mm。由此更加证明，动颚头部应力值虽低，但不能减薄是完全正确的。

表5-2 动颚各点的变形值

序号		1	2	3	4	5	6	7	8
位移/mm	x	-0.04	-0.06	-0.07	-0.06	-0.01	0.01	0.02	-0.01
	y	-0.15	-0.13	-0.08	0.03	0	-0.01	-0.06	-0.13

序号		9	10	11	12	13	14	15
位移/mm	x	-0.01	-0.02	-0.04	-0.06	-0.08	-0.12	-0.12
	y	-0.17	-0.21	-0.23	-0.23	-0.18	-0.02	-0.16

由前述可知，用有限元素法对动颚应力计算，它揭示出结构形状很复杂的构件中应力分布规律，从而设计时可按其规律，确定动颚结构形状和尺寸；不仅比常规计算法准确可靠，而且减轻构件质量。由此，用有限元研究破碎机中结构复杂，或要求应力精确性较高的构件，是有价值的。

5.3.3 机架结构设计

破碎机机架是整个破碎机零部件的安装基础。它在工作中承受很大的冲击荷载，它的质量占整机很大比例（对铸造机架为50%左右，对焊接机架为30%左右），而且加工制造工作量也较大。机架的强度和刚度，对整机性能和主要零件寿命均有很大影响。因此，机架结构设计很重要。

5.3.3.1 机架结构形式

颚式破碎机机架按结构分，有整体机架和组合机架。

整体机架由于制造、安装和运输困难，故不宜用于大型破碎机，而多为中小型破碎机所采用。它比组合机架刚性好，但制造较复杂。

组合机架用于大型破碎机，它有两种形式：一种是通过架壁间的嵌销和螺栓组合，如1200×1500颚式破碎机机架分上下两部分，上架体和下架体用螺栓连接，结合面间用键、销钉承受强大的剪力。键和销还起装配定位作用。

另一种是用焊接组合，如900×1200颚式破碎机机架。它的刚性比嵌销连接的组合机架好，加工、装配和拆装也比较方便。1500×2100破碎机采用焊接组合机架。

从制造工艺来看，整体机架又分整体铸造机架和整体焊接机架。前者制造较困难，特别是单件小批量生产，而后者便于加工制造，机重较轻，但要求焊接工艺、焊接质量都比较高，且焊后要求消除内应力。

国外颚式破碎机普遍采用焊接机架，不仅小型破碎机用，大型破碎机也是焊接机架，美国AC公司2667×3048大型机采用焊接机架。上海建设路桥机械设备有限公司最近生产的1060×1200和1200×1500颚式破碎机均采用焊接机架。

此外，铸钢是一种高能耗的工艺过程，从节约能源角度也该大力发展焊接机架。无疑颚式破碎机采用焊接机架是发展方向。

5.3.3.2　机架结构设计

机架结构设计必须遵循下列原则：首先根据机架受力情况，满足机架强度和刚度要求；其次是考虑制造工艺性要求；最后考虑外观要求。且不能盲目加强机架强度，导致破碎机机重增加浪费材料。

破碎机机架是由前壁、侧壁和后壁以及轴承座组成一个空间框架结构，其平面图如图5-15所示。

破碎机机架结构设计与机架受力是密切相关的。所以介绍一下机架受力情况(图5-15)。

根据前面受力分析知，机架承受三个力：物料给固定颚的压力 F_{max}，其方向与固定颚板垂直，作用在破碎腔有效高度中间；偏心轴给机架的压力 F_{DH}；肘板给后壁肘座的压力 F_{BC}。

A　机架前壁结构设计

由图5-15可知，机架前壁主要是承受最大破碎力 F_{max} 的作用。前壁是由一块纵向墙板与几块横向外侧筋板所组成。载荷主要是由横向筋板所承受。因此，一般横向外侧筋板之间不再增设与侧壁平行的纵向筋板。对于大型破碎机或中小型很宽的破碎机可以增设1～2根纵向筋板。国产的破碎机随意增设筋板现象常有之，增加破碎机质量。国外破碎机为增加前壁坚固性，制成如反“彐”形的前壁。

B　机架侧壁结构设计

侧壁加强筋的位置也应根据受力的要求布置，如图5-16所示，主轴承受有压力 $F_{H'D}$

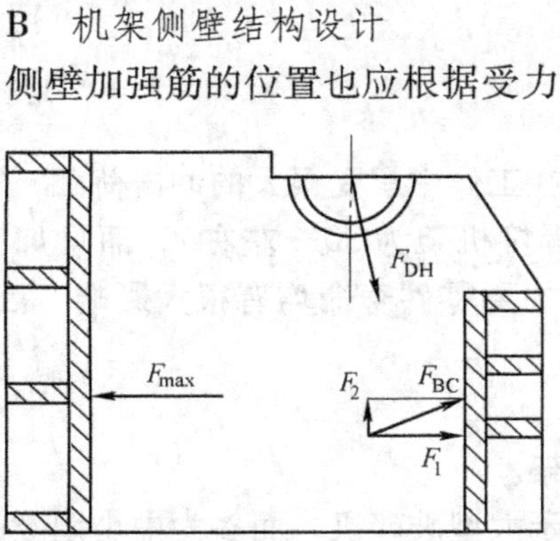

图5-15　机架受力分析

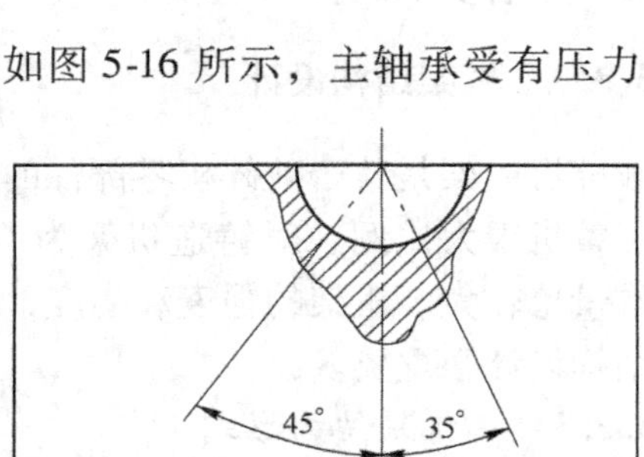

图5-16　侧壁加强筋

的作用，而且 $F_{H'D}$ 力不通过侧壁板中心，形成一个悬壁产生侧向倾翻力矩，所以在主轴承下方必须增设竖筋。实际上 $F_{H'D}$ 反力沿主轴承下半部是不均匀的，沿主轴承垂线中心垂直载荷最大而中心线右侧载荷比左侧大。因此，如老式 400×600 颚式破碎机侧壁加强筋布置方式（图 5-16）是合理的。

应该指出，不是所有破碎机机架侧壁加强筋都如图 5-16 所示。因为不同形式破碎机，它的主轴承受力方向各异，但根据轴承受力和侧壁变形布置加强筋的原则，对任何颚式破碎机都适用。如图 5-17 所示为英国帕克弗雷得里克公司生产的大传动角颚式破碎机机架。该机侧壁布置有 1、2、3 三根筋板。筋板 1 设置在主轴承侧面，筋板 3 设置在主轴承后下方，这两块筋板之间用筋板 2 连接起来，构成一个“A”形框架。这种机架侧臂加强筋布置方式与图 5-16 所示截然不同，但根据图 5-18 所示机架受力分析可知，轴承最大力 F_{max} 作用方向 HA 正是图 5-17 侧壁加强筋 1 的方向。筋板 3 承受后壁的作用力，筋板 2 不仅将 1、3 相连接而且增加侧壁向内侧弯曲的强度，从而说明图 5-16 所示侧壁筋板布置方式完全符合破碎机受力的要求。

图 5-17　大传动角破碎机机架

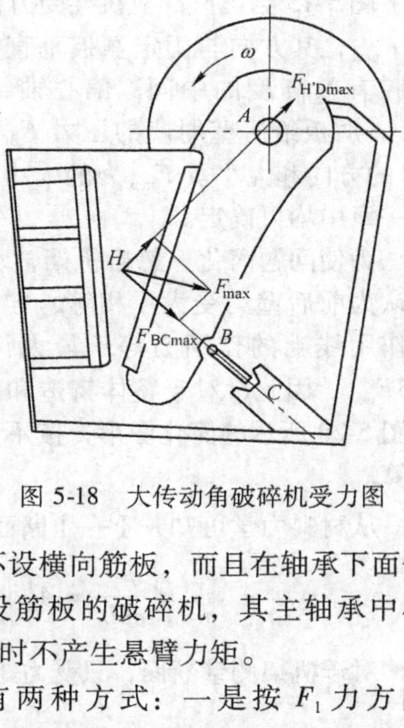

图 5-18　大传动角破碎机受力图

有的破碎机侧壁设置 1 根或者 2 根筋板，还有根本不设横向筋板，而且在轴承下面也不设加强筋板，侧壁是一块平板。凡是在轴承下面不设筋板的破碎机，其主轴承中心（宽度方向）必然与机架侧壁板厚度中心相重合，因为此时不产生悬臂力矩。

为了安装衬板座，侧壁后部必须设置导槽，它有两种方式：一是按 F_1 力方向（图 5-15）设置水平方向导槽；二是按 F_{BC} 力方向设置斜向导槽。前者多用于中小型破碎机，后者多用于大中型破碎机，其主要目的是减少 F_2 力对导轨冲击，增加导轨的可靠性。为了消除对导轨的冲击必须使肘座与上导轨及与后壁之间没有间隙。

C　机架后壁结构设计

机架后壁结构与前壁相似（图 5-15），后壁上作用有肘板传递的 F_{BC} 力，该力分解为 T_1 和 T_2 两个分力。F_1 力由机架后壁承受，而 F_2 力经过肘座传给焊在机架壁内侧的导轨上。可将后壁截面转 180°构成图 5-19 所示的模样。此时可提高截面的承载能力，或者说在同样条件下可相应的减少截面面积，从而减轻机架质量。

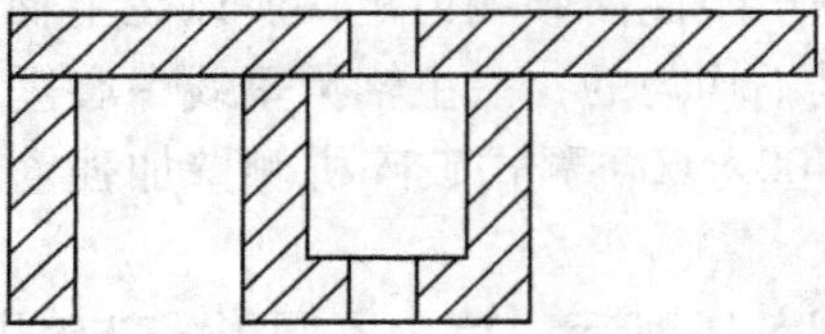

图 5-19 机架后壁截面图

载荷 F_2和 F_1是一个变化值，有载时很大，而空载时又很小（图 5-15）。由于肘座与导轨之间具有间隙；肘座后面的垫片之间存在间隙。因此，破碎机工作过程中产生附加冲击载荷，故常将导轨和后壁冲裂。特别是导轨冲裂后，重新补焊时，由于高温使侧壁变形造成滚动轴承“别劲”而加速轴承磨损。因此，近些年生产的破碎机增设了将肘座与导轨接触面以及垫片之间的压紧结构，从而消除了间隙也就杜绝产生附加冲击载荷，延长了导轨与后壁机架的寿命，增加了机架的可靠性。

5.3.4 机架计算

由于破碎机机架结构复杂，工作过程中承受很大的冲击负荷，并且时而产生尖峰负荷。所以，设计时一般均以实际资料为依据，结合具体情况依靠经验设计。当结构形式基本尺寸确定后，可用下面近似理论公式进行核算。

图 5-15 给出破碎机机架受力情况。破碎机机架上承受着三个力：物料给固定颚的压力 F_{max}，其方向与固定颚板垂直，作用位置在沿破碎腔有效高度的中间；偏心轴给机架轴承的压力 F_{DH}；肘板给后壁肘座的压力 F_{BC}。后两个力 F_{DH}和 F_{BC}的方向和大小及 F_{max}力的大小，在破碎机受力分析一章中均可确定。

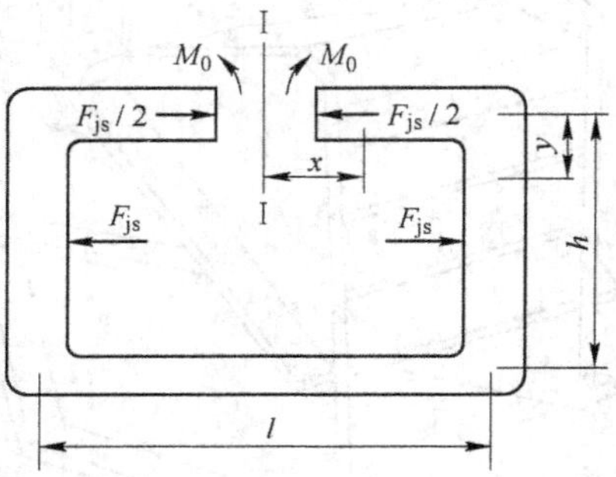

图 5-20 计算机架的简图

为使问题简化，忽略机架轴承压力 F_{DH}的作用，并认为前后壁均受大小相等、方向相反、作用在同一作用线上的作用力等于最大计算破碎力，$F_{js}=1.5F_{max}$，因此，对于整体铸造和焊接机架，可以根据图 5-20 所示的简化图形，按不定长方形框架进行计算。

从材料力学可知，Ⅰ—Ⅰ断面的倾角 ϕ，等于整个系统变形能对力矩 M_0的偏微分：

$$\phi=\frac{\partial V}{\partial M_0}=4\left[\int_0^{l/2}\frac{M(x)\,\mathrm{d}x\,\partial M(x)}{EJ_1\,\partial M_0}+\int_0^{h/2}\frac{M(y)\,\mathrm{d}y M(y)}{EJ_2 M_0}\right] \tag{5-17}$$

对于机架侧壁断面，只受力矩 M_0作用，故：

$$\frac{M(x)}{M_0}=\frac{M}{M_0}=1 \tag{5-18}$$

而前后壁断面则受力矩 M_0和 $F_{js}\times y/2$ 力矩之差的作用，故：

$$\frac{\partial M(y)}{\partial M_0}=\frac{\partial\left(M_0-\frac{F_{js}}{2}y\right)}{\partial M_0} \tag{5-19}$$

由于 M_0（N · m）是该平衡系统的多余外力（内力），它对系统平衡没影响，根据卡氏定理知 $\phi=0$，将式（5-18）和式（5-19）代入式（5-17）中，则得：

$$M_0 = \frac{F_{js}h^2}{8\left(\frac{J_2}{J_1}l + h\right)} \tag{5-20}$$

对前后壁

$$M_{max} = M_0 - \frac{F_{js}h}{4} \tag{5-21}$$

式中 h——机架侧壁两中心线间的距离，m；

l——机架前后壁两中心线间距离，m；

F_{js}——最大计算力，N；

J_1，J_2——机架侧壁和前后壁的惯性矩，m^4。

根据所求得的M_0及M_{max}，可核算机架强度核算机架侧壁强度σ_1（MPa）的公式为：

$$\sigma_1 = \frac{M_0}{W_1} + \frac{F_{js}}{2A} \tag{5-22}$$

核算机架前后壁强度σ_2（MPa）公式：

$$\sigma_2 = \frac{M_{max}}{W_2} \tag{5-23}$$

式中 W_1，W_2——机架侧壁和前后壁断面模数，m^3；

A——机架侧壁断面面积，m^2。

机架也是结构复杂的重要件，最适合采用有限元法计算。国内和国外均对机架作过有限元分析计算，可查已有资料。

5.3.5 肘板、肘垫与齿板设计

破碎机肘板有三个作用：一是传递动力；二是当非破碎物进入破碎腔时，肘板可先行折断，从而保护机器其他零部件，因此它是破碎机保险件；三是更换不同长度肘板，可调整排料口大小（指简摆机而言）。

颚式破碎机肘板也和衬板一样，在工作过程中受到强烈磨损，是一种易损件，同时又是保险件。

在正常工作中，因为肘板头（简称肘头）和肘板座垫（简称肘垫）之间，不能得到很好的润滑，也就是两者间不能形成油膜，加之粉末落入，所以实际上肘板与肘垫之间，是一种干摩擦和磨粒磨损状态。这样，导致肘板与肘垫磨损很快，使用寿命很低。

此外，肘板与肘垫之间传递很大的挤压力，并承受着冲击载荷，在反复冲击挤压的情况下，肘垫被挤压在动颚和肘座的凹槽中，更换时很难拆掉。

根据对简摆和复摆破碎机运动分析可知，肘板运动特性是一种简单摆动，属于铰链连接的摆动件。因此，肘头和肘垫构成一种摆动副。

肘头与肘垫的结构形式，一般有两种：滚动型（滚动副）和滑动型（滑动副），如图5-21所示。

现以滚动型为例，说明肘头与肘垫相对运动与受力情况（图5-22）。在破碎机工作时，破碎力的分力，经肘垫压向肘板，最后由肘垫C支撑。与此同时，动颚通过肘垫给

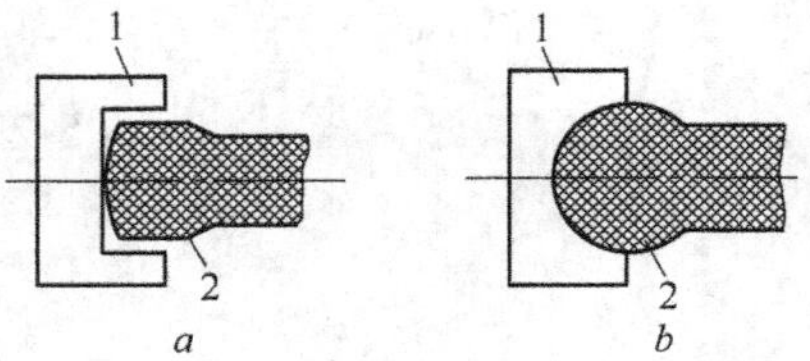

图 5-21　肘头与肘垫形式

a—滚动型；*b*—滑动型

1—肘垫；2—肘头

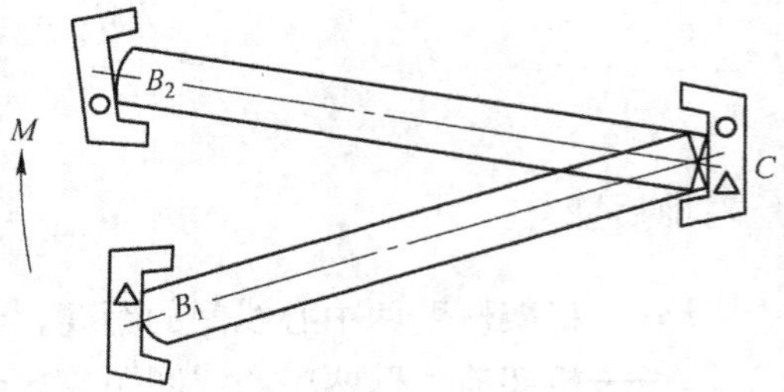

图 5-22　肘板的摆动位置

肘板一个摆动力矩 M，在此力矩作用下，肘板绕着 C 点，从极限位置 B_1 摆到极限位置 B_2。在位置 B_1 时，肘头滚到△点与肘垫接触；在位置 B_2 时，肘头滚到○点与肘垫接触，如此往返运动。

变肘头与肘垫滑动型为滚动（图 5-23），根据对肘头与肘垫相对运动分析[23]可知，若$\frac{D-d}{D}$越大，肘头在肘垫里滚动运动的区域也越大；若$\frac{D-d}{D}$越小，则肘头在肘垫里滚动的区域也越小；若 $D-d$ 很小，即采用配合尺寸，则肘头在肘垫里几乎处于完全滑动，此为滑动副；若$\frac{D-d}{D}$大到一定程度，可变滑动为滚动，一般可取$\frac{D-d}{D}=0.35\sim0.4$ 即可（图 5-23）。

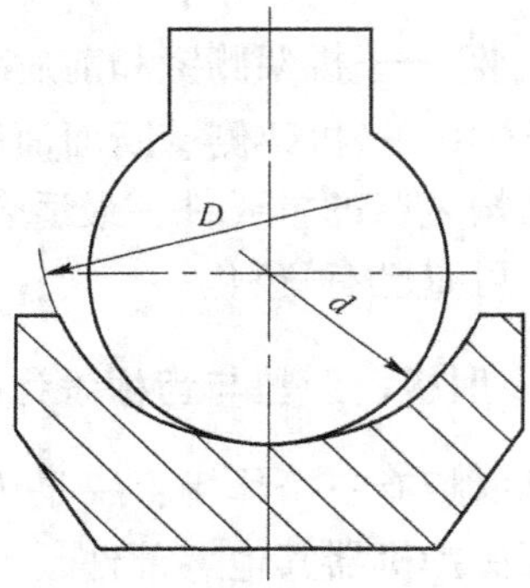

图 5-23　肘头、肘垫形式

在破碎机工作中，由于长时间冲击作用使肘板垫产生变形。更换时很难拆下，为此可借用改变配合面形状解决此问题，如图 5-23 所示的肘板垫。

肘垫承受很大的冲击压力，必须用较好材料制作。对大型破碎机，可用 5CrMnMo、5SiMnMoV；而中小型破碎机，常用 45 钢（表面淬火 HRC40 ~ 50），40Cr（高频淬火 HRC45 ~ 55）。

肘板常用灰口铸铁（HT15-33）制作。由于它是保险件，其断面尺寸是根据机器在超负荷时能自行断裂而设计。因此，在重新制造配件时，应该按图加工，不能任意改变尺寸或改用其他牌号材料。为了减少肘垫与肘头的磨损，除经常在两结合面间注入润滑油外，还要防止灰尘和细粒物料进入结合处，所以在结合处上部加装挡灰板。

肘板的结构形式有整体式和组合式。一般都采用整体式。大型破碎机均应采用组合式，它的优点是肘头磨损后可更换新肘头而肘板体可继续使用，这样可节约材料。例如本钢石灰矿将 900 × 1200 颚式破碎机整体式肘板改组合式。原来每年可用 8 块肘板，改后只更换头部（ZG45Mn）、肘体部是 HT15-33，每年可节约 8 万余元。

当破碎机落入非破碎物时，为了防止机器重要零部件破坏，通常是用肘板作为保险件，因它是机器中最便宜的零件。计算肘板强度时，故意提高它的许用应力或削弱它的断面，以便超载时破坏，借以达到保险的目的。但是，由于设计时很难准确计算破碎力，所以，常常当超载时，它未破坏，或者没超载时，它反而破坏了，影响生产。所以，设计时必须精确计算。

对整体肘板按下式计算，其强度：

$$F_{BC} = B\delta[\sigma_P]'$$

式中 B——肘板宽度，由动颚宽度决定，m；

δ——肘板厚度，m；

$[\sigma_P]'$——肘板计算许用压应力，MPa，$[\sigma_P]' = (1.25 \sim 1.3)[\sigma_P]$。对铸铁肘板 $[\sigma_P] = 90$MPa，对钢肘板 $[\sigma_P] = 90 \sim 110$MPa。

由于计算很难达到准确，故在负荷试车时要反复进行修正最终才能找到一个截面尺寸能达到保险作用。

齿板（也叫衬板），是破碎机中直接与矿石接触的零件，结构虽然简单，但它对破碎机的生产率、比能耗，产品粒度组成和粒形以及破碎力等都有影响，特别对后三项影响较明显。

齿板承受很大的冲击挤压力，因此磨损得非常厉害。为延长它的使用寿命，可从两方面来研究：一是从材质上找到高耐磨性能材料；二是合理确定齿板的结构形状和几何尺寸。

现有颚式破碎机上所使用的齿板，一般是采用 ZGMn13。其特点是：在冲击负荷作用下，具有表面硬化性，形成既硬又耐磨表面，同时仍能保持其内层金属原有的韧性，故它是破碎机上用得最普遍的一种耐磨材料。普通高锰钢的主要缺点是：在使用过程中，材料会产生变形（伸长）。

近年来，国内外采用一种高铬白口铸铁制作齿板，它的使用寿命比高锰钢还高很多（表 5-3）。它与其他耐磨材料耐磨性能比较是：高铬白口铸铁大于硬镍铸铁；硬镍铸铁大于低合金钢；低合金钢大于高锰钢。

表 5-3 高铬白口铸铁与高锰钢使用寿命比较

破碎物料	使 用 寿 命	
	ZGMn13	15Cr-3Mo 铸铁
石灰石	100%	350%
砂 岩	100%	500%

齿板横断面结构形状有两种：平滑表面和齿形表面，后者又分三角形和梯形表面。

对平滑表面衬板的试验表明，在相同条件下与齿形衬板比较，生产率提高 40% 左右，寿命提高 50% 左右；但破碎力约增加 15%，又不能控制破碎产品粒度，而且功率消耗稍有增加。因此，对破碎层状物料，要求产品粒度较高的条件下，不宜采用平滑衬板，对于破碎磨蚀性很强的极坚硬物料，为延长衬板寿命，也可采用平滑衬板。北京某采石场就是在这种情况下选用平滑衬板，其使用寿命明显增加。

为了保证产品粒度和形状，通常还是采用三角形或梯形衬板（图 5-24）。

因为衬板齿形对破碎机生产率、比能耗没有明显的影响，仅对产品粒度组成、粒形以

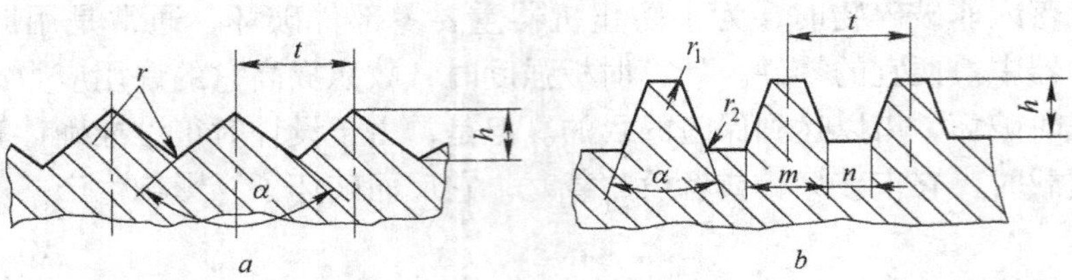

图 5-24　衬板齿形

a—三角形；b—梯形

及被破碎物料性质有关。故可按下式计算齿高：

$$h = \frac{d_{\max}}{3.16K_1K_2} \tag{5-24}$$

式中　K_1——考虑衬板齿形系数，三角形齿 $K_1 = 0.8$，梯形齿 $K_1 = 0.7$；

K_2——考虑矿石种类系数，石英石、玄武岩 $K_2 = 1.1$，花岗岩、正长岩等 $K_2 = 1.0$，石灰石 $K_2 = 0.8$；

$d_{\max}$——产品最大粒度。

齿形节距 $t = (1.5 \sim 3)h$，齿形圆角半径为 r。当给料口大于 400mm 时，$r_1 = 10$mm、$r_2 = 15$mm 左右，当给料口小于 400mm，$r_1 = 5$mm、$r_2 = 10$mm 左右。

大型颚式破碎机都是采用圆弧齿，如 Svedala 集团新一代颚式破碎机就是采用圆弧齿。图 5-25 所示为 1200×1500 破碎机所用的圆弧齿。动颚齿板齿数为 9 个齿，定颚齿板齿数为 10 个齿，其他尺寸如图 5-25 中所示。

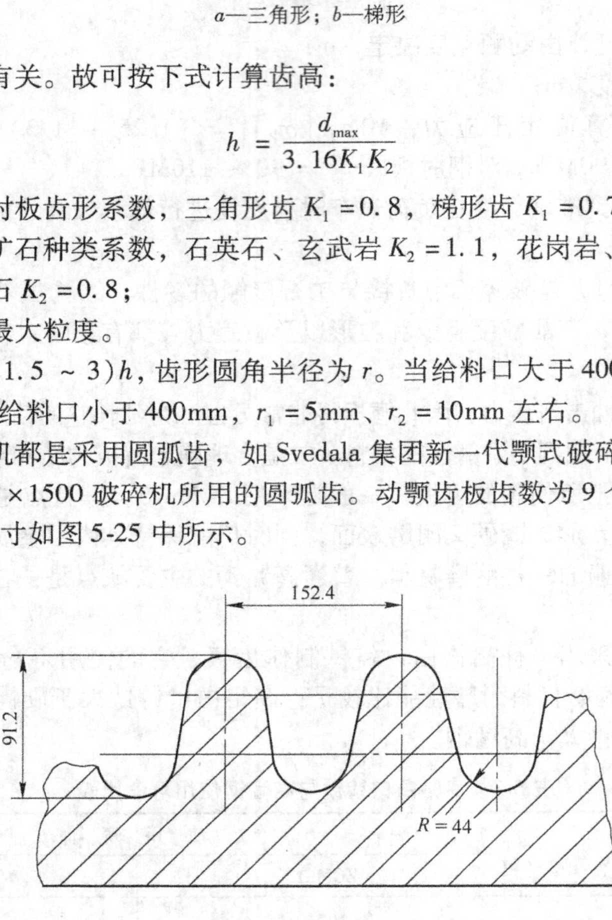

图 5-25　圆弧齿

5.3.6　动颚轴径与轴承计算

偏心轴是带动动颚作上下旋摆运动的主要零件，它承受相当大的弯曲力和扭力，因此应采用优质材料。一般中小型破碎机都用 45 号钢并进行调质处理或正火处理，借以提高轴的强度和抗磨性。大型破碎机采用优质合金结构钢锻造加工成偏心轴，用 42MnMoV、$30Mn_2MoB$、34CrMo 钢较合适。

为了减少应力集中对偏心轴强度的影响，设计和制造时，应力求加大过渡圆角半径。

设计破碎机的过程中，当破碎机构确定后便可着手画装配草图。通过绘制装配草图，确定动颚机架结构尺寸以及破碎机调整机构结构和位置等。为了确定动颚轴孔尺寸，先应该定偏心轴颈和轴承型号。为此，按下式初步确定动颚轴颈：

$$d = (33 \sim 39)\sqrt[3]{\frac{P}{n}} \tag{5-25}$$

式中 P——破碎机电动机功率，kW；

n——偏心轴每分钟转速，r/min。

例：250×400 颚式破碎机 $P=15\text{kW}$，$n=300\text{r/min}$，代入式中得 $d=13.2\text{cm}$，实际 $d=130\text{cm}$；400×600 颚式破碎机 $P=30\text{kW}$，$n=260\text{r/min}$，代入式中得 $d=18.9\text{cm}$，实际 $d=190\text{cm}$。

计算滚动轴承寿命首先应求得破碎机轴承当量负荷 F_{cp}（N）。根据实际测定[26] $F_{cp}=(0.22-0.24)F_{max}$（式 5-26）。这样可按下式计算国产滚动轴承寿命 L（h）为：

$$L = 10^6/60n(C/F_{cp})^{\varepsilon} \tag{5-26}$$

式中 n——偏心轴每分钟转速，r/min；

C——轴承额定动载荷，kN；

F_{cp}——轴承当量负荷，kN；

ε——指数，对滚子轴承为 10/3。

5.3.7 飞轮设计

大三角带轮既是传动件又是飞轮，所以在设计大三角带轮时，同时还得满足飞轮转动惯量的要求，故在此先介绍飞轮转动惯量的计算。

颚式破碎机是一种间歇工作的机器，工作行程破碎物料而空行程只是克服机构中的有害阻力，因而造成机器转动速度的波动及电动机的负荷不均匀。为使破碎机工作平稳，转速波动小，电动机负荷均匀，在偏心轴两端装有飞轮。空行程时它储存能量，而工作行程时，飞轮放出能量。

设破碎机在空行程期间 t_1 内的功率消耗为 P_1，在压碎物料期间 t_2 内的功率消耗为 P_2，电动机额定功率为 P，并且 $P_1<P<P_2$。

在 $P>P_1$ 期间，多余的功率使飞轮角速度从 ω_{min} 增加到 ω_{max}；在 $P<P_2$ 期间，功率不足，使飞轮角速度从 ω_{max} 减少到 ω_{min}，同时飞轮放出能量，增加破碎物料的有效功率，提高破碎机的破碎效率。由此，可得能量平衡方程式：

$$102Pt_1 = 102P_1t_1 + J/2(\omega_{max} - \omega_{min})$$

或

$$102Pt_1 = 102P_1t_1 + J\omega^2\delta_0 \tag{5-27}$$

式中 J——飞轮的转动惯量，kg·m²；

ω——飞轮平均角速度，$\omega = \dfrac{\omega_{max}+\omega_{min}}{2}$；

δ_0——速度不均匀系数，$\delta_0 = \dfrac{\omega_{max}+\omega_{min}}{2}$。

对于大型颚式破碎机，取 $\delta_0=0.01\sim0.03$，对于中小型破碎机，取 $\delta_0=0.03\sim0.05$。

飞轮储存的能量为：

$$102t_1(P - P_1) = J\omega^2\delta_0 \tag{5-28}$$

考虑摩擦损失的机械效率 η 为：

$$\eta = \frac{P - P_1}{P} \tag{5-29}$$

代入公式（5-28）中，得飞轮所需要的转动惯量：

$$J = \frac{102t_1P\eta}{\omega^2\delta_0} \tag{5-30}$$

机械效率 $\eta = 0.75 \sim 0.85$，简摆颚式破碎机取低值，复摆颚式破碎机取高值。

从“理论力学”可知，飞轮转动惯量：

$$J = GD^2 \tag{5-31}$$

式中　G——飞轮质量，kg；

　　D——飞轮直径，m；

　　J——转动惯量，$kg \cdot m^2$。

将式（5-30）代入式（5-31），求得飞轮质量 G（kg）：

$$G = \frac{4gJ}{D^2} = 4g \times \frac{102t_1P\eta}{\omega^2\delta_0D^2} \tag{5-32}$$

式中　g——重力加速度，$g = 9.81m/s^2$。

对复摆破碎机，可近似认为 $t_1 = t_2 = \frac{30}{n}$，单位为 s，代入式（5-32），得

$$G = 11 \times 10^6 \times \frac{P\eta}{n^3\delta_0D^2} \tag{5-33}$$

对简摆破碎机，可取 $t_1 = \frac{2}{3}t = \frac{40}{n}$，代入式（5-32），得

$$G = 14.7 \times 10^6 \times \frac{P\eta}{n^3\delta_0D^2} \tag{5-34}$$

设计飞轮时，先根据已知的皮带轮直径给定飞轮直径 D，然后按式（5-33）或式(5-34)计算飞轮理论质量。飞轮的其他尺寸如图（5-26）所示，可按下式计算：

$$H_f b_f = \frac{G}{\pi Dr} \tag{5-35}$$

式中，π，G，D 均为已知，当选定飞轮材料后，密度 r 也可查得，然后根据皮带轮的宽度取为飞轮的宽度 b_f，便可求得 H_f 值。

飞轮实际质量 G_0 应为理论质量 G 的 1.1 ~ 1.3 倍。铸铁飞轮的最大圆周速度不超过30m/s。

破碎机有双飞轮也有单飞轮，前者用得较普遍。不论单、双飞轮，而机器的飞轮矩必须保证，因此单飞轮只能省下轮毂和轮辐部分材料以及减少加工费等。国内生产的破碎机也有采用单飞轮的。

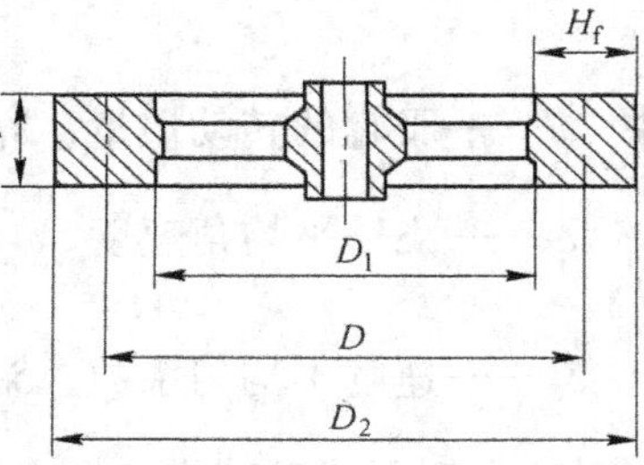

图 5-26　飞轮几何尺寸的计算

飞轮转动惯量的分配是，轮缘约占85%以上；轮毂约2%；而轮辐占12%以下。

5.3.8　破碎机调整装置

调整装置供调整破碎机排料口大小用。随着衬板的不断磨损，排料口尺寸也不断地变大，而产品粒度也随之变粗。为了保证产品粒度的要求，必须利用调整装置，定期地调整排料口尺寸。此外，当要求得到不同粒度产品时，也需要调整排料口大小。现有颚式破碎机的调整装置有多种多样，但归纳起来有：垫片调整装置、楔铁调整装置两种。

5.3.8.1　垫片调整装置

垫片调整装置有：利用螺栓顶推和利用液压缸顶推两种。

A　利用螺栓顶推

利用螺栓顶推肘板座，取出垫片，则排料口增大；反之，加入垫片，则排料口减小。推顶肘板座之前，要适当放松拉紧弹簧，松开压紧垫板螺栓和支承肘座的螺栓。这种方法适于中、小型破碎机。

B　利用液压缸顶推

图3-4所示1200×1500破碎机是采用液压调整装置，它是借助液压缸的活塞杆推动后肘座，然后增加垫片或减少垫片，使排料口减小或增大。然后停止供油，并用螺栓将肘座与后壁压紧。

这两种调整装置比较，后者操作灵活、省力、方便，但结构稍复杂些，所以最适于大中型破碎机。

5.3.8.2　楔块调整装置

楔块调整装置有两种形式：楔块是借助后肘板座与机架后壁之间的两个垂直放置的楔块（图3-5）作相对运动，来实现破碎机排料口的调整。现在被水平放置的楔块调整装置所代替。

图5-27所示是借助后肘座与机架后壁之间水平放置的楔块作相对运动，来实现破碎机排料口的调整。在机架后壁上有后肘座1、楔块2和有正反螺纹的轴3所构成的调整排料口宽度的机构和由手柄4的驱动机构。

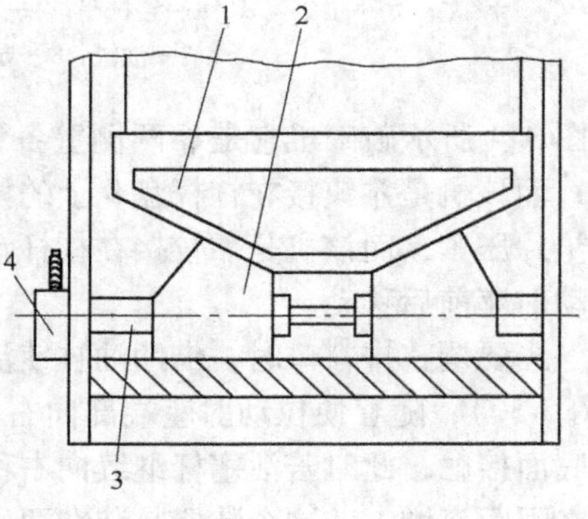

图5-27　楔块调整
1—后肘座；2—楔块；3—轴；4—手柄

图5-28所示又是一种楔块调整装置，它有两只液压缸1、4，其一端与机架铰接而另一端与楔块铰接。楔块2、5之间借用90°凹槽面相配合。楔块2的背面与机架3相配合而楔块5直边（背面）与后肘座6相配合。向油缸供油使油缸活塞杆驱动两楔块相向或相背运动增减排料口大小。这种调整装置的优点，能实现无级调整、调整方便省力、可实现自动控制，结构简单，制作方便。国内外大型颚式破碎机常采用。

5.3.8.3　杠杆盘式调整装置

图5-29所示借助后肘座端部10通过油缸7、活塞杆6、杠杆盘9使肘座压在垫片和机架后墙上。此时肘座在上下方向的间隙被楔块5消除，而肘座与垫之间也由油缸、活塞杆和杠杆盘压得很紧，也消除了之间间隙。因此，这种垫片调整装置可同时满足三个要求：

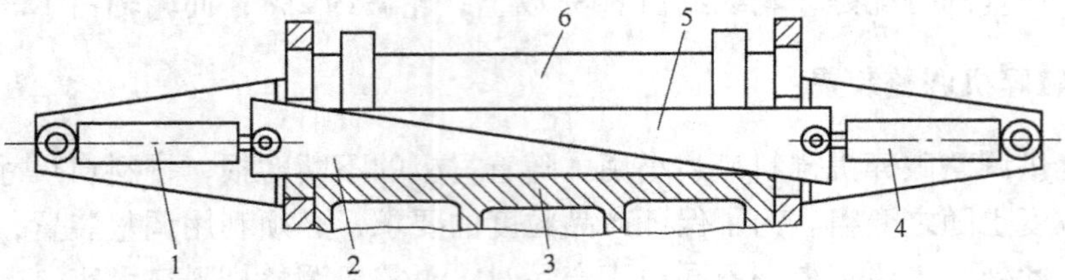

图 5-28　液压式楔块调整

1，4—油缸；2，5—楔块；3—机架后墙；6—后肘座

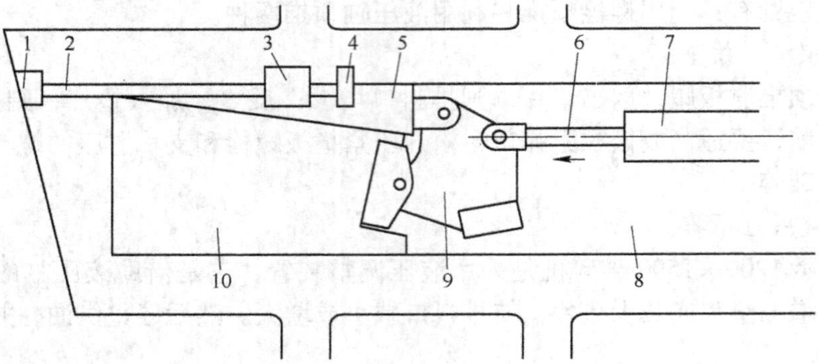

图 5-29　杠杆盘式调整装置

1，4—导杆座；2—导杆；3—导套；5—楔块；6—活塞杆；
7—油缸；8—导槽；9—杠杆盘；10—后肘座端部

像图 3-4 所示破碎机它是靠两侧壁各装一个带有三个螺栓的楔块来消除肘座与导槽的间隙，而该机是靠铰接在杠杆盘 9 上的楔块来完成；一般破碎机是用两根拉紧螺栓将肘座后部垫片压紧，而该机是靠铰接在杠杆盘 9 的肘座，通过油缸活塞杆压紧的，同时又能用它拉动肘座前后移动。

当要调整排料口时，借助油缸使活塞杆向右移动，通过杠杆盘 9 首先将楔块拉向右移（图 5-30），随着便拉动肘座端部向右移动，同时杠杆盘 9 也有转动，使其上的凸块与导槽底面接触，此时若活塞杆继续向右移，则肘座沿导轨底平面继续向右移，使肘座与后墙板之间距离增大，这个装置是装在两侧壁的导槽里，是一种非常省力而又简易的办法。发达国家有采用这种排料口调整装置的。

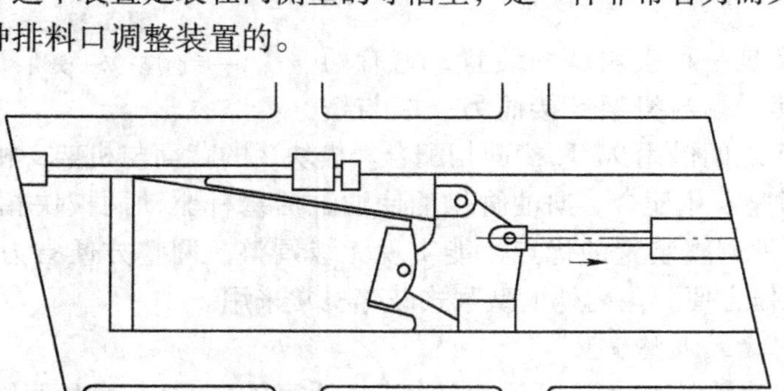

图 5-30　杠杆盘式调整装置

5.3.9 保护装置

颚式破碎机破碎作业工况极为恶劣，工作负荷波动性很大，尖峰负荷通常为平均负荷的三倍以上。常因入料不均或因破碎腔进入极硬极强的不可破碎物（如铁块等，以下简称料障）而出现突然的大幅度的超载险情。

过载保护装置有很多种形式，这里仅介绍肘板和飞轮限矩保护和液压保护三种。前者在肘板设计中已有叙述。

5.3.9.1 飞轮限矩保护

采用弹簧摩擦离合器、液压摩擦离合器或设置安全销等。此类方法简摆式颚式破碎机上采用居多。

摩擦离合器的工作力矩为：

$$M = fF$$

式中 F——碟形弹簧与离合器间的压紧力；

f——碟形弹簧与离合器间的摩擦系数。

这种离合器，既要保证正常工作力矩的传递，又要使传递的力矩不超过允许值。当破碎腔落入料障时，机器过载，达到临界转矩，飞轮在轴上自由滑动，起到保护主要零部件的作用。但由于离合器摩擦系数f受外界条件（如温度等）影响较大，使其工作的可靠性受到限制，且过载时，仍需人为清障、停机修理，系统恢复比较麻烦。特别对于破碎有较多料障的料流时（如钢渣破碎线），这种保护装置更不适用，还是采用液压保护装置。

5.3.9.2 液压保护装置

一般液压保护装置都兼有液压调整排料口的功能。图 5-31 所示为洛矿院设计的颚式破碎机液压保护装置。在肘板 22 和机架后梁 13 之间，有液压保护装置，它由肘座 20、上下导轨组成的导向滑槽 21、油缸 24 和导向滑槽调节螺钉调节系统等组成。

破碎机过载保护：过载保护是通过液压保护支承装置受控于液压、电气控制系统实现的。

取作用在动颚上的破碎力反馈于油缸内的压力 P 作为控制参数，液压保护支承装置作为可伸缩的中间传力构件，通过液压系统充、卸油压，使上述装置或成刚性支承状态，或成可收缩的状态，以满足动颚行使正常破碎作业和超载时自动吐障的工艺要求。

控制过程为：油缸 24 高压腔 16 内通入高压油，活塞杆 19 顶出，推动动颚成刚性支承状态，破碎机进行正常破碎作业。落入料障，机器超载，油压 P 升高，达到传感器 12 设定值，发出指令，指示先导控制阀 8 动作，使受控于它的阀 9、阀 10 和阀 11 同时动作，改变其当前所处状态；阀 9 切断蓄能器 4 与油缸高压腔 16 的通路，阀 11 反向打开，阀 10 开启，使高压腔 16 内的油压卸荷失压，动颚随同油缸活塞快速后退，排料口张大至排障所需尺度，吐出料障。排障后，由电器信号使阀 8 动作，相应阀 9、阀 10、阀 11 恢复当初状态，油源快速向高压腔 16 补油，油缸推动动颚立即恢复原位，机器又进入正常破碎作业。

排料口调整：靠调整丝杆 14 顶推油缸 24 和肘座 20 移动，借增减垫片来调整排料口大小。调整前先松开导向滑槽螺钉 15，调整完再固定之。

液压保险装置有如下优点：结构紧凑，工作可靠，非破碎物能自动排出和动颚自动复

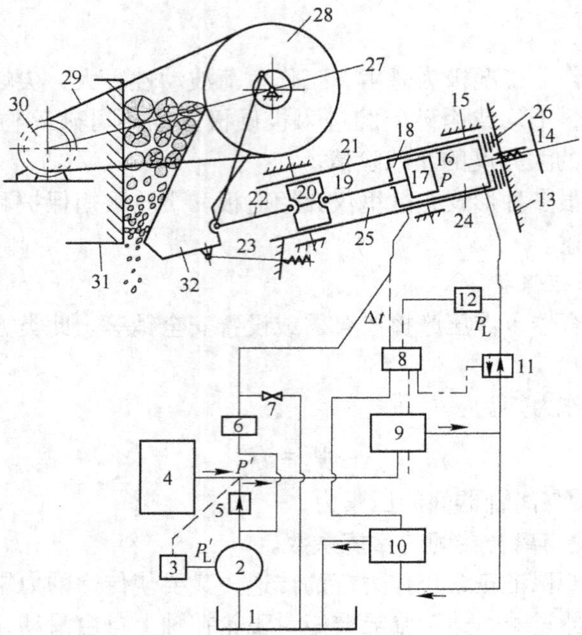

图 5-31　液压保护装置

1—油箱；2—油泵；3，12—压力传感器；4—液压蓄能器；5—单向阀；6—前腔切换阀；7—截止阀；8—先导控制阀；9—启闭阀；10—主卸荷阀；11—液控单向阀；13—机架后梁；14—调整丝杆；15—导向槽调节螺钉；16—高压腔；17—活塞；18—低压腔；19—活塞杆；20—肘座；21—导向滑槽；22—肘板；23—弹簧拉杆；24—油缸；25—油缸导向支承装置；26—调整垫；27—偏心轴装置；28—飞轮；29—窄 V 带；30—电动机；31—定颚；32—动颚

位，不用停车，使机器增加的应力小，一般为 10%，而弹簧保险装置使机器增加 30% 左右的应力。所以，液压保险装置越来越得到广泛的应用，也是颚式破碎机发展趋势之一。

美国、英国、日本、前联邦德国及前苏联等都已相继在颚式破碎机上研制了液压保护装置，并取得了很好效果。我国进口机型中如前联邦德国 WEDAG 公司产品和日本磁力株式会社生产的 KSH 型颚式破碎机，都采用液压保护装置。

6 颚式破碎机运动与动力学及平衡

6.1 颚式破碎机运动学与动力学

颚式破碎机连杆和动颚，在破碎机运转中产生很大的惯性力。它在破碎机各运动副中引起动压力，因而增加运动副的磨损，影响零部件的强度和降低机器的效率。再者，由于惯性力大小和方向的周期性变化，会使机器及基础产生振动以及偏心轴回转不均匀。为了消除这些有害的影响，必须求出连杆（动颚）构件的重心速度和加速度以及惯性力的变化规律。在此基础上，进行破碎机平衡计算。

把复摆颚式破碎机简化为图 6-1 所示的铰链四杆机构。图中 A_0A、AB、BB_0 分别表示曲柄、动颚和肘板。P 点为动颚上任意点，其他如图所示。A 点绕 A_0 点作均匀转动，角速度为 ω_1。

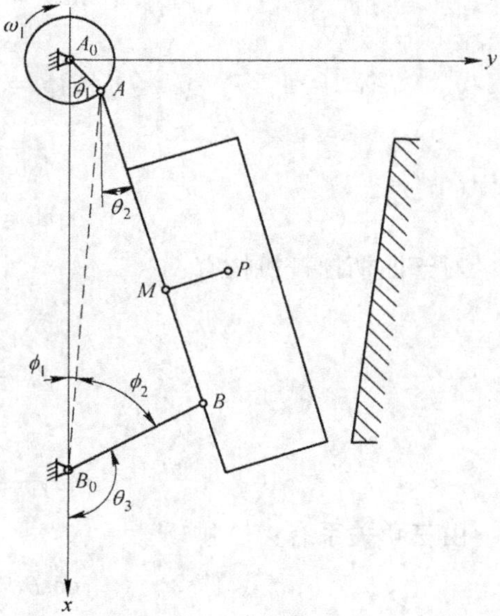

图 6-1 机构计算简图

$A_0A = l_1$; $AB = l_2$; $BB_0 = l_3$; $A_0B_0 = l_4$;

$AM = l_5$; $MP = l_6$; $AB_0 = 1$;

$\phi = \phi_1 + \phi_2$; $\theta_3 = 180° - \phi$

6.1.1 位置分析

复摆颚式破碎机机构简图，如图 6-1 所示，以动颚重心 P 点为例，首先对其进行位置分析。

根据机构所构成矢量封闭形，可写出矢量关系式：

$$l_1 + l_2 = l_4 + l_5 \tag{6-1}$$

而此矢量关系式又可写成两个分量形式的代数式：

$$\left.\begin{aligned} l_1\cos\theta_1 + l_2\cos\theta_2 - l_3\cos\theta_3 - l_4 &= 0 \\ l_1\sin\theta_1 + l_2\sin\theta_2 - l_3\sin\theta_3 &= 0 \end{aligned}\right\} \tag{6-2}$$

该式为位置分析的基本关系式。式中 θ_2 和 θ_3 为未知数，如图 6-1 所示，P 点坐标为：

$$\left.\begin{aligned} x_P &= l_1\cos\theta_1 + l_5\cos\theta_2 + l_6\cos(90° + \theta_2) \\ y_P &= l_1\sin\theta_1 + l_5\sin\theta_2 + l_6\sin(90° + \theta_2) \end{aligned}\right\} \tag{6-3}$$

$$a = \frac{l_1^2 + l_3^2 + l_4^2 - l_2^2 - 2l_1l_4\cos\theta_1}{2l_1l_3} \tag{6-4}$$

$$b = \frac{l_4 - l_1\cos\theta_1}{l_1} \tag{6-5}$$

根据图中几何关系，有：

$$l^2 = l_1^2 + l_4^2 - 2l_1l_4\cos\theta_1 \tag{6-6}$$

$$\cos\phi_2 = (l_3^2 + l^2 - l_2^2)/2ll_4 \tag{6-7}$$

$$\cos\phi_2 = (l_3^2 + l^2 - l_2^2)/2ll_3 \tag{6-8}$$

$$\left.\begin{aligned}\sin\phi &= \cos\phi_2\sin\phi_1 + \sin\phi_2\cos\phi_1\\ \cos\phi &= \cos\phi_2\cos\phi_1 - \sin\phi_2\sin\phi_1\end{aligned}\right\} \tag{6-9}$$

经过整理和简化后得：

$$\left.\begin{aligned}\sin\phi &= \frac{l}{z}(a\sin\theta_1 + bw)\\ \cos\phi &= \frac{l}{z}(ab - w\sin\theta_1)\end{aligned}\right\} \tag{6-10}$$

其中

$$\left.\begin{aligned}z &= l^2/l_1^2 = b^2 + \sin\theta_1\\ w &= (l/l_1)\sin\phi_2 = \sqrt{z - a^2}\end{aligned}\right\} \tag{6-11}$$

对于曲柄摇杆机构有：

$$\left.\begin{aligned}x_A &= l_1\cos\theta_1\\ y_A &= l_1\sin\theta_1\end{aligned}\right\} \tag{6-12}$$

$$\left.\begin{aligned}x_B &= l_4 - l_3\cos\phi\\ y_B &= l_3\sin\phi\end{aligned}\right\} \tag{6-13}$$

由三角关系有：

$$\left.\begin{aligned}\cos\theta_2 &= (x_B - x_A)/l_2\\ \sin\theta_2 &= (y_B - y_A)/l_2\end{aligned}\right\} \tag{6-14}$$

将式（6-11）、式（6-12）、式（6-13）代入式（6-14），即可求得 $\cos\theta_2$ 和 $\sin\theta_2$，然后再代入式（6-10），可得：

$$\left.\begin{aligned}x_P &= x_A + l_5\cos\theta_2 - l_6\sin\theta_2\\ y_P &= y_A + l_5\sin\theta_2 + l_6\cos\theta_2\end{aligned}\right\} \tag{6-15}$$

6.1.2 速度分析

将式（6-2）对时间求导数，经整理得：

$$\left.\begin{aligned}-l_2\sin\theta_2\omega_2 + l_3\sin\theta_3\omega_3 &= \omega_1 l_1\sin\theta_1\\ l_2\cos\theta_2\omega_2 - l_3\cos\theta_3\omega_3 &= -\omega_1 l_1\cos\theta_1\end{aligned}\right\} \tag{6-16}$$

式中，连杆角速度 ω_2 和摇杆角速度 ω_3 为未知，曲柄角速度 ω_1 已知。此式为线性方程组，故可写成矩阵形式：

$$\begin{bmatrix}-l_2\sin\theta_2 & l_3\sin\theta_3\\ l_2\cos\theta_2 & -l_3\cos\theta_3\end{bmatrix}\begin{bmatrix}\omega_2\\ \omega_3\end{bmatrix} = \omega_1\begin{bmatrix}l_1\sin\theta_1\\ -l_1\cos\theta_1\end{bmatrix} \tag{6-17}$$

此式为速度分析的基本关系式。

解式（6-17），可求得角速度 ω_2 和 ω_3，分别为：

$$\left.\begin{aligned} \omega_2 &= \frac{l_1\omega_1\cos(\theta_1+\theta_3)}{l_2\sin(\theta_2-\theta_3)} \\ \omega_3 &= \frac{l_1\omega_1\cos(\theta_1+\theta_2)}{l_3\sin(\theta_2-\theta_3)} \end{aligned}\right\} \tag{6-18}$$

将式（6-3）对时间求导，可得 P 点的速度分量为：

$$\begin{aligned} v_{Px} &= \dot{X}_P = -\omega_1 l_1\sin\theta_1 - \omega_2 l_5\sin\theta_2 - \omega_2 l_6\sin(90^\circ+\theta_2) \\ v_{Py} &= \dot{Y}_P = \omega_1 l_1\cos\theta_1 + \omega_2 l_5\cos\theta_2 + \omega_2 l_6\cos(90^\circ+\theta_2) \end{aligned} \tag{6-19}$$

P 点的速度和方向角为：

$$\left.\begin{aligned} v_P &= \sqrt{v_{Px}^2+v_{Py}^2} \\ \alpha_v &= \arctan(v_{Py}/v_{Px}) \end{aligned}\right\} \tag{6-20}$$

6.1.3 加速度分析

将式（6-17）再对时间求导，得：

$$\begin{bmatrix} -l_2\sin\theta_2 & l_3\sin\theta_3 \\ l_2\cos\theta_2 & -l_3\cos\theta_3 \end{bmatrix}\begin{bmatrix} \varepsilon_2 \\ \varepsilon_3 \end{bmatrix} = \begin{bmatrix} -\omega_2 l_2\cos\theta_2 & \omega_3 l_3\cos\theta_3 \\ -\omega_2 l_2\sin\theta_2 & \omega_3 l_3\sin\theta_3 \end{bmatrix}\begin{bmatrix} \omega_2 \\ \omega_3 \end{bmatrix} + \begin{bmatrix} \omega_1 l_1\cos\theta_1 \\ \omega_1 l_1\sin\theta_1 \end{bmatrix} \tag{6-21}$$

解式（6-21）可求得角加速度 ε_2 和 ε_3，分别为：

$$\left.\begin{aligned} \varepsilon_2 &= \frac{l_2\omega_2^2\cos(\theta_3-\theta_2) + l_1\omega_1^2\sin(\theta_3+\theta_1) - l_3\omega_3^2}{l_2\sin(\theta_3-\theta_2)} \\ \varepsilon_3 &= \frac{l_1\omega_1^2\sin(\theta_1+\theta_2) + l_2\omega_2^2 - l_3\omega_3^3\cos(\theta_3-\theta_2)}{l_3\sin(\theta_3-\theta_2)} \end{aligned}\right\} \tag{6-22}$$

经速度分析后，上式中仅连杆（动颚）的角加速度 ε_2 和摇杆（肘板）的角加速度 ε_3 为未知，故可求解。

将式（6-19）再对时间求导，即可得 P 点的两个加速度分量：

$$\left.\begin{aligned} a_{Px} &= \ddot{x}_P = -\omega_1^2 l_1\cos\theta - \omega_2^2 l_5\cos\theta_2 - \omega_2^2 l_6\cos(90^\circ+\theta_2) - \varepsilon_2 l_5\sin\theta_1 - \varepsilon_2 l_6\sin(90^\circ+\theta) \\ a_{Py} &= \ddot{y}_P = -\omega_1^2 l_1\sin\theta - \omega_2^2 l_5\sin\theta_2 - \omega_2^2 l_5\sin(90^\circ+\theta_2) + \varepsilon_2 l_5\cos\theta_2 + \varepsilon_2 l_6\cos(90^\circ+\theta_2) \end{aligned}\right\} \tag{6-23}$$

P 点的加速度和方向角为：

$$\left.\begin{aligned} a_P &= \sqrt{a_{Px}^2+a_{Py}^2} \\ \alpha_P &= \arctan(a_{Py}/a_{Px}) \end{aligned}\right\} \tag{6-24}$$

6.1.4 惯性力和惯性力矩

动颚的惯性力等于其质量 m 乘重心的加速度 a_P，即：

$$F = -ma \tag{6-25}$$

负号表示 F 和 a_p 的方向相反。

动颚的惯性力偶矩为：

$$M_j = -J_s\varepsilon_2 \tag{6-26}$$

式中　J_s——动颚对于通过其重心轴的转动惯量；

ε_2——动颚的角加速度，负号表示 M_j 的转向与 ε_2 的转向相反。

6.1.5　程序框图和计算实例

当偏心轴转一圈，即 θ_1 从 0°变化到 360°时，由上述一系列公式，就可依次算出动颚重心 P 点相应于各曲柄转角的位置、速度、加速度及惯性力和惯性力矩等。按上述计算步骤编制出 FORTRAN 源程序，在一般微型计算机上都能计算。程序框图如图 6-2 所示。

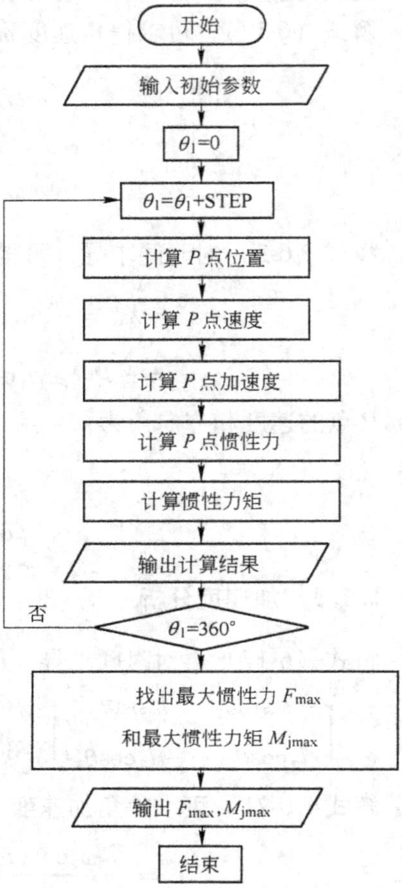

图 6-2　运动学与动力学程序框图

例：已知：PEF600×900 型复摆颚式破碎机

l_1 = 20mm，l_2 = 1410mm，l_3 = 460mm，l_4 = 1220mm，l_5 = 503.6mm，l_6 = 80.6mm，动颚质量为 m = 2000kg；动颚的转动惯量为 J_s = 2600kg · m²；偏心轴转速为 n = 300r/min。

求：速度、加速度、惯性力和力矩。

解：根据已知数据，按上述程序上机计算，其计算结果列于下表（表中只是部分结果）。

θ_1	u_a/m · s^{-1}	α_u/(°)	α_v/m · s^{-1}	α_a/(°)	F/N	M_j/N · m
10°	0.598	89.5	21.42	-1	43677	21036
60°	0.578	-26.6	16.62	34	33879	44363
120°	0.645	13.2	13.23	-59	26978	33220
180°	0.417	73.3	20.46	-4	41710	-8523
240°	0.562	-25.8	16.99	37	34638	-39836
300°	0.652	12.5	14.21	-59	28968	-28232
360°	0.409	72.7	21.25	-6	43324	13979
75°	0.633	-15.5	14.31	50	29169	45812

当 θ = 10°时，动颚的惯性力达最大值：F_{max} = 43677N，F_{max} 与 x 轴正向的夹角为 -1°。

当 θ = 75°时，动颚的惯性力矩达最大值：M'_{jmax} = 45812N · m。M'_{jmax} 的转向与偏心轴的转向相同，即顺时针方向。

6.2 颚式破碎机的平衡

在颚式破碎机运动学与动力学的基础上计算转换到偏心轴上的反作用力，进而求得破碎机平衡重的重量，借以达到破碎机平衡的目的。

前面式（6-24）中已求得 P 点的加速度和方向角：

$$a_{\mathrm{P}} = \sqrt{a_{\mathrm{Py}}^2 + a_{\mathrm{Px}}^2}$$

$$\alpha_{\mathrm{P}} = \arctan(a_{\mathrm{Py}}/a_{\mathrm{Px}})$$

惯性力和惯性力偶矩，

$$\left.\begin{aligned} F_{\mathrm{P}} &= -ma_{\mathrm{P}} \\ M_{\mathrm{P}} &= -J_{\mathrm{P}}\varepsilon \end{aligned}\right\} \tag{6-27}$$

式中 J_{P}——对动颚重心的转动惯量；

ε——动颚的角加速度，负号表示 M_{P}与 ε 转向相反；

a_{P}——动颚重心的加速度，负号表示 F_{P}与 a_{P}方向相反。

所谓颚式破碎机的平衡，就是平衡由动颚惯性载荷在轴承中产生的振动力。因此计算平衡时可不计动颚自重。此外，由于肘板质量，转动惯量以及曲轴质量和偏心都很小，为方便可省略不计。所以，只考虑由动颚引起的惯性力的惯性力矩。这样，在有两个运动副的机构（图 6-3）中，作用有惯性力 F_{P}和惯性力偶矩 M_{P}以及约束反力 F_{PA}、$F_{\mathrm{BB_0}} = F_{\mathrm{B_0B}}$。按动静法计算，对 A 点的力矩方程得：

$$F_{\mathrm{B_0B}} = \frac{M_{\mathrm{P}} + F_{\mathrm{Px}} l_8 \sin\theta - F_{\mathrm{Py}} l_8 \cos\theta_8}{l_3 \sin\beta} \tag{6-28}$$

式中

$$\left.\begin{aligned} F_{\mathrm{Px}} &= F_{\mathrm{P}}\cos(\alpha_{\mathrm{P}} + 180^\circ) \\ F_{\mathrm{Py}} &= F_{\mathrm{P}}\sin(\alpha_{\mathrm{P}} + 180^\circ) \end{aligned}\right\} \tag{6-29}$$

其他符号见图 6-3 所示。

求动颚惯性力引起的动颚对曲轴的反力，即作用在曲轴支座 A_0 点的振动力，其 x、y 分量为：

$$\left.\begin{aligned} F_{\mathrm{PAx}} &= F_{\mathrm{Px}} + F_{\mathrm{B_0B}}\cos\theta_3 \\ F_{\mathrm{PAy}} &= F_{\mathrm{Py}} + F_{\mathrm{B_0B}}\sin\theta_3 \end{aligned}\right\} \tag{6-30}$$

由于颚式破碎机的结构特殊性以及在肘板上加装平衡重比较困难，所以只在曲轴上加平衡重借以达到部分平衡由惯性力和惯性力偶矩在曲轴支座上的振动力（F_{PA}）。

如图 6-4 所示，若在曲轴上加向径为 l_{g}，位置角 α_{q}，质量 G_{B} 的平衡重，则由 G_{B} 及动颚惯性力在曲轴支座上引起的动压力（剩余振动力）$F_{1\mathrm{x}}$、$F_{1\mathrm{y}}$可按下式求得：

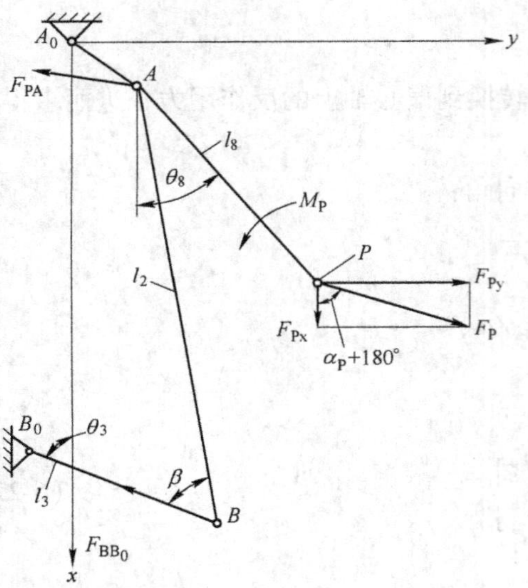

图 6-3　颚式破碎机平衡

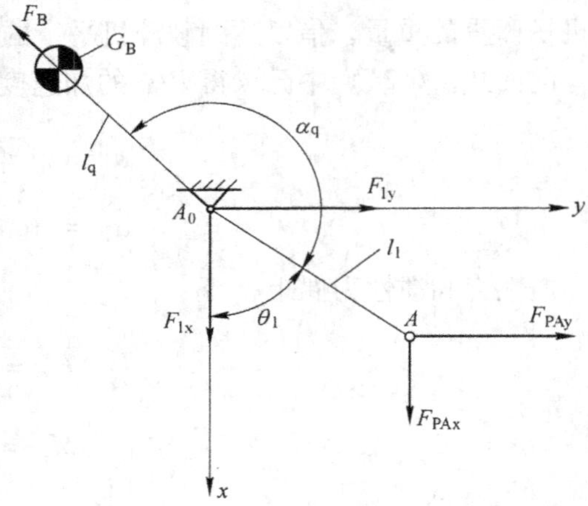

图 6-4　平衡质量计算

$$\left.\begin{aligned}F_{1x} &= F_{PAx} + F_B\cos(\theta_1 + \alpha_q)\\ F_{1y} &= F_{PAy} + F_B\sin(\theta_1 + \alpha_q)\end{aligned}\right\} \tag{6-31}$$

其中，$F_B = G_B l_q \omega_1^2 / g$。

最后求得作用在曲轴支座 A_0 上的振动力 F_1 为

$$F_1 = \sqrt{F_{1x}^2 + F_{1y}^2} \tag{6-32}$$

讨论：根据式（6-31）可采用离差平方和最小值或者采用惯性力最大值和最小值和的一半方法求得平衡重大小和位置。前者对改善轴承受力较好；后者对改善传给地基的动载荷较好。

以上计算破碎机平衡未考虑动颚自重、肘板和偏心质量的平衡以及曲轴上振动力矩 $M_1 = F_{PAy} l_1 \cos\theta_1$、$-F_{PAx} l_1 \sin\theta_1$ 等，故颚式破碎机无法实现完全平衡。

平衡重一般都放在飞轮（皮带轮）轮缘上。在试车时，可借调整平衡块质量来满足破碎机最佳平衡的要求，是一种简单有效的办法，但很费事。

6.3　弹簧及拉杆的计算

如图 6-5 所示，在破碎机空转过程中，因动颚惯性力 F_{Pi} 和惯性力偶矩 $M_{F_{Pi}}$ 的作用，会使动颚与肘板分离而破坏机器正常运转。为防止这种现象的发生，在动颚下端设有拉杆弹簧装置，借以保证动颚和肘板紧密配合。

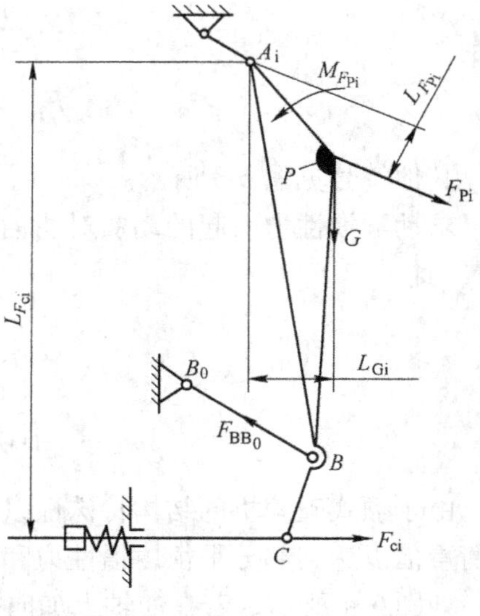

图 6-5　求弹簧最大压缩

按着前面分析颚式破碎机运动学与动力学方法，可找出拉杆与动颚铰接点 C 轨迹上各点的惯性力和惯性力矩，进而求得计算弹簧的最大压缩力。

在图示情况下，因肘板只能承受压力 F_{BB_0} 而不能承受拉力，所以图中 $F_{BB_0}=0$。根据对 A_i 点的力矩方程得

$$F_{ci} = \frac{GL_{Gi} - M_{F_{Pi}} L_{F_{Pi}}}{L_{F_{ci}}} \tag{6-33}$$

同理，可求得 F_1，F_2，F_3，…，F_{12}等作用力。在拉杆弹簧处于压缩状态中，即在惯性动载荷使动颚与肘板分离的各位置上，取其中最大的 F_{ci}值，作为计算弹簧的依据。

讨论：虽然将 F_{ci}最大值作为计算弹簧的依据。但是弹簧实际最大工作压缩力 F_{cmax}应该大于 F_{ci}最大的 1.5 ~2 倍。为了不使所选的弹簧刚度过大，弹簧的工作圈数要大于 5 圈。

在破碎机运转过程中，经常需要调节弹簧的预紧力，此时完全凭操作人员的经验确定。笔者经验是，当新肘板装上后，应这样增加预紧力，即破碎机空转开始，由于预紧力不够，肘板与肘垫之间产生响声，随着逐渐增加预紧力，响声也逐渐减小直到没有响声，然后将压紧螺帽固定。

拉紧弹簧在颚式破碎机零件中，既是很小又是很便宜的零件，即便把弹簧选得较大也只能说有点浪费而已。故工厂为省事常用简化方法设计拉紧弹簧。但是对弹簧式圆锥破碎机就不一样了，因为该机所用的弹簧数量太多，又比较大，影响机器安全。所以，不论从重要性还是从价值方面看，采用最优方法设计这种弹簧都有很重要意义。

7　圆锥破碎机机型与性能

7.1　弹簧式圆锥破碎机

7.1.1　弹簧式圆锥破碎机概述

世界上第一台圆锥破碎机专利公布于1878年，到1898年才制成产品。美国在19世纪末开始应用了圆锥破碎机。

弹簧式圆锥破碎机是美国密尔沃基西蒙斯（Symons）兄弟二人设计的，故得名西蒙斯圆锥破碎机。该机至今约有百年的历史，虽然逐渐改进、结构日趋完善，但基本结构没有重大变化。

我国在1954年仿苏联2100和1650弹簧式圆锥破碎机基础上，自行设计生产了1200弹簧式圆锥破碎机。1958年又设计制造了大型2200弹簧式圆锥破碎机。后经多年反复研究与实践，相继克服了旧系列弹簧压力不足，零件强度低以及结构上某些缺点，现已批量生产的弹簧式圆锥破碎机有600、900、1200、1750、2200五个规格14种腔。

国产弹簧式圆锥破碎机与世界先进国家同类破碎机比较，在质量和性能上还有差距，为赶上世界先进水平，沈阳重型机器厂引进美国诺得贝格（Nordberg）公司西蒙斯（Symons）与旋盘式圆锥破碎机（gyradisc crushers）技术，并合作制造该系列圆锥破碎机。

圆锥破碎机新标准所制定的基本参数也和西蒙斯圆锥破碎机相当。因此，今后国内生产的弹簧式圆锥破碎机也就是西蒙斯破碎机，老产品将逐渐被淘汰。

圆锥破碎机工作原理如图7-1所示。破碎机电动机1的动力由传动轴2，圆锥齿轮3带动偏心轴套4旋转。主轴5自由地插在偏心轴套4的锥形孔里，动锥6固装在主轴上并支持在球面轴承8上。随着偏心轴套的旋转，动锥6的中心线 OO_1 以 O 为顶点绕破碎机中心线 OO_2 作锥面运动。这样，当动锥中心线 OO_1 转到图示位置时，动锥6靠近定锥7，则矿石处于被挤压和破碎过程，而动锥另一面离开定锥，此时被挤压碎了的矿石靠自重从两锥体底部排出。圆锥破碎机破碎腔的物料是随动锥转动连续地被破碎，所以它比颚式破碎机生产率高且工作比较平稳。

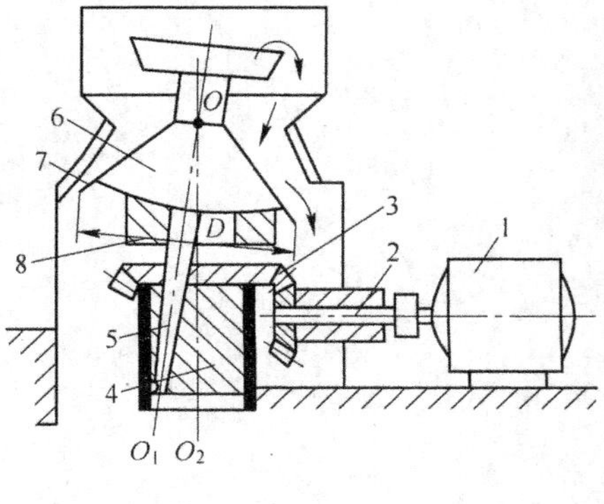

图7-1　圆锥破碎机示意图
1—电动机；2—传动轴；3—圆锥齿轮；4—偏心轴套；5—主轴；6—动锥；7—定锥；8—球面轴承

旋盘式圆锥破碎机工作原理与弹簧式圆锥破碎机一样，其区别在于破碎腔以及与破碎腔相匹配的运动参数不同。

国家新标准规定有600、900、1200、1300、1750、2200六种规格22种腔型。其中分标准型和短头型以及重型三类。

国产弹簧式圆锥破碎机型号与标记是用汉语拼音字母和动锥大端直径以及给料口宽度来表示：例如 PYBZ—2233 弹簧式圆锥破碎机，P—破碎机、Y—圆锥、B—标准型（D 为短头型）、Z—重型（普通型不标注）、22—动锥大端直径为 2200mm、33—给料口宽度为 330mm；又例如 PYX－2125 旋盘式圆锥破碎机，P 与 Y—同前、X—旋盘式、21—动锥大端直径为 2100mm、25—喉口尺寸为 25mm。

7.1.2 弹簧圆锥破碎机机型和性能

图 7-2 所示为弹簧式圆锥破碎机（以下简称弹簧机）。它由机架、传动部、偏心轴套部、动锥部、定锥部、调整部、保险部、防尘装置和润滑系统组成。

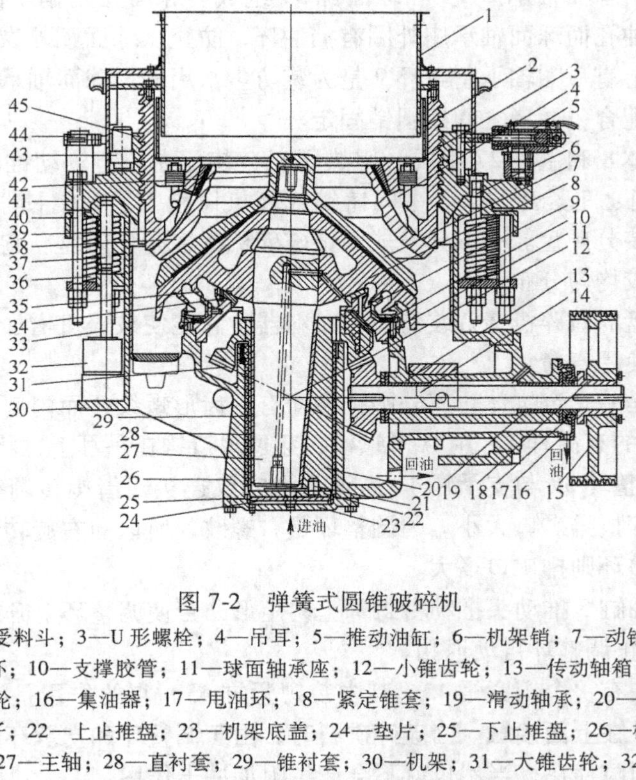

图 7-2 弹簧式圆锥破碎机

1—密封罩；2—受料斗；3—U 形螺栓；4—吊耳；5—推动油缸；6—机架销；7—动锥衬板；8—驱体；9—轴承密封环；10—支撑胶管；11—球面轴承座；12—小锥齿轮；13—传动轴箱；14—传动轴；15—皮带轮；16—集油器；17—甩油环；18—紧定锥套；19—滑动轴承；20—偏心轴套；21—销子；22—上止推盘；23—机架底盖；24—垫片；25—下止推盘；26—机架中心套筒；27—主轴；28—直衬套；29—锥衬套；30—机架；31—大锥齿轮；32—清腔千斤顶；33—下推杆；34—球面瓦；35—领缘；36—弹簧组；37—上推杆；38—定锥衬板；39—调整环；40—弹簧螺栓；41—支承环；42—锁紧螺母；43—锁紧缸；44—防松机构；45—锁紧帽

机架是整个破碎机主体，所有部件都装在机架上，它被四个地脚螺栓固定在基础上。

传动轴部分装在机架传动轴箱 13 里，它的前端小锥齿轮 12 和偏心轴套 20 上的大锥齿轮 31 相啮合。其另一端借皮带轮 15 和皮带与电动机相连接。圆锥破碎机传动轴轴承 19 有滚动轴承也有滑动轴承。两者各有优缺点。国内都采用滑动轴承，国外有采用滚动轴承的。当轴承制造质量、装配与润滑都很好时，滑动轴承工作效果很好，寿命也较长，又便于维修。

偏心轴套部分是由铸铁的偏心轴套 20、大锥齿轮 31 和锥衬套 29 组成。锥衬套可用巴氏合金或青铜材料制作。锥衬套压装在偏心轴套的锥形孔里，并在其上部缺口处铸锌加固，或采用环氧树脂加固。大锥齿轮与偏心轴套之间是用 H7/k6 过盈配合，并用键连接。为了平衡动锥部件的惯性力和使偏心轴套与直衬套 28 沿全长接触，大锥齿轮顶部装有平衡重。

偏心轴套被支承在二片止推盘 22、25 和垫片 24 以及机架底盖 23 上。上止推盘用销子 21 与偏心轴套相连，能随偏心轴套转动。国产 2200 弹簧机采用三块止推盘，其顺序是上盘为铜质、中盘为钢质、下盘为钢质。老式 2100 弹簧机为四块止推盘，其顺序是上盘为钢质、中上盘为铜质、中下盘为钢质，下盘为铜质的。1650 旋盘破碎机也采用四块止推盘，其顺序也是与老式弹簧机一样。

球面轴承部分由球面轴承座 11 和球面瓦 34 组成。球面瓦用销子固定在球面轴承座上。球面瓦上有回油孔而球面轴承座外圈有挡油环，防止从球面瓦外缘挤出的油进入防尘水中。球面轴承座上有一圈轴承密封环 9 是为装防尘水用的。球面轴承座下部止口与机架上的环形加工面相配合，两者之间用圆销固定。

动锥部分由驱体 8 和主轴 27 组成，用热压配合装配在一起。动锥的外表面装有锰钢衬板 7。为了使它们之间紧密贴合，中间铸锌或环氧树脂，上部用锁紧螺母 42 锁紧。在锁紧螺母的顶部没装分矿盘。一般弹簧式圆锥破碎机都装有分矿盘。它的作用是使矿石能沿破碎腔圆周方向较均匀分布。

对于不装分矿盘的破碎机最好装有旋转布料器，它能使破碎机增加产量，降低破碎产品粒度和延长衬板使用寿命。

调整环部分也是一个定锥体，其外圆锥表面有锯齿形螺纹，而内部锥体上有缺口，定锥衬板 38 上面相应的有吊耳 4。用 U 形螺栓 3 穿过缺口钩在吊耳上，将定锥衬板 38 固定在调整环 39 上。调整环 39 与支承环 41 靠锯齿形螺纹连接，借旋转调整环使定锥上升或下降，从而改变破碎机排矿口大小。因调整环是右螺纹，所以向右旋转调整环，排矿口便减小，向左旋转调整环则排矿口增大。

调整环是借助油缸 5 推动头推动密封罩上的矩形凸台使调整环上升或下降。调好后常用防松机构 44 来防止调整环自动退扣。

在调整环外套装有一个锁紧帽 45，其中装锁紧缸 43。它的作用是消除锯齿形螺纹连接的间隙，使两螺纹在上面接触。当破碎矿石时，由于调整环和支承环两螺纹接触面在破碎力的方向上没有间隙存在，当然也就不会产生附加冲击作用。

支承环 41 的锥面与机架上部锥面相配合，支承环沿圆周方向有 16 组弹簧，每组有 10 支，每组用 5 根螺栓将弹簧压在两托盘之间，靠弹簧张力把支承环压在机架上。这样，当不能被破碎的物料落入破碎腔时能起保险作用。

破碎机的传动轴承、止推盘、锥衬套与主轴、直衬套与偏心轴套、两锥齿轮以及球面轴承的表面，是相对运动的摩擦表面。为了保证破碎机正常运转，各摩擦表面必须要很好的润滑与防尘。此外，为了保证各传动件的安全，还应设有保险装置。

中细碎机比粗碎圆锥破碎机（旋回破碎机）产生灰尘更加严重，因此要求它有完善的防尘装置。目前弹簧式中细碎机大多数都是用水封防尘装置，也有采用油脂密封或者空气密封。

在球面轴承座上有盛水或不结冻液体的轴承密封环9环形沟槽，而在动锥上焊有截锥形的领缘35，其下端插入沟槽的水中，领缘把灰尘挡住，使它落入水槽中，不让灰尘落入破碎机内部。

防尘水从进水管进入沟槽，充满后从排水管口流走，同时把落入水中的灰尘带走。

破碎机上述各摩擦表面都是采用稀油循环润滑。油从中心套筒的端盖上的进油孔进入偏心轴套的止推盘中，由于止推盘上有放射状的油沟，油流过中心孔时也同时进入各沟槽润滑止推盘。油经止推盘中心孔沿偏心轴套内外表面和主轴上的中心孔上升，同时也润滑各摩擦表面，最后润滑球面轴承和锥齿轮，从齿轮上甩下的油顺排油孔排出。

传动轴承是采用另一条单独的油路给油和排油进行循环润滑。

破碎机的保险装置是装在机架上的一圈16组弹簧。当不能破碎的物料进入破碎机时，力求使定锥与支承环向上抬起，并压缩弹簧，以增大动锥与定锥衬板表面间的距离，使不能破碎的物料经排矿口排出，而保护破碎机不受损坏，然后支承环和调整环借弹簧的张力恢复原位。这样，能在一定程度上保证破碎机的安全。

当破碎机在负荷下停车时，通常残留在破碎腔中的矿石必须清除后方能重新起动破碎机。液压清腔系统由电动机、油泵、油箱、清腔千斤顶以及管路、控制阀、控制表等组成。当清腔时，液压油经油泵、阀和管路进入液压千斤顶中，使活塞伸出，通过推杆33将支承缸（上架）顶离与下架相接触的锥面25.4mm（对1650、2100破碎机为38mm），使衬板间间隙增大，卸掉了楔紧物料的压力，物料便可无阻碍地通过破碎腔或易于进入人工清理。应该注意，当顶起支承环后，必须将安全挡块塞入支承环与机架之间方能进行清腔工作，否则会产生安全事故。

排料口调整方法（图7-3）：停止破碎机给料，起动油泵1，压力油经滤清器2、单向阀18进入电磁换向阀16。此时电磁阀16应处于松开位置，压力油进入单向阀15和锁紧缸12。当油压大于15MPa时，锁紧缸里的弹簧（图中未示出）被压缩，则锁紧帽松开。因为该锁紧系统正常工作情况下是靠弹簧张力使锁紧帽将调整环被锁紧的。当将电磁阀处于中间位置，锁紧油路被封住，使锁紧帽总是处于松开状态。此时液压油经单向阀进入电磁阀7，使电磁阀处于 P 与 B 通，压力油进入油缸10后腔。前腔油经 B 与 O 和滤清器3返回油箱4中。这样，油缸10中活塞向前推进，

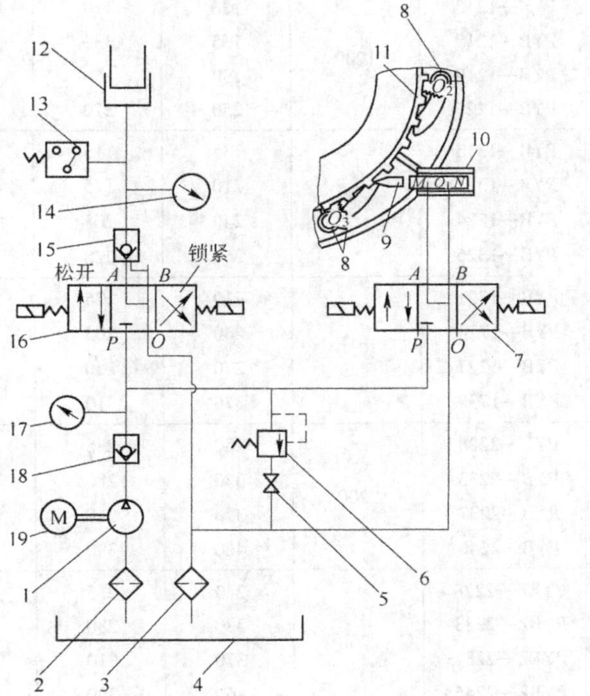

图7-3 液压调整排料口系统

1—油泵；2，3—滤清器；4—油箱；5—截止阀；6—溢流阀；7，16—电磁阀；8—拨爪；9—推动头；10—推动缸；11—防尘罩；12—锁紧缸；13—压力开关；14，17—压力表；15，18—单向阀；19—电动机

推动头9使拨爪8以O_3点为中心向外摆动，脱开防尘罩11的凸台。油缸10的推动头使防尘罩凸台沿图内方向运动一个凸台间距的过程中，它本身又绕O_1自由旋转，以适应凸台位置改变的需要。另一拨爪8在凸台转动时，也以O_2为中心向外摆动。

当排料口调好后，将电磁阀置于中间位置，油缸10前后腔油都回到油箱，然后再将电磁阀16换到销紧位置，即B与P通，打开单向阀压力油经A与O滤清器3返回油箱，锁紧帽处于锁紧状态。最后停止电动机19和油泵。

弹簧式破碎机基本参数列于表7-1。

表 7-1　弹簧式圆锥破碎机基本参数

型　号	规格		最大给矿粒度/mm	排矿口调整范围/mm	生产率/$t \cdot h^{-1}$	主电动机功率/kW	机器参考质量/g
	破碎壁大端直径/mm	给矿口宽度/mm					
PYB—0607	600	70	60	6~38	15~50	≤22	4.5
PYB—0609		95	80	10~38	18~65		
PYB—0611		110	90	13~38	22~70		
PYB—0910	900	100	85	10~22	45~90	≤75	10.0
PYB—0917		175	145	13~38	55~160		
PYB—0918		180	150	25~38	110~160		
PYB—1213	1200	130	110	10~30	60~165	≤110	17.0
PYB—1215		155	130	13~38	100~195		
PYB—1219		190	160	19~50	140~300		
PYB—1225		250	210	25~50	190~310		
PYB—1313	1300	135	115	13~30	105~180	≤150	22.5
PYB—1321		210	175	16~38	130~250		
PYB—1324		240	205	19~50	170~345		
PYB—1326		260	220	25~50	230~335		
PYB—1721	1750	210	175	16~38	180~320	≤220	43.5
PYB—1724		240	205	22~50	255~410		
PYB—1727		270	230	25~64	290~630		
PYB—1737		370	310	38~64	430~680		
PYB—2228	2200	280	235	19~38	380~725	≤280	67.5
PYB—2233		330	280	25~50	600~990		
PYB—2237		370	310	32~64	780~1270		
PYB—2246		460	390	38~64	870~1360		
PYBZ—2228	2200	280	235	19~38	540~1020	≤375	87.5
PYBZ—2233		330	280	25~50	855~1410		
PYBZ—2237		370	310	32~64	1110~1800		
PYBZ—2246		460	390	38~64	1240~1920		
PYD-0603	600	35	30	3~13	9~35	≤22	4.58
PYD—0605		50	40	5~15	22~70		
PYD—0904	900	40	35	3~13	25~90	≤75	11.5
PYD—0906		60	50	3~16	25~100		
PYD—0908		80	65	6~19	55~120		

续表 7-1

型 号	规格 破碎壁大端直径/mm	给矿口宽度/mm	最大给矿粒度/mm	排矿口调整范围/mm	生产率/t·h⁻¹	主电动机功率/kW	机器参考质量/g
PYD—1206	1200	60	50	5~16	50~130	≤110	18.0
PYD—1207		70	60	8~16	85~140		
PYD—1209		90	75	13~19	140~180		
PYD—1212		120	100	16~25	160~210		
PYD—1306	1300	60	50	3~16	35~160	≤150	23.5
PYD—1309		90	75	6~16	80~160		
PYD—1310		105	90	8~25	95~220		
PYD—1313		130	110	16~25	190~230		
PYD—1707	1750	70	60	5~13	90~200	≤220	44.5
PYD—1709		90	75	6~19	135~280		
PYD—1713		130	110	10~25	190~330		
PYD—2210	2200	105	90	5~16	190~400	≤280	71.0
PYD—2213		130	110	10~19	350~500		
PYD—2218		180	150	13~25	450~590		
PYD—2220		220	170	16~25	500~650		
PYDZ—2210	2200	105	90	5~16	270~575	≤375	91.0
PYDZ—2213		130	110	10~19	490~700		
PYDZ—2218		180	150	13~25	630~840		
PYDZ—2220		220	170	16~25	720~900		

注：1. 表中的机器参考质量不包括电动机、电控设备、润滑站、液压站的质量。
2. 表中的破碎机生产率是满足下列条件时的设计通过量：
1）物料含水量不超过4%，不含黏土；
2）给料粒度小于排矿口的细颗粒物料占给料总量的10%以下，且给料在破碎腔360°圆周均布；
3）给料松散密度为1.6t/m³，抗压强度为150MPa。

7.1.3 旋盘式破碎机（gyradisc crushers）

美国诺得贝格公司自1960年开始研究这种破碎机到目前为止已有600、900、1200、1400、1650、1750、2100和特重型2100等八个规格。国内生产的主要是900、1200、1650和2100四种规格，这种破碎机主要技术性能见表7-2所示。

表7-2 旋盘破碎机基本参数

型 号	规格 破碎机大端直径/mm	喉口尺寸/mm	推荐给矿粒度/mm	最大给矿粒度/mm	生产率/t·h⁻¹	主电动机功率/kW	机器参考质量/t
PYX—0613	600	13	5~19	38	10~25	≤45	6.0
PYX—0619		19					
PYX—0911	900	11	5~19	38	55~65	≤75	11.5
PYX—0919		19					
PYX—0925		25					

续表 7-2

型　号	规　格		推荐给矿粒度/mm	最大给矿粒度/mm	生产率/t·h^{-1}	主电动机功率/kW	机器参考质量/t
	破碎机大端直径/mm	喉口尺寸/mm					
PYX—1213 PYX—1219 PYX—1225 PYX—1232	1200	13 19 25 32	5 ~ 19	38	100 ~ 115	≤150	25.8
PYX—1619 PYX—1625	1650	19 25	5 ~ 19	38	160 ~ 180	≤220	75.0
PYX—2116 PYX—2125 PYX—2132	2100	16 25 32	5 ~ 19	38	230 ~ 270	≤315	100.0

注：1. 表中的机器参考质量不包括电动机、电控设备、润滑站、液压站的质量。
2. 表中的破碎机生产率是满足下列条件时的闭路系统设计通过量：
1）物料含水量不超过4%，不含黏土；
2）给料粒度级配适当，沿破碎腔360°分布均匀；
3）给料松散密度为1.6t/m^3，抗压强度小于160MPa且消耗额定功率80%。

从表7-2中看出，旋盘破碎机能为球磨机提供更细粒级的原料。因此，人们常把它叫做超细碎破碎机。

旋盘破碎机构造如图7-4所示。这种破碎机是在西蒙斯破碎机的基础上发展起来的，也是一种弹簧式圆锥破碎机。它的构造与西蒙斯破碎机基本一致，仅增设旋转布料器1和

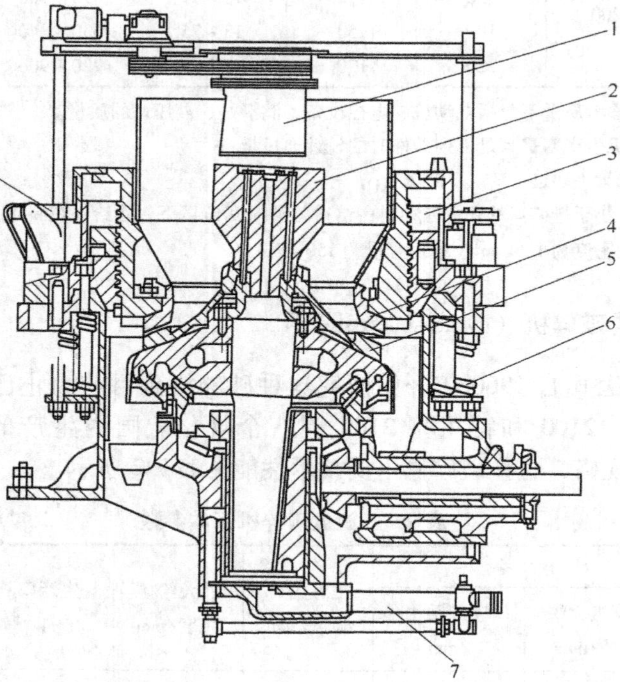

图 7-4　旋盘破碎机构造

1—旋转布料器；2—平衡机构；3—液压锁紧装置；4—定锥衬板；
5—动锥衬板；6—弹簧保护装置；7—液压润滑系统；8—液压调整装置

破碎腔有特殊的腔形。此外，900、1200 旋盘破碎机是采用液压释放锁紧装置，即锁紧是弹簧机械而卸掉锁紧力是液压油的压力。1650、2100 旋盘破碎机是靠液压力锁紧；定锥衬板与调整环之间和动锥与驱体之间是靠加工面配合并用楔块方式锁紧，两配合面之余的空隙不填充任何填料；破碎机传动齿轮为螺旋锥齿轮。

旋盘破碎机的旋转布料器是由电动机、联轴器、涡杆减速器、三角皮带、给料筒和给料斗所组成。旋转布料器能将大、小块物料彻底混合均匀，并以均匀稳定的料流绕着缓冲腔分布。这样，能够提高破碎机处理能力，降低能耗，保证产品粒度均匀整齐和延长衬板使用寿命。

旋盘破碎机具有独特的破碎腔（图 7-5），它是由最上部环形缓冲腔、非控制破碎区和平行区破碎部分所组成。其构造特点是：上部环形缓冲腔进料口尺寸 m 值比最大进料块尺寸大数倍。在环形腔内物料储存的高度 h 要保证一定数值，h 的大小决定于动锥每转循环中进入平行破碎区 l 段的物料多少，而 h 值的稳定程度又决定于能否定量的给料。β 角应限制在物料不能沿其锥面自由下滑的条件内。

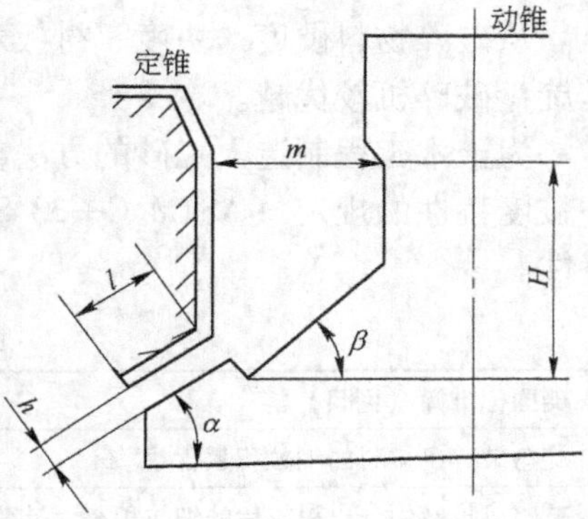

图 7-5　旋盘破碎机破碎腔示意图

动锥的底锥角 α，正常情况下为 25°，要求的条件同样是不能让物料沿其锥面自动下滑。这样腔形是专门为实现层压破碎（interparticle comminution）而设计的。所谓层压破碎，就是物料在破碎腔里在多层物料粒子之间产生冲击和研磨的综合作用中而破碎。这也就是旋盘破碎机能生产细粒物料的最根本原理。也可以说实现较大程度“选择性破碎”的结果。

破碎机的工作过程：混合均匀的粗细物料连续不断地经溜矿槽、料箱，再通过电动机、减速器、皮带驱动的旋转布料器，沿圆周方向均匀分布在破碎机受料区再进入缓冲腔。布料器能实现给料速度的控制，保证破碎腔中料层 h 高度的稳定。物料随动锥摆动以及破碎腔中物料高度的压力，经缓冲腔一部分物料随着动锥的摆动并由平行区“喉口”处动锥上的凸台控制物料，使它自由地进入研磨腔。破碎开始时，物料被下部动锥衬板带起来，同时有排出运动和被阻隔在破碎衬板间的情况。动锥的冲击动作借助于研磨及物料粒子间冲击作用，导致物料的破碎。即使动锥与定锥靠得最近时，衬板间仍有一层相当厚的小颗粒物料将其隔开。

在大多数情况下，为了得到较好的产品粒度并使满足要求的物料含量更高，应增大而不是减小排料口间隙。因此，该机排料口尺寸不像普通圆锥破碎机那样与所要求的产品粒度成正比。

该机所有上述的破碎效果，除腔形的作用之外，主要是摆动行与动锥摆动次数匹配得当。动锥每次退回时，喉部的空间由来自缓冲腔的料流充填，这一过程重复进行直到物料从研磨腔排出为止。对于动锥接连不断地旋摆运来说，动锥的行程和摆动周期应保证动锥后撤速度快于此前已被破碎物料的自由下落速度。因此，在物料开始下落时，速度相对较慢，旋摆速度可以控制在已被破碎物料下落一段距离以前，动锥已旋摆半圈。动锥后撤返回来冲击下落的被破碎物料，使其散开以便在下次冲击前获得物料间隙的相互位置，每次冲击时物料的这种重新取向作用，能使产品粒度均匀整齐和呈立方形。

由于旋盘破碎机产品粒度、粒形都比较好，使它的应用范围更加广泛，不仅能为球磨机提供更细粒级原料也是人工造砂的最佳设备。

立方形砂作为混凝土或沥青骨料最好。天然砂的棱角有磨圆的趋向，因而用它制成的混凝土的强度不如用人造砂制成的混凝土强度高。而人造砂不仅使混凝土强度提高，并能使水泥用量减少而进一步降低费用。因为带棱角的砂之间有一种相互的锁紧作用，同时立方形砂比圆形砂占有更大的表面积，使沥青与物料黏在一起减少了位移的可能性。

可用于人工造砂的破碎机还有棒磨机、反击式破碎机、立式冲击破碎机和辊式破碎机。从破碎物料硬度、块度、衬板寿命（消耗）、产品粒度、粒形以及相对成本来看，还是旋盘破碎机较优越。

为土木工程制造人工砂的方法在国外广为流行。表 7-3 为美国材料试验学会关于人造砂粒度特性的规定（ASTM C—33 Specification Sand）和旋盘破碎机制造的人造砂的粒度特性。

表 7-3　人造砂粒度特性

美国标准筛（网目）	4	8	16	30	50	100
旋盘破碎机排料的细粒积累含量/%	100	75	53	35	23	14
破碎机排料中分出粉末后的细粒积累含量/%	100	91	60	34	19	8
ASTM C—33 人造砂粒度标准	95 ~ 100	80 ~ 100	50 ~ 85	25 ~ 60	10 ~ 30	2 ~ 4

旋盘破碎机通常以闭路系统工作。实践表明它不适于破碎水分、黏性和泥质含量高的物料。但由于该机能给磨机提供更细粒级物料，所以是实现“多砂少磨”的优良设备。

短头圆锥破碎机将物料破碎到 9. 5mm 以下已经较为困难。如果增加一段超细碎旋盘破碎机（二次破碎），可以破碎至 100% 小于 7mm（3 目，循环载荷小于 50%），甚至 100% 小于 3mm（循环载荷小于 150%）。这对于球磨机工作是很有利的，往往可以提高产量 20%。而二次细碎的生产费用并不高，例如短头型破碎机产品中有 33% 的粗粒需要送旋盘破碎机进行二次细碎。根据某厂操作实践，设置超细碎机折合成球磨机每吨给料所增加的费用列于表 7-4。

表 7-4　超细碎费用

项　目	破碎粒度为 100% 小于 3 网目的费用 /美元 · t^{-1}（磨机给料）
衬　板	0. 010
功率消耗	0. 012（按 1. 5kW · h/t 计算）
维　修	0. 004
运输及筛分设备	0. 010
总　计	0. 036

7. 2　液压圆锥破碎机

7. 2. 1　液压圆锥破碎机概述

在 19 世纪 50 年代，随着液压技术的发展，促使在圆锥破碎机可以采用液压调整排料口和实现过载保护，这种破碎机称为液压圆锥破碎机。它是美国阿利斯—卡尔默斯（Allis-Chalmers）公司（简称 AC 公司）在 1948 年首先生产的液压圆锥破碎机和液压旋回破碎机。此后经不断地完善和改进，很快在世界多国得到推广使用。由于液压圆锥破碎机构造简单，制造成本低，生产能力高，便于维护保养，液压调整与过载保护性能优越，特别是易实现自动控制等优点。因此世界各国破碎机制造商相继开发各种液压圆锥破碎机以及液压旋回破碎机，如德国洪色特伟大格（Hum Boldt Wedag）公司独创的卡里巴脱（Calibrator）H 型中心单缸液压圆锥破碎机，前苏联也曾生产过这种破碎机以及液压旋回破碎机，日本神户制钢所也仿 AC 公司生产液压旋回和液压圆锥破碎机，而栗本铁公所生产顶部单缸液压圆锥破碎机，我国也于 20 世纪 70 年代先后开发了顶部单、双缸液压旋回和底部单缸液玉圆锥破碎机。后经过多年反复研究实践改进，到 80 年代我国液压圆锥破碎机已基本定型，底部单缸圆锥破碎机有 900、1200、1650、2200；液压旋回有 500/160 ~ 1600/170 十个型号；多缸圆锥破碎机 1200、2200 并已达到系列化、规格化和标准化程度。

破碎与磨碎是属于高能耗的工艺过程。在世界能源短缺的情况下，有人提出“多碎少磨”这种节能的工艺流程。为此，要求圆锥破碎机为磨机提供更细粒级的原料，借以达到节能的目的。对于靠排料口尺寸来控制产品粒度的破碎机，其排料口尺寸随破碎机大型化而增大，大型破碎机所得到的产品粒度也随之增大，所以不能满足“多碎少磨”的要求。因此，圆锥破碎机不宜向大型化方向发展而是向高能化方向发展。

高能圆锥破碎机是由美国 AC 公司研制并得到了广大用户认可。如原 AC 公司和现在瑞典山特维克（Sandvik）公司 H1800 系列都是高能圆锥破碎机，它既能得到细粒级产品而且产量又比传统圆锥破碎机高很多。此外，山特维克公司还生产了 S1800 系列粗中碎液压圆锥破碎机。

美国诺得贝格公司在旋盘式破碎机基础上，研制出高能层压 HP 系列多缸液压圆锥破碎机，其性能优越，可以满足“多碎少磨”的工艺要求。此外，该公司还提供 GP 系列中细碎用单缸液压圆锥破碎机。

上述两家公司均称这些破碎机是第三代最先进的新产品并在全世界得到广泛的应用。

我国在改革开放政策指引下，基本建设事业得到飞快的发展，促使破碎机市场也非常红火。国外破碎机制造商瞄准我国市场，将他们产品销往中国并在中国设有代办处。近些年国内用户引进国外各种先进的圆锥破碎机，其中以 GP 系列、HP 系列和 H/S1800 系列为最多，并且得到用户好评。在这种市场激烈竞争的情况下，国内科研设计与厂商也奋起直追。在对国外先进产品进行消化和吸收的基础上，努力开创国产先进的液压圆锥破碎机。作者曾与某厂合作先后研制了 PYY（c、z、x）800mm、1000mm、1400mm 三个规格九种腔型单缸液压圆锥破碎机，其性能与国外同规格先进的破碎机相近，个别地方有所改进。上海某些厂家也先后生产了动锥直径 1100、1400 的几种规格多缸液压圆锥破碎机。作者也与某厂合作研制了动锥直径 1100 多缸液压圆锥破碎机。这些破碎机性能都与国外 HP 系列同规格破碎机相近。

液压圆锥破碎机有底部单缸液压圆锥破碎机（简称单缸机）、顶部单缸液压圆锥破碎机和多缸液压圆锥破碎机（简称多缸机），其中顶部单缸液压圆锥破碎机国内外已不生产。因此，我们常说的单缸液压圆锥破碎机，实际上就是底部单缸液压圆锥破碎机。

液压圆锥破碎机的工作原理与弹簧式破碎机一样。动锥中心线都是以 O 点（图 7-1）

为顶点绕破碎机中心线做圆锥面运动。O 点对弹簧圆锥破碎机就是球面轴承的中心点，对单缸液压圆锥破碎机不是球面轴承中心点而是悬挂点。O 点在动锥的运动过程中始终保持静止。因此，动锥的运动可视为刚体绕定点 O 的转动。它是研究和计算圆锥破碎机动锥运动的理论依据。

7.2.2　单缸液压圆锥破碎机机型与性能

图 7-6 所示为作者设计由某厂制造的 PYYC—1021 单缸液压圆锥破碎机。它由上架体动锥体（驱体）、下架体、传动部和液压调整五大部件所组成。上架体部件由顶部横梁 1、悬挂轴承 2、轴承盖 3、定锥 4 和上部机架 5 组成；动锥体部件由动锥衬板 6、动锥体 7、主轴 8 和密封装置 10 以及底部球面瓦 31（上摩擦盘）组成；下架体部件由密封筒 9、下部机架 11、大锥齿轮组件 12、偏心轴套 13、平面轴承 33，以及偏心轴的内外衬套 20、21、大锥齿轮上端面止推垫片 34 和挡油环 35 组成；传动部由皮带轮 17、传动轴 15、小锥齿轮 19、前后轴承 14、18 以及传动轴架 16 组成；液压调整部由下部油缸体 29、缸盖 28、组合密封 30、V 形组合密封 27、活塞体 26、平面瓦 24（下摩擦盘）和其上面的浮动球面瓦 23（中间摩擦盘）组成。

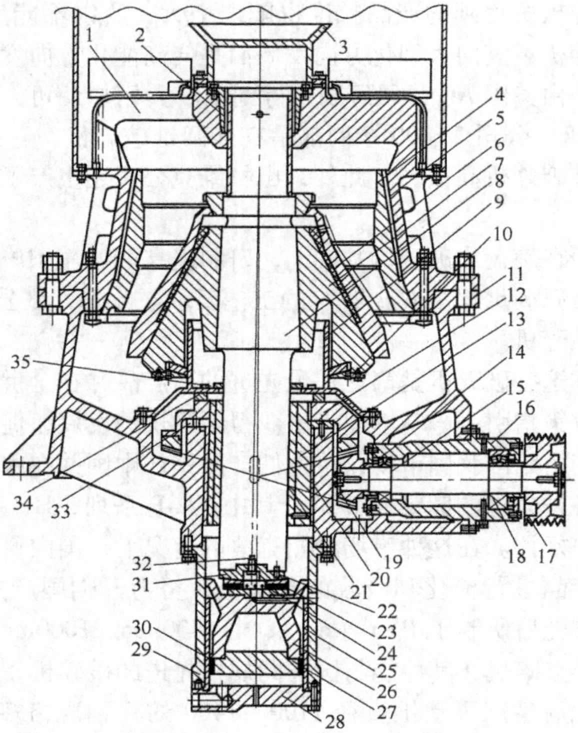

图 7-6　单缸液压圆锥破碎机

1—横梁；2—悬挂轴承；3—轴承盖；4—定锥衬板；5—上部机架；6—动锥衬板；7—动锥体；8—主轴；9—密封筒；10—密封装置；11—下部机架；12—大锥齿轮；13—偏心轴套；14—前轴承；15—传动轴；16—传动轴架；17—皮带轮；18—后轴承；19—小锥齿轮；20—内衬套；21—外衬套；22—销子；23—中间球面瓦；24—下部平面瓦；25—油缸衬套；26—活塞；27—密封盘；28—缸盖；29—缸体；30—组合密封；31—球面瓦；32—螺钉；33—平面轴承；34—止推垫片；35—挡油环

电动机经由小带轮和皮带驱动皮带轮 17、传动轴 15、小锥齿轮 19 带动偏心轴套 13 旋转。由偏心轴套迫使主轴 8 以悬挂点 O 为中心绕机器中心线旋摆运动，同时主轴环绕自身中心线作自转运动，这种运动称为进动运动。主轴中心线与机器中心线之间的夹角叫进动角或叫偏心度。当动锥衬板 6 表面逐渐靠近定锥衬板 4 表面时，则开始破碎物料，直到两者距离最近以后，则开始排料。这样周而复始连续破碎物料。

单缸液压圆锥破碎机液压系统原理图如图 7-7 所示。当减小排矿口时，将油从油箱 1 中经过油泵 2 和阀 5、6、12 压入液压缸下方，经液压缸 13 活塞顶起动锥，使排矿口减小，如图 7-8*a* 所示。当增大排矿口时，将液压缸活塞下方的部分高压油通过外螺纹截止阀 6 和手动换向阀 5 放回油箱 1，动锥降落，使排矿口增大，如图 7-8*b* 所示。

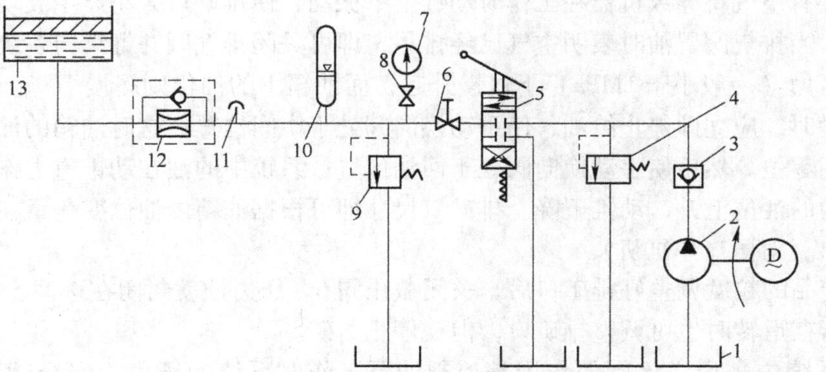

图 7-7 单缸液压圆锥破碎机液压系统

1—油箱；2—油泵；3—单向阀；4—高压溢流阀；5—手动换向阀；6—截止阀；
7—压力表；8—压力表开关；9—安全阀；10—蓄能器；11—放气阀；
12—单向节流阀；13—液压油缸

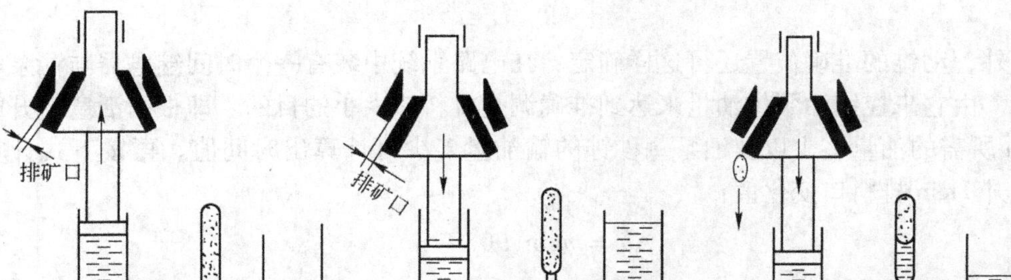

图 7-8 液压调整与保险原理

a—动锥上升，排矿口减小；*b*—动锥下降，排矿口增大；
c—过铁时排矿口增大，液压油进入蓄能器

当过铁时，由于动锥向下的垂直作用力增大，使液压缸活塞下方油压大于蓄能器 10 的充气压力时，油进入蓄能器 10 将氮气压缩，活塞和动锥一起下降，排矿口增大(图 7-8*c*)，铁块被排出后，在氮气的压力作用下，动锥恢复原位，破碎机继续工作，完

成了过铁保险。

若破碎机发生堵矿现象时，可使动锥上升、下降，如此反复进行几次，便能排出堵矿。

破碎机油箱和液压缸的水平截面相等。液压系统中，从油箱向油缸打油时，油箱的油面下降等于油缸油面的上升，反之也是这样。

液压系统在工作前（图 7-7），油箱内应注有一定数量的液压油，蓄能器内充入规定压力的氮气。

当首次（或系统放后重新）往液压系统压油时，应先将放气阀 11 打开，手动换向阀 5 位于给油位置，然后再起动油泵 2 向系统压油。这是为了排除系统中残存的空气。因为液压系统存有空气将导致机器在工作时动锥上下振动，使排矿口大小产生波动，相关零件产生磨损。当排气阀冒油时表明空气已经排尽，即可关闭排气阀并继续向系统压油。动锥在一定的压力（一般小于 1MPa）下慢慢升起，而油箱 1 的油位则缓慢下降。当动锥升到与定锥接触时，应立即停止给油，使手动换向阀处于中间位置。这时油箱的油位可作为排矿口标尺的零位。然后使手动换向阀处于回油位置，系统中的油在动锥重力作用下返回油箱，油箱内的油位上升，动锥下降。排矿口尺寸即可根据油箱内油位变化量在排矿口标尺上直接读出（对国产单缸机）。

根据产品的粒度调整好排矿口后，关闭截止阀 6，压力油就封闭在该截止阀与油缸 13 之间。机器在运转时也可调整排矿口，但要停止给矿。

液压系统中高压溢流阀的作用是控制油泵工作时系统的压力，安全阀 9 是当破碎机中进入过大的非破碎物不能排出，引起系统压力过高，破碎机超载过大时，进行放油降低保护，避免主机损坏。单向节流阀 12 的作用是控制压力油从贮能器 10 向油缸 13 返回的速度不致过快。这样可使破碎机过铁后，动锥在压力油返回时缓慢复位避免产生冲击。但是，过铁时压力油能够迅速通过单向阀进入贮能器，及时进行安全保护。

此外，动锥的准确位置还可这样确定：在电路系统中装有一个时间继电器与油泵电动机相连，由它来控制油泵供油量来达到准确调整排料口大小的目的。即根据活塞上升或下降 1mm 所需的油量多少以及油泵每秒钟的输油量多少可计算出时间值。再按下式计算出活塞上升 1mm 排料口变化值：

$$\Delta b = h\sin(90° - \alpha) \tag{7-1}$$

式中　h——活塞上升高度，mm；

α——动锥底锥角，(°)。

设油泵每秒输油量为 q（L/s），活塞上升 $h = 1$mm 时，油量为 $\Delta Q = \pi R^2 h$（R——油缸内半径，mm）。则求得活塞上升 1mm 时油泵运转的时间为 t（s），

$$t = 10^6 q/\pi R^2 h \tag{7-2}$$

单缸液压圆锥破碎机结构简单，制造容易，使用方便，且能实现自动控制。

作者设计由某制造厂生产的三种腔型非标单缸液压圆锥破碎机主要技术参数如表 7-5 所示。

国家标准单缸液压圆锥破碎机基本参数见表 7-6。

表 7-5 单缸液压圆锥破碎机（非标）主要技术参数

型号		进料口宽度/mm	最大进料粒度/mm	排料口调整范围/mm	生产率/t·h^{-1}	电动机功率/kW	质量(不包括电机)/t	外形尺寸(长×宽×高)/mm×mm×mm
LBX800	粗	150	120	15~22	70~105	75~90	7	1600×1570×2047
	中	130	100	10~20	50~90	75~90	7	1600×1570×2047
	细	100	85	6~18	35~75	75~90	7	1600×1570×2047
LBX1000	粗	240	210	20~42	180~400	160	17.5	2450×1900×3050
	中	150	130	10~32	90~280	160	17.8	2450×1900×3050
	细	75	65	6~20	60~130	160	18.0	2450×1900×3050
LBX1400	粗	300	240	20~50	240~430	280	25	2886×1830×3270
	中	200	170	10~30	126~358	280	25.5	2886×1830×3270
	细	100	85	6~16	100~309	280	26.0	2886×1830×3270

表 7-6 单缸液压圆锥破碎机基本参数（行标）

型号	破碎锥大端直径/mm	给矿口宽度/mm	最大给矿粒度/mm	排矿口调整范围/mm	生产率/t·h^{-1}	主电动机功率/kW	机器质量/t
PYYB-0913	900	135	110	15~40	40~100	≤75	10
PYYZ-0907	900	75	65	6~20	17~55	≤75	10
PYYD-0906	900	60	50	4~12	15~50	≤75	10
PYYB-1219	1200	190	160	20~45	90~200	≤110	20
PYYZ-1215	1200	150	125	9~25	45~120	≤110	20
PYYD-1208	1200	80	65	5~13	40~100	≤110	20
PYYB-1628	1650	285	240	25~50	210~425	≤160	38
PYYZ-1623	1650	230	195	13~30	120~280	≤160	38
PYYD-1610	1650	100	85	7~14	100~200	≤160	38
PYYB-2235	2200	350	295	30~60	450~900	≤280	78
PYYZ-2229	2200	290	245	15~35	250~580	≤280	78
PYYD-2213	2200	130	110	8~15	200~380	≤280	78

注：生产率为物料含水量不超过4%，不含黏土，给料粒度级配适当，小于排矿口的物料占给料总量的10%以下，给料在破碎腔四周均布，物料松散密度1.6t/m^3，抗压强度为120MPa时的开路设计通过量。

7.2.3 液压旋回破碎机机型与性能

液压旋回破碎机实际上就是粗碎单缸液压圆锥破碎机。它用于第一段粗碎，但也有用在第二段破碎。旋回破碎机的工作原理与圆锥破碎机一样，只是为适应破碎大块料的要求在破碎腔结构上有所区别。

国内制造的旋回破碎机规格尺寸是用汉语拼音字母和进料口宽度与排料口宽度来表示，例如PXZ1200/180旋回破碎机，P表示破碎机，X表示旋回，其进料口宽度为

1200mm，排料口宽度为180mm。

图7-9所示为1400/170液压旋回破碎机。液压缸1装在破碎机最下部，液压缸由缸体2、柱塞3、衬套4、摩擦盘5、6、7等组成。上、下盘7和5分别固装在主轴下端和柱塞3上端。上摩擦盘7的球心在主轴中部O'处。当动锥摆动和自转时，摩擦盘6的上球面和下平面与上下摩擦盘7和5之间都有相对滑动。

由于动锥支承在液压缸上，动锥的自重和破碎力的垂直分力不再由横梁承受，因此横梁的受力有了很大改善，其上部装置结构得到很大的简化。为防止主轴磨损，在锥形套8内装有铜衬套9。为了防止锥形套8在破碎机排除非破碎物后急速复位时，使锥套8上窜，在锥套8上设在压盖10。

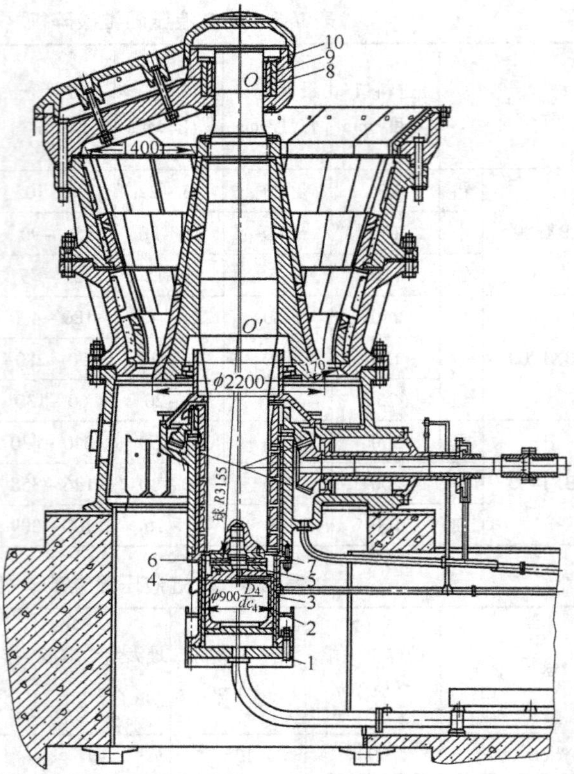

图7-9　PXZ液压旋回破碎机
1—液压缸；2—缸体；3—柱塞；4—衬套；5—下摩擦盘；6—中摩擦盘；7—上摩擦盘；8—锥形套；9—铜衬套；10—压盖

液压缸1通过管道3与蓄能器6和液压站7相连接（图7-10）。为了防止排矿时个别块碰撞液压缸，在液压缸周围设有防护罩2。为了便于液压缸的拆装，在基础通廊内设有滑轨4和小车5。

液压系统由单级叶片泵1、单向阀2、溢流阀3、截止阀4、单向节流阀7和蓄能器8

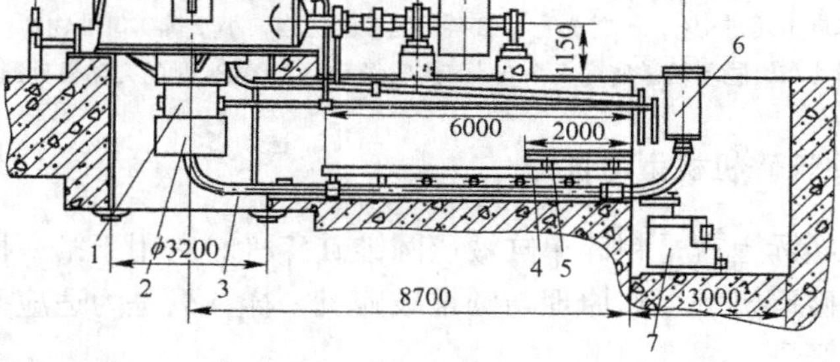

图7-10　PXZ1400/170旋回破碎机外形侧视图
1—液压缸；2—防护罩；3—管道；4—滑轨；5—小车；6—蓄能器；7—液压站

等组成（图7-11）。蓄能器起保险作用，内部充气压力一般为1.1MPa。单向节流阀起过铁时动作快、复位时动作慢的作用，以减轻复位时对破碎机产生强烈冲击。

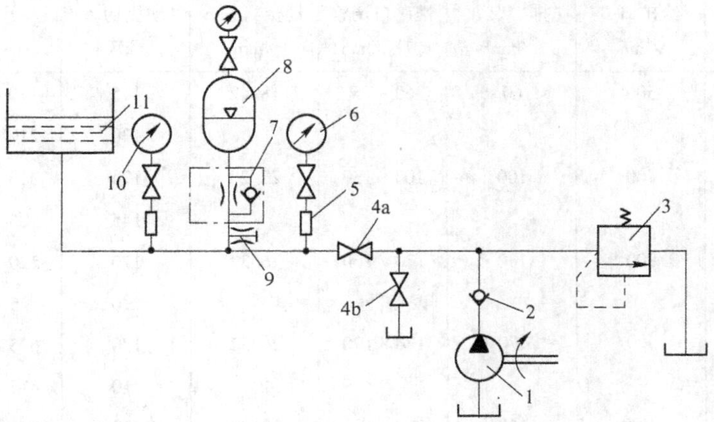

图7-11　液压系统示意图

1—单级叶片泵；2—单向阀；3—溢流阀；4a，4b—截止阀；5—减振器；6—压力表；7—单向节流阀；8—蓄能器；9—放气阀；10—电接点压力表；11—液压缸

在破碎机开动之前，首先要向液压缸11内充油。充油的操作程序：首先打开截止阀4a，关闭截止阀4b，启动液压泵1。当油压达到0.8MPa时，动锥开始上升，当升到工作位置后，便可关闭截止阀4a，同时停止泵1，液压系统的压力仍保持0.8MPa，破碎机可开始工作。破碎机工作后，由于破碎力的作用，液压系统自然地保持与破碎力平衡的油压，一般为0.8～1.1MPa。

当非破碎物落入破碎腔时，造成破碎力急剧增加，系统油压也随之升高。当系统油压高于蓄能器油压时，液压缸中的液压油通过单向节流阀7进入蓄能器（此时液压缸的油压和蓄能器的气压，在1.1～1.5MPa之间波动，暂时平衡）。与此同时，动锥下落，排料口增大，非破碎物即排出。非破碎物排出之后，由于破碎力急剧下降，系统的油压也下降，蓄能器中的压力油经过节流阀7缓慢地进入液压缸，使动锥缓慢地自动复位。

当非破碎物几何尺寸过大，不能通过排料口时，油压可升至1.5MPa。此时由于电触点压力表的作用，主电动机可自行停车。停车后，破碎腔中不仅卡有非破碎物，还会存有大量物料。处理这种情况，可以采用放油卸载（即打开截止阀4a、4b使动锥下降）。充油加载的方法，使动锥反复上升下降，即可排出堵在破碎腔内的矿石和非破碎物。

调节排料口宽度可按下述程序进行调节：

1）增大排料口。打开截止阀4a、4b，将液压缸内的油排回油箱，动锥下落，达到需要位置后，关闭截止阀4a、4b。

2）减小排料口。打开截止阀，启动泵1，油注入液压缸，动锥上升。达到需要的排料口宽度后，关闭截止阀4a，切断液压泵。

油压大小取决于物料性质及所需要的破碎力，而破碎力又和电动机额定功率有关。它们应根据具体情况来选择。

国产液压旋回破碎机的基本参数见表 7-7 和表 7-8。

表 7-7　重型液压旋回破碎机基本参数

旋回破碎机型号	给矿口 B /mm	排矿口 b /mm	排矿口调整范围/mm	动锥行程 S /mm	电动机功率 P /kW	生产率 Q /t·h^{-1}	质量 m /t
PXZ-500/60	500	60	60 ~ 75	18.42	115	170 ~ 205	45
					130	210 ~ 250	
PXZ-700/100	700	100	100 ~ 130	22.28	125	315 ~ 410	92
					145	405 ~ 525	
PXZ-900/130	900	130	130 ~ 160	26.32	170	520 ~ 640	141
					210	625 ~ 770	
PXZ-900/170	900	170	170 ~ 190	26.32	170	675 ~ 770	141
					210	815 ~ 910	
PXZ-1200/160	1200	160	160 ~ 190	30.38	260	1050 ~ 1195	229
					310	1250 ~ 1480	
PXZ-1200/210	1200	210	210 ~ 230	30.38	260	1320 ~ 1450	229
					310	1640 ~ 1800	
PXZ-1400/170	1400	170	170 ~ 200	32.40	350	1440 ~ 1685	315
					400	1750 ~ 2060	
PXZ-1400/220	1400	220	220 ~ 240	32.40	350	1845 ~ 2020	315
					400	2260 ~ 2475	
PXZ-1600/180	1600	180	180 ~ 210	34.42	520	1990 ~ 2315	465
					620	2400 ~ 2800	
PXZ-1600/230	1600	230	230 ~ 250	34.42	520	2515 ~ 2750	465
					620	3050 ~ 3350	

表 7-8　轻型液压旋回破碎机基本参数

旋回破碎机型号	给矿口 B /mm	排矿口 b /mm	排矿口调整范围 /mm	动锥行程 S /mm	电动机功率 P /kW	生产率 Q /t·h^{-1}	质量 m /t
PXQ－700/100	700	100	100 ~ 120	24	130	300 ~ 360	45
PXQ－900/130	900	130	130 ~ 150	30	145	450 ~ 520	87
PXQ－1200/50	1200	150	150 ~ 170	34	210	720 ~ 815	144

瑞典山特维克生产的 H/S1800 系列圆锥破碎机，有 H 系列和 S 系列。如 S 系列有粗型（C）和超粗型（EC）两种腔型而 H 系列有 7 种腔型，如 EC 型、C 型、MC 型（中粗）、M 型（中）、MF 型（中细）、F 型（细）、EF（超细）。都是在美国 AC 公司生产的 H 系列和 S 系列基础上经过不断改进发展起来的。图 7-12 所示为山特维克公司生产的 S-2800 旋回圆锥破碎机。它有 S-2800、S-3800、S-4800、S-6800 和 H-2800、H-3800、H-4800、H-7800 和 H-8800 等不同尺寸的圆锥破碎机。H 系列用于中细碎而 S 系列主要用于粗碎和中碎。

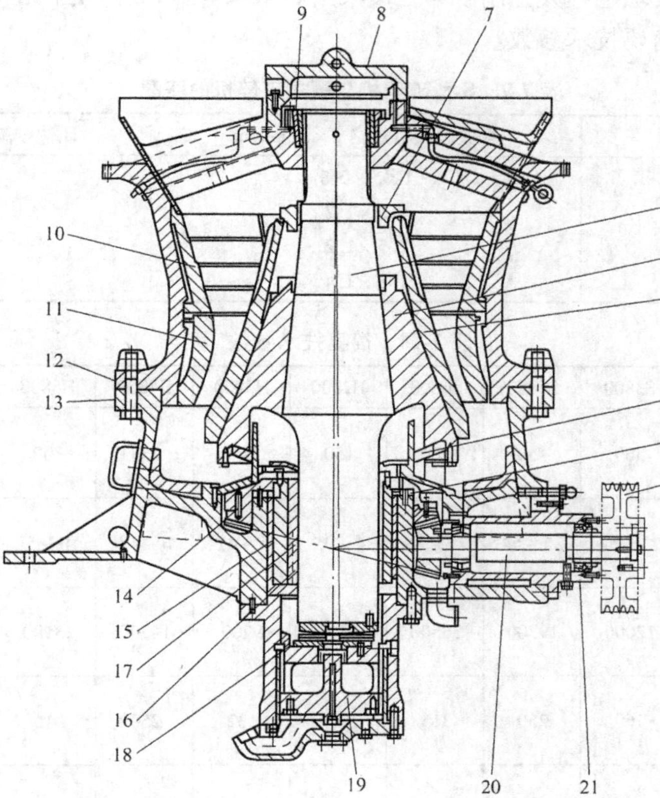

图 7-12 S-2800 旋回破碎机

1—破碎机皮带轮；2—定位块；3—防尘密封圈；4—动锥衬板；5—动锥体；6—主轴；
7—顶部螺母；8—臂架帽；9—臂架衬套；10—定锥衬板；11—下定锥衬板；
12—上架体；13—下架体；14—大锥齿轮；15—下架体衬套；16—偏心轴衬套；
17—偏心轴套；18—止推轴承；19—活塞；20—小齿轮轴；21—小齿轮轴轴箱

从图 7-12 看出，这种破碎机与前述国产液压圆锥破碎机结构基本相似。然而由于国外机械制造综合水平比较高、材质也比较好，因此它的性能也比较优越。此外，山特维克 H/S1800 系列都装有 ASR PLUS 最新一代计算机自动控制调定调节装置。它的功能为：

1）能自动实现功率控制；

2）能自动调节排矿口尺寸：自动调节排矿口，经常保持在调定值上运转。这样，既能保证产品最佳的粒度又有好的粒形；

3）能自动过载保护以及排除堵塞；

4）能自动监测，显示各种运行参数，破碎机运行状况。例如，当衬板磨损到更换期不能再继续使用时，便在控制盘上自动显示和报警；

5）操作简单。把操作工作降到最低程度，并可远距离控制。

S 系列有 EC 和 C 两种腔型，前者用于粗碎，后者用于中碎。可作为采石场的第一段粗碎或与颚式破碎机匹配作为第二段破碎（表 7-9）。从表中可知，这种破碎机能代替中碎液压圆锥破碎机，用于中碎各种物料。因此，它有极好的通用性，用途广泛。如福建省福州棉花滩水电站大坝工程人工制砂第二段采用S-4000旋回破碎机。表7-10给出瑞典山特维克圆锥破碎机简要技术参数。

表7-9　S型破碎机与颚式破碎机的匹配

规　格	颚式破碎机规格 $L \times B/\mathrm{m} \times \mathrm{m}$	闭边排料口尺寸 b/mm
S-2000	1.05×0.8	135
S-3000	1.5×1.2	180
S-4000	1.5×1.2	215
S-6000	1.8×1.4	260

表7-10　简要技术参数

破碎机规格	S2800	S3800	S4800	S6800	H2800	H3800	H4800	H6800	H7800	H8800
最大给料尺寸/mm	240	360	450	560	150	200	235	300	350	460
排料口调整范围/mm	16~38	19~54	25~54	29~83	4~35	5~41	6~48	10~51	8~70	10~70
破碎机质量/kg	6800	12000	19300	36500	5300	9200	14300	23500	50000	66500
最大功率/kW	90	160	250	315	90	132	250	315	520	600
生产率/$\mathrm{t \cdot h^{-1}}$	65~170	110~390	205~600	26~1210	25~145	50~240	80~440	150~585	520~2010	330~2128

此外，诺得贝格公司生产的西蒙斯粗碎液压旋回破碎机也是比较著名的产品。该机特点是，上、下机架两部分之间不是采用法兰盘螺栓连接，而是用几根长拉杆螺栓连接。该机有重型（HD）和超重型（XHD）两种系列，其给料口尺寸为30、42、48、54、60in（1in=2.54cm）五种。又有顶部油缸和底部液压缸支承之分。其中60in旋回破碎机处理能力为6960t/h。

前苏联生产的破碎机产量较多、品种齐全，并已形成了设计制造体系，有专门的设计研究部门和制造厂家，如Механобр（选矿设计院）、УЗТМ（乌拉尔重型机器制造厂）等。其底部单缸液压旋回破碎机有ККД、КРД、ККД-грЩ三种。前两种用于第一段粗碎，有ККД900/140、ККД1200/180、ККД1500/300；用于第二段粗碎有КРД500/60、КРД700/75、КРД900/100。这种旋回破碎机在结构上与其他旋回机不同之处是，底部液压缸活塞顶面与主轴下端之间，去掉了球面轴承，代以立轴式旋摆副。其结构简单，减小球面轴承磨损和液压缸活塞不承受侧向力。

其他如德国、日本也都生产旋回破碎机，其产品质量都居世界先进水平。

7.2.4　顶部与中心单缸液压圆锥破碎机

7.2.4.1　顶部单缸液压圆锥破碎机

BS704UF是法国巴比特雷斯（Babbitless）有限公司生产的一种专门为大量供应0~

10mm 破碎产品而设计的。当产量在 50t/h 时，其细碎产品中 0 ~ 3. 35mm 粒级含量为 45%，而 0 ~ 6. 3mm 粒级的含量则高达 80%。

BS700 系列破碎机特点：转速较高获得较大的生产能力，上、下架体用螺栓连接，主轴由高强度特殊合金钢制成并由顶部油缸支承，故该机是顶部单缸液压圆锥破碎机。偏心部件采用滚动轴承支承，由于不需要设置冷却系统，而显著地减少动力消耗。用无齿轮传动装置直接驱动偏心轴套的办法使机器效率进一步提高。所有的 BS700 系列破碎机都能在满载下启动。

通过该破碎机主轴液压支承装置可自动地远距离控制排矿口的尺寸，即使破碎机满载工作时也可调整排矿口宽度。对于 BS700 系列破碎机都有新型巴比特雷斯过载双保护装置，它是个标准件。

在该过载保护装置中有独立的瞬时过载保护和延时过载保护装置。瞬时过载时，液压气动的贮能器允许排矿口稍微增大，以排除不太严重的堵塞。然后排矿口又自动地恢复正常工作位置。

在延时过载或非常严重过载情况下，电动液压装置移动破碎机主轴使排矿口处于完全打开的状态并且连锁地关闭破碎机的电动机及启动报警器向操作者报警。这样，减少了由于破碎腔堵塞所造成危险的几率。

顶部单缸液压圆锥破碎机与传统单缸机的主要区别是，将油缸置于悬挂点以上，因此，这里仅就顶部油缸悬挂装置介绍如下。图 7-13 所示为顶部悬挂装置，主轴 9 由顶部液压缸悬挂。主轴头部用锥形螺母 5 和锥形压套 6 以及球面止推盘 4 承受垂直方向的载荷，水平方向载荷由球形轴承 1 和主轴下部偏心轴套来承受。锥形压套 6 与球面止推盘 4 之间采用球面接触。这样，一方面能满足动锥晃动的要求，另外又能延长两者的使用寿命。球面止推盘 4 装在液压缸 2 的活塞 3 顶上。液压缸 2 装在横梁 7 里面。球形轴承下面的密封圈 8 装在横梁内孔的下部，防止润滑泄漏和粉尘进入。

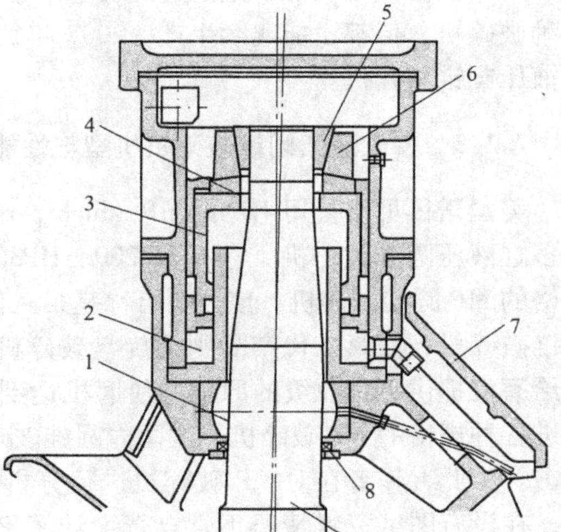

图 7-13 顶部悬挂装置
1—球形轴承；2—液压缸；3—活塞；4—球面止推盘；5—锥形螺母；6—锥形压套；7—横梁；8—密封圈；9—主轴

早年国内也生产过顶部单缸液压旋回破碎机，其中一台用于本溪牛毛岭石灰矿。湖南怀化锡矿山有一台日本栗本制造的顶部单缸液压圆锥破碎机。由于顶部单缸破碎机存在某些缺点国内早已不生产也不引进，国外也少见。

7.2.4.2 中心单缸液压圆锥破碎机

中心单缸液压圆锥破碎机，是将油缸放在偏心轴套中心内。因此该机高度较矮，但特别宽，所以它的主轴制成空心的是套在偏心轴套外面的，这样势必有一个较小的球面轴承。为了控制动锥自转速度不能过高又增加了一个超越离合器。这样使该机结构较复杂，如卡里巴脱（Calibracor）H 型圆锥破碎机是德国 Humboldt Wedag 公司独创的很先进的重型圆锥破碎机[2]。已成功地应用于艰巨的工作条件下，例如粉碎中等硬度到特硬岩石、矿石、矿渣、磨料以及特硬的锆金刚砂等。

该机在偏心部件的结构方面与传统破碎机有显著不同。它吸收了诸多有名的圆锥破碎机的主要优点和长处。

这种圆锥底部直径从 710～1120mm 系列的新一代破碎机的研制是建立在已被验证的卡里巴脱设计的基础上的。

破碎机可通过三角皮带或直接用液体联轴器驱动。后一种驱动系统提供了一种特别紧凑的将电动机与破碎机装在普通的底座上。

可以更换粗、细不同的破碎腔，前已述及。破碎机的润滑、防尘、自动控制系统，与前述基本相近。

破碎机进料口较大，衬板较厚，使其寿命延长。产品料度整齐，呈立方形颗粒。作为超细碎破碎机来说，它的偏心部件有足够的强度而又没增加破碎机外形尺寸，这一点是非常可取，对发展高能破碎机具有很高的价值。

早年沈阳重型机器厂生产过此种中心单缸液压圆锥破碎机。近年鞍山某厂也仿制一台这种破碎机，但都没能继续生产。2007 年德国慕尼黑国际贸易展览会上还展出过中心单缸液压圆锥破碎机。

7.2.5 多缸液压圆锥破碎机机型与性能

美国诺得贝格公司生产的 HP（high pertormance）圆锥破碎机是一种高效节能型中细碎多缸液压圆锥破碎机。它有 HP200、HP300、HP500、HP700 四种。近年又生产了更大规格的 MP 圆锥破碎机。该公司自称是第三代产品，不言而喻，它的第一代产品是西蒙斯圆锥破碎机，而第二代产品则是旋盘破碎机。HP 破碎机虽然价格昂贵，由于性能优越，能给磨机提供更细粒级的原料，使磨机达到“多碎少磨”的节能效果。因此，近年国内引进各种规格的 HP 破碎机。占国内圆锥破碎机市场很大份额，对国内破碎行业造成严重冲击。为此，作者在对 HP 破碎机进行分析[41]、消化和吸收的基础上，结合国内实际情况，在没有图纸资料情况下，自行设计了 PYG1100 多缸液压圆锥破碎机并由某厂制造，其性能与同规格 HP 破碎机基本相近。国内上海多灵公司、上海建设路桥有限公司都先后生产了这种多缸液压圆锥破碎机，使用效果还好。但由于原 HP 破碎机结构复杂以及个别结构不合理，工作中故障较多。

图 7-14 所示为国产多缸液压圆锥破碎机。它与传统国产多缸液压圆锥破碎机相比有很大区别：

1）该机是一种高能层压圆锥破碎机，在一定程度上可以实现选择性破碎；

2）破碎腔形不一样，与腔形匹配参数也不大相同；

3）将原破碎机主轴和动锥体作成一体并成为空心轴承驱体；

4）偏心轴套 8 内孔与驱体相配合，而立轴 5 又与机架 13 中心孔采用静配合；

5）立轴上部设有球面轴承座 10 以及球面轴承 12（碗形瓦）。驱体的球体 15 与碗形瓦 12 相配合并支撑整个动锥部件，驱体的内孔套在偏心轴套 8 外部；

6）平衡架 2 和大锥齿轮 6 都是用螺栓固定在偏心轴套下部与偏心轴套一起转动；

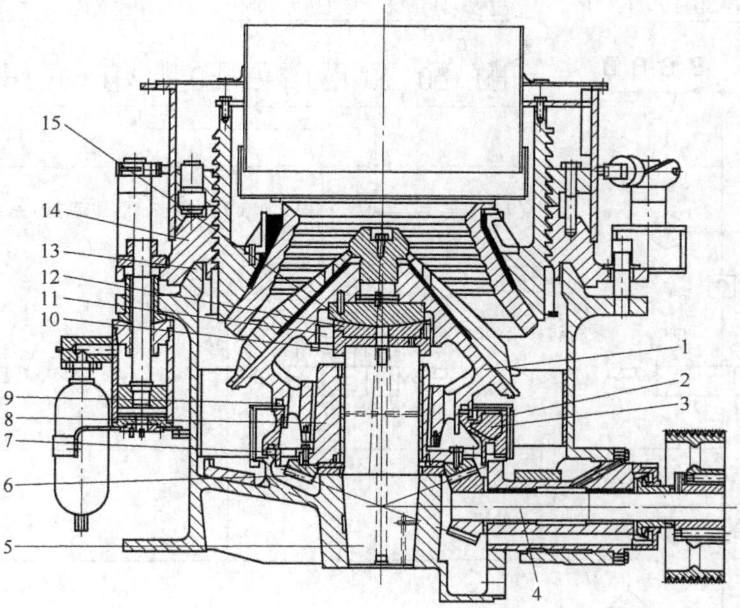

图 7-14 多缸液压圆锥破碎机

1—驱体；2—平衡架；3—平衡重；4—传动轴；5—立轴；6—大锥齿轮；
7——U 形密封环；8—偏心轴套；9—T 形密封环；10—轴承座；
11—驱体内衬套；12—球面瓦；13—机架；14—支承环；15—球体

7）平衡架 2 上除装有平衡重 3，其上端装有 U 形密封环 7 和驱体下部 T 形密封环 9 组成密封装置。平衡架下部与机架装有同样的密封装置；

8）顺便应该指出，国产传统各型圆锥破碎机都是采用低速电动机直接驱动传动轴 4。这种破碎机跟国外圆锥破碎机一样都是采用皮带间接驱动传动轴，这样有许多优点；

9）在驱体内孔装衬套 11。当破碎机空载时，驱体通过衬套压在轴承座 10 的外表，借以保持动锥的稳定运转；

10）支承环 14 与机架采用外锥面接触，而不像弹簧圆锥破碎机采用内锥面接触。

图 7-15 所示为多缸液压圆锥破碎机液压系统。其中包括锁紧控制系统、清腔系统、排矿口调整系统和过载保险系统。前三个系统在弹簧式圆锥破碎机以及单缸液压圆锥破碎机中都讲过了，这里仅就过载保险系统简述如下。

破碎机工作前应向蓄能器 10 充入 12MPa 氮气。电磁换向阀 4 处于 P 与 A 通，溢流阀 5 调到 13MPa。作好上述准备，即可启动液压泵 1，使高压油进入保险缸 9 和蓄能器 10。当油压达到 12MPa 时，在压力继电器 7 作用下，液压泵自动停机。此时破碎机即可投入破碎工作。当保险缸由于某种原因致使油压低于 12MPa 时，压力继电器自动重新启动液压泵补油，到油压升至 12MPa 时又自动停泵。

多缸液压圆锥破碎机基本参数列于表 7-11 中。

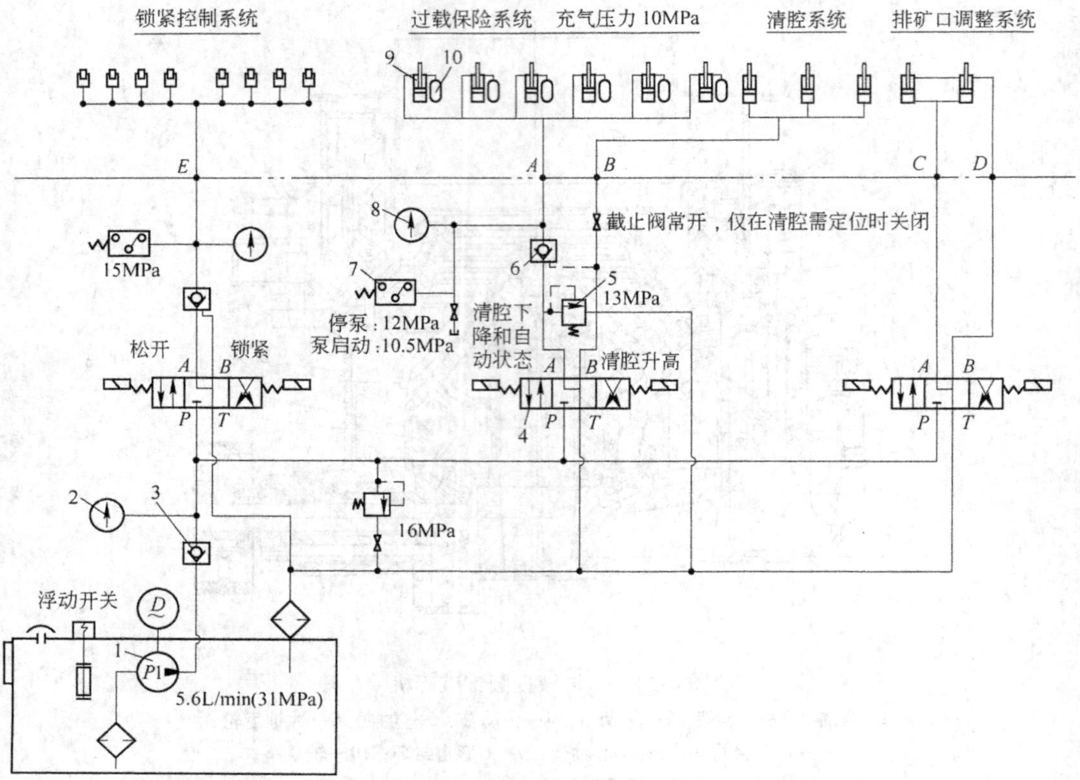

图 7-15 多缸液压圆锥破碎机液压系统

1—油泵；2—压力表；3—单向阀；4—电磁换向阀；5—溢流阀；6—单向阀；7—压力继电器；8—压力表；9—保险缸；10—蓄能器

表 7-11 多缸液压圆锥破碎机基本参数

型号	规格/mm		最大给料尺寸/mm	排料口调整范围/mm	传动轴转速/r·min^{-1}	生产率/t·h^{-1}	主电动机推荐功率/kW	本体参考质量/kg
	破碎锥大端直径	给料口尺寸						
PYGB-0913	900	130	110	14~38	1000~1200	117~225	160	10100
PYGB-0916		155	132	18~38		130~225		
PYGB-0921		210	178	22~38		140~225		
PYGD-0907		70	60	8~25		72~198		
PYGD-0909		90	76	10~25		81~198		
PYGD-0912		118	100	12~25		108~198		
PYGB-1114	1100	135	115	16~45		162~400	220	18500
PYGB-1121		211	180	20~45		180~400		
PYGB-1124		235	200	26~45		207~400		
PYGD-1107		70	60	8~25		108~198		
PYGD-1110		96	82	12~25		126~198		
PYGD-1112		124	105	14~25		144~198		

续表 7-11

<table>
<tr><th rowspan="2">型 号</th><th colspan="2">规格/mm</th><th rowspan="2">最大给料尺寸/mm</th><th rowspan="2">排料口调整范围/mm</th><th rowspan="2">传动轴转速/r·min⁻¹</th><th rowspan="2">生产率/t·h⁻¹</th><th rowspan="2">主电动机推荐功率/kW</th><th rowspan="2">本体参考质量/kg</th></tr>
<tr><th>破碎锥大端直径</th><th>给料口尺寸</th></tr>
<tr><td>PYGB-1415</td><td rowspan="6">1400</td><td>152</td><td>130</td><td>16~50</td><td rowspan="12">850~950</td><td>202~558</td><td rowspan="6">315</td><td rowspan="6">29700</td></tr>
<tr><td>PYGB-1420</td><td>200</td><td>170</td><td>22~50</td><td>243~558</td></tr>
<tr><td>PYGB-1433</td><td>330</td><td>280</td><td>26~50</td><td>270~558</td></tr>
<tr><td>PYGD-1408</td><td>80</td><td>68</td><td>8~25</td><td>104~333</td></tr>
<tr><td>PYGD-1411</td><td>106</td><td>90</td><td>10~25</td><td>126~333</td></tr>
<tr><td>PYGD-1414</td><td>135</td><td>115</td><td>12~25</td><td>162~333</td></tr>
<tr><td>PYGB-1518</td><td rowspan="6">1500</td><td>180</td><td>152</td><td>19~50</td><td>288~653</td><td rowspan="6">400</td><td rowspan="6">38800</td></tr>
<tr><td>PYGB-1522</td><td>229</td><td>190</td><td>25~50</td><td>328~653</td></tr>
<tr><td>PYGB-1534</td><td>335</td><td>285</td><td>32~50</td><td>365~653</td></tr>
<tr><td>PYGD-1509</td><td>88</td><td>75</td><td>8~25</td><td>122~410</td></tr>
<tr><td>PYGD-1512</td><td>124</td><td>105</td><td>10~25</td><td>158~410</td></tr>
<tr><td>PYGD-1515</td><td>152</td><td>130</td><td>13~25</td><td>202~410</td></tr>
<tr><td>PYGB-1821</td><td rowspan="6">1800</td><td>210</td><td>180</td><td>19~50</td><td rowspan="12">800~900</td><td>333~765</td><td rowspan="6">500</td><td rowspan="6">61900</td></tr>
<tr><td>PYGB-1826</td><td>265</td><td>225</td><td>25~50</td><td>468~765</td></tr>
<tr><td>PYGB-1836</td><td>365</td><td>310</td><td>35~50</td><td>558~765</td></tr>
<tr><td>PYGD-1804</td><td>40</td><td>34</td><td>5~25</td><td>135~450</td></tr>
<tr><td>PYGD-1809</td><td>90</td><td>76</td><td>10~25</td><td>225~450</td></tr>
<tr><td>PYGD-1815</td><td>155</td><td>130</td><td>13~25</td><td>270~450</td></tr>
<tr><td>PYGB-2028</td><td rowspan="6">2000</td><td>280</td><td>238</td><td>16~50</td><td>378~846</td><td rowspan="6">630</td><td rowspan="6">125000</td></tr>
<tr><td>PYGB-2035</td><td>350</td><td>298</td><td>25~50</td><td>522~846</td></tr>
<tr><td>PYGB-2039</td><td>385</td><td>326</td><td>32~50</td><td>616~846</td></tr>
<tr><td>PYGD-2009</td><td>90</td><td>77</td><td>5~25</td><td>166~522</td></tr>
<tr><td>PYGD-2012</td><td>120</td><td>102</td><td>10~25</td><td>270~522</td></tr>
<tr><td>PYGD-2016</td><td>160</td><td>136</td><td>13~25</td><td>328~522</td></tr>
<tr><td>PYGB-2330</td><td rowspan="6">2300</td><td>300</td><td>255</td><td>25~50</td><td rowspan="6">700~800</td><td>648~1053</td><td rowspan="3">800</td><td rowspan="3">155000</td></tr>
<tr><td>PYGB-2339</td><td>390</td><td>332</td><td>32~50</td><td>774~1053</td></tr>
<tr><td>PYGB-2342</td><td>415</td><td>352</td><td>38~50</td><td>873~1053</td></tr>
<tr><td>PYGD-2313</td><td>130</td><td>110</td><td>8~25</td><td>292~618</td><td rowspan="3"></td><td rowspan="3"></td></tr>
<tr><td>PYGD-2317</td><td>170</td><td>145</td><td>10~25</td><td>342~618</td></tr>
<tr><td>PYGD-2321</td><td>205</td><td>175</td><td>12~25</td><td>387~648</td></tr>
</table>

7.3 交变轴圆锥破碎机

不论是惯性破碎机还是美国 AC 公司液压圆锥破碎机、诺得贝格旋盘破碎机以及传统圆锥破碎机都是属于相交轴传动的圆锥破碎机。这些破碎机动锥中心线与机器中心线的交点位于动锥顶部。这些破碎机运动特点：（1）动锥压缩行程与沿破碎腔高度分布的物料尺寸不相适应；（2）动锥压缩行程为定值（惯性破碎机除外），并且方向向上。这样，阻碍排料且使啮角由小到大的变化。

看图7-16动锥中心线交变的圆锥破碎机是一种特殊情况。该机动锥中心线，在动锥运动过程中，时而中心线与破碎机中心线相交，时而两中心线交错并且交错时多，相交时仅是动锥处于特殊位置。故这种破碎机称为交变轴传动圆锥破碎机。

为了便于分析它的运动特征，用倾角等于进动角的斜盘运动代替动锥的运动。动锥的下基面装在斜盘上。动锥中心线 O_1O_1 与定锥中心线 OO 在下基面上两交点的距离为 S（偏心距）。偏心距为 S 的动锥中心位置，在传动斜盘平面上是交变的：中心线 O_1O_1 与 OO 在顶部相交，而 O_3O_3 与 OO 在下部相交；当偏心距 S 相对于最大倾角平面扩张到 ϕ 角，则动锥中心线 O_2O_2 与破碎机中心线 OO 交错。

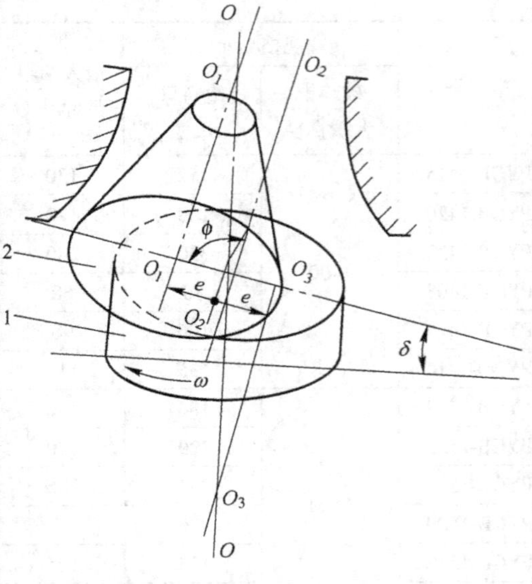

图7-16　交变轴圆锥破碎机示意图

实际上，图7-16中所示的动锥中心线为 O_1O_1 的破碎机就是传统的有上部悬挂点的圆锥破碎机。此时动锥中心线不变动（即 $\phi=0$）。当 $\phi=180°$ 时，而锥体中心线在下部相交，这种情况相当于有下部支承点的圆锥破碎机（如前苏联生产的 КВКД1200/200 粗碎圆锥破碎机。该机是新克拉玛道尔斯克机器制造厂与得聂伯特洛夫斯克矿业研究所共同研制的）。其他情况如 $\phi=90°$ 和 $\phi=270°$ 等，锥体中心线处于交错的状态。

由于作用力的变化，存在安装间隙、零件磨损以及其他很复杂的因素影响，实际破碎机工作过程中，两锥体中心线的交错和悬挂点都只是很快的呈现而又不稳定或者依次交变或是另外情况。它与偏心部件变化的程度、工作状态有关。中心线交变的位置与偏心距 S 值、中心线的倾角 γ 以及偏心距扩张角 ϕ 有关。

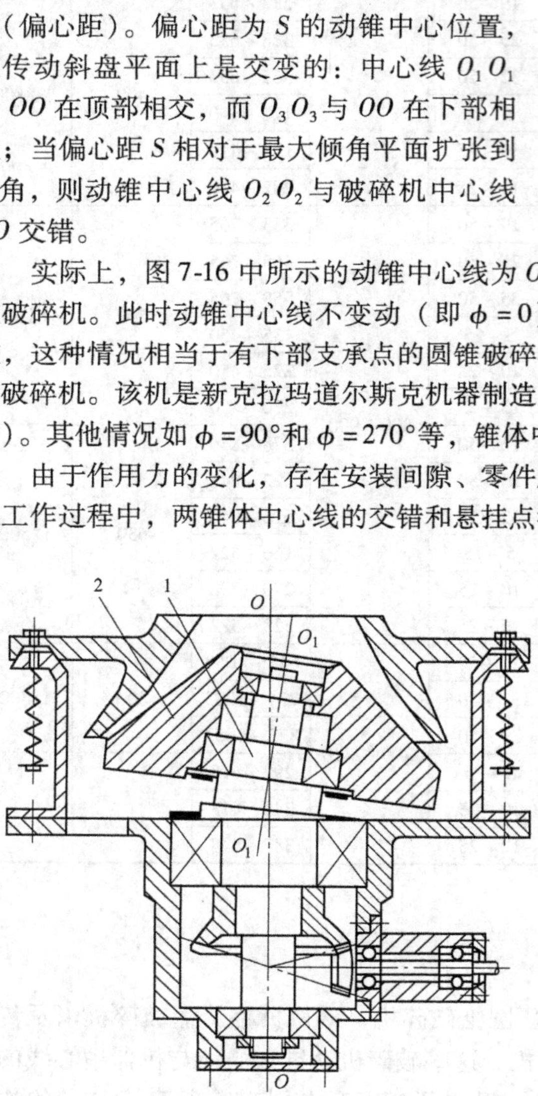

图7-17　600交变轴圆锥破碎机
1—主轴；2—动锥

图7-17所示为交变轴破碎机剖面图。该机由两大部分所组成，即下架、中架和上架。下架装有横轴、主轴1和一对锥齿轮。主轴上段装有动锥2和上架有定锥体。上架与中架体靠弹簧压紧而下架与中架由螺栓连接。全部采用滚动轴承。所以破碎机结构简单，便于维护保养。

破碎机结构和个别部件的制造应满足扩张角的要求。偏心传动件是保证破碎机动锥运动的重要部件之一。为了使中心线交变，偏心套孔的中心必须制成偏心并保证构成的偏心距 S、进动角 γ 和扩张角 ϕ。这三个参数按最佳状态选择，但 ϕ 角不能等于0°和180°。偏心的旋转方向是个原则问题，就是说它决定动锥的运动学。

由于动锥的运动学所致：当动锥做顺时针转动时，从 $\phi=0$ 到 $\phi=180°$ 的范围内，动锥上部朝向定锥而且其压缩行程是逐渐增加的；从 $\phi=180°$ 到 $\phi=360°$ 的范围内，都是动锥下部朝向定锥而且其压缩行程也是逐渐增加的。当动锥做逆时针转动时，则相反。所以动锥反、正转所消耗的功率也不同，如表7-12所示。

表7-12 破碎机反、正转参数比较

动锥旋转方向	排矿口尺寸/mm	生产率/$m^3\cdot h^{-1}$	功率/kW	破碎比
正转（顺时针）	12	23.99	16.6	2.83
反转（逆时针）	12	23.88	25.9	2.83

表7-12中的试验数据说明，交变轴圆锥破碎机不能做反转运行。

这种破碎机生产率与动锥摆动次数以及扩张角 ϕ 有关。从图7-18的试验曲线看出，当扩张角 $\phi=60°\sim120°$、动锥摆动次数 $n=164\text{r/min}$ 时，生产率最高，但此时能耗增加更厉害。

为了具体看出该机的优点，将两种破碎机主要参数作比较，见表7-13。

从表中数据可知，新型破碎机生产率高2倍以上而能耗新型破碎机为0.609（kW·h/t），传统破碎机为1.07（kW·h/t）。因此，新型破碎机较优越。

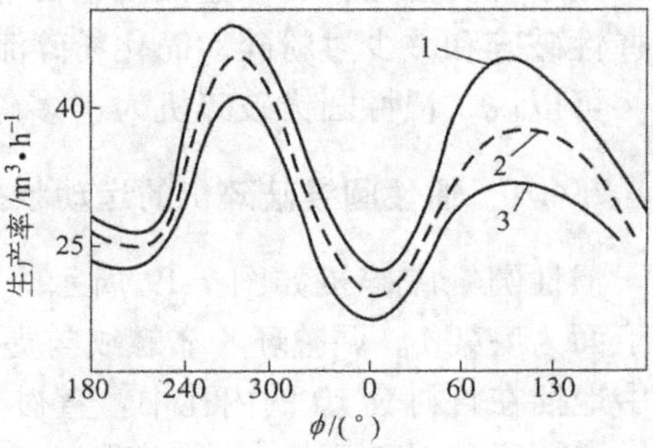

图7-18 破碎机生产率与 ϕ 角的关系

1—164r/min；2—250r/min；3—340r/min

（排矿口均为 $b=12\text{mm}$）

表7-13 两种600mm破碎机主要参数比较

项目	传统破碎机	交变轴破碎机
动锥摆动次数/$r\cdot min^{-1}$	356	164
生产率/$t\cdot h^{-1}$	26	62.3
功率/kW	28	38
排矿口尺寸/mm	12	12

由于改善了动锥的运动学，使交变轴破碎机带来以下优点：

1）动锥压缩行程沿破碎腔高度与物料尺寸成比例；

2）动锥压缩过程中，有促进排料作用；

3）动锥上部压缩行程较大，可给破碎腔中、下部区域提供没有过粉碎的物料，在满足产品粒度条件下，能提高生产率；

4）偏心轴转速较低，但有较高生产率，降低了能耗；

5）不存在传统破碎机偏心部件间隙变化，保证产品粒度；

6）结构简单，齿轮传动状态改善了，传动效率高。

对这种破碎机要求制造、安装精度较高，对动锥配合的轴承和主轴受力不利。

7.4　惯性圆锥破碎机机型与性能

惯性圆锥破碎机是前苏联独家产品，是由列宁格勒选矿设计研究院（Механобр 设计研究院）从 20 世纪 50 年代开始，经过 20 余年的努力，研究成功的一种新型的超细碎设备。它以其先进的破碎原理、独特的设计思想、合理的机械结构，极优的性能，达到了当今世界圆锥破碎机的一流水平。不仅在前苏联已经得到推广使用，而且美国、日本、中国和西欧各国都引进惯性圆锥破碎机技术。

惯性圆锥破碎机与传统圆锥破碎机比较，具有下列显著的优点：

破碎比大，一般可达 4 ~ 30；单位功耗低 40% 以上；可以带负荷启动和停车；工作状态平稳可靠，传给地基的动负荷很小，不需要大且坚固的基础；无需过载保护装置，由于传动系统与动锥没有刚性连接，即使有不可破碎物体进入破碎腔内，也不会造成机构的损坏；调节可变参数，能够达到预期要求的工艺效果（破碎比、粒度组成等），并能够进行选择性破碎和减少过粉碎；简化粉碎流程，减少基建投资，提高经济效益。

可以说，惯性圆锥破碎机为“多碎少磨”提供了一种较好设备。

7.4.1　惯性圆锥破碎机的运动状态

惯性圆锥破碎机如图 7-19 所示。破碎机整个机体通过支承环 5 装在隔振元件 3 上，其下面为底架 1。调整环 8 靠螺纹与支承环 5 相连接。动锥 9 支承在球面轴承 6 上，主轴自由地插在直衬套 10 的内孔中，直衬套 10 的外部装有激振器 4，下部与弹性联轴器 2 相接。弹性联轴器 2 又与小带轮相接。电动机 11 通过 V 带 12、联轴器 2、直衬套 10 驱动激振器 4 旋转。空载时，在激振器 4 产生的离心力作用下，迫使动锥沿定锥内表面作无间隙的滚动，与此同时，动锥又绕自身轴线做自转运动。所以说，空载时动锥的运动状态，为动锥绕破碎机中心线做旋转运动，同时又绕自身轴线做自转运动。可以说，这两种运动（空载时的运动状态）与传统圆锥破碎机是无区别的。有载时，动锥是沿料层滚动，由于料层在破碎腔内分布不均匀，物料颗粒有大有小，动锥沿料层滚压时的运动也是不稳定的。每滚动一周，都伴随着强烈的振动。此时，章动角 γ_0 不断地发生变化，动锥即产生章动运动。有载时，动锥除了有空载时的进动运动外，又增加了章动运动状态。这种运动状态是传统圆锥破碎机所没有的。惯性破碎机的章动运动，动锥沿料层每滚动一周，都伴随有 100 多次的振动。这种附加的强烈脉

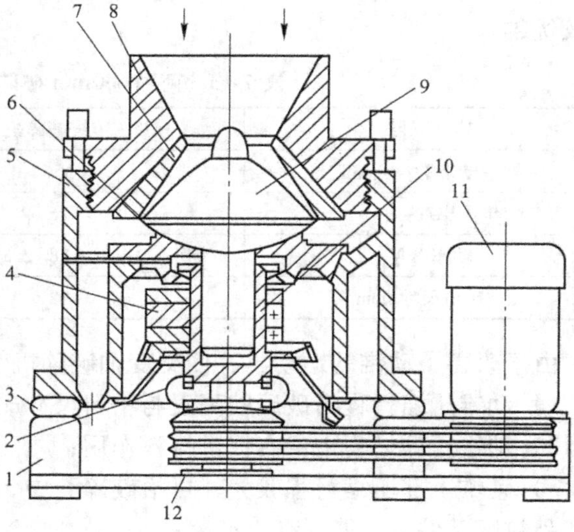

图 7-19　惯性圆锥破碎机简图

1—底架；2—弹性联轴器；3—隔振元件；4—激振器；5—支承环；6—球面轴承；7—定锥；8—调整环；9—动锥；10—直衬套；11—电动机；12—V 带

冲振动，强化了破碎作用。这也是它的破碎比远大于偏心式圆锥破碎机破碎比的重要原因之一。

惯性圆锥破碎机的破碎力，与被破碎物料的硬度、破碎腔中物料充填程度无关，它是由激振器和动锥产生的离心力所组成的。调整激振器的偏心块质量、改变偏心距、改变激振器的转速，都可得到针对任何工作条件所需的破碎力。在正常运转情况下（空载或有载），破碎力大小是不变的。

7.4.2 惯性破碎机的破碎原理

在惯性圆锥破碎机中，物料块是在强力惯性振动条件下，受到预先调定的破碎力作用，可以保证料层应有的密度，使颗粒全方位承受压力，实现层中破碎。

破碎力的大小，直接关系到料块的破碎效果。破碎力过小，没有达到物料晶粒间相联系的强度限，物料则不能破碎。若破碎力过大，不仅超过物料晶粒间相联系的强度限，而且还会使物体晶粒本身遭到破坏，这样不仅浪费能量，又造成有害的过粉碎。为此，对于每种物料都要预先选定一个合适的破碎力值，使料块只能按晶界破裂而不至于使晶体本身破坏，实现选择性破碎。

物料在破碎腔受到强烈振动作用，可使料块彼此改变方向，从而可在料层中造成交变剪切和弯曲应力。同时会清除黏结在物料块间的粉末，这些粉末不仅削弱料块之间相互作用，而且自身粉碎，造成过粉碎。然而，在惯性破碎机中，由于物料层受到强烈振动，可以清除这些粉末，从而提高了料块间的破碎作用，又避免了这些粉末的过粉碎。

在惯性破碎机中，由于动锥与电动机之间无刚性连接，所以动锥的振幅不受传动系统限制，它的大小取决于料层的阻力与破碎力的平衡。破碎机启动时，破碎机摆动频率小，破碎力较小，振幅小，因此启动力矩也较小，带负荷启动不会损坏机器，所以惯性破碎机具有带负荷启动和停车的优点。

7.4.3 大型惯性圆锥破碎机

大型惯性圆锥破碎机用于选矿厂，能为磨机提供更细的原料，因此其经济价值是很可观的。图 7-20 所示为 КИД-2200 惯性圆锥破碎机。机架 4 通过减振元件 10 安装在地基上。机架上固装

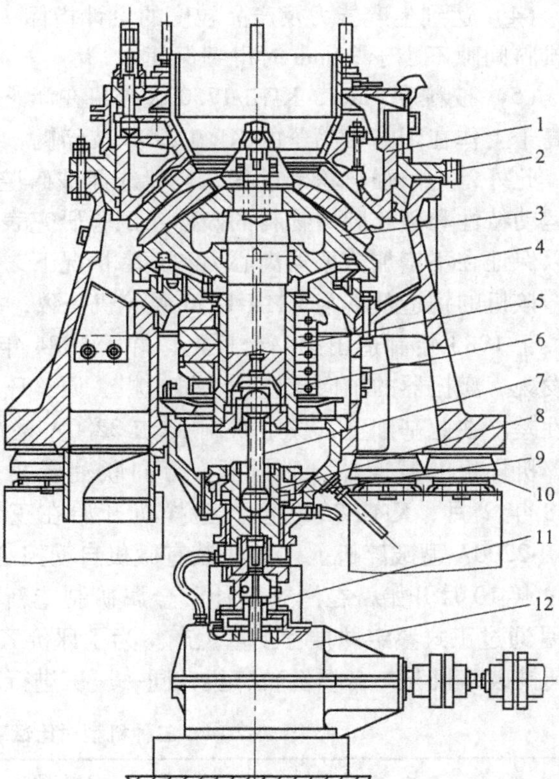

图 7-20 КИД-2200 惯性圆锥破碎机

1—调整环；2—支承环；3—动锥；4—机架；5—轴套；6—激振器；7—球头连杆；8—中间轴；9—止推轴承；10—减振元件；11—球形立轴；12—减速器

有支承环2，它与调整环1之间用螺纹连接，定锥衬板装在调整环上。主轴下部装有激振器6，激振器又装在轴套5上。中间轴与轴套之间有球头连杆7连接，其下部球头借装机架上的止推轴承9的中间轴8，与球形立轴11的上部连接。动力由电动机经过减速器12、立轴11、中间轴8和球形连杆7，驱动激振器6旋转。使激振器产生离心力，驱动动锥3在球面轴承上旋转，同时动锥也产生离心力。两种离心力合成为破碎力，实现破碎工作。

КИД-1750惯性圆锥破碎机是列宁格勒选矿设计研究院与乌拉尔重型机器厂联合研制的，并在泽芝卡什干矿山冶金联合企业进行工业试验。

通过试验得知：

（1）为了保证惯性破碎机有效的和稳定的工作，必须保证两个基本条件：一是给料最大块不能超过规定值，否则破坏了连续给料，使动锥撞击定锥；二是保证连续给料，使破碎机在满负荷下工作；

（2）给料中不能含有过多的细料，否则浪费能量，降低破碎机效率；

（3）增大排料口间隙不会造成产品粒度增大，也不会增大能耗；

（4）达到生产能力及产品粒度的设计指标，可在不平衡体静力矩最大值 $M = 0.53S_{gmax}$ 及排料间隙不小于80mm时得到保证；

（5）按粒度8mm，КИД-1750破碎机在泽芝卡什干矿开路破碎中所具有的生产能力，略高于工作在闭路带筛子的КИД-2200破碎机。

此外，为了强化粉碎过程，合理选择破碎腔“几何形状”很有必要，因为它直接影响运动特性和破碎腔中物料的破碎。试验研究表明，合理设计惯性破碎机的破碎腔形状，可以保证在不增加激振器离心力和频率情况下，提高工艺指标。

该机的构造基本与КИД-1750破碎机一致，故不再详述。这种破碎机是乌拉尔重型机器厂于1983年制造出第一台样机，并于1984年11月在泽芝卡什干矿开始试验。通过试验发现，激振器的轴向支座、动锥衬板、调整环、减速器立轴及气动缓冲器等零部件的可靠性差。在此基础上，决定研制КИД-2200A型惯性破碎机，对经改进的原КИД-2200型破碎机样机的减速器、激振器、万向联轴器及橡胶金属缓冲器等零部件进行试验。在1988年2月，КИД-2200型试验样机开始在正常条件下工作，并把所得到的结果用于КИД-2200A型破碎机上（该机装有微机自动控制系统及调节激振器频率的传动装置）。于1989年10月开始，在泽芝卡什干金属矿制造新样机，随后经安装对比试验，于1989年10月通过正式鉴定并推荐批量生产。为了评价КИД-2200系列破碎机，将КИД-2200T2普通圆锥破碎机与二台惯性破碎机在同一厂房进行对比试验。试验结果列于表7-14。

表7-14　三种机型对比试验所得的技术指标

指　标	КИД-2200	КИД-2200A	КИД-2200T2
平均生产率 $Q/t \cdot h^{-1}$	262	312	210
所需功率 P/kW	540	495	220
给料平均粒度 d_{cp}/mm			
公称值	104.9	95.0	104.9
加权平均值	59.8	47.6	59.8

续表 7-14

指　　标	КИД-2200	КИД-2200A	КИД-2200T2
平均值	46.6	28.2	46.6
破碎产品平均粒度 d_{cp}/mm			
公称值	13.9	16.0	24.1
加权平均值	6.0	7.4	11.6
平均值	2.9	3.5	7.3
对平均粒度的破碎比	16.1	8.1	6.4
单位产品电耗量/kW·h·t^{-1}	0.14	0.22	0.20
单位金属耗量/kg·h·t^{-1}	45.0	81.3	85.8

表 7-14 惯性圆锥破碎机的各种指标，是在下列条件下得到的：激振器的频率 450r/min、排料间隙为 70～90mm、激振器静力矩对 КИД-2200A 型破碎机为 75%～80%(3150～3400N·m)。

从表 7-14 中可知，当给料中含有少量细颗粒时，惯性破碎机可达到高效率。例如，在 КИД-2200 型破碎机给料中小于 12mm 占 10% 而 КИД-2200A 型破碎机给料中，小于 12mm 占 21%，所以有利于获得较小颗粒产品。同时耗电量也减少 36%。因此，对含有许多细颗粒原矿，应预先筛去细颗粒才合理。另据有关资料报道，使用惯性圆锥破碎机与使用传统圆锥破碎机比较，磨机生产能力可提高 50%。

采用惯性破碎机代替传统圆锥破碎机（闭路破碎），使粒度从 25～35mm 降到 14～16mm，作为第一段磨矿的原料时，有可能用球磨机来取代棒磨机。并且，磨机给料是在 КИД-2200 型破碎机之后给入磨机的（按筛孔尺寸计，最大粒度为 14～16mm 或 6～8mm，产品透筛率 80%），并允许使用直径为 60～80mm 的钢球（在传统破碎流程中为 100～120mm）。这样，除显著增加磨机的生产能力和降低电耗外，还可使磨矿介质的消耗量减少 50%，衬板使用寿命提高 70%～100%。

КИД 系列破碎机技术性能见表 7-15。

表 7-15　惯性圆锥破碎机技术性能

参　数		КИД60	КИД100	КИД200	КИД300	КИД450	КИД600	КИД900	КИД1200	КИД1750	КИД2200
动锥直径 D/mm		60	100	200	300	450	600	900	1200	1750	2200
进料最大粒度 d/mm		6	10	20	20	35	50	70	80	90	110
生产率①Q/t·h^{-1}		0.005	0.01	0.15	1.5	8	25	45	100	180	300
破碎产品粒度 d/mm		0.2	0.3	0.7	2.0	3.0	5.0	6.0	8.0	10.0	12.0
电动机参数	功率 P/kW	0.55	1.0	5.5	10	30	75	160	250	400	600
	电压/V	380	380	380	380	380	380	380	380	6000	6000
	转速 n /r·min^{-1}	1800～2200	1800～2200	1000～2000	1450	1380	950	750	750	590	450
外形尺寸 /mm	长	300	350	580	1300	1500	217	3210	4000	6500	6600
	宽	100	210	380	800	1000	1280	1890	2500	4000	4000
	高	380	400	770	1450	1650	2170	2210	2700	5400	6400
破碎机质量 m/t②		0.015	0.02	0.12	1	2	5.5	16	35	90	140

①是指破碎中等矿石，含水分不大于 4% 时的生产率；

②破碎机质量不包括电气及润滑设备。

东北大学闻邦椿院士，刘树英教授在 КИД 惯性圆锥破碎机基础上与某厂合作研制成功一种复合同步振动圆锥破碎机，复合同步是指振动同步与控制同步。这种破碎机结构如图 7-21 所示。

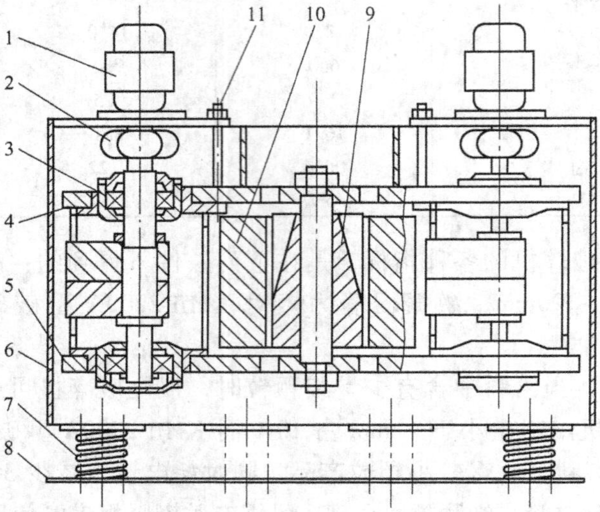

图 7-21　复合同步振动圆锥破碎机

1—电机；2—弹性联轴器；3—激振器；4—上连接板；5—下连接板；6—护板；
7—隔振弹簧；8—底板；9—内破碎锥体；10—外破碎锥体；11—悬吊装置

该机主要由电机、激振器、带给料口的上连接板、带排料口的下连接板、内破碎锥体、外破碎锥体和隔振弹簧等组成。破碎机的工作机构由外破碎锥体 10 和内破碎锥体 9 构成，两锥面上均镶有锰钢衬板，衬板相对着的表面形成破碎腔。内破碎锥体 9 的主轴两端分别与上、下连接板连在一起，平行轴式激振器 3 通过其轴承座分别与上连接板 4、下连接板 5 固接在一起，这样内破碎锥体、激振器和上、下连接板组成一体，并通过悬吊装置 11 悬吊在外破碎锥体 10 的立板上。电机 1 安装在与外破碎锥体立板固接的电机座板上。整个破碎机坐落在底板 8 上的隔振弹簧 7 上。电机通过弹性联轴器 2 驱动两平行轴式激振器 3 等速同向回转产生离心力，在离心力作用下，内破碎锥绕机器中心线做圆运动。若破碎腔内没有物料时，内破碎锥在离心力迫使下沿外破碎锥的内表面做无间隙的滚动，若破碎腔内有物料时，则内破碎锥沿物料层滚动，在滚动的同时伴随有强烈的挤压和振动冲击，从而实现对物料的有效破碎。

复合同步振动圆锥破碎机结构是一个崭新的方案，完全摆脱了传统圆锥破碎机的框架模式。结构完全相同的两激振器分别安装在锥体两侧，可方便地通过调整激振器的偏心块来调节破碎力。内破碎锥锥面倾角比较大，可提高生产能力。内破碎锥是锥面与柱面 45°相间，防止破碎力过大出现过粉碎。整机坐落在隔振弹簧上，不需要大而坚固的基础。复合同步振动圆锥破碎机与 КИД 型惯性圆锥破碎机相比，除了有 КИД 具有的破碎比大、可加工任何强度的物料、可带负荷启动和停车、破碎腔内掉入异物时不会过载、无需配置辅助设备和简化了破碎工艺流程等特点外，还具有整机高度低、结构简单、制造安装容易、维护方便、没有加工复杂的球面滑动轴承、功耗低、产品粒度特性好、整机投资少和采用了振动同步与控制同步的复合同步原理等特点。

7.5　对各机型与性能的分析

新机型（图7-2）由于工作参数与结构参数设计合理，而且动锥底角，摆动行程以及摆动次数有最佳匹配，致使动锥在冲击物料前有更多的物料落入破碎腔，能使物料通过破碎腔时流速较大，故有较高的处理能力和较低的能耗。破碎腔形设计合理并与运动参数匹配得当。当动锥具有最大冲击力时与自由落下的物料相遇，从而使物料有重新取向作用，保证产品粒度整齐。

从表7-16给出的新旧机型性能比较可知，老式弹簧机存在低处理能力、高能耗、破碎比小和机重大的缺点。当前国内虽然尚有厂家在生产这种机型，但是随着新机型性能优越逐渐被用户所接受，老弹簧破碎机势必被逐渐淘汰。

表7-16　三种圆锥破碎机性能比较

机　型	规格	给料最大粒度/mm	排料口调整范围/mm	生产率/$t \cdot h^{-1}$	电动机功率/kW	能　耗/$kW \cdot h \cdot t^{-1}$	机重/t	破碎比
PYYX1219 新机型	1200	160	19~50	140~300	110	0.785~0.366	17	8.4~3.2
ZPYB1200 老机型	1200	140	20~50	110~160	110	1.00~0.68	25	7~2.8
PYC1120 新单缸机①	1100	178	20~50	180~350	160	0.89~0.46	15.7	8.9~3.6

①非标产品。

新单缸机（图7-6）是一种高能圆锥破碎机，它是在原破碎机基础上装有更大功率的电动机达到提高处理能力和降低产品粒度的要求。在破碎腔方面也有明显地改善并提高动锥摆动次数，从而使单缸机的性能有很大地提高。从表7-16中性能比较，可知，单缸机性能略高于新机型弹簧机。随着破碎机排料口越小，粒度越细，它的优越性越明显。例如，在菲律宾Atlas公司Carmen选矿厂使用的2130mm原AC公司单缸机于该公司Bige选矿厂使用的2130mm西蒙斯破碎机进行对比试验的数据列于表7-17中。

表7-17　西蒙斯选矿厂使用两种破碎机数据比较

参　数	Bige	Carmen
中细碎破碎机功率 P/Hp①	350	500
中细碎电耗/$kW \cdot h \cdot t^{-1}$	1.975	1.33
中细碎成本/比索②$\cdot t^{-1}$	6.35	4.44
产品粒度 d/μm	14020	947

①Hp为英马力，1Hp=745.1W；②比索为菲律宾币。

从表7-17中数据对比可知，高能圆锥破碎机优于西蒙斯圆锥破碎机。

旋盘破碎机用于建材部门。该机转让给我们不久，诺得贝格公司马上推出HP系列多缸液压圆锥破碎机，由于HP系列多缸机性能优于旋盘破碎机，很快占领国内市场并得到用户好评。因为HP系列破碎机是在旋盘破碎机基础上研制出的第三代新产品，它是高能层压圆锥破碎机，所以它的性能更优越。

弹簧机和单缸机都是靠排料口控制破碎产品粒度。这样对小粒度产品必然是小排料口，导致破碎机产量大幅度下降而且易堵塞。解决这个矛盾是增大排料口和加大摆程以及提高动锥转速。对细碎机来说在不产生过压实，但有足够的密实度情况下，则要求增大摆程。动锥摆程越大，压实程度越大，排料口也随之增大。这样既增加破碎机产量又增加产品中细粒级含量。作者于1986年对建筑碎石、水泥熟料在压力机上做了静压试验，其结果证明，随压实程度增加细粒含量和细度显著增加。

结合上述情况，对圆锥破碎机破碎腔内的物料压缩时，要有足够的密实度和高压缩比，既能获得较高的产量而又能使细粒级产品含量显著增多。保证有高压缩比，必须有合理的腔形以及与此腔形相匹配的合理结构参数和工作参数。要保证有高压缩比腔内必须有足够的矿量。采用高摆频和大摆程，使动锥撤回到终点又返回时遇到下落物料，能将它冲散，然后进行层间破碎。这种观点在HP系列破碎机得到实现。此外，从圆锥破碎机结构复杂程度来看，单缸机具有独特的优点是结构简单，质量轻，制造成本低，便于维护保养。而多缸机特别HP系列多缸机结构更复杂，质量大。制造成本较高，故障率相对多。

为了比较，H系列单缸机与HP系列多缸机的优越性，将两种破碎机主要技术参数列于表7-18中。

表7-18　H-8000和HP700破碎机主要参数比较

参　数	H-8000 超细型破碎机	HP700 细型破碎机	H-8000 细型破碎机	HP700 中型破碎机
给料口尺寸/mm	56	38	100	91
排料口尺寸/mm	8	6	10	10
生产率/$t \cdot h^{-1}$	160	220	290	290（P85）
电机功率/kW	560	500	560	500
机器质量/t	66.5	61.9	66.5	61.9
能耗/$kW \cdot h \cdot t^{-1}$	3.5	2.5	1.93	1.734

从表中数据可知，H-8000超细型与HP700细型比较，后者粒度细、产量高、能耗低，但前者破碎比稍大些；H-8000细型与HP700中型比较，还是后者产量高许多，能耗也较低。但HP700质量并不轻，因为表中质量不包括破碎机辅助设备部分质量。综合比较结果还是HP系列破碎机性能较优越。

近年瑞典山特维克又推出H-2800，H-3800，H-4800，H-6800和H-8800单缸机。所以H系列和HP系列两制造厂家，各自在不断完善自己的产品情况下，展开激烈的竞争。所以形成单缸机和多缸机齐头并进的发展趋势。

为此，今后液压圆锥破碎机设计的基本点是，大摆程、高摆频，较大的底锥角并且三者必须达到最优匹配以及采用优化腔形和输入高能量。就是说，对破碎机内部结构和参数进行优化组合，基本上不加大外形尺寸。所以液压圆锥破碎机向着高能层压破碎机方向发展而不是向着大型化方向发展。

8 圆锥破碎机主要参数计算

8.1 结构参数选择与计算

8.1.1 分矿盘与接矿漏斗

矿石从晃动的分矿盘落下时，不允许矿石直接落入给矿口中，而使其落到接矿漏斗上。分矿盘的高度，从它的顶面到动锥球面中心的距离，一般为400～650mm。

对于中碎机，分矿盘与定锥形成的空间不应影响矿石进入给矿口，更不能产生大块矿石楔在此空间的现象。

接矿漏斗的锥角按下述要求确定：应使落到接矿漏斗斜面上的矿石，能沿斜面顺利地滑到动锥上部的衬板上，其下滑的速度足够使其越过张开的给矿口，然后调转方向缓慢地滑向给矿口。

8.1.2 给矿口与排矿口宽度

圆锥破碎机给矿口的宽度 B，用动锥接近定锥时，两锥体的上端距离表示。排矿口宽度 b，用动锥靠近定锥时，两锥体下端的距离表示。B 和 b 的选择与给矿和排矿粒度有关，一般情况下，$B = (1.2 \sim 1.25)D_{max}$。给矿粒度 D_{max} 根据选矿流程决定。排矿口宽度 b 取决于所要求的产品粒度。对于每一种破碎机，b 值都有一定范围，以供破碎各种硬度矿石的需要。对于不同硬度的矿石，其排矿的过大颗粒系数 $K = d_{max}/b$（d_{max} 是产品的最大颗粒）不同。对中碎机来说，破碎硬矿石时 $K = 2.8 \sim 3.0$、中硬矿石 $K = 2 \sim 2.2$、软矿石 $K = 1.6$。因此设计与使用中碎机时，决定排矿口宽度，就必须考虑产品中过大颗粒对细碎机给矿粒度的影响，这主要是中碎机一般不设检查筛分。由于细碎机一般都有检查筛分，它的排矿口宽度平常就应等于所要求的产品粒度，而不必考虑产品的过大颗粒影响。

8.1.3 啮角

动锥与定锥衬板之间的夹角称为啮角，并用 α_0 表示。它的作用是保证破碎腔两衬板有效地咬住矿石，不许向上滑动。

给矿口处啮角，必须小于矿石与定锥衬板以及矿石与动锥衬板的摩擦角之和（图 8-1）。啮角可按下式计算：

$$\alpha_0 = \alpha_1 - (\alpha \pm \gamma_0) \qquad (8\text{-}1)$$

式中 γ_0——动锥中心线与定锥中心线之间的夹角，称为偏心度；

α——底锥角，“+”号用于计算开口边啮角，“-”号用于计算闭口边啮角。

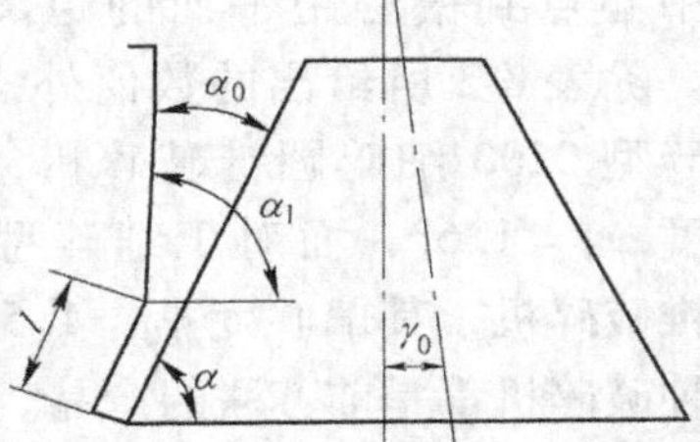

图 8-1 圆锥破碎机啮角

啮角过大，矿石将在破碎腔内打滑，降低生产能力，增加衬板磨损和电能的消耗；啮角太小，则破碎腔过长，增加破碎机的高度。通常啮角为 $21° \leqslant \alpha_0 \leqslant 23°$，$\alpha_{0max} = 26°$。

底锥角 α 较大者为陡锥型破碎机，也叫深腔破碎机，如单缸液压圆锥破碎机，其 α 角约为 55°~60°；底锥角 α 较小者为平锥型破碎机，如弹簧圆锥破碎机和多缸液压圆锥破碎机，其 α 角约为 40°~50°。

8.1.4　偏心距、动锥摆动行程

偏心距也叫偏心半径，并用 e 表示。偏心距的大小，从球面中心 O 点（固定点）到各不同水平面都不同，一般所谓偏心距系指排矿口平面内的动锥轴线的摆动距离，动锥转一周，整个摆动距离为 $2e$。

确定偏心度 γ_0 和偏心距 e 值是为了满足动锥摆动行程的要求。动锥摆动行程（冲程）又是根据物料性质、排料口（物料粒度）、破碎机型和腔型有关。表 8-1 给出 H1800 系列破碎机摆动行程，仅仅是对粗、中、细腔型而言，实际上 H 系列破碎机有 7 种腔型。对应不同腔型摆动行程都不一样，为了满足此要求，单缸机（图 7-6）偏心轴套的内衬套也制成偏心的，借助转动它处于不同位置，使两种偏心值合成各种大小不同的偏心距，便可满足不同的摆动行程的要求。

表 8-1　H1800 系列单缸机摆动行程

机　型	2800			3800			4800			6800		
腔　型	粗	中	细	粗	中	细	粗	中	细	粗	中	细
动锥摆动行程/S · mm^{-1}	25	20	16	32	28	26	44	36	24	48	44	32

摆动行程和偏心度随机型不同而不同，如弹簧机和单缸机的摆动行程和偏心度就不一样。多缸机由于采用层压破碎原理，如前述它要求破碎腔物料有足够的密实度，就要有较大摆程，又要有较高摆频。故多缸机摆动行程和偏心度也跟弹簧机、单缸机不一样，现有的多缸机偏心度为 2°23′，而它的摆程可按下列压缩行程比 $(S+b)/b$ 来确定（式中 S 为动锥摆动行程，b 为闭边最小排料口）。

标准型　　$i = (S+b)/b \approx 4 \sim 6.5$　　(8-2)

短头型　　$i = (S+b)/b \approx 7 \sim 21$　　(8-3)

若排料口 b 值小取 i 值大；若 b 值大选 i 值小者。

偏心度 γ_0 的大小是由偏心距和球面中心点到偏心距平面的距离所决定。除表 8-2 所给出的数值外，对于细碎型 2200 细碎圆锥破碎机，其偏心度 $\gamma_0 = 1.6°$，而对于细碎型 3000 圆锥破碎机，其偏心度 $\gamma_0 = 1.5°$。这两种破碎机都是前苏联的产品。

如图 8-2 所示，闭边排矿口 $b = A_1A_2$，动锥摆动行程 $S = A_2A_3$，开边

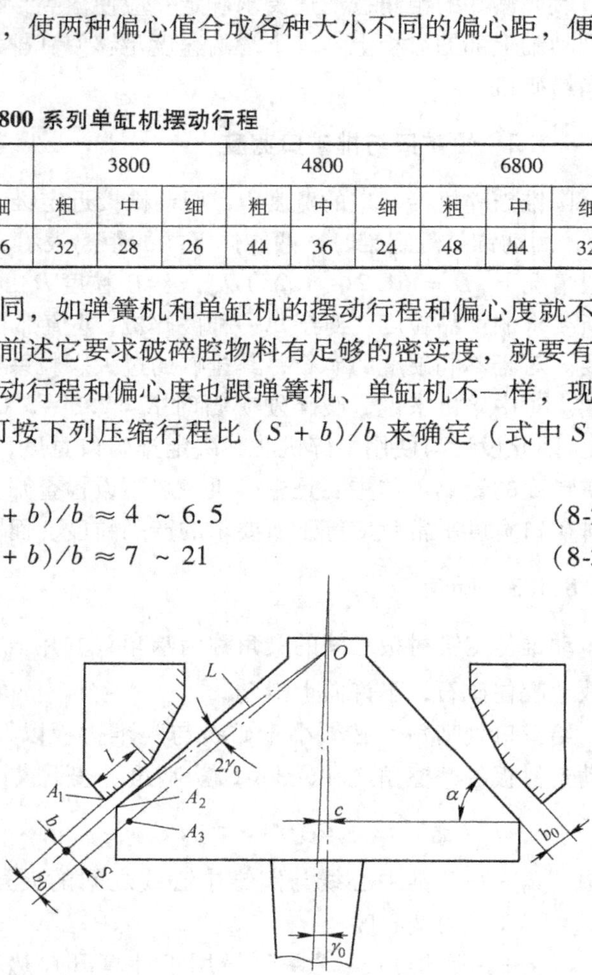

图 8-2　动锥摆动行程与偏心距

排矿口 $b_0 = b + S = A_1A_3$。A_2A_3相当于以 O 为圆心，以 OA_2为半径的圆弧。根据 OA_2与 OA_3之间的夹角为 $2\gamma_0$，则动锥摆动行程近似为：

$$S \approx \pi L 2\gamma_0 / 180° \tag{8-4}$$

如前苏联 2200 中碎机，$\gamma_0 = 2°$，$L = 1360$mm。将已知数据代入式（8-4）中，得 $S = 95$mm。

此外，还可按经验式求偏心距，

$$e = 0.5 D \tan\gamma_0 \tan\alpha \tag{8-5}$$

式中 D——动锥底部直径；

其他符号同前。

将前苏联各种规格破碎机已知数据代入式（8-5）中，求得的结果列于表 8-2。

表 8-2 2200 中碎机的计算结果

参 数	动锥底部直径 D/mm				
	600	900	1200	1750	2200
偏心度 γ_0/（°）	2.43	2.28	2.17	2	2
$\tan\gamma_0$	0.0425	0.040	0.038	0.035	0.035
按式（8-5）求 e/mm	10.7	15.0	19.0	25.6	32.2

表 8-3 列出国产各种老式破碎机的偏心距和动锥摆动行程的实际数据。

表 8-3 国产破碎机的偏心距和动锥摆动行程

破碎机规格	600	900	1200	1750	2200
偏心距 e/mm	10	12	15.5	21.5	30
动锥摆动行程 S/mm	29	39	51	75	90

8.1.5 破碎腔平行区

破碎腔的平行区也称为平行带。为了保证破碎产品达到一定细度和均匀度，中细碎机在破碎腔下部有一段平行区。若平行区过长，与同规格破碎机在相同条件下比较，处理能力减少，而且随衬板磨损，平行区越来越长，易使破碎机产生堵塞，增加能耗。由于平行区越长，磨损越不均匀，使产品粒度更加不均匀。

从受力情况来说，平行区缩短使破碎力下移，能改善主轴受力情况。但平行区过短，会导致产品中合格品含量下降。

平行区长度 l，可根据动锥摆动次数和底锥角以及摆动行程等计算。其原则是：对中碎机，保证物料在平行区里被压碎 1～2 次；对细碎机，保证矿石在平行区里被压碎 2～3 次。

可根据动锥底部直径计算平行区长度 l（mm）：

对中碎机 $l = 0.08 \times D$

对细碎机 $l = (0.14 \sim 0.16) D$ （8-6）

式中 D——动锥底部直径，mm。

用式（8-6）求得的结果与传统弹簧机平行区长度相吻合。但是，新机型由于动锥摆动次数提高，平行区长度明显减短。在保证粒度均匀条件下，相对会提高破碎机处理能力。国外圆锥破碎机常常是没有平行区而是准平行区，即从排料口开始往进料口方向缓慢而微小增加两衬板之间的夹角，从而形成一段称为准平行区。这种破碎机其产品粒度也很不错，作者设计的单缸机就采用准平行区。

8.2　旋回破碎机结构参数选择与计算

以上所述的结构参数主要是针对中、细碎机而言。旋回破碎机是粗碎机，用于破碎大块物料，所以它的定锥布置方式刚好与中细碎机相反，即定锥直径大的一端朝上而直径小的一端朝下，如图 8-3 所示。因此它的结构参数与中细碎机也不一样。旋回破碎机结构参数有给、排料口尺寸、啮角、破碎腔高度、偏心距与动锥摆动行程、动锥底部直径、偏心度与动锥悬挂高度等。

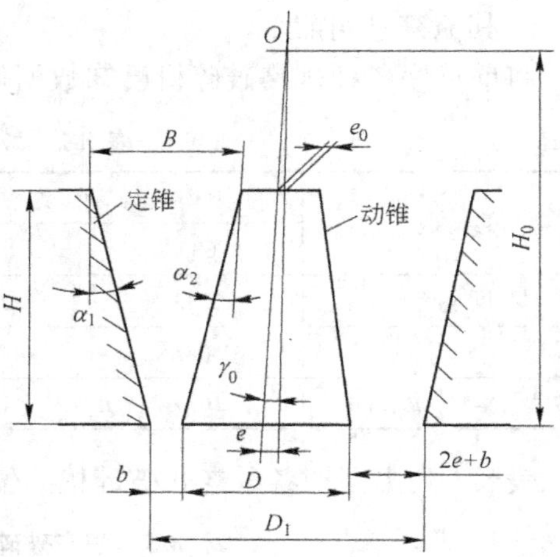

图 8-3　破碎机结构尺寸

8.2.1　给、排料口尺寸

给料口尺寸 B 用动锥靠近定锥时，两截锥体上端在给料口水平面的距离表示（图 8-3）。排料口尺寸 b 用两截锥体下端在排料口水平面的距离表示。B 代表破碎机规格尺寸而 b 表示排料口最小尺寸（闭边排料口尺寸）。

设计破碎机时，原料最大颗粒尺寸为已知。为了保证物料最大颗粒能顺利进入破碎机，则给料口尺寸为：

$$B = (1.1 \sim 1.25)D_{max} \tag{8-7}$$

式中　D_{max}——原料最大颗粒尺寸。

根据式（8-7）求得 B 值后，再按国家标准选定破碎机规格尺寸。

破碎机排矿口尺寸，可根据已知破碎比 i 按下式求得：

$$b = 0.85Bi \tag{8-8}$$

旋回破碎机破碎比，对直线形破碎腔为 5.35 ~ 7.6。曲线形破碎腔约为 6.75 ~ 9.5 之间，平均可达 7.9。

8.2.2　啮角

旋回破碎机工作时，物料在定锥与动锥之间被破碎，除了破碎腔为环形且工作是连续的以外，同颚式破碎机在定颚与动颚之间破碎物料是相似的。因此，颚式破碎机机械状态主要参数计算的基本方法，对旋回破碎机也适用，当然啮角的计算也不例外。

由于连续工作以及动锥的旋摆运动，实际选用的啮角比颚式破碎机稍大一些。定锥锥角之半为 $\alpha_1 = 17°$左右，动锥锥角之半为 $\alpha_2 = 9°$左右（图 8-4），故 $\alpha = \alpha_1 + \alpha_2$大约在 22°

~27°范围内。

具体选定啮角时考虑的因素如下：

1）物料同衬板之间的摩擦系数。如物料有一定水分而且易滑动，应选取较小值；

2）当物料易碎，可适当选取较大值；

3）对较大规格的破碎机可选较大啮角。因为大型破碎机的给料粒度大，因而料块质量大，重力作用易于往下排料。啮角增大后，使破碎机高度和机重减小。

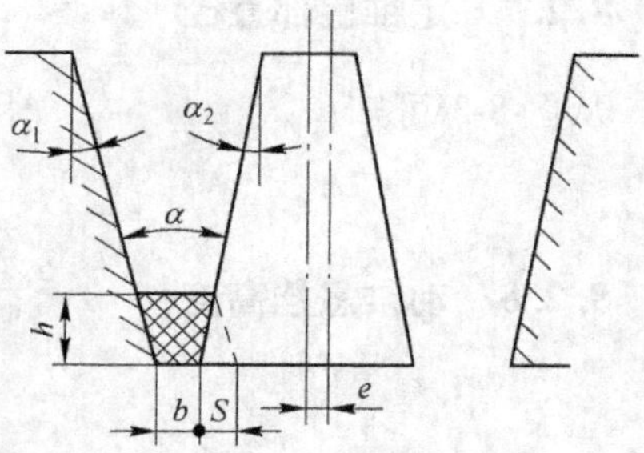

图 8-4 啮角、转速、生产率计算图示

8.2.3 破碎腔高度

由图 8-3 可知，破碎腔高度 H 为：

$$H = \frac{B - b}{\tan\alpha_1 + \tan\alpha_2} \tag{8-9}$$

式中 α_1，α_2——定锥、动锥锥角之半。

8.2.4 偏心距 e 与动锥行程 S

偏心距太大，使动力消耗增加、产品粒度变粗；偏心距太小，不能保证有效地破碎物料，降低生产率等。因此，e 必须选得合适。根据经验，e 与给料口尺寸 B 的关系是：

$$e = 8.3B + 8.5 \tag{8-10}$$

按式（8-10）计算 e 值，与破碎机样本的数据比较，见表 8-4。

表 8-4 计算偏心距 e 与样本 e 的比较

给料口尺寸 B/m	0.5	0.7	0.9	1.2	1.4
按式（8-10）计算 e/mm	11.7	14.3	16	18.5	20.1
样本中偏心距 e/mm	11	15	16	19	20

AC 公司动锥行程列于表 8-5 中。

表 8-5 AC 公司旋回破碎机动锥摆动行程

给料口 B/mm	760	916	1070	1220	1370	1520
动锥摆动行程 S/mm	32	32	38	41	41	46

8.2.5 动锥底部直径

动锥底部直径，是指在排料口水平面动锥的直径，它与给矿口尺寸的关系为：

$$D = (1.35B + 0.45) \pm 1 \tag{8-11}$$

8.2.6 偏心度 γ_0

一般偏心度 $\gamma_0 = 30' \sim 1°$。

8.2.7 定锥底部直径

从图 8-3 可知：

$$D_1 = D + 2(b + e) \tag{8-12}$$

8.2.8 动锥悬挂高度

$$H_0 \approx \frac{e}{\tan\gamma_0} \tag{8-13}$$

由式（8-13）可知，当偏心距一定时，H_0与γ_0成反比。此外，悬挂高度还受到悬挂轴承最外边到给料口定锥距离的影响，即此距离必须保证最大料块能顺利进入破碎腔。再者 e 和 H 确定后，动锥给料口偏心距 e_0随悬挂高度增加而增加。而 e_0值必须保证大于有效地压碎最大给料块的变形值。根据这些因素，参考实际数据便可决定 H_0值。

8.3 动锥摆动次数计算

动锥的摆动次数也就是偏心轴套的转速。如转速太高，不仅生产率不能提高，反而会使功耗增加很快，若转速太低，又不能充分利用能量，使生产率降低。因此，人们追求一个较为理想的转速。

破碎机转速 n 值与破碎机结构、偏心部件运动状态、破碎机制造质量、零件材质、润滑等因素有关。所以采用高转速，必须紧密结合本国实际情况作适当的处理。衡量破碎机 n 值的指标是：在其他条件一定的情况下，所确定的 n 值应有最高的生产率和最低的能耗。

物料在破碎腔平行区里是以自由落体形式运动，以此为基础，计算动锥摆动次数。

如图 8-5 所示，物料在 A 点被压碎后，当动锥从位置Ⅰ急速向位置Ⅱ后撤时，由于物料不会立刻跟随动锥一起下落而是滞后一段时间，从而物料脱离动锥表面，这是因为动锥后撤的速度大于物料自由下落的速度所决定的。当动锥后撤到位置Ⅱ而物料尚离动锥表面有一段距离，待动锥从位置Ⅱ返回来再次冲击的过程中，与继续下落的物料相遇。

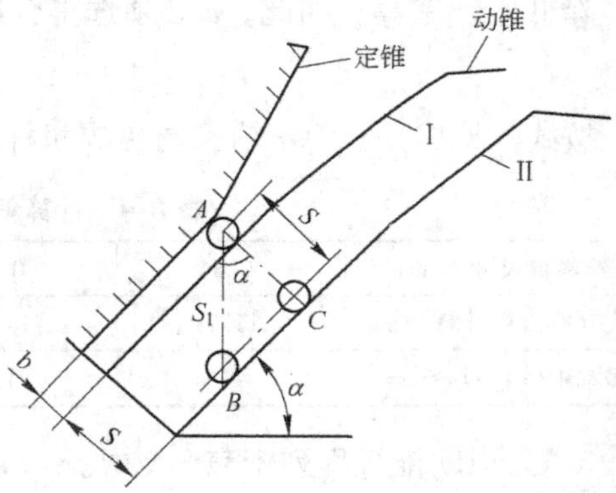

图 8-5 物料在平行区的运动
Ⅰ—动锥处于压碎终止位置；
Ⅱ—动锥后撤到终止位置

现求动锥后撤而物料跟随动锥一起作自由降落运动状态下，动锥的摆动次数，即动锥保证物料自由降落的最低摆动次数。

由图 8-5，物料从 A 点降落到 B 点的时间，等于动锥从位置Ⅰ后撤到位置Ⅱ的时间，即

$$t = \frac{30}{n}$$

根据自由落体公式得：

$$S_1 = gt^2/2 \tag{8-14}$$

将 $t = \dfrac{30}{n}$ 代入公式（8-14）中，则

$$S_1 = g\left(\frac{30}{n}\right)^2 \Big/ 2 \tag{8-15}$$

式中 g——重力加速度，$m \cdot s^{-2}$；

S_1——物料下落的距离，$S_1 = \dfrac{S}{\cos\alpha}$（$\alpha$ 为动锥底锥角）。

公式（8-15）经整理后，得动锥每分钟最低摆动次数为：

$$n_{\min} = 30\sqrt{g\cos\alpha/2S} \tag{8-16}$$

将 $g = 9.8m/s^2$ 代入公式（8-16），则得：

$$n_{\min} = 66\sqrt{\frac{\cos\alpha}{S}} \tag{8-17}$$

式中 S——动锥行程，m。

公式（8-17）是求得物料不在锥面上滑动的最低摆动次数。实际上，设计时动锥的摆动次数必须大于这个极限次数，才能使物料呈自由落体形式向下运动。而且必须考虑充分利用动锥对物料的冲击，使物料有重新取向作用，从而提高破碎物料的效果。

如图 8-5 所示，动锥从位置Ⅰ后撤到位置Ⅱ，再从位置Ⅱ返回到位置Ⅰ的运动，可视为作简谐运动。由此，可求得动锥任意位置摆动行程（图 8-7）x 值，即

$$x = \frac{s}{2}\cos\frac{2\pi}{T}t \tag{8-18}$$

对公式（8-18）微分，可得 A 点作简谐运动的速度为：

$$u = \frac{dx}{dt} = \frac{S\pi}{T}\sin\left(\frac{2\pi}{T}t\right) \tag{8-19}$$

使 t 值依次等于：$t_0 = 0$，$t_1 = \dfrac{10}{n}$，$t_2 = \dfrac{20}{n}$，$t_3 = \dfrac{30}{n}$，$t_4 = \dfrac{40}{n}$，$t_5 = \dfrac{50}{n}$，$t_6 = \dfrac{60}{n} = T$。

将各 t 值分别代入公式（8-19），便可求得简谐运动的速度曲线，如图 8-6 所示。

对照图 8-5、图 8-6 动锥从位置Ⅰ后撤的同时，物料从 A 点自由降落，两者在 B 点相遇，因此图 8-6 中 1 ~2 区间是物料沿动锥表面作滑动运动状态。说明此时动锥摆动次数很低。在已有的中细碎圆锥破碎机中已不存在这种情况，因为这种情况不能保证产品粒度，而且降低破碎机处理能力。破碎机动锥实际摆动次数必须大于这个最低摆动次数，即 $n > n_{\min}$。

如图 8-7 所示，动锥在返回的冲击过程中，处于整个行程 S 的中间位置Ⅳ，此时动锥有最大的冲击速度，对物料有较大的冲击作用。因为超过此位置，动锥将作减速运动，对物料冲击取向作用差而又影响排料，甚至使处理能力大大下降，功耗增高。

物料从 A 点开始自由降落而动锥从位置Ⅰ后撤，由于动锥后撤速度较快，当动锥后撤到位置Ⅱ而又返回到位置Ⅲ时，才与物料相遇。此时动锥所走过的时间 $t = \dfrac{45}{n}$，如图8-6

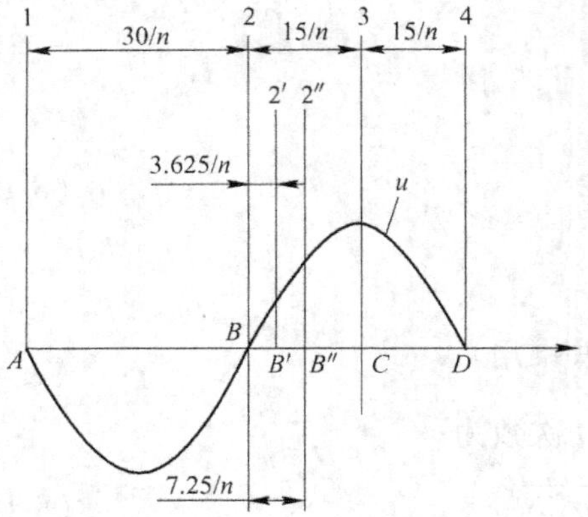

图 8-6　动锥速度 u 随时间变化曲线

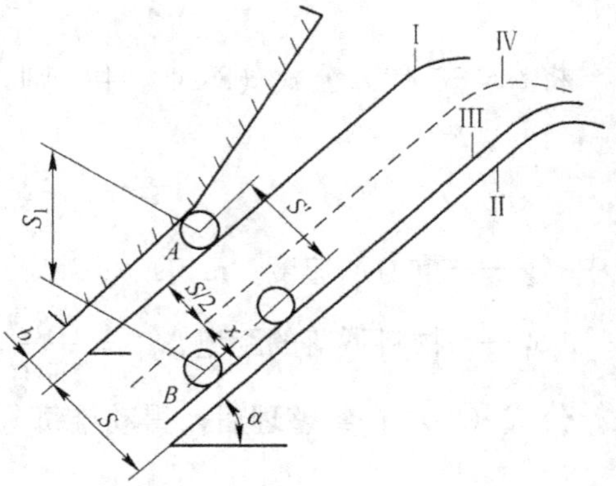

图 8-7　求动锥最适宜的摆动次数

Ⅰ—动锥处于压碎物料终止位置；Ⅱ—动锥处于后撤终止位置；Ⅲ—动锥处于 $t=33.625/n$ 的位置，即处 $S/2+x$ 的位置；Ⅳ—动锥处于 $S/2$ 的位置

中 c—3 线。$T=60/n$，将此数据代入式（8-18）得 $x=0$。由图 8-7 知，$S'=S/2+x$，故 $S'=S/2$。又从图中几何关系得 $S_1=\dfrac{S'}{\cos\alpha}$。

根据自由落体公式得：

$$S_1=\frac{S'}{\cos\alpha}=\frac{S}{2\cos\alpha}=\frac{1}{2}g(45/n)^2$$

经简化求得 n_{max}（r/min）为

$$n_{max}=140\sqrt{\frac{\cos\alpha}{S}} \tag{8-20}$$

式中　S——动锥摆动行程，m；

　　　α——动锥底锥角，（°）。

按式（8-20）可求得动锥最高摆动次数 n_{max}。所以中细碎破碎机动锥摆动次数应在 $n_{min}\sim n_{max}$ 之间选取。实际上，当动锥底锥角 α 和摆动行程一定时，动锥摆动次数取决于系数 66 到 140 之间变化。如果将系数用 K 表示，则 K 值随动锥处在不同位置冲击物料而定。如图 8-6 所示，系数 $K=66$ 时是指动锥在 $t=\dfrac{30}{n}$ 时与物料相遇。对于高能层压圆锥破碎机是属于高摆频的破碎机，可以取较大的 K 值。机型越小则 K 值应越大。例如 HP 系列小型多缸机 $\alpha=55°$，$S=65$mm，取 $K=140$，根据式（8-20）求得 $n=415$r/min。该机动锥摆动次数 $n=400$r/min。若取 c—3 线与 B—2 线之间的平均值为 B''—$2''$线，此时 $t=37.25/n$，按上述同样的诱导过程可得：

$$n=88.75\sqrt{\frac{\cos\alpha}{S}} \tag{8-21}$$

将国产弹簧机 α 和 S 实际数据代入式（8-21）求得结果列于表 8-6 中。

表 8-6 动锥每分钟摆动次数

破碎机规格	2200	1750	1200	900	600
按式（8-21）计算的 n 值	258	283	343	292	455
破碎机实际的 n 值	220	245	300	333	356

从表 8-6 中看出，所求得的动锥摆动次数均高于国产圆锥破碎机。但是，国外同规格破碎机动锥摆动次数均高于国产破碎机，如英国 2100 细碎圆锥破碎机 $n=400\text{r/min}$。因此，新设计圆锥破碎机可以按式（8-21）计算动锥摆动次数。例：GP100 单缸机 $\alpha=55°$，$S=0.025\text{m}$ 代入式（8-21）得 $n=425\text{r/min}$，实际 n 值为 400r/min。

此外，动锥摆动次数也可按下面简单公式计算：对于弹簧保险液压调整和多缸液压圆锥破碎机 n（r/min）为：

$$n = \frac{1000}{\pi\sqrt{D}} \tag{8-22}$$

式中 n——对于单缸液压圆锥破碎机 $n=400\sim90D\text{r/min}$，对于液压旋回破碎机 $n=240\sim85B\ \text{r/min}$；

D——动锥底部直径，m；

B——给料口尺寸，m。

8.4 生产率计算

生产率是破碎机一项重要技术经济指标，理论生产率计算式又是设计破碎机腔形的基本方程式。

生产率是在一定的给料粒度和排料粒度条件下，单位时间破碎机所处理的物料量，单位是 t/h 或 m^3/h。

如图 8-8 所示，求生产率的理论计算式，是根据动锥摆动一次，从破碎腔排出的物料体积求得：

$$v = l_i b_i D_c \pi \tag{8-23}$$

式中 l_i——动锥摆动一次物料的位移，m；

b_i——动锥开始压缩物料或停止排料时，料层的厚度，即两锥面间的距离，m；

D_c——料层平均值，m。

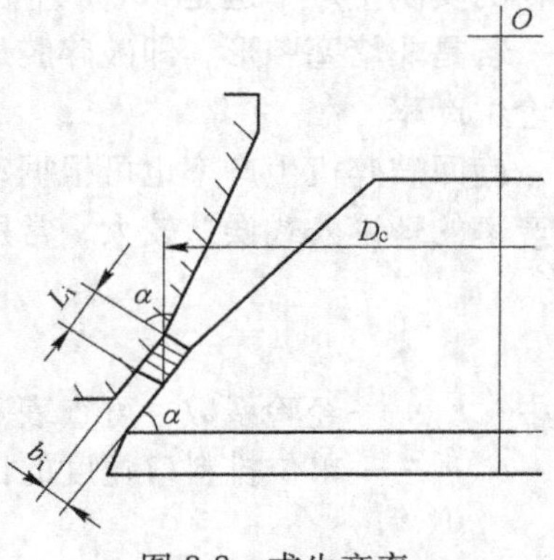

图 8-8 求生产率

动锥摆一次物料的位移 l_i 可根据图 8-8 中近似认为 $l_i=b_i\tan\alpha$（α 为动锥底锥角）。式（8-23）中 l_i、b_i、D_c 和 α 值，当设计新破碎机，在破碎机总图中均是已知数据。

根据式（8-24）可求得破碎机生产率 $Q/\text{t}\cdot\text{h}^{-1}$ 计算式：

$$Q = 60vn\mu\gamma = 188n\mu\gamma D_c b_i^2\tan\alpha \tag{8-24}$$

式中 γ——物料堆密度，$\gamma=1.6\text{t/m}^3$；

μ——松散系数，$\mu\approx0.5\sim0.7$；

n——动锥每分钟摆动次数，r/min；

α——动锥底锥角，(°)。

实际上，影响生产率的因素很多，如给料方式、物料性质、给料粒度含量、腔形、机器规格、动锥摆动次数、排料口尺寸和物料松散系数等。因此，若求得实际生产率，必须对式（8-24）加以修正，如：

$$Q = 188\mu n D_c \gamma K_Q K_i b_{ii}^2 \tan\alpha \tag{8-25}$$

式中 K_Q——物料硬度系数，对中硬物料 $K_Q=1$，对坚硬物料 $K_Q=0.75$，对软物料 $K_Q=1$；

K_i——给料粒度系数，见表8-7。

表8-7 粒度系数 K_i

筛 分	给料公称粒度	粒度系数	筛 分	给料公称粒度	粒度系数
预先筛分	0.8B	1.0	无预先筛分	0.65B	1.1
	0.6B	1.05		0.55B	1.2
	0.3B	1.1		0.45B	1.3
无预先筛分	0.80B	1.0		0.35B	1.4

注：B 为给口宽度。

计算实例：

800单缸液压圆锥破碎机给料口 $B=130$mm，闭边排料口 $b=10$mm。已知：$l_i=b_i\tan\alpha=39$mm，$b_i=27.5$mm，$D_c=780$mm，$n=379$r/min，$\gamma=1.6$t/m^3。取 $\mu=0.5$，得 $K_Q=1$，$K_i=1$，将已知数据代入式（8-25）中，求得理论生产率 $Q\approx50$t/h。该机破碎中等硬度脆性物的实测生产率也是50t/h左右。

若是非堵塞腔形，即破碎腔最小截面设在给料口的破碎机也可按给料口已知数据计算理论生产率。

旋回破碎机生产率也可根据动锥每转一周排出一个环形体积的物料来求得。由于计算生产率的理论公式误差较大，常用经验公式计算生产率，即

$$Q = K_1 \frac{\gamma}{1.6} q_o b \tag{8-26}$$

式中 K_1——经验系数，可查表8-8；

q_o——单位排料口宽度的比生产率，t/(mm·h)，可按表8-9查得。

表8-8 经验系数 K_1

物料普氏硬度系数 f	<1	1~5	5~15	15~20	>20
经验系数 K_1	1.3~1.4	1.15~1.25	1.0	0.8~0.9	0.65~0.75

表8-9 比生产率 q_o

破碎机规格	500/75	700/130	900/160	1200/180	1500/186	1500/300
q_o/t·(mm·h)$^{-1}$	2.5	3	4.5	6.0	10.5	13.5

8.5 电动机功率计算

弹簧式圆锥破碎机电动机功率，可按下面根据实际资料，经研究总结出来的经验公

式[2]计算，P（kW）为：

$$P = 50D^2K_0 \tag{8-27}$$

式中 D——动锥直径，m；

K_0——修正系数，动锥直径在1650mm时，取 $K_0=1.4$；当动锥直径在1650~2100mm之间时，取 $K_0=1$；当动锥直径大于2100mm时，取 $K_0=1.1\sim1.2$。

采用式（8-27）计算结果列于表8-10。

表 8-10 弹簧机电动机功率

破碎机规格	600	900	1200	1650	1750	2200
电机实际功率/kW	28	55	110	130	155	266/280
按式(8-27)计算功率/kW	25.2	56	108	136	153	268

从表中数据对比可知，实际功率与计算功率相近，故初步确定功率时可以采用。单缸液压圆锥破碎机电动机功率，可按下面经验公式计算 P（kW）为：

$$P = 75D^{1.7} \tag{8-28}$$

式中 D——动锥直径，m。

按式（8-28）计算结果列于表8-11。从表中数据看出，按式（8-28）计算结果也比较接近实际。

表 8-11 单缸机电动机功率

破碎机规格	900	1200	1650	1850	2200
电动机实际功率/kW	55	95	155	210	280
按式(8-28)计算功率/kW	62	102	175	213	286

上述两种国产传统圆锥破碎机都不是高能破碎机，而且转速也比较低，故实际功率也比较小。H系列、S系列以及HP系列破碎机都属高能圆锥破碎机，因此，电动机功率值很大，如表8-12所示。

表 8-12 H系列、S系列、HP系列破碎机功率

机　型	H2800 S2800	H3800 S3800	H4800 S4800	H6800 S6800
电动机功率/kW	90	132	220	315
机　型	HP200	HP300	HP500	HP700
电动机功率/kW	147	220	367	514

液压旋回破碎机电动机功率可按下面经验公式（8-29）计算 P（kW）：

$$P = 36D^2ne \tag{8-29}$$

式中 D——动锥底部直径，m；

e——动锥摆动行程，m；

n——动锥摆动次数，r/min。

9 圆锥破碎机破碎腔设计

圆锥破碎机动锥外表面和定锥内表面所构成的空间叫破碎腔。破碎腔腔形的好坏，对破碎机技术经济指标（如生产率、能耗、破碎产品粒度、粒形以及衬板的磨损）影响很大。因此，研究破碎机腔形是一项很有价值的工作，并引起国内外专家、学者的重视和进行了大量的工作。

国内对圆锥破碎机腔形的研究甚少，特别是圆锥破碎机腔形优化设计还没有见到报道。美国 AC 公司虽有报道，但没有具体资料，只是信息。

设计破碎腔时，不论哪种腔形，都应满足以下要求：保证对破碎机所要求的生产能力；保证产品粒度符合要求，即有一定细度和均匀度以及粒形；不易发生堵塞；衬板磨损要尽可能均匀。

9.1 腔形与通过能力

圆锥破碎机破碎腔是根据破碎腔各截面通过能力设计的。沿破碎机 y 坐标的破碎腔各截面（图 9-1）上通过能力可按下式（9-1）计算：

$$V(y) = 188nD(y)b(y)l(y) \tag{9-1}$$

式中 n——动锥摆动次数，r/min；

$D(y)$——物料压缩层平均直径，m；

$b(y)$——物料压缩层厚度，m；

$l(y)$——动锥摆动一次，物料的位移，m。

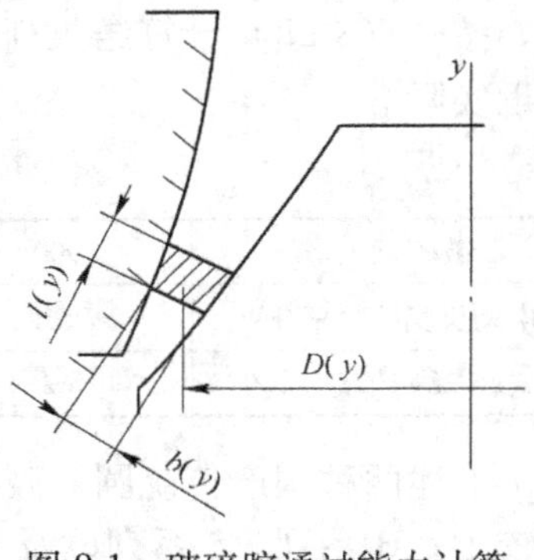

图 9-1 破碎腔通过能力计算

设计新的破碎腔，也按沿破碎腔高度各截面的通过能力来计算。设计原则是力求沿破碎腔高度各个截面的通过能力不变，即：

$$V_m(y) = \rho_m(y)V_v(y) = 常数 \tag{9-2}$$

式中 ρ_m——在密实状态下，物料的堆密度，t/m^3。

$$\rho_m(y) = \rho_s - \frac{\rho_s - \rho_o}{H} \tag{9-3}$$

式中 ρ_o——破碎腔给矿口截面，当 $y = H$（破碎高度）时的堆密度；

ρ_s——破碎腔排矿口截面，当 $y = 0$ 时的堆密度。

9.2 腔形设计

9.2.1 基本腔形设计

当设计破碎腔时，破碎机进料口尺寸 B 或最大粒度 D_{max}、排料口尺寸 b 或排料粒度

d_{max}、破碎机生产能力、破碎机规格尺寸 D 以及被破碎物料性质等为已知。

腔形设计程序（图 9-2）如下：

（1）首先根据破碎机规格尺寸 D 值画直线 $a_1a_2 = D$，然后取一个动锥底锥角 α 值画一条 a_1a_1' 线。对于单缸液压圆锥破碎机 $\alpha = 55° \sim 60°$；对于弹簧式或多缸液压圆锥破碎机 $\alpha = 40° \sim 50°$。

（2）根据已知的闭边排料口尺寸 b 值，画平行于 a_1a_1' 线的 b_1c_1 线，并使 b_1c_1 等于平行区长度 l 值得到 C_1 点。中碎机 $l \approx 0.08D$；细碎机 $l \approx (0.14 \sim 0.16)D$。式中 D 值单位为 mm。

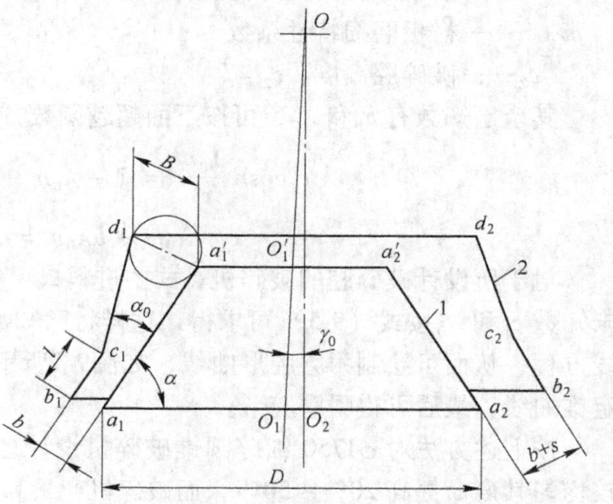

图 9-2 基本腔形

（3）取一个 α_0 值（$\alpha_0 = 21° \sim 23°$），画 c_1d_1 线令 c_1d_1 线与 a_1a_1' 线的夹角等于 α_0 角。

（4）给料口尺寸 B 为已知，以 B 值为直径画圆切于 a_1a_1' 线 a_1' 点，$a_1'd_1 = B$，并连接 c_1d_1 线。此时，闭边破碎腔形状已形成。

（5）作 a_1a_2 线的垂直等分线 OO_1。画 OO_1 的垂线 $a_1'a_2'$，并使 $a_1'O_1' = O_1'a_2'$ 得 a_2' 点，连 a_2a_2' 线。此时，动锥整体外形已定。

（6）选取进动角 γ_0 值，对于单缸液压圆锥破碎机 $\gamma_0 = 30' \sim 60'$；对于弹簧式或多缸液压圆锥破碎机 $\gamma_0 = 2° \sim 2.5°$，再按 $e = 0.5D\tan\gamma_0\tan\alpha$ 求得偏心距 e 值，使 $O_1O_2 = e$，过 O_2 点作一直线 OO_2 并与 OO_1 交于 O 点，令 OO_1 线与 OO_2 线的夹角等于 γ_0 值。此时，OO_2 线就是定锥中心线，也就是破碎机中心线。

（7）以 OO_2 中心线为轴对称画出 b_2、c_2 和 d_2 三点，三点连线最终构成定锥面的形状。此时，破碎腔腔形设计完成。

（8）因为破碎腔内的物料在压缩时，要有足够的密实度和较高的压缩比，便能获得较高的产量而又能使细粒级产品含量显著增多。因此正确选择动锥摆动行程 S 是非常重要的。还应根据 $S = 2\pi r_o L/180°$ 验算图 9-1 中的 S 值是否合适。式中 $L = Oa_1 = Oa_2$。最后再按破碎腔各截面通过能力，对腔形作修正，可得到基本腔形。

9.2.2 耐磨腔形设计

基本腔形设计没考虑衬板磨损的影响。实际上，破碎腔沿高度方向衬板磨损不均匀，会导致腔形发生变化，特别是给、排料口处。从而使产量下降、载荷增加、破碎产品质量恶化和增加能耗。因此，根据衬板磨损曲线设计耐磨腔形。

根据衬板磨损最小和最均匀的理论[2]经计算诱导可得到下列方程式

$$y = \frac{c_1\cosh\left[\frac{\lambda_0 n}{c_1}(x - c_2)\right] - 1 - \lambda_0 m}{\lambda_0 n} \tag{9-4}$$

式中　x——沿破碎腔高度方向坐标（图 9-3）；

m，n——衬板磨损特性系数[2]；

c_2——破碎腔高度，$c_2 = l$。

其余已知数有 c_1 和 λ_0，可按下面超越函数方程式求得

$$\left.\begin{aligned} c_1 \cosh \frac{\lambda_0 n l}{c1} &= 1 - \lambda_0 m - \lambda_0 n B \\ c_1 &= 1 + \lambda_0 m + b\lambda_0 n = \lambda_0(bn + m) + 1 \end{aligned}\right\} \tag{9-5}$$

对于所设计破碎腔的破碎机，式中进料口尺寸 B 和排料口尺寸 b 值均为已知，故式中未知数 c_1 和 λ_0 按式（9-5）可求得，这样将已知数据均代入式（9-4）中，可求得 $y(x)$ 曲线方程，从而可绘制耐磨腔形曲线，如图9-3所示。再按破碎腔各截面通过能力，绘制出定锥曲线，最后可得耐磨腔形。

按上述方法对 $\phi 1750$ 细碎圆锥破碎机设计了新腔形。经工业试验结果，衬板磨损比较均匀其寿命提高 20% ~30%，而破碎机产量和产品粒度均有提高，但幅度不大。

9.2.3　优化腔形设计

前述设计腔形的方法，基本上还是建立在经验和实验的基础上，还不能得到最佳腔形。为此，再进行腔形优化设计。

9.2.3.1　腔形的几何描述

假设有一最佳腔形曲线，并用三次样条函数来描述。只要在衬板表面取 n 个形值点（其值可作为设计变量），便可通过三次样条插值函数计算腔形曲线，如图 9-4 所示（为了看图方便将直角坐标按逆时针转90°）。取动锥衬板曲线 ab（图9-3）代替图9-4 中动锥衬板曲线 $1M$，定锥衬板曲线最佳形状待设计。给定 n 个分点，将定锥衬板曲线沿 x 方向分成 $N = n + 1$ 段，则三次样条函数 $S(x)$ 在每分段(x_i, x_{i+1}) 上都是三次多项式。

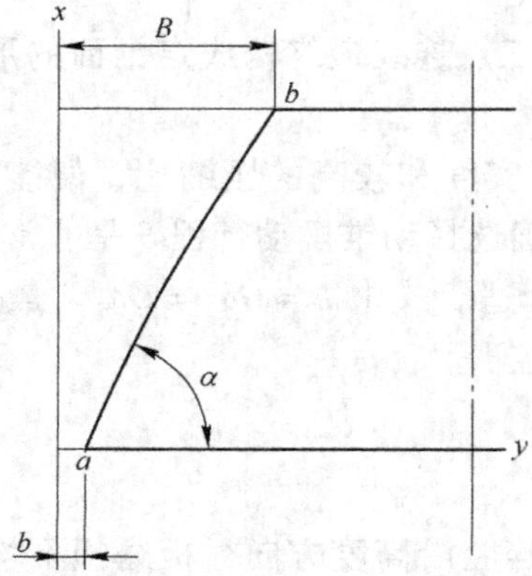

图 9-3　耐磨腔形

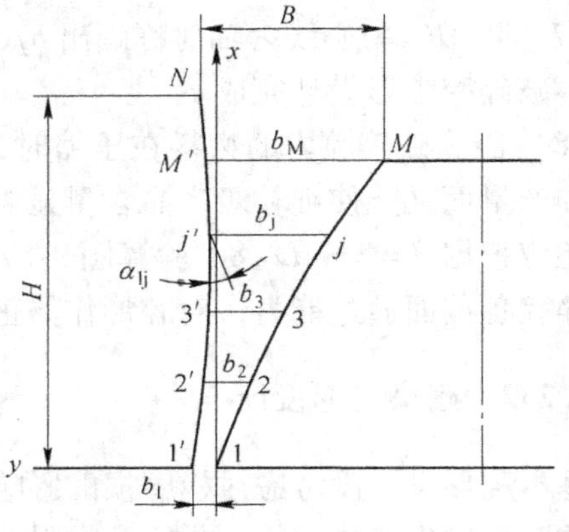

图 9-4　优化腔形

$$S(x) = Y_i + B_i(x - x_i) + C_i(x - x_i)^2 + D_i(s - x_i)^3 \tag{9-6}$$

$$(x_i < x < x_{i-1}), (i = 1, 2, \cdots, n)$$

式中，B_i，C_i，D_i为常数。并用三次样条函数满足下列条件：

1）插值条件：

$$S(x) = Y_i \quad (i = 1, 2, \cdots, N) \tag{9-7}$$

2）连接条件：在分点 x_i 处具有连续的一种一阶和二阶导数，即：

$$\left.\begin{aligned} S' &= (x - 0) = S'(x_i + 0) \\ S'' &= (x_i - 0) = S''(x + 0) \end{aligned}\right\} \quad (i = 2, 3, \cdots, n) \tag{9-8}$$

3）边界条件：采用自然边界条件

$$S''(x_i) = S''(x_n) = 0$$

在每个小区间（x_i，x_{i+1}）上，由牛顿插值公式有：

$$S(x) = S(x_1) + (x - x_i)S(x_i, x_{i+1}) + (x - x_i)(x - x_{i+1})S(x, x_i, x_{i+1}) \tag{9-9}$$

这里

$$S(x_i, x_{i+1}) = \frac{S(x_{i+1}) - S(x_i)}{x_{i+1} - x_i}$$

$$S(x, x_i, x_{i+1}) = \frac{1}{6}[S''(x) + S''(x_i) + S''(x_{i+1})]$$

因 $S(x)$ 是三项多项式，$S''(x)$ 在 (x, x_{i+1}) 上是一次多项式，故：

$$S''(x) = S''(x_i) + (x - x_i)S''(x_{i+1})$$

对式 5 求导，得：

$$S'(x) = S(x_i, x_{i+1}) + (2x - x_i - x_{i-1})S(x, x_i, x_{i+1}) + \frac{1}{6}(x - x_i)(x - x_{i+1})S''(x_i, x_{i+1}) \tag{9-10}$$

利用连续条件，由此可得 $S''(x_i)(i + 2, 3, \cdots, n - 1)$

满足三对角线方程组

$$\begin{aligned} &(x_i - x_{i-1})S''(x_{i-1}) + 2(x_{i-1} - x_{i-1})S''(x_i) + (x_{i+1} - x_i)S''(x_{i+1}) \\ &= 6[S(x_i, x_{i+1}) - S(x_{i-1}, x_i)] \quad (i = 2, 3, \cdots, n - 1) \end{aligned} \tag{9-11}$$

这样，先用追赶法解方程（9-11），然后就可由式（9-6）和式（9-7）计算出衬板曲线上各点的函数值和一阶导数值。函数值决定曲线形状。一阶导数值，即为局部啮角 α_{1i} 的正切。

9.2.3.2 腔形优化数学模型

A 设计变量的选取

看图 9-4 在定锥衬板曲线上取 N 个形值点作为插值结点，其中第 1 点和第 N 点的坐标值为已知，而其余 $N-2$ 个结点的 x 坐标和 y 坐标，要视具体情况取为设计变量或常数，这样设计变量就为 $N-2$ 至 $2(N-2)$ 个，即：

$$x = (x_i, x_2, \cdots, x_K)^T \tag{9-12}$$

一般 x 坐标可取为常数，y 坐标取为设计变量，如要提高精度，可把分点取得多些，且沿 x 方向要分布均匀。

B 约束条件的确定

看图 9-4 将破碎腔分为 M 个截面来计算，各截面的通过能力可按式（9-1）计算，即：

$$V(y) = 188nD(y)b(y)l(y) \quad (j = 1, 2, \cdots, M) \tag{9-13}$$

为了保证破碎腔不堵塞，以进料口截面的环形体积为基准，保证各截面通过能不变。此外，定锥衬板曲线上各点处的切线都应满足 $\alpha \leqslant 23° - \alpha_2$（$j=1, 2, 3, \cdots, M$）。

各设计变量的上下界限 $C_{i\min} \leqslant x_j \leqslant C_{i\max}$ $(i=1, 2, 3, \cdots, k)$。

将上述各限制整理成标准形式为：

$$g_j(x) \geqslant 0 \quad (i = 1, 2, \cdots, 2M + k - 1)$$

C 破碎机生产率

目标函数在满足上述约束条件下破碎机生产率按式（8-24）计算：

$$Q = 188 n\mu D_c b^2 \tan\alpha \tag{9-14}$$

式中符号同前。

当然我们希望生产率尽可能的大些，所以有：

$$F_1 = 1/Q \rightarrow \min$$

综上所述，破碎腔型优化设计可归纳为求解：

$$g_i(x) \geqslant 0 \quad (i = 1, 2, \cdots, 2M + k - 1) \tag{9-15}$$

$$F(x) \rightarrow \min$$

这样一个非线性规划问题，由于约束条件和目标函数都为隐式，故可采用复合形法求解。其程序框图如图 9-5 所示。

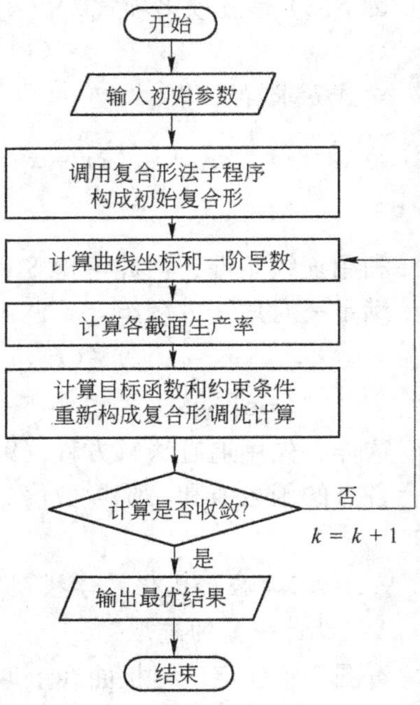

图 9-5 破碎腔型优化程序框图

9.2.4 旋回破碎机破碎腔设计

旋回破碎机破碎腔是由动锥衬板和定锥衬板所构成的，截面为梯形的环形空间。其腔形是由动锥衬板与定锥衬板的表面形状所组成。破碎腔的形状直接影响破碎机生产率、比能耗、产品粒度组成、衬板使用寿命以及破碎机结构尺寸等。因此，设计合理的破碎腔是非常重要。

旋回破碎机和颚式破碎机一样，其堵塞点在排料口处，所以破碎机生产率随排料口尺寸增减而增减。曲线形破碎腔使排料口上移，因此它比直线形破碎腔生产率高；增大破碎比，直线形破碎腔破碎比为 5.35～7.6，曲线形破碎腔为 6.75～9.5，平均可达到 7.9；减少功率消耗，曲线形破碎腔可节省功率 10%～15%；产品粒度较均匀。

9.2.4.1 破碎腔形式

旋回破碎机破碎腔一般有三种形式（图 9-6）。

第一种形式：在排料口制成啮角渐减的一段短曲线，但啮角减小较慢，堵塞点的位置仍在排料口附近，堵塞现象得到改善。它用于排料口宽度不需要调整得很小的情况下，如排料口大于 150mm 的粗碎机。

第二种形式：在排料口制成一段稍长曲线，且啮角减小较快，堵塞点上移，堵塞现象有较大的改善。它用于排料口小于 150mm 的破碎机。

第三种形式：在排料口以上有较大范围的曲线段破碎腔，并且动锥下部衬板表面向定

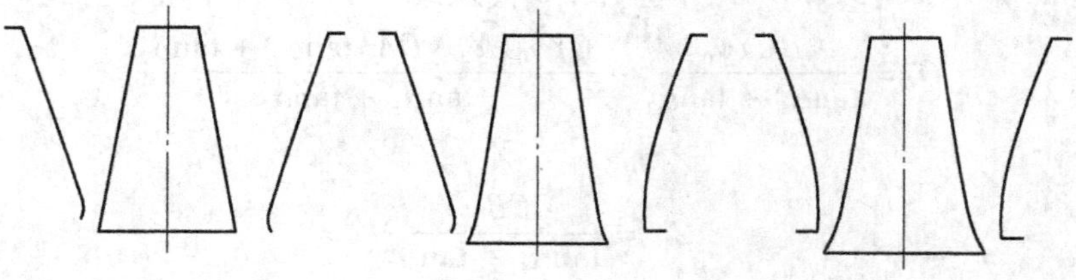

图 9-6 旋回破碎机破碎形式

a—第一种形式；b—第二种形式；c—第三种形式

锥弯曲成较长的准平行区。对于中、细碎的旋回破碎机采用此种腔型。但如果矿石极坚硬，动锥下部曲线段很快被磨损掉，不能满足排料口尺寸的要求。所以，选择腔型不仅与破碎机用途、规格有关，而且还要考虑矿石物理性质。含泥土较多而又潮湿的物料，也不宜选用平行区较长的腔型。

9.2.4.2 破碎腔合理形状的设计

对破碎腔进行理论分析，找出沿破碎腔高度各水平截面生产率的变化规律，对于确定合理腔型将十分有益。

由图 9-7 可知，

$$\left.\begin{aligned} &e_0 = OA \times \gamma_0, \quad e_j = y\gamma_0 \\ &b_j \approx B - \tan\alpha_1(y - OA) - \tan\alpha_2(y - OA) \end{aligned}\right\} \tag{9-16}$$

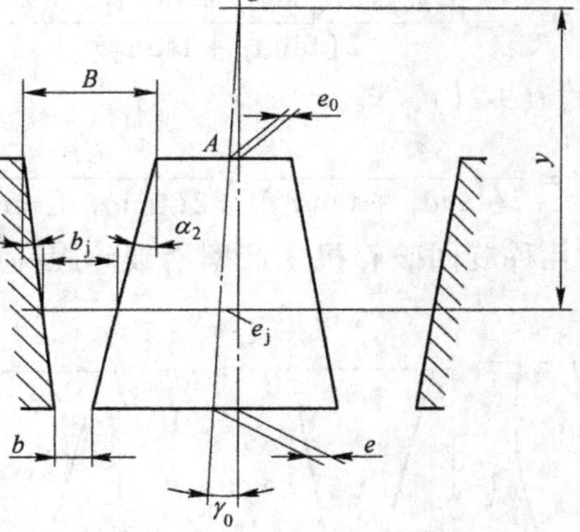

图 9-7 破碎腔生产率分析

旋回破碎机生产率计算如下：

$$Q = 377\frac{\mu e_j(e_j + b_j)Dn}{\tan\alpha_1 + \tan\alpha_2} \tag{9-17}$$

式中 α_1，α_2，b_j，e_j——见图 9-7；

其他符号同前。

令式（9-17）中 $C=377nD\mu$，并将 e_j 和 b_j 代入式（9-17）中，得：

$$Q=\frac{BCY\gamma_0}{\tan\alpha_1+\tan\alpha_2}-\frac{CY\gamma_0(Y-OA)\tan\alpha_1+\tan\alpha_2}{\tan\alpha_1+\tan\alpha_2} \tag{9-18}$$

令

$$C_1=\frac{CB\gamma_0}{\tan\alpha_1+\tan\alpha_2}$$

$C_2=C\gamma_0$ 代入式（9-18），得：

$$Q=C_1Y-C_2Y(Y-OA)=C_1Y-C_2Y^2+C_2Y\times OA \tag{9-19}$$

令

$$C_3=C_1+C_2\times OA$$

代入式（9-19），得：

$$Q=C_2Y^2+C_3Y \tag{9-20}$$

式（9-19）说明破碎机生产率，沿破碎腔高度按二次抛物线变化，当一阶导数等于零，即 $Q'=0$，则 $-2C_2Y+C_3=0$。

当 $Y=\frac{C_3}{2C_2}$ 时，Q 有最大值。

所以

$$Y=\frac{C_3}{2C_2}=\frac{C_1+C_2\times OA}{2C_2}$$

将 $C_1=\frac{C\times B\times\gamma_0}{\tan\alpha_1+\tan\alpha_2}$ 代入，得：

$$Y=\frac{OA}{2}+\frac{B}{2(\tan\alpha_1+\tan\alpha_2)}$$

经简化后又得：

$$Q_{\max}=\frac{C\gamma_0[OA(\tan\alpha_1+\tan\alpha_2)+B]}{2(\tan\alpha_1+\tan\alpha_2)} \tag{9-21}$$

令 $l_0=OA\times\gamma_0$，代入式（9-21），得：

$$Q_{\max}=\frac{Cl_0}{2(\tan\alpha_1+\tan\alpha_2)}+\frac{CB\gamma_0}{2(\tan\alpha_1+\tan\alpha_2)^2} \tag{9-22}$$

根据式（9-20），绘制几种旋回破碎机生产率沿破碎腔高度方向变化曲线，如图 9-8 所示。

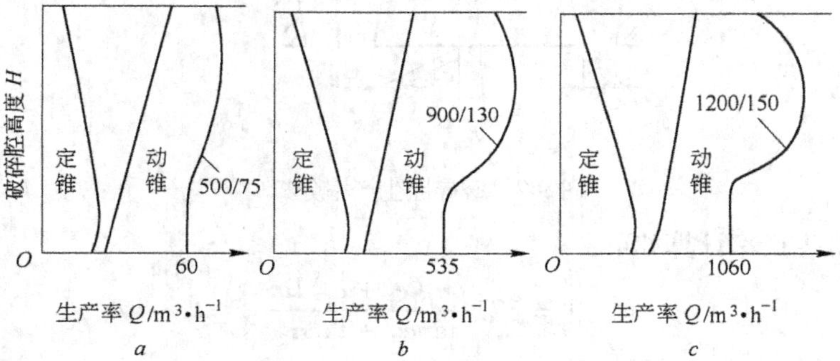

图 9-8　生产率沿破碎腔高度变化

从图 9-8 明显看出，破碎机破碎腔各截面生产率，沿破碎腔高度从上向下是变化的，并且大约在中间偏上截面处生产率最大，而排料口截面处生产率最小；随破碎机规格尺寸的增加，破碎腔下部截面与上部截面最大生产率的差值也越大：下部曲线腔形使堵塞点上移，减小排料口堵塞，提高破碎机生产率；以 500/75 破碎机破碎腔给、排料的差值最小，沿高度变化也较小。

从式（9-21）得知，当破碎比一定时，减小啮角使生产率增加，破碎腔高度也增加；反之，增加啮角使生产率降低，破碎高度也降低。

我们既要保证破碎比，又要使破碎腔高度不增加。根据上面对破碎腔理论生产率沿破碎腔高度变化规律，可将破碎腔高度分成五段，即 h_1、h_2、h_3、h_4、h_5，各段啮角之间关系可以 $\alpha_1=\alpha_2=\alpha_3=\alpha_4=\alpha_5$，或者考虑生产率变化使啮角 $\alpha_3=\alpha_4=\alpha_5>\alpha_2>\alpha_1$，$h_5$为变啮角曲线段（图 9-9）。这样，既保证破碎腔有较高的生产率，又降低了破碎腔高度。图 9-9 中采用四个阶梯段，与直线段 ab 相比，破碎腔高度降低了 h 值而给、排料口尺寸不变。所以这是一种合理的破碎腔形状。图中动锥衬板表面也是由上部直线段和下部曲线段所组成。但是，下部曲线段的曲率，比国产机型的第三种腔形的动锥下部曲线段曲率小得多。

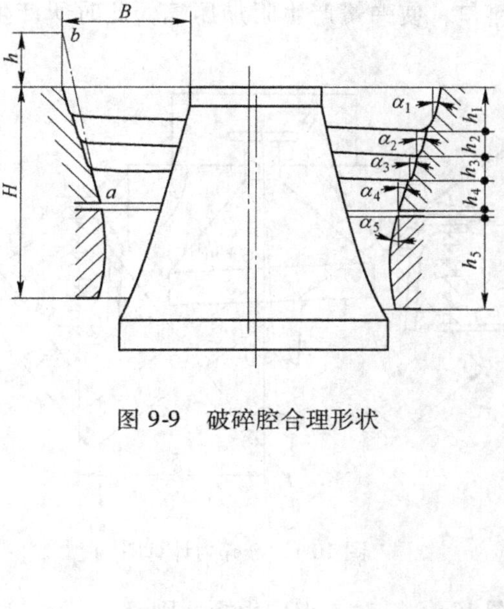

图 9-9　破碎腔合理形状

10 圆锥破碎机主要件设计计算

10.1 破碎力计算

10.1.1 弹簧式圆锥破碎机破碎力

破碎力是破碎机零部件的强度计算基础。因此，合理计算破碎力是决定零部件尺寸的重要依据。

弹簧机可按弹簧压力计算出破碎力。当正常破碎时，弹簧的预紧力应能阻止支承环向上跳起，此时所产生的破碎力为正常破碎力 F。当破碎腔进入非破碎物时，破碎力急剧增加，弹簧的预紧力不能阻止支承环向上跳起，使支承环绕机架上 A 点（图 10-1）向上翻转某一个角度，增大排料口，使弹簧产生附加压缩，此时所产生的破碎力为最大破碎力 F_{max}。

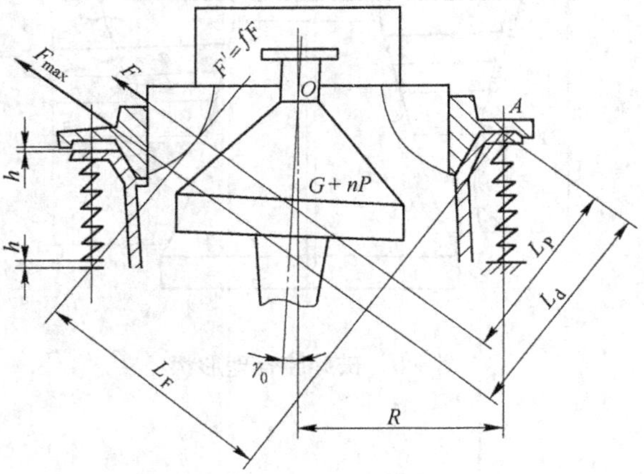

图 10-1　破碎力计算图

取定锥为分离体（图 10-1），对 A 点取力矩，则：

$$M_A = GR + npR - FL_P - fFL_F = 0$$

故求得正常破碎力为：

$$F = \frac{(G + np)R}{L_P + fL_F} \tag{10-1}$$

式中　L_P——F 力对 A 点的力臂；

L_F——摩擦力 fF 对 A 点的力臂；

np——弹簧的预紧力（n 为弹簧数，p 为每根弹簧的预紧力），其数值见表 10-1；

G——定锥自重；

R——np 对 A 点的力臂；

f——摩擦系数，$f=0.25\sim0.35$。

F 力的作用点，对中碎机作用在平行区始点，对细碎机作用在动锥母线有效长度的中点。

保险弹簧的预紧力，旧系列常感到不足，新系列普遍提高预紧力值，见表 10-1。

表 10-1 弹簧的预紧力

破碎机规格 动锥直径 D/mm		600	900	1200	1650	1750	2100	2200
预紧力 F_{pc}/N	旧系列	—	40×10^4	90×10^4	138×10^4	—	240×10^4	—
	新系列	40×10^4	70×10^4	150×10^4	250×10^4（标） 300×10^4（短）	—	—	400×10^4 （600×10^4）

当破碎机进入非破碎物料时，最大破碎力与被破碎物料尺寸有关，一般非破碎物料尺寸按小于 $(0.85\sim0.95)(b+s)$ 值考虑。当破碎腔进入非破碎物时，定锥工作一侧绕破碎机机架 A 点抬起，使保险弹簧被压缩，产生附加压缩量为 h。对于中碎机 h 为：

$$h=2R(\theta_1+\theta_3)$$

对于细碎机 h 为：

$$h=2R(\theta_1+\theta_2+\theta_3)$$

式中 θ_1，θ_2，θ_3——分别为非破碎物在平行区始点、中点和末点时定锥抬起的角度，rad。

由于沿圆周各点上保险弹簧的附加压缩量不同，所以要先找出各弹簧的附加压缩量，才能求出总附加压力力矩。

由图 10-2 可知，机架周围任一点一组弹簧的附加变形，可按比例关系写成下式：

$$h_0/2R=h_i/(R-R\cos\theta)$$

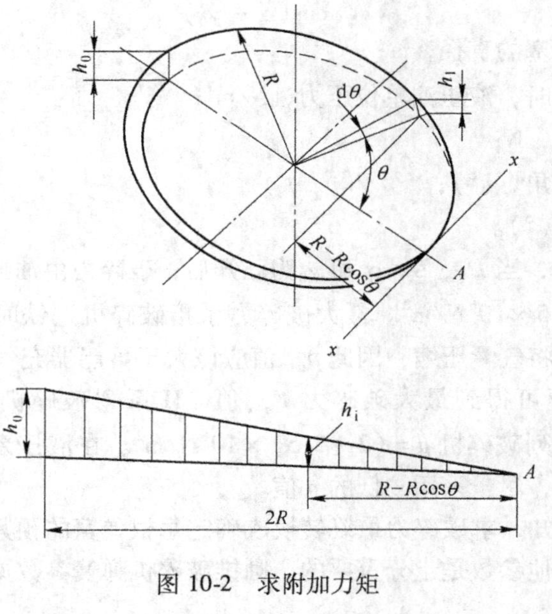

图 10-2 求附加力矩

或
$$h_i = \frac{1}{2}(1 - \cos\theta)$$

为使计算简单化，可近似认为一周弹簧是均匀密布的，且每个弹簧的刚度为 K(N/m)，共有 n 个弹簧，则机架周围任一小弧长 $Rd\theta$ 的弹簧附加变形，对过 A 点之 $x-x$ 轴微小力矩为：

$$\begin{aligned} dM_i &= h_i K(R - R\cos\theta)\frac{n}{2\pi R}R d\theta \\ &= h_0 K R_n (1 - \cos\theta)^2 d\theta \end{aligned}$$

机架周围整周的全部弹簧，因附加变形对过 A 点的 $x-x$ 轴的力矩为：

$$\begin{aligned} M &= \int_0^{2\pi}(1 - 2\cos\theta + \cos^2\theta)d\theta\int_0^{2\pi}dM_i \\ &= \frac{Kh_0R_n}{4\pi}\left[\theta - 2\sin\theta + \frac{1}{2}\theta + \frac{1}{4}\sin^2\theta\right]_0^{2\pi} \\ &= 3h_0R_nK/4 \end{aligned} \tag{10-2}$$

当非破碎物落入破碎腔时，阻碍固定锥绕 $x-x$ 轴抬起的力矩为：

$$M = 3hRnK/4 + npR + GR$$

而最大破碎力 F_{max} 和摩擦力 $F' = F_{max}f$ 对 $x-x$ 轴产生的力矩 $F_{max}(L_p + L_F f)$，却使定锥绕 $x-x$ 轴抬起，令此两力矩平衡，可求得最大破碎力：

$$F_{max} = \frac{3/4h_0RKn + npR + GR}{L_p + L_F f} \tag{10-3}$$

10.1.2 液压圆锥破碎机破碎力

多缸液压圆锥破碎机就是把弹簧式圆锥破碎机的弹簧组改为油缸。因此，多缸机破碎力计算，可根据油缸产生的压力参照上述求破碎力方法进行计算。

单缸液压圆锥破碎机的破碎力按下式计算：

$$F = \frac{0.785D_1^2p - G}{\cos(\alpha - \gamma_0)} \tag{10-4}$$

式中 D_1——液压缸柱塞的直径，m；

p——正常碎矿时，液压油单位压力，N/m^2；

G——动锥质量，N；

α——动锥底锥角，(°)；

γ_0——偏心度，(°)。

从式（10-4）看出，当 D_1、G、α 和 γ_0 为已知后，破碎力由油缸油压 p 值确定。正常工作时，一般 p 值约为 $5\times10^6 N/m^2$。最大破碎力系指破碎机过铁时产生的 F_{max}，此时液压油从油缸进入蓄能器将气囊压缩，因此 p_{max} 值应该大于蓄能器充气压力。所以将充气压力代入式（10-4）中便可得到最大破碎力 F_{max} 值。H 系列破碎机液压油单位压力 $p = (3\sim4)\times10^6 N/m^2$；S 系列破碎机 $p = (2\sim2.5)\times10^6 N/m^2$。在液压系统借调压阀可调定 p 值，一般在设计油缸时，尽量采用较低的 p 值。

从式（10-3）中可知，求破碎力最终转换成确定每根弹簧的预紧力 p 值。故正确选择和计算弹簧的刚度和其他参数是十分重要的。圆锥破碎机弹簧参数见表 10-2 所示。

表 10-2 圆锥破碎机弹簧参数

指 标	破碎机规格尺寸/mm						
	600	900	1200	1650	1750	2100	2200
弹簧数目	20	30	50	60	60	80	80
弹簧的平均直径 d_{cp}/mm	100	110	105	105	120.8	105	120.8
工作负荷 F/N	19730	18750	25000	23000	30000	30000	41500 ~ 50000
弹簧丝直径 d/mm	25	28	30	30	35	33	35
工作圈数	9.5	9.5	10.5	15	14	19	14
弹簧刚度 f/N · mm^{-1}	411	486	490	500	595	538	
自由状态高度 H/mm	345	398.5		650	728	850	749 ±6
负荷时的高度 H_0/mm	297	360	515(正常) 510(最大)	610(正常) 605(最大)	645	804(正常) 804(最大)	标准型 680 短头型 666
初压缩时的变形 δ_1/mm		38.6		46		56	
掉入非破碎物时的变形 δ_2/mm		104.5 ~ 38.6					

10.1.3 根据压碎实验求破碎力

破碎力是确定电动机功率和计算零件强度的依据，因此准确求得破碎力是非常重要的。但破碎力又和许多因素有关，如物料的性质、料块的大小、物料在破碎腔里分布情况、破碎方法等。因此，不论采用哪种计算方法，所求得结果都会与实际有一定误差，只能作设计破碎机的初步计算依据，最后还不能忽视实际数据。

求旋回破碎机破碎力可根据破碎腔里的载荷计算，也可根据电动机功率计算。将计算结果再比较实际资料的数据，最后确定之。

10.1.3.1 物料纯压碎实验

作者用建筑碎石和水泥熟料，在 BLY-60 型万能压力机上做了纯压碎实验，取得 6 条压下量与压碎力变化关系曲线，如图 10-3 和图 10-4 所示。

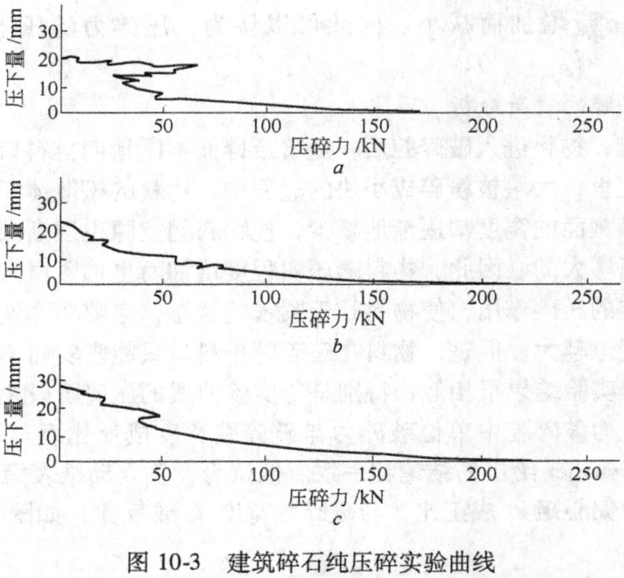

图 10-3 建筑碎石纯压碎实验曲线

a—试件为一整块；*b*—试件块度不一，但相差不大；

c—试件块度不一，但相差较大

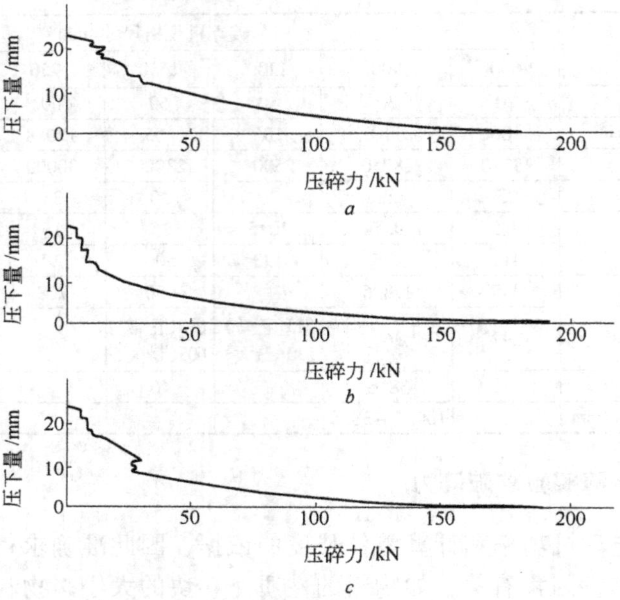

图 10-4　水泥熟料纯压碎实验曲线

a—试件为一整块；*b*—试件块度不一，但相差不大；*c*—试件块度不一，但相差较大

分析这些曲线变化规律可以得出：从各种物料压碎曲线可知，虽然曲线都不一样，但其基本变化规律是相似的。区别是图 10-3 所示各曲线，由于碎石是一种脆裂性很强的物料，其波动幅度较大。

物料压碎过程可看作三个阶段：开始纯压碎段（短暂的）；压碎为主而压实为次阶段；压实为主而压碎为次阶段。实际上，压碎过程中，大块变小块，体积增加而试模装料容积随压下量增加而减小。因此可以认为，压碎力随压下量减小而急剧增加。

10.1.3.2　*破碎腔的载荷分析*

对于旋回破碎机，物料进入破碎腔后，随着压碎而不断地向排料口下落，最后通过排料口排出。在破碎腔里，大块被粉碎成小块的过程中，物料的松散体积从上到下也在逐渐地增加，而破碎腔横截面的宽度却逐渐地减少，使物料间空隙也逐渐减少，故物料压实程度从上到下也是逐渐增大的。因此，物料随压实程度增加而更加紧密。

此外，由于动锥的压碎作用，使物料处于紧密的状态，空隙率降低。因此，动锥行程越大而物料密实程度也越大。但是，物料在破碎腔排料口只能密实而不能出现过压实。这种情况与前面的压碎实验结果很相似，特别是与实验曲线的压碎阶段相吻合。

综上所述，可认为破碎腔中单位破碎力与破碎腔宽度成反比而与动锥摆动行程成正比。这个结论与 H. Sommer 给出的结论相一致。他认为，垂直动锥表面上任意截面的单位破碎力，与其对应的偏心矩 e_y 成正比，与破碎腔宽度 d_y 成反比，如图 10-5 所示，由此得单位破碎力为：

$$p = k\frac{e_y}{d_y} \tag{10-5}$$

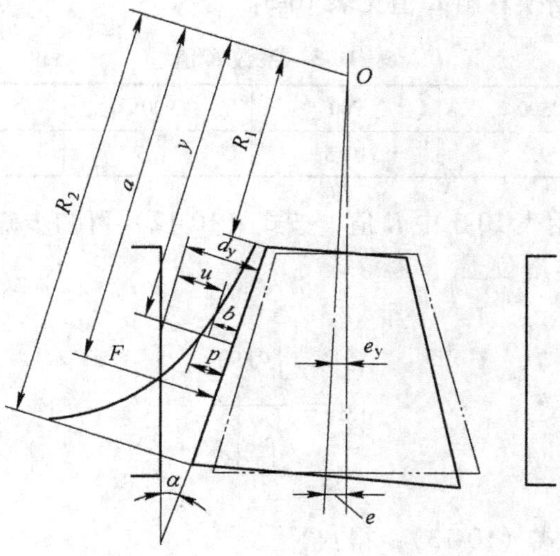

图 10-5 计算破碎力简图

10.1.3.3 求破碎力及其作用位置

A 总破碎力的计算

对式（10-5）积分，可求得总破碎力为：

$$F = k\int_{R_1}^{R_2} p d_y \tag{10-6}$$

从图 10-7 明显看出下列数学关系：

$$e_y = y_e/R_2 \tag{10-7}$$

$$u = (R_2 - y)\tan\alpha \tag{10-8}$$

$$d_y = (R_2 - y)\tan\alpha + b \tag{10-9}$$

将式（10-7）和式（10-9）代入式（10-5）中，则得：

$$p = \frac{ke_y/R_2\tan\alpha}{R_2 + \dfrac{b}{\tan\alpha} - y} \tag{10-10}$$

故得总破碎力为：

$$F = \frac{ke}{R_2\tan\alpha}\int_{R_1}^{R_2}\frac{y\mathrm{d}y}{R_2 + \dfrac{b}{\tan\alpha} - y} \tag{10-11}$$

将式（10-11）积分，得

$$F = keF_1/R_2\tan\alpha$$

其中

$$F_1 = \int_{R_1}^{R_2}\frac{y\mathrm{d}y}{R_2 + b/\tan\alpha - y} \tag{10-12}$$

根据破碎机实际数据换算出 K 值见表 10-3。

表 10-3　系数 K 值

破碎机规格	500	700	900	1200	1400
$K/\mathrm{kN\cdot mm^{-1}}$	9.5	10.5	11.5	14.5	15.5

设计破碎机时，利用表 10-3 中 K 值，按式（10-12）可初步确定正常破碎力。

B　总破碎力 F 的作用位置

$$a = \frac{\int_{R_1}^{R_2} py\,\mathrm{d}y}{\int_{R_1}^{R_2} y\,\mathrm{d}y} \tag{10-13}$$

将式（10-10）代入式（10-13），得：

$$a = \frac{\int_{R_1}^{R_2} \frac{y_2\,\mathrm{d}y}{R_2 + b/\tan\alpha - y}}{\int_{R_1}^{R_2} \frac{y\,\mathrm{d}y}{R_2 + b/\tan\alpha - y}} \tag{10-14}$$

令

$$F_1 = \int_{R_1}^{R_2} \frac{y_2\,\mathrm{d}y}{R_2 + b/\tan\alpha - y}$$

$$\alpha = F_1/F_2$$

用解析法求解 F_1 和 F_2 如下：

$$\begin{aligned} F_1 = &-\left[\frac{1}{2}\left(\frac{b}{\tan\alpha}\right)^2 - 2\left(R_2 + \frac{b}{\tan\alpha}\right)\frac{b}{\tan\alpha} + \left(R_2 + \frac{b}{\tan\alpha}\right)^2 \ln\left(\frac{b}{\tan\alpha}\right)\right] + \\ &\left[\frac{1}{2}\left(R_2 + \frac{b}{\tan\alpha} - R_1\right)^2 - 2\left(R_2 + \frac{b}{\tan\alpha}\right)\left(R_2 + \frac{b}{\tan\alpha} - R_1\right) - \right. \\ &\left.\left(R_2 + \frac{b}{\tan\alpha}\right)^2 \ln\left(R_2 + \frac{b}{\tan\alpha} - R_1\right)\right] \end{aligned} \tag{10-15}$$

$$F_2 = \left\{\left[\frac{b}{\tan\alpha} - \left(R_2 + \frac{b}{\tan\alpha}\right)\ln\frac{b}{\tan\alpha}\right] - \left[\left(R_2 + \frac{b}{\tan\alpha} - R_1\right) - \left(R_2 + \frac{b}{\tan\alpha}\right)\ln\left(R_2 + \frac{b}{\tan\alpha} - R_1\right)\right]\right\} \tag{10-16}$$

C　计算实例

以 1200 轻型旋回破碎机实际数据为例，计算破碎力和其作用位置。已知 R_1 = 715.9mm，R_2 = 3332.5mm，b = 150mm，α = 22.76°，l = 17mm。

解： 将已知数据代入式（10-5）和式（10-6），求得 F_1 = 13800000mm²，F_2 = 5200mm。再将 F_1 和 F_2 值代入式（10-14）得 a = 2650mm。工厂设计取 a = 2400mm。再从表 10-3 查得 K = 14.5kN/mm，并将已知数据代入式（10-11），得 F = 899kN，工厂实测 F = 872kN。

另外，也可以根据电动机功率求破碎力。相反，又可以根据破碎力求电动机功率。但理论计算结果误差较大，故一般常采用前述办法求破碎力。

10.2 弹簧式圆锥破碎机主要件受力分析

在已有的有关文献中，都按主轴压在锥衬套下口处的工况分析主轴受力情况。实际上，这种工况在破碎机正常工作中并不存在，因为当出现主轴压在锥衬套下口现象，在空车运转时，使动锥失稳，严重时产生“飞车”现象，必须消除此现象后方能使破碎机进入正常工作。

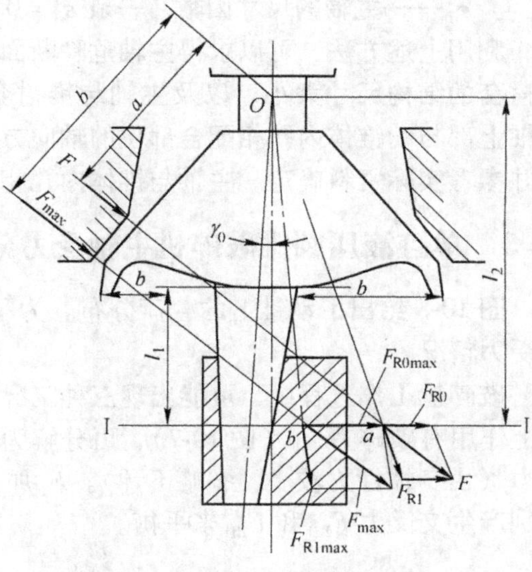

图 10-6 破碎机主要件受力分析

根据现场考察主轴与锥衬套的实际接触印痕，在锥衬套上口约三分之一段，因此按主轴与锥衬套在中间位置接触情况作受力分析，并且不计主轴自重、按承受最大破碎力 F_{max}和正常破碎力 F 两种集中载荷计算主轴、偏心轴套、球面轴承上的作用力，如图 10-6 所示。F 力的作用线与过主轴与偏心轴套接触点的水平线 Ⅰ—Ⅰ 交于 a 点，根据在同一平面内画不平行的三个力相互平衡，力作用线必汇交于一点的定理，球面轴承对动锥的支反力必通过 a 点和 O 点。根据图中几何关系可求得：

$$F = \sqrt{F_{R1}^2 + F_{R0}^2 + 2F_{R1}F_{R0}\cos(\alpha - \gamma_0)} \tag{10-17}$$

式中 α——动锥底锥角，(°)；

γ_0——动锥偏心度，(°)；

其他符号如图所示。

作用于偏心轴套上的 F_{R0}可由下式（10-18）求得：

$$F_{R0} = \frac{Fa}{L_2} \tag{10-18}$$

将 F_{R0}代入式（10-17）中便可求得球面轴承上的支反力 F_{R1}值。

按上述办法，同样可求得 F_{R0max}和 F_{1max}值。

由于破碎力 F 相对于偏心距平面提前一个角度 ϕ，故偏心轴套与机架衬套接触线平面与偏心距平面成一个角度 ϕ_t；偏心轴套内孔与主轴接触线也与偏心距平面成 ϕ_k角，一般近似认为 $\phi \approx \phi_t \approx \phi_k = 20° \sim 30°$。为了简化计算，故不考虑破碎力提前角的影响。这样，已知 F_{R0}和 R_{R0max}后，把动锥看成是悬臂梁，则其危险断面上的弯曲机力为：

$$\sigma_w = F_{R0}l_1/0.1d^3 < [\sigma]_w$$
$$\sigma_{wmax} = F_{R0max}l_1/0.1d^2[\sigma]'_w \tag{10-19}$$

式中 $[\sigma]_w$，$[\sigma]'_w$——主轴材质的许用弯曲应力，对于强度限为 $\sigma_b = 700 \sim 900$MPa 的合金结构钢，其 $[\sigma]_w = 150$MPa，$[\sigma]'_w = 300$MPa。

主轴强度计算后，按式（10-20）对主轴进行疲劳强度计算

$$n = \frac{\sigma_T \varepsilon_T}{\sigma_w} \geqslant 2 \tag{10-20}$$

式中 σ_T——主轴材料试件的屈服限；

ε_T——主轴的尺寸因数，一般 $\varepsilon_T = 0.5$。

利用上述方法，可以求得主轴危险断面 *b-b* 的直径 d_2。然后，根据破碎机进动角 γ_0、锥衬套的结构尺寸大小，以及主轴与锥衬套上下口间隙，便可决定主轴下端直径 d_1 值。主轴上部与动锥体内孔相配合部位的轴向方向的尺寸，可按设计确定的破碎腔锥体部分尺寸并参考实际资料确定。主轴与锥体内孔相配合部位的直径，可参考实际资料确定。

10.3 单缸液压圆锥破碎机主轴受力分析

图 10-8 给出了动锥上的载荷分布。为了使问题简单化，我们还是用集中载荷分析主轴受力情况。

破碎机工作过程中，可能出现三种工况：第一种是破碎机在正常工况下工作，此时动锥上作用有破碎力 F_1（图 10-7），可分解为垂直分力 $F_1' = F_1\cos\phi_1$。还有动锥自重 G_k 和惯性力（由于惯性力较小，省略不计）。F_1' 加 G_k 由液压缸油压力平衡，F_1' 由主轴上下轴承分别产生支反力 F_{Ri1} 和 F_{Rt1} 来平衡。

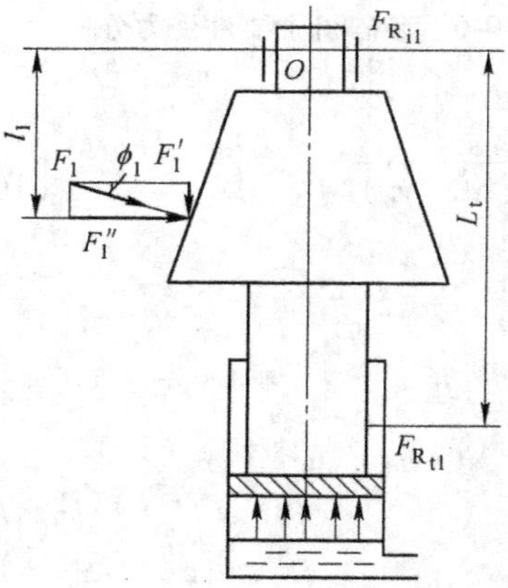

图 10-7 主轴受力情况

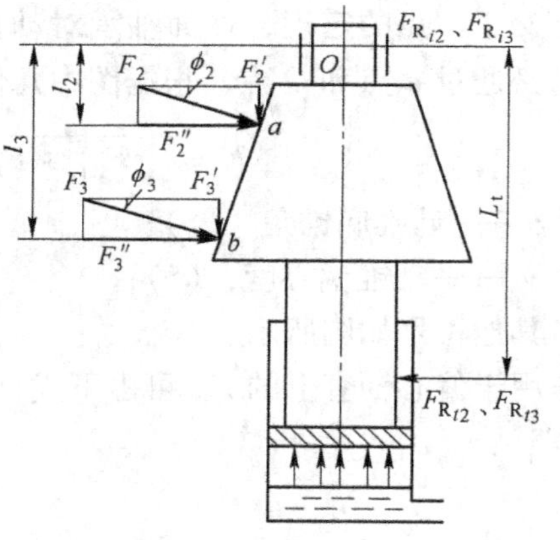

图 10-8 主轴受力情况

a—破碎过大块工况；*b*—破碎机过铁工况

第二种工况是破碎机在给料口破碎过大矿块，此时产生破碎力 F_2（图 10-8）。它可分解为垂直分力 $F_2' = F_2\sin\phi_2$ 和水平分力 $F_2' = F_2\cos\phi_2$。F_2' 加 G_k 由液压缸油压平衡，F_2' 由主轴上下轴承产生支反力 R_{i2} 和 R_{t2} 来平衡。

第三种工况是破碎机出现过铁时，产生破碎力 F_3（图 10-8）。它可分解为垂直分力 $F_3' = F_3\sin\phi_3$ 和水平分力 $F_3' = F_3\cos\phi_3$。F_3' 加 G_k 由液压缸油压平衡，F_2' 在主轴上下轴承分别产生支反力 R_{i3} 和 R_{t3}。

从主轴断裂事故告诉我们，主轴断裂大多数都在上部螺纹退刀槽处，下部与锥体相配合的底面以及两段直径不同的交接面处。产生断轴的原因是进料口破碎过大矿块和排料口

过铁造成。因此可按图 10-8 所示两种工况计算主轴强度。

计算时，首先根据已知数据按式（10-4）求出破碎力 F_2 和 F_3。主轴不受扭曲，只受弯矩作用并按两支点梁受集中载荷计算。

其弯曲强度和疲劳强度，按照前面弹簧式圆锥破碎机主轴强度计算方法进行计算。

主轴结构有阶梯轴和锥形轴两种形式。阶梯轴在各截面变化处易产生应力集中，当破碎机超负荷时，容易在这些地方发生断裂。据统计，国内旋回破碎机主轴断裂数十根，大多数都发生在应力集中较大的地方，如螺纹退刀槽处或在下部不同轴径两交接面处等。这种形式主轴与动锥体是靠上、下两段圆柱面与锥体圆柱孔采用过盈配合相连接。而锥形面配合可以减少配合面过盈量，减少应力集中，因为在破碎时，破碎力对配合面有不断地楔紧作用。但锥面配合方式其轴向安装定位准确程度较差。综上所述，动锥体内孔与主轴采用过盈配合，早期生产的破碎机采用 H7/V6，由于两配合面松动现象极少发生，以及这种配合产生很大的应力集中，断轴的现象时有发生，故后期生产的破碎机锥体与主轴采用 H7/S6 配合，效果较好。主轴与动锥体过盈配合的结合力（力矩）的验算可参考文献［57］。设计主轴结构时，应特别注意：(1) 加大不同截面的过渡圆角，减少应力集中；(2) 采用较大的卸载槽；(3) 采用较适当的配合形式和适度的过盈量；(4) 要保证主轴的加工精度。

目前，圆锥破碎机向着大功率、高能化方向发展，特别是超细碎破碎机。因此，这种破碎机主轴受力很大，必须大大地提高它的强度。

由于超细碎高能破碎机功率很大，如 HP700 圆锥破碎机，电动机功率为 450kW，因此要求主轴必须有很高的强度，除加粗主轴之外，为了保证整机外形尺寸又不大，采用了锥体与主轴为一个整体的空心主轴，其下部为一个圆柱形筒体，其内径很大，从而大大地增加了主轴强度而又不增加机体外形尺寸。这是高能破碎机发展的一个突出特点，与其相配合的偏心轴套结构也作了相应地变动。

山特维克单缸液压圆锥破碎机主轴径列于下表 10-4 中。

表 10-4 山特维克单缸机主轴径

破碎机型号	H/S2800	H/S3800	H/S4800	H/S6800
主轴径/mm	240	280	340	400

10.4 弹簧圆锥破碎机球面轴承设计计算

圆锥破碎机球面轴承的作用：有载时，承受由破碎力引起的球面轴承反作用力，空载时，承受由动锥自重和惯性力引起的球面轴承反作用力；保证动锥稳定运转。因此，可根据动锥的稳定条件和轴承比压进行球面轴承的设计计算。

球面中心角的大小，受动锥稳定条件的约束，如球面中心角过小，会使动锥翻倒；球面中心角大，动锥稳定性好，但它受到动锥结构的约束。因此，球面轴承设计，就是确定球面半径 r 和球面中心角之半 γ_{max} 和 γ_{min} 的问题。然后核算比压。

图 10-9 所示，用图解法求球面中心角 γ。当球面轴承反作用力 F_{R1} 的作用线与 OO_2 的夹角 γ，小于球面最大中心角之半 γ_{max} 时，也就是，反作用力 F_{R1} 的作用位置在球面轴承以内时，则动锥不会翻倒，保证动锥稳定运转；当 γ 角大于 γ_{max} 时，就是说，F_{R1} 力超出

球面轴承以外时，则动锥失去稳定性，不能保证正常运转。

γ 角随偏心轴套反作用力 F_{R0} 的作用位置变化而变化。F_{R0} 作用线趋向主轴下端，则 γ 角越大，反之，则越小。图中所示 F_{R0} 作用在偏心轴套高度的中间。为了保证动锥稳定运转，应该根据允许条件，取 γ_{max} 作为球面轴承最大中心角之半。

图 10-10 所示为球面轴承最小中心角之半 γ_{min}，求 γ_{min} 就是确定球面轴承内孔直径 D_0'，它的大小受偏心矩、主轴径 D_0' 的影响，因此可根据这两个因素，近似确定球面轴承内孔直径：

$$D' = D_0' + 4e$$

式中　e——轴径 D_0' 处的偏心距。

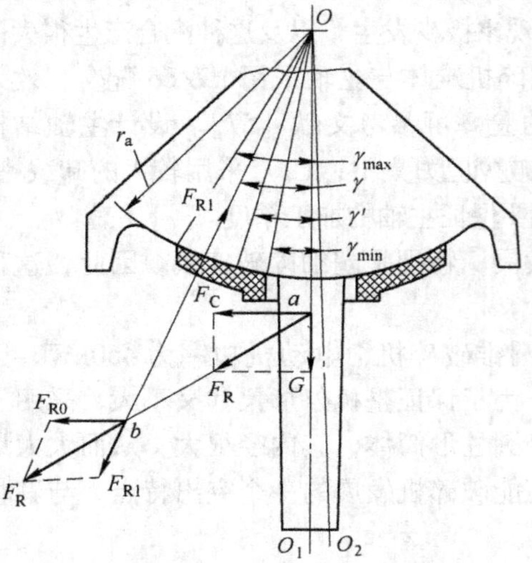

图 10-9　计算球面轴承最大中心角

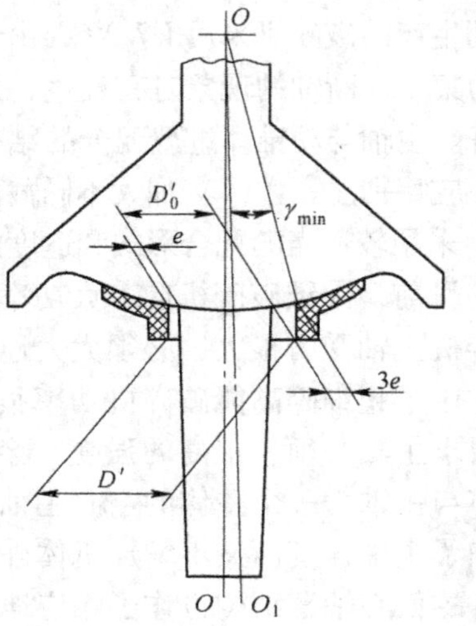

图 10-10　确定球面轴承最小中心角

此处，由图 10-10 知：

$$\sin\gamma_{min} = \frac{D'}{2r_a}$$

式中，球面半径 r_a，在主轴与动锥体的设计时已求得。弹簧式圆锥破碎机球面轴承最小中心角，一般约 30°。

按前述办法确定了球面轴承尺寸之后，则进行轴承比压计算。

球面轴承比压为：

$$p = \frac{F_{R1_{max}}}{6r_a^2Kn(\cos\gamma_{min} - x\cos\gamma_{max})} \leqslant [p] \tag{10-21}$$

式中　$F_{R1_{max}}$——最大破碎力在球面轴承上产生的轴承反力；

K——考虑轴承承载不均匀系数，$K=0.5$；

n——安全系数，$n=0.5\sim0.75$；

$[p]$——青铜轴承许用压力，$[p]=8\sim10$MPa；

其他符号同前。

按上述方法设计球面轴承最小中心角 $2\gamma_{min}$；有可能出现球面与轴承在里圈接触，此时最大球面中心角变为接触点的球面中心角之半 γ，这样球面轴承支反力超出两球面接触点构成的球面中心角 2γ，致使动锥翻倒（图 10-9）。为了避免这种现象的产生，设计时将球面轴承里圈削掉一层，即增大增面轴承最小中心角 $2\gamma_{min}$ 值，保证动锥稳定运转。

10.5 单缸机摩擦盘的计算

摩擦盘系指单缸机主轴下部的球面轴瓦而言。

10.5.1 上摩擦盘

如图 10-11 所示，数据是对 2200 单缸机而言。上摩擦盘外径等于主轴直径，为 520mm。

有载时，摩擦面的偏移量为：

$$e = H\tan\gamma_0 = 3140 \times 0.0096 = 30\text{mm}$$

计算球面半径 R。下摩擦盘相对于破碎机中心线固定不动，中摩擦盘靠球体中心定位，上摩擦盘相对破碎机中心线偏离 e 值。为了减少磨损，使上、中摩擦盘间，与中、下摩擦盘间的相对位移量相等。为此，取球面半径 $R = H/2 = 1570\text{mm}$。

由三片摩擦盘构成的球面轴承，轴承的位置随着调整排料口大小，可以向上或向下变动，故实际取球面半径 $R = 1550\text{mm}$。

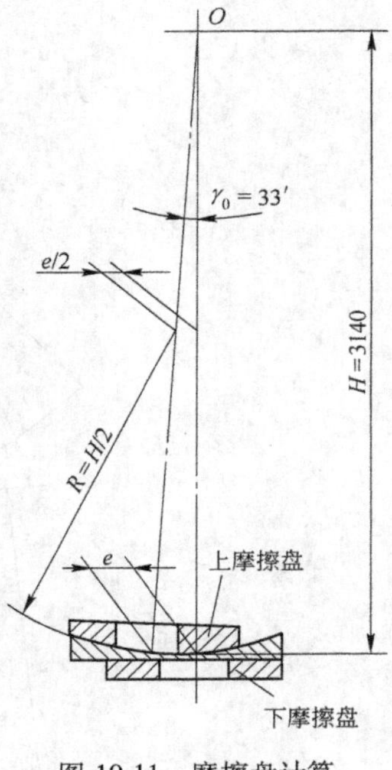

图 10-11 摩擦盘计算

10.5.2 中摩擦盘

它的外径等于上摩擦盘外径加上偏移量，即 520 + 30 = 550mm。两摩擦盘球面半径相等。中间孔径等于上盘中孔径减去偏移量，即 180 − 30 = 150mm。

10.5.3 下摩擦盘

它的外径与上盘相等，为 520mm。中间孔径也与上盘一样，为 180mm。

10.6 偏心轴套与平面止推轴承设计

弹簧机偏心轴套支承在底部平面止推轴承上。止推轴承装在下架底盖上，它由止推盘组成，其中有用两块盘，有用三块盘，也有用四块的。由于两块盘相对运动速度较大，磨损快，其中浮动盘的相对速度较低，磨损较轻。但盘数太多，结构复杂而且累积误差大，为了调整齿轮间隙，常在最下盘下面加数片较薄的垫片，而且现场都用没经加工的铁皮垫片。这样，累积误差较大，使偏心轴套产生歪斜，导致破碎机事故发生。因此，设计止推盘时，就该同时设计不同厚度的调整垫片，当然这些垫片都应经过切削加工的，这样给用户带来方便。

由于平面止推滑动轴承的受力和润滑条件不利，所以验算其 pv 值，应取2 ~ 4MPa。

根据已有资料确定偏心轴套外径 D 和高度 H 后，再按前面求得 F_{R0max} 作用力验算直衬套的许用应力值

$$p = F_{R0max}/DHK < [p] \tag{10-22}$$

式中　D——偏心轴套外径，m；

H——偏心轴套高度，m；

$[p]$——青铜衬套的许用应力，正常工作时不超过 8～10MPa；

K——轴与套接触不均匀系数，取 $K=0.5$。

最后还应该验算 pv 值应在允许范围内。

确定偏心轴套在垂直方向的位置，即高度 H_1（图 10-12）。

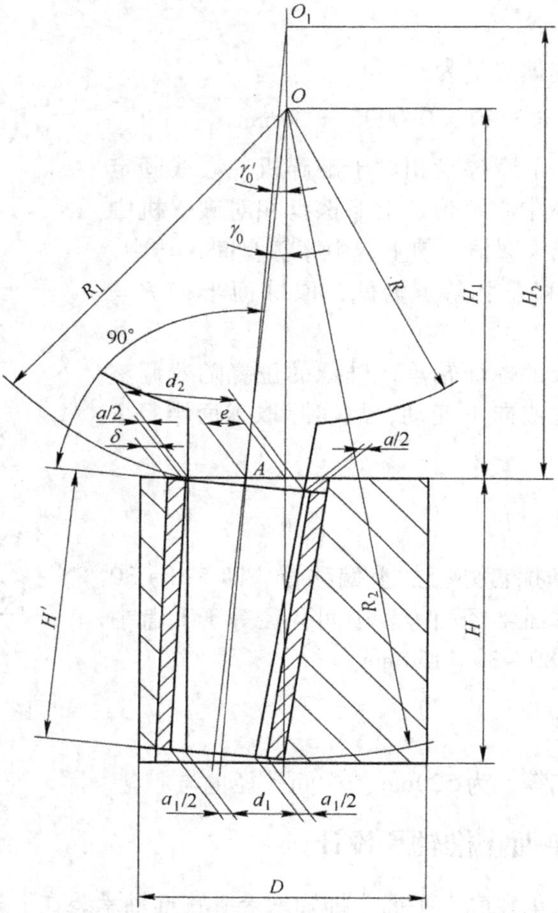

图 10-12　衬套设计计算

在设计偏心轴套前，破碎腔、球面轴承及球面轴承座结构位置已确定。因此，由动锥悬挂点到偏心轴套上表面的高度 H_1，要满足两个条件：当破碎力一定时，从节能角度考虑，H_1 值尽量要小为好。因 H_1 值小，则偏心距 e_1 小，所产生的阻力矩就小，反之，则产生阻力矩大；H_1 值还受到破碎腔排料不产生堵料现象限制。因为 H_1 值小，装偏心轴套的机架中心套筒以及筋板上端面与排料口很近，易产生堵料。故偏心轴套位置 H_1 值必须考

虑上述两条要求。

10.7 主轴衬套设计计算

弹簧机锥衬套就是主轴衬套。锥衬套设计也是偏心轴套内锥孔的设计，因为锥衬套装在偏心轴套内锥孔里而锥衬套内孔又与主轴采用间隙配合。因此锥衬套设计必然涉及动锥悬挂点和偏心轴套锥孔中心线与破碎机中心线的交点（称为偏心轴套悬挂点）以及偏心部件运动状态问题。它们彼此的关系，在已有文献中均没有介绍，作者经分析研究提出下列的理论计算式。

设计锥衬套之前，偏心度 γ_0、主轴尺寸 d_1、d_2、偏心轴套上平面到悬挂点 O 的距离 H_1、直径和高度 D、H 均为已知。

根据图 10-12 所示的几何关系可求得 O 点到锥衬套上口间隙处摆动半径 R_1 值和 R_2 值。

$$R_1 = \sqrt{0.25d_2^2 + \{[0.5(d_2 + a) + \delta]\tan\gamma_0 + e/\sin\gamma_0\}^2} \tag{10-23}$$

式中，a、δ，γ_0 见图 10-12 所示。

$$R_2 = R_1 + H' \tag{10-24}$$

为使主轴与锥衬套内孔沿高度均匀接触，锥衬套上下口间隙 a、a_1 与摆动半径 R_1、R_2 应有下列关系式：

$$\frac{a}{R_1} = \frac{a_1}{R_2} \quad 或 \quad a_1 = \frac{R_2}{R_1}a \tag{10-25}$$

为了使破碎机运转时，在各摩擦表面形成可靠的润滑油膜；为了补偿偏心部件制造和装配误差以及为了防止偏心部件热膨胀和变形卡住。偏心部件各摩擦表面之间必须留有合适的间隙。间隙太小容易发热产生抱轴现象；间隙太大降低机器使用寿命和产生冲击与振动。一般可根据实际情况参照已有破碎机实际数据确定。若锥衬套上口间隙 a 值为已知，便可按式（10-25）求得 a_1 值。这样，锥衬套内孔尺寸及外部尺寸（衬套厚度 δ 为已知）都可确定，故锥衬套结构尺寸已定之后，再验算其 pv 值。与此同时偏心轴套的内锥孔尺寸也确定。内锥孔的中心线与机器中心线的交点为 O_1，此点为偏心轴套的悬挂点。而 O 点为动锥悬挂点，理论上 O 点为定点，故圆锥破碎机动锥的运动可视为刚体绕空间某一定点的进动运动，γ_0 为进动角也叫偏心度，然而 O_1 点是变动的，而且它随偏心轴套左右移动在机器中心线上变动，如图 10-13 所示。

O_1 点变动值大小由偏心轴套与机架衬套间隙 b 值大小而定。若偏心轴套处于中间位置，则两侧间隙为 $b/2$。若偏心轴套靠在左侧则 O_1 点变到 O_1' 点，反之，则变到 O_1'' 点，并且 $O_1O_1' = O_1O_1''$。

从图 10-12 中看出，偏心轴套锥孔中心线与机器中心线的夹角 $\gamma_0' \neq \gamma_0$ 并且

$$\Delta\gamma_0' = \gamma_0 - \gamma_0' \tag{10-26}$$

所以应求得 $\Delta\gamma_0'$ 值后，才知到 γ_0' 值大小。

$$\Delta\gamma_0' = \arctan[K_1\delta/(H' + K_2 d\tan\gamma_0)] \tag{10-27}$$

式中 K_1——与衬套间隙有关的系数，对 1750 弹簧机，$K_1 \approx 0.1034$；

K_2——与主轴直径有关的系数，对 1750 弹簧机，$K_2 \approx 0.559$。

式中其他参数前面均为已知，故将实际数据代入式（10-27）中，可求得 $\Delta\gamma_0'$ 值，则 $\gamma_0' = \gamma_0 - \Delta\gamma_0'$ 可求得。

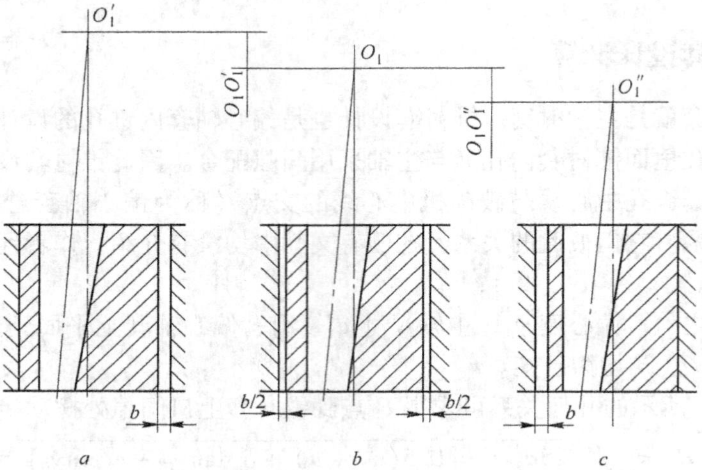

图 10-13　偏心轴套锥孔中心线与机器中心线交点变动示意图
a—偏心轴套靠在机架衬套左侧；b—偏心轴套处在机架衬套中间位置；
c—偏心轴套靠在机架衬套右侧

计算实例：以国产 1750 弹簧破碎机为例计算各参数。

已知：$d_2=376$，$d_1=275.35$，$\gamma_0=2°$、$H_1=900$、$e_0=31.43$、$a=3$、$H'=1142$、$\delta=20.5$、$H=1200$、$D=527$，长度单位为 mm。

求 R_1 和 R_2 值，将已知数据代入式（10-23）得 $R_1=926$mm，$R_2=H'+R_1=2068$mm。

求 a_1 值，将已知数据代入式（10-25）得 $a_1=6.7$mm。实际 a_1 值为 8.48mm，两者相差 1.78mm。这是为了在破碎机运转过程中，避免出现主轴与锥衬套在下口接触，产生动锥失稳现象，设计时有意加大的。

求 $\Delta\gamma_0'$ 值，将已知数据代入式（10-27）中，求得 $\Delta\gamma_0'=6'$，由此得 $\gamma_0'=1°54'$，故偏心轴套锥孔中心线与机器中心线夹角为 1°54′。

求 H_2 值（图 10-12），$H_2=e_0/\tan\gamma_0'\approx947.5$mm。由此得动锥悬挂点 O 到偏心轴套悬挂点 O_1 的距离 $OO_1=H_2-H_1=47.5$mm。

当偏心轴套靠左侧时，可求得 $O_1O_1'=O_1O_1''=b/\tan\gamma_0'$。

则 $O_1O_1'=2/\tan1.9°=60.3$mm；当偏心轴套靠右侧时，动锥悬挂点 O 到 O_1'' 的距离为 12.8mm。

以上计算结果与 1750 弹簧破碎机实际数据完全符合。

前述偏心轴套锥孔与锥衬套的设计原则，对单缸液压圆锥破碎机也适用。但是，由于锥孔和锥衬套的加工工艺比圆柱形孔难度大制造成本也较高，所以单缸机采用圆柱形衬套并且配有浮动轴瓦的结构以及它的偏心度 γ_0 也比较小，故可以保证有效的工作。值得指出，对弹簧式圆锥破碎机在不改变其结构条件下只将锥衬套改为圆柱衬套，即将锥形主轴改为圆柱形轴是不可行的。

为保证破碎机有更高的效能，对同一台破碎机对应不同物料、不同腔型、不同破碎比等，应该采用不同的冲程。如 GP300S 冲程有 18、25、32 和 40mm 四种。而 H1800 系列单缸机冲程有 18、20、24、28、32、36、40、44、48 和 50mm 十种，S1800 系列有 16、20、25、30、35、36 和 40mm 七种。

为了得到不同的冲程就采用双偏心套，即偏心轴套内孔的衬套也是偏心衬套，借转动偏心衬套不同位置可得到不同的偏心距，不同的偏心度 γ_0，从而可满足不同摆动行程的要求，如图 10-14 所示。

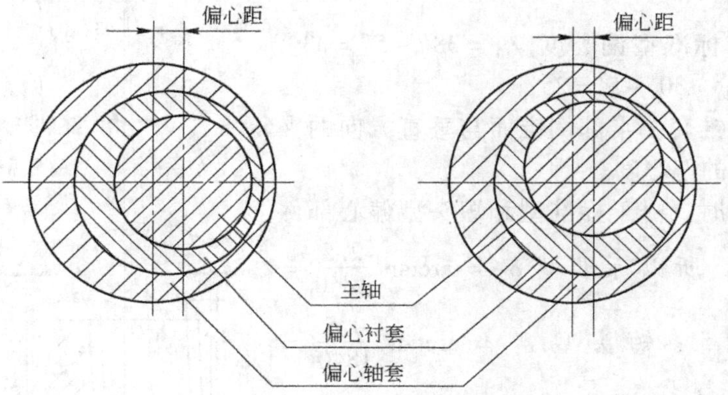

图 10-14 可调偏心距的偏心轴套

偏心轴套和下架体衬套最大许可间隙列于表 10-5 中。

表 10-5 偏心轴套和下架体衬套最大许可间隙

破碎机型号	H/S2800	H/S3800	H/S4800	H/S6800	H8800
最大间隙/mm	1.3	1.5	1.7	1.9	2.2

偏心衬套和偏心轴套之间最大许可间隙列于表 10-6 中。

表 10-6 偏心衬套和偏心轴套间隙

破碎机型号	H/S2800	H/S3800	H/S4800	H/S6800	H8800
最大许可间隙/mm	0.22	0.22	0.22	0.25	0.3

主轴和偏心衬套之间的间隙列于表 10-7 中。

表 10-7 主轴与衬套间隙

破碎机型号	H/S2800	H/S3800	H/S4800	H/S6800	H8800
间隙/mm	1.3	1.5	1.7	1.9	2.2

下架体衬套内径为 H/S2800，d = 350mm；H/S3800，d = 420mm；H/S4800，d = 510mm；H/S6800，d = 600mm。

10.8 顶部锥套的设计

底部单缸液压圆锥破碎机，顶部锥套与动锥主轴顶部相配合。由于动锥运动学所决定，顶部锥套必须有相应的锥度，才能保证破碎机正常运转。

破碎机有载运转时，主轴和偏心轴套都要消除间隙 1.5mm 和 1mm（图 10-15）。2200 液压圆锥破碎机，其偏心度标准型为 38′，短头型为 30′。当有载时，引起该角度发生变化：

$$\delta_1 = \arctan\frac{2.5}{1840} = \arctan 0.001359 \approx 5'$$

故有载时，标准型偏心度 $\gamma_{10} = 38' - 5' = 33'$，短头型偏心度 $\gamma_{20} = 30' - 5' = 25'$。

由此得顶部锥套上半部倒锥面与垂直方向的夹角，等于有载时的偏心度。

破碎机空载时，由于标准型和短头型偏心部件运动状态不同，所以标准型 $\delta_2' = \arctan\dfrac{2.5}{1840} = \arctan 0.00136 = 5'$；短头型 $\delta_2' = \arctan\dfrac{0.5}{1840} = \arctan 0.000272 = 1'$。

因此，破碎机空载运转时，$\gamma_{10} = 38' + 5' = 43'$；$\gamma_{20} = 30' + 1' = 31'$，故顶部锥套下半部（*m-m* 线以下）正锥锥面与垂直方向夹角为 γ_{10} 或 γ_{20}。顶部锥套上半部（*m-m* 线以上）倒锥面与底平面相贯线直径的名义尺寸，和主轴上部锥套直径的名义尺寸相等，即 ϕ440mm，故动锥的悬挂点位于底平面的中点。

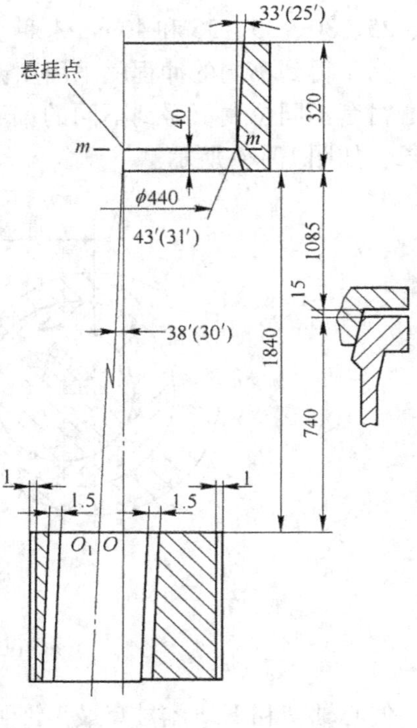

图 10-15　顶部锥套示意图

顶部锥套材料为 9Cr2，按轴与套在 120°范围内接触和破碎力为 3000kN，以及按半液体润滑条件，计算结果其 pv 值也是较低，故可省略。

图 10-16 所示为瑞典山特维克 H/S1800 系列破碎机顶部臂架轴承的结构。表 10-8 中给出了这种破碎机锥轴承顶面到悬挂点距离为 *L* 时的间隙 *S* 值。

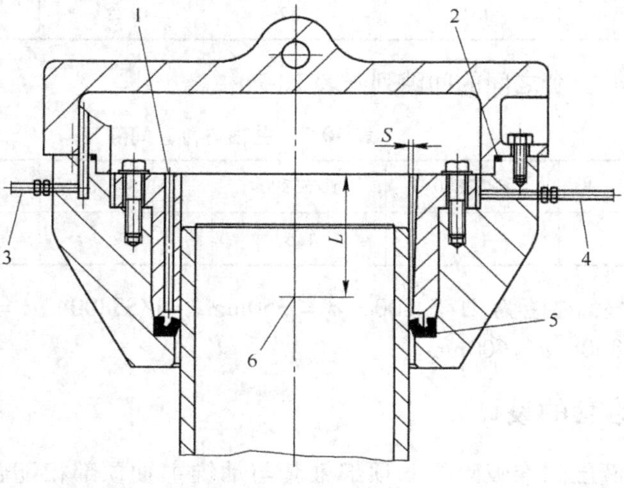

1—回油孔；
2—O形圈；
3—通气孔；
4—润滑管；
5—臂架轴承油封；
6—主轴摆中心

图 10-16　顶部臂架轴承

表 10-8　臂架轴承间隙

破碎机型号	H/S2800	H/S3800	H/S4800	H/S6800
悬挂点距离 L/mm	75/75	103/103	165/165	165/165
间隙 S/mm	1.6/2.1	1.9/2.5	2.1/2.9	2.4/3.2

10.9　传动装置设计计算

破碎机传动装置由皮带传动和齿轮传动两大部分所组成，它们都属常规机械零件设计。但是近年进口单缸液压圆锥破碎机以及国内新开发的单缸机都采用了螺旋锥齿轮传动。螺旋锥齿轮的节平面齿线并不是螺旋线而是两种曲线，一是圆弧线，称为弧齿锥齿轮（格里森齿制），如图 10-17 所示；一是延伸外摆线或叫长幅外摆线，称为摆线锥齿轮（奥利康齿制），如图 10-17 所示。

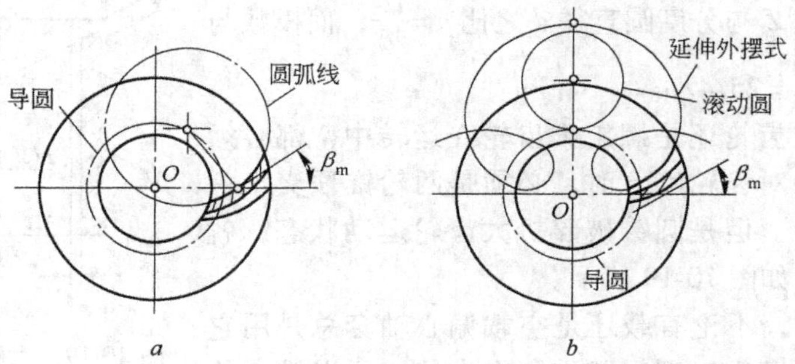

图 10-17　螺旋锥齿轮
a—圆弧齿锥齿轮；*b*—摆线齿锥齿轮

螺旋锥齿轮按齿高分为等高齿（图 10-18*c*）和收缩齿（图 10-18*a*、*b*），前者轮齿的大端与小端齿高相等，即齿轮的顶锥角、分锥角、根锥角相等；而后者从轮齿的大端向小端齿高逐渐减小。它又分不等顶隙收缩齿（图 10-18*a*），顶锥、根锥和分锥的顶点相重合，齿轮副的顶隙从齿的大端到小端也是逐渐减小的；等顶隙收缩齿（图 10-18*b*），从轮齿大端到小端齿高逐渐减小，且顶锥的顶点不与分锥和根锥顶点相重合。齿轮的顶隙沿齿长保持与大端相等的值（一齿轮的顶锥母线与另一齿轮的根锥母线相平行）。它可以增大小轮齿根圆角半径，减小应力集中，提高齿根强度和减小小端齿顶过薄等等的优点。弧齿锥齿轮大多数都采用等顶隙收缩齿。

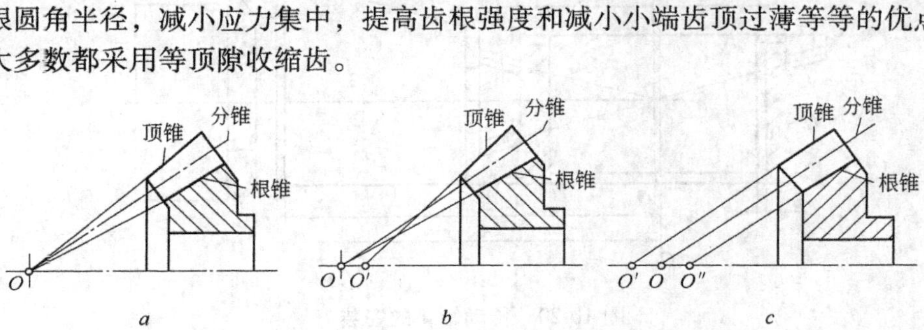

图 10-18　螺旋锥齿轮
a—不等顶隙收缩齿；*b*—等顶隙收缩齿；*c*—等高齿

螺旋锥齿轮的特点，承载能力高、运转平稳、噪声小。齿面呈局部接触，装配误差及轮齿变形对偏载的影响不显著，但轴向力大，也可磨齿。β_m为齿宽中点螺旋角，对$\beta_m=0$的弧齿锥齿轮称为零度弧齿锥齿轮。等顶隙收缩齿的标准螺旋角$\beta_m=35°$，等高齿的螺旋角$\beta_m=10°\sim35°$。两轮螺旋角相等而旋向相反。增大螺旋角可以增加重合度，提高传动平稳性，降低噪声，但轴向力也随之增大。

摆线锥齿轮，齿线较复杂。除上述特点外，它主要是加工时机床调整方便，计算简单。这种齿轮都采用等高齿，它有 N 型和 G 型两种，一般都采用 N 型，但它不能磨齿。齿宽系数允许在$\Phi_R\leqslant0.25$范围，由于破碎机结构限制，常常出现$\Phi_R<0.25$的情况。这种齿轮小齿轮齿数$Z_1\geqslant9$，平面齿轮齿数$Z_c\geqslant25$。弧齿锥齿轮也可以采用等高齿，H/S1800 系列和 GP 系列液压圆锥破碎机均采用等高齿螺旋锥齿轮。齿轮模数是计算齿轮几何尺寸的基础，这些都可以按机械手册中选取和计算。西方国家不用模数而用径节作为计算齿轮几何尺寸的基础。径节的含义是齿数Z与分度圆直径d之比$p=\dfrac{Z}{d}$，而模数与径节p的关系是$m=25.4/p$。

不论是直齿锥齿轮还是螺旋锥齿轮在运转中，都必须满足下列要求：一对齿轮啮合时，必须是两轮锥顶交于一点并且节线相重合。但是圆锥破碎机大齿轮运动状态，就不能满足此要求，如图 10-19 所示。

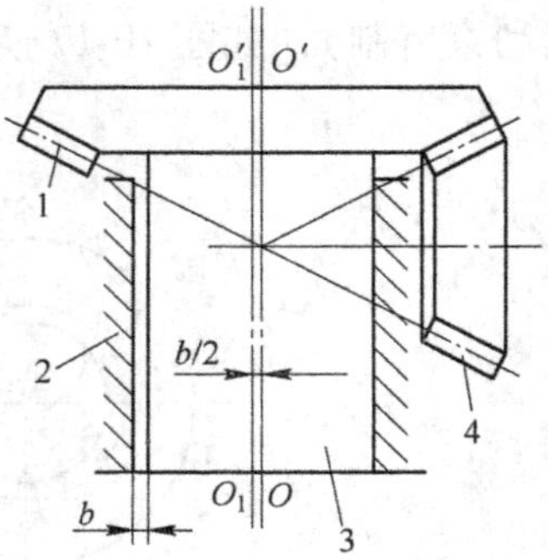

图 10-19　大锥齿轮运动状态
1—大锥齿轮；2—机架衬套；
3—偏心轴套；4—小锥齿轮

破碎机工作时，不论有载还是空载偏心轴套总是用它的厚边压在机架衬套上，把间隙b留在左侧。所以锥齿轮不是绕它的本身的中心线OO'旋转而是以机架衬套间隙b之半为半径绕破碎机中心线O_1O_1'作圆运动。因此，在破碎机正常工作中，在齿轮和传动轴上产生很大的冲击载荷和在齿面上产生附加的磨损。所以，这种破碎机上用的锥齿轮噪声大，磨损特别严重，影响使用寿命。为了解决此问题，将偏心轴套与大齿配合部制成偏心的，其偏心量为$b/2$，如图 10-20 所示。这样，当破碎机运转时，两齿轮顶点交于一点，消除由于锥顶不交于一点带来的附加冲和磨损的危害。

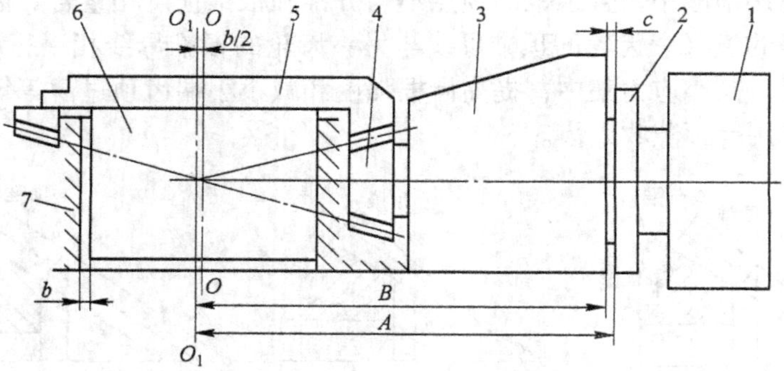

图 10-20　传动轴箱的安装
1—大皮带轮；2—传动轴箱端盖；3—机架筒体；4—小锥齿轮；
5—大锥齿轮；6—偏心轴套；7—机架衬套

虽然一对齿轮从设计到制造都满足了两轮锥顶交于一点的要求，但在传动轴箱安装时，还有可能被破坏。因此，在传动轴箱安装时，必须考虑尺寸 A、B、C 之间的关系。B 为破碎机中心线到传动轴箱架体端面之间距；A 是小轮锥顶到传动轴箱法兰内端面之间的距离；C 是两者之差，为钢纸垫的压实厚度。当满足 $A-B=C$ 时，两轮锥顶才能交于一点。即使如此，安装后也要检查，两齿轮的（啮合）印痕和侧隙是否合适。因为啮合印痕是动力传递实况的描述。所以啮合印痕是齿轮副安装调整的主要依据。齿轮啮合的标准印痕是：在齿高方向为全齿高的1/2并稍许偏齿顶；在齿面方向为全齿长2/3靠小端。这样，当齿轮受载时，能使印痕几乎占满整个齿面，且又不会超出齿面之外，从而保证齿轮传动质量和使用寿命。空载试验接触面积约占整个面积70%以上。

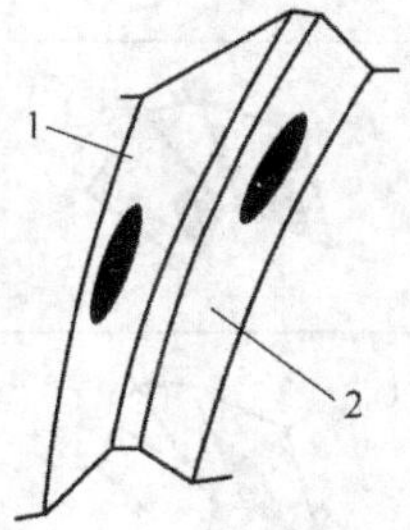

图 10-21　摆线齿锥齿轮的印痕
（按被动大轮齿面）
1—大轮凸面；2—大轮凹面

延伸外摆线锥齿轮分G型和N型两种。G型齿轮受载后，其印痕变化情况与弧齿锥齿轮相同。N型齿轮的标准印痕如图10-21所示。被动大齿轮凸面的印痕在中央附近略偏于大端及齿根；凹面的印痕靠近大轮略偏于齿顶不得有齿端载荷集中。

加工N型齿采用的刀盘直径小，曲率大，也就是大小端螺旋角相差的大，一般为20°~25°，而弧齿锥齿轮为8°~12°，这种齿轮以中点法向模数为标准。这样，增强了轮齿小端强度，削弱大端强度，所以齿向方向以中点强度为最高。

由于上述原因，齿轮受载后，印痕（大轮凸面）从中央向两端以及向齿顶扩展，随载荷的增加逐渐使印痕布满齿面，满足传动质量和使用寿命的要求。

表10-9中，给出螺旋锥齿齿面印痕调整方法，根据印痕位置来确定是先动大轮还是先动小轮以及移动方向，它都是有依据的，不论移动大轮还是小轮都是借改变齿轮安装距离来调整印痕和侧隙[105,106]。但是，由于破碎机结构限制，调整大齿轮很困难，所以过去都是借靠加减垫片厚度（图10-20）来调整印痕和侧隙。只是借更换衬板之机才能将平面止推轴承的厚度改变，使大齿轮安装距离变化。如出现齿面两头印痕，最有效办法是改变大轮安装距离和靠改变小轮安装距离来补偿侧隙大小，但不能为了满足侧隙要求大量的变动齿轮安装距离而破坏一对齿轮正确啮合印痕。否则带来的恶果远比满足侧隙的要求更加严重。因此，近年瑞典山特维克H/S1800系列破碎机又增设旋转传动轴箱办法来调整齿轮侧隙（图10-22）。这样，传动轴箱轴线与机架轴箱孔的轴线是偏心的，在转动传动轴箱后，即改变侧隙又能改变顶隙。

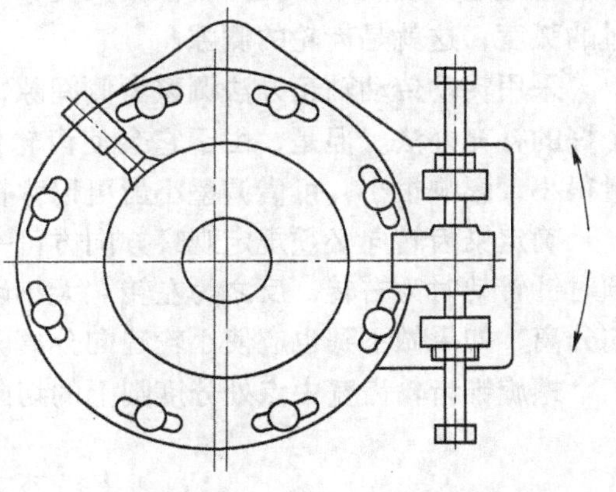
图 10-22　转动传动轴箱调整侧隙

调节时，先松开固定小齿轮轴箱总成的螺钉，将密封圈从轴箱法兰上取下，然后按下列步骤调节齿轮侧隙：将调节块向下移动（顺时针）可增加齿隙；将调节凸块向上移动

(逆时针) 可减少齿轮侧隙。

表 10-9 螺旋锥齿轮齿面印痕的调整

小齿轮的印痕	调整方法	齿轮移动方向
	将大齿轮向小齿轮移动，如此时侧隙过小，再将小齿轮移离大齿轮	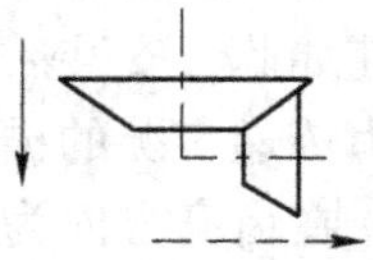
	将大齿轮移离小齿轮，如此时侧隙过大，再将小齿轮向大齿轮移动	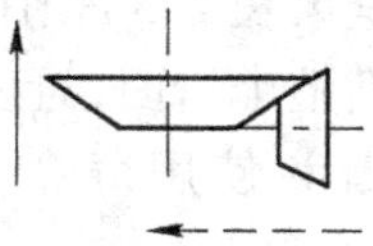
	将小齿轮移离大齿轮，如此时间隙过大，可将大齿轮移向小齿轮	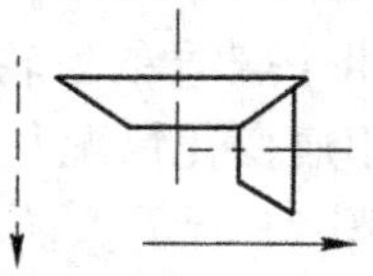
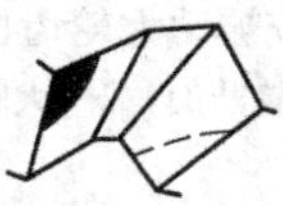	将小齿轮移近大齿轮，如此时侧隙过小，可将大齿轮移离小齿轮	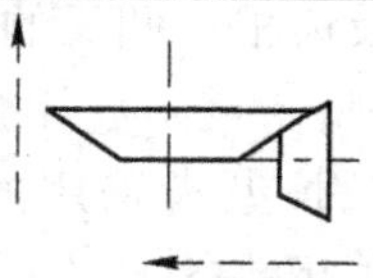
	将小齿轮移离大齿轮，如此时侧隙过大，可将大齿轮向小齿轮移	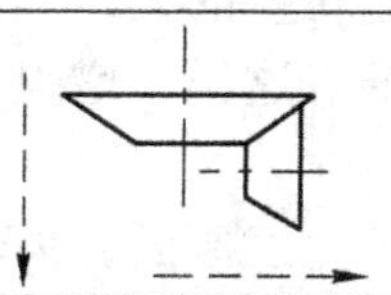
	将小齿轮向大齿轮移近，如此时侧隙过小，可将大齿轮移离小齿轮	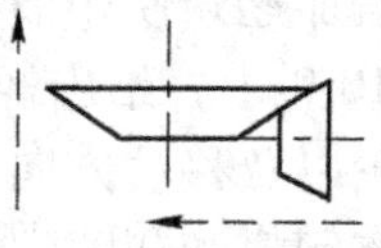

因为不能直接在小齿轮和大齿轮之间测量间隙，只能通过测量皮带轮的运动，然后计算出侧隙值。其计算方法很简单，因小齿轮与皮带轮是同心的，当转过相同的角度，不同半径所走过弧度大小不一样。依据大皮带外径所转过的弧度大小，便可求小齿轮分度所走过的弧度，这就是齿轮的侧隙。

采用转动传动轴箱办法调整齿侧间隙，对破碎机这对齿轮的特殊安装情况，无疑是一个好的补充办法。但是，由于它会使齿轮偏置产生"调头"印痕的影响，然而由于偏心量很小，影响很小，可借调整小齿可以弥补。

确定锥齿转向必须规定观察方向方可一致，故转向确定准则：从锥顶看齿轮，当齿轮顺时针转动时为右转，反之为左转。大小齿轮旋向应相反，其产生的轴向力应使两齿轮趋向分离，如果做不到也应使小轮趋向分离。

螺旋锥齿轮齿宽中点处分度圆上的切向力（圆周力）F_{tm}（N）可用下式计算：

$$F_{tm} = \frac{19 \times 10^6 P}{n_1 d_1 (1 - \phi_R)} \tag{10-28}$$

式中 P——电动机功率，kW；

n_1——小齿轮转速，r/min；

d_1——小齿轮大端分度圆直径，mm；

ϕ_R——齿宽系数。

螺旋锥齿轮轴向力 F_x(N) 和径向力 F_r(N) 可用式（10-29）和式（10-30）计算。

对于小轮左旋左转，大轮右旋右转和小轮右旋右转，大轮左旋左转的两对齿轮轴向力为：

$$F_{x_1} = \frac{F_{tm}}{\cos\beta_m}(\tan\alpha\sin\delta_1 + \sin\beta_m\cos\delta_1) \tag{10-29}$$

$$F_{x_2} = \frac{F_{tm}}{\cos\beta_m}(\tan\alpha\sin\delta_2 - \sin\beta_m\cos\delta_2) \tag{10-30}$$

因为小轮轴向力等于大轮径向力以及小轮径向力等大轮轴向力，所以，小轮径向力 F_{r1}(N) 等于将式（10-30）中 δ_1 改为 δ_2；大轮径向力 F_{r2}(N) 等于将式（10-29）中 δ_1 改为 δ_2。按式（10-29）、式（10-30）求得的轴向力为"+"号表示轴向力指向大端，反之为"-"号表示轴向力指向小端。

对于小轮左旋右转，大轮右旋左转和小轮右旋左转、大轮左旋右转的两对齿轮，它们轴向力是将式（10-29）中的正号改为负号和式（10-30）中，负号改为正号便可。其径向力也同样是正号改负号，负号改正号。

例：我们研制的1000单缸液压圆锥破碎机，采用小轮左旋左转（逆时针），大轮为右旋左转（顺时针）。已知，$d_1 = 253$mm，$\delta_1 = 16.44°$，$\beta_m = 35°$，$\alpha = 20°$，$\Phi_R = 0.25$，$n_1 = 143$r/min，功率 $P = 160$kW，$\delta_2 = 73.18°$。

求切向力 F_{tm}(N) 将已知数据代入（10-28）式中得 $F_{tm} = 9603$N。

求轴向力 F_{x1}(N) 和 F_{x2}(N)，将已知数据代入式（10-29）和式（10-30）中，得 $F_{x1} = 0.8F_{tm}$ 和 $F_{x2} = 0.22F_{tm}$。

根据已知数据最后求得圆周力 P_{tm}、轴向力 F_x 和径向力 F_r 值的大小和方向。

根据小锥齿轮的轴向力 F_{x1}、径向力 F_{r1} 和圆周力，便可分析传动轴受力并进行强度计算，不再赘述。

10.10 机架设计计算

破碎机机架是零部件的安装基础，因此设计时，一定保证它有足够的强度、刚度和几何尺寸的精确度，才能保证破碎机各零部件正常运转，使破碎机达到设计的技术要求。

设计时，要求机架中心套筒（内套）的中心线与上部法兰的水平面或与球面轴承（对弹簧机而言）的水平面之间的垂直度，以及中心套筒的中心线与传动轴架中心线之间的垂直度在0.1～0.3mm之间。设计机架内部筋板，特别注意不要影响排矿。

机架一般都是铸钢材料制成。机架的几何尺寸可参考已有实际资料确定。在保证强度、刚度条件下，应尽量减轻它的质量。

设计时，应听取长期使用破碎机用户意见和经验，对存在的问题在新设计中应得到解决。使新设计的破碎机在原有基础上有所改进，有所发展，有所创新。

根据对中部机架静强度和刚度分析[111]可知：对连续给矿的工况，在竖肋外表面与底部法兰的交点处产生的应力也很大。对有过大矿块的工况，在上部法兰附近产生的应力很大，此处是危险点，其他部位应力比较低。因此，设计破碎机中部机架可减小或去掉机架竖肋和环肋。图 7-7 单缸液压圆锥破碎机机架上的六根竖肋是为增加机架上部法兰强度和横梁基座的强度而设置的。

关于机架法兰处危险截面的强度可采用简化计算方法计算[2]。下架体的筒体（外壳）和中心套筒（内套）的强度计算参见文献［47］。经对下架体内力分析，可求得内套的轴力 N 和弯矩 M 为：

$$\left.\begin{aligned} N &= \left(\frac{1}{4\pi} + \frac{1}{8}\right)F \\ M &= \left(\frac{1}{8} + \frac{1}{4\pi} + \frac{1}{\pi^2}\right)Fr_m \end{aligned}\right\} \tag{10-31}$$

对下架体（外壳）的轴力 N 和弯矩 M 为：

$$\left.\begin{aligned} N &= \left(\frac{1}{2\pi} + \frac{1}{8}\right)F \\ M &= \left(\frac{1}{2\pi} + \frac{1}{8}\right)FR \end{aligned}\right\} \tag{10-32}$$

式（10-31）和式（10-32）中，F 为破碎力，计算时应取其最大值；r_m 为内套壁厚的中性半径；而 R 为筒体的中性半径。根据轴力 N 和弯矩 M 可求得最大应力，并应小于许用应力值。圆锥破碎机机架材质一般都采用铸钢件。

最好是采用有限元法来分析机架各部应力的分布与大小，然后再进行试验验证，这样能很准确确定机架最合理的结构尺寸，从而可能在保证机架有可靠的强度和刚度条件下，最大限度地减轻它的质量。

11 圆锥破碎机运动学与动力学

11.1 运动学

破碎机运动学就是研究动锥自转原理以及偏心部件（动锥与偏心轴套）角速度之间的关系。掌握动锥运动规律，从而在设计破碎机时确定最佳运动状态，使用破碎机时制定合理工作制度，以及检修破碎机时，保证偏心部件检修质量，正确分析故障等。

根据前述动锥自转情况，设 ω 为偏心轴套角速度，也叫牵连角速度；ω_1 为动锥相对于偏心轴套的相对自转角速度；ω_0 为动锥对定锥的绝对自转角速度；O 是坐标原点，也是球面中心点；OZ' 为动锥中心线而 OZ 为破碎机中心线；γ_0 为 OZ' 与 OZ 的夹角，也叫偏心度；m—m 为动锥瞬时转动中心线（图 11-1）。

根据角速度在 Z 坐标上的投影之和等于零，得：

$$\omega - \omega_0 \cos\alpha - \omega_1 \cos\gamma_0 = 0$$

根据角速度在 x 坐标上的投影之和等于零，得：

$$-\omega_0 \sin\alpha - \omega_1 \sin\gamma_0 = 0$$

将该两式联立解方程，得：

$$\omega - \omega\cos\alpha + (\omega_0 \sin\alpha / \sin\gamma_0)\cos\gamma_0 = 0$$

根据三角函数和差与积的关系，得：

$$\omega_0 = \frac{\omega \sin\gamma_0}{\sin(\alpha + \gamma_0)} \tag{11-1}$$

根据式（11-1）可绘制 ω_0/ω 与 α 角的关系曲线见图 11-2。

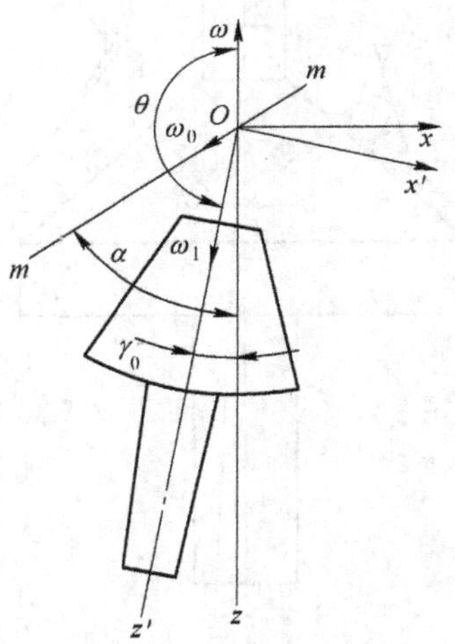

图 11-1　动锥速度向量

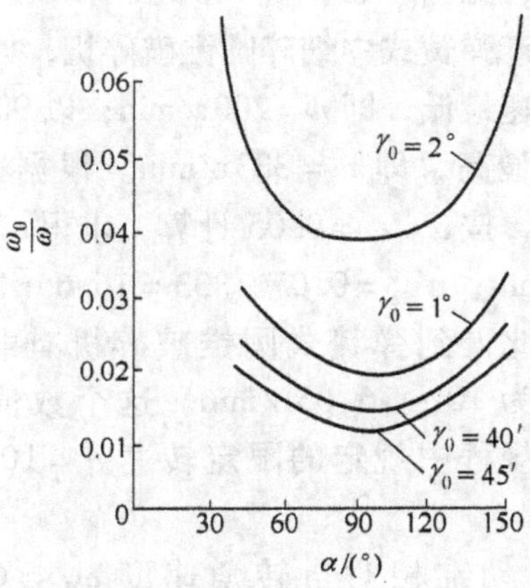

图 11-2　ω_0/ω 与 α 角的关系

从式（11-1）看出，当偏心轴套角速度 ω 和 γ_0 角为常数时，动锥绝对自转角速度 ω_0 是 α 角的函数。现讨论如下：

1）从式（11-1）可知，当 $\alpha+\gamma_0=90°$ 时，ω_0 有最小值。

$$\omega_{0\min} = \omega\sin\gamma_0 \tag{11-2}$$

例如，已知 1200 旋回破碎机 $\omega=10.46\mathrm{s}^{-1}$、$\gamma_0=30'$；1750 圆锥破碎机 $\omega=25.6\mathrm{s}^{-1}$、$\gamma_0=2°$。

将已知数据代入式（11-2）中，计算得 1200 旋回破碎机的 $\omega_0=0.0912\mathrm{s}^{-1}$，相当于 $n_0=0.875\mathrm{r/min}$；1750 圆锥破碎机的 $\omega_0=0.89\mathrm{s}^{-1}$，相当于 $n_0=8.8\mathrm{r/min}$。这两种破碎机空载时自转转速 n_0，都比所求得值稍高些，而 n_0 的方向与偏心轴套转向一致。

2）当 $\alpha=0$ 时，则 ω_0 有最大值。

$$\omega_{0\max} = \omega$$

实际上，ω_0 不能等于 ω，因为此时 $\omega_1=0$，即动锥不自转并与偏心轴套一起回转。现场称这种现象叫“飞车”，这是一种不允许的事故。其原因是检修、安装与润滑不当，动锥失去稳定性等，使主轴抱死在偏心轴套内孔中。因此，$\dot{\omega}_0$ 一般有一个允许值。

破碎机有载运转时，物料对锥面的摩擦力矩，远超过偏心轴套内孔对主轴产生的摩擦力矩，所以此时动锥以其母线为瞬时轴，沿料层作与偏心轴套回转方向相反的滚动。设其滚动角速度为 ω_0'，根据瞬时概念，破碎机 A—A 断面上动锥中心线上 B 点的速度 v_8（图 11-3）为：

$$v_8 = \omega r_0 = \omega_0' r$$

所以

$$\omega_0' = (r_0/r)\omega$$

式中　r——B 点至瞬时轴线（近似认为动锥母线）的距离。一般根据破碎机结构 $r_0/r=0.04\sim0.05$。

所以

$$\omega_0' = (0.04 \sim 0.05)\omega \tag{11-3}$$

对旋回破碎机，相当于 $\alpha=15°\sim30°$；对圆锥破碎机，相当于 $\alpha=40°\sim50°$。

国产弹簧式中细碎圆锥破碎机，以 2100 型偏心轴套转速最低，即 $n=200\mathrm{r/min}$；以 900 型偏心轴套转数为最高，即 $n=333\mathrm{r/min}$。根据式（11-3）和图 11-3，按 $\omega_0/\omega=0.05$ 计算，求得 $n_{01}'=0.05\times200=10\mathrm{r/min}$；$n'_{02}=0.05\times333=16.65\mathrm{r/min}$。

由此得到弹簧式圆锥破碎机有载时，绝对自转转速为 $10\sim16.65\mathrm{r/min}$。这个数值与圆锥破碎机检修规程中规定的限定转速 $n=10\sim15\mathrm{r/min}$ 很相近。

3）动锥相对自转角速度 $\omega_1=0.95\omega$（由式（11-3）得）时，破碎机制造、安装、润滑都很好。

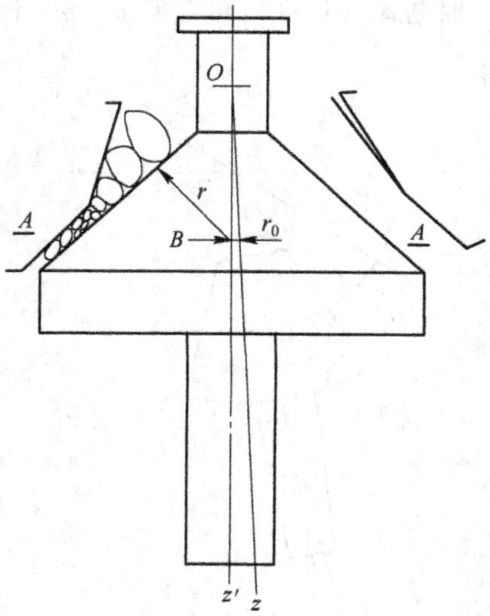

图 11-3　有载时动锥 ω_0' 计算图

11.2 动力学

旋回破碎机和圆锥破碎机的动锥和偏心轴套的质心，都不在其回转中心线上，故在破碎机运转过程中，必然产生惯性力和对固定点 O 的惯性力矩。破碎矿石时，由于破碎力远大于动锥和偏心轴套的惯性力，因而并不出现它的害处。但是在破碎机空转或由空转过渡到有载运转的过程中，惯性力和惯性力矩有使 γ_0 角增大的趋势，因受到机架衬套的限制，γ_0 角不能增大。因此，对机架衬套和球面轴套产生一种随偏心轴套回转而周期性变化的作用力，从而引起破碎机有害的冲击振动，甚至影响破碎机正常运转。因此，我们必须找到惯性力和惯性力矩的大小和方向加以平衡，借以消除或减轻这种有害作用。

11.2.1 求动锥惯性力矩和惯性力

根据运动学可知，破碎机是作规则进动，也叫旋回运动。为使动锥作规则运动，就必须给动锥一个具有一定大小和方向的对固定点 O 的外力矩，与此同时，在动锥上必然产生一个与外力矩大小相等、方向相反的惯性力矩。求动锥的惯性力矩方法有两种：一是根据动锥上质点的牵连加速度、相对加速度和哥氏加速度，求得惯性力和惯性力矩。这种方法在已有资料中均有介绍。二是根据动锥上质点的动量、动量矩求得外力矩-惯性力矩。但两种方法求得结果是一样的，即惯性力矩为：

$$M_s = I_1\omega\omega_1\sin\theta\left(1 + \frac{I_1 - I_2}{I_1}\frac{\omega}{\omega_1}\cos\theta\right) \tag{11-4}$$

式中 I_1——动锥对本身轴线的转动惯量；

I_2——动锥对通过固定点 O 并垂直本身轴线的转动惯量，因 ω 与 ω_1 方向相反，故前面加个负号；

ω——偏心轴套的牵连角速度；

θ——动锥轴线与破碎机中心线所夹的钝角。

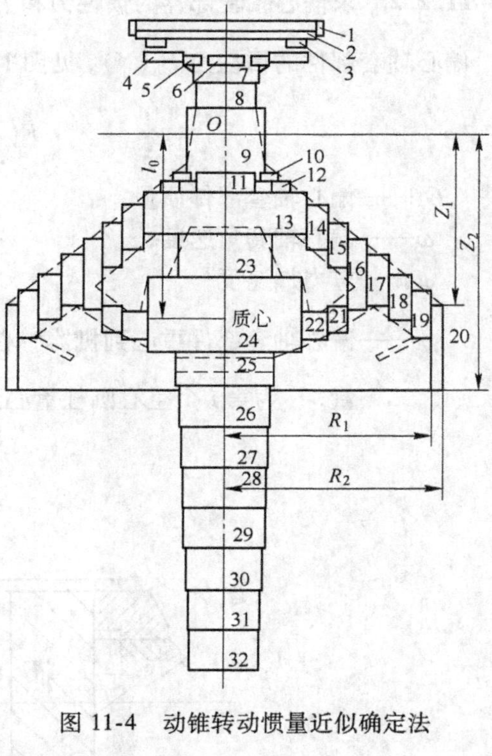

图 11-4 动锥转动惯量近似确定法

为了计算动锥的转动惯量 I_1 和 I_2，可把动锥及其心轴分成许多简单形状的单元体（图 11-4）。由下式分别求出每个单元体的转动惯量 ΔI_{1i} 和 ΔI_{2i}、然后取其总和即为 I_1 和 I_2。转动惯量的计算公式如下：

$$I_1 = \Sigma\Delta I_{1i} = \frac{1}{2}\Sigma m_i R_i^2 = \frac{\rho\pi}{2g}\Sigma(R_i^4 - R_{i-1}^4)(Z_i - Z_{i-1})$$

$$I_2 = \Sigma\Delta I_{2i} = \frac{1}{2}\Sigma\Delta I_{1i} + \Sigma m_i Z_i^2$$

$$= \frac{\rho\pi}{g}\left[\frac{1}{3}\Sigma(R_i^2 - R_{i-1}^2)(Z_i^2 - Z_{i-1}^2) + \frac{1}{4}\Sigma(R_i^4 - R_{i-1}^4)(Z_1 - Z_{i-1})\right] \tag{11-5}$$

式中　m_i——每个单元体质量，kg；

ρ——动锥及心轴材料的密度，$t \cdot m^{-3}$；

g——重力加速度，$m \cdot s^{-2}$；

R_i，R_{i-1}——动锥的轴线到相应单元体边缘的距离，m；

Z_i，Z_{i-1}——动锥悬挂点到单元体的距离，m。

动锥绕破碎机中心线以等角速度 ω 回转时，根据质心运动定理，动锥的惯性力为：

$$F_{c0} = \Sigma\omega^2\sin\gamma_0 \frac{\pi\rho}{2}(R_2^2 - R_1^2)(Z_2^2 - Z_1^2) \quad 或 \quad F_{c0} = M_j\omega^2\sin\gamma_0 \tag{11-6}$$

式中　M_j——动锥对 O 点的静矩，

$$M_j = \Sigma \frac{\pi\rho}{2}(R_2^2 - R_1^2)(Z_2^2 - Z_1^2) \tag{11-7}$$

整个动锥对固定点 O 的总惯性力矩，就等于外力矩，即 $F_{c0}h = M_s$，由此求得动锥惯性力作用线到固定点 O 的距离 h 为

$$h = M_s/F_{c0} \tag{11-8}$$

11.2.2　求偏心轴套部件的惯性力和力矩

偏心轴套部件的惯性力 F_p(N)，见图 11-5 所示。

$$F_p = \frac{G_p}{g}\omega r \tag{11-9}$$

式中　G_p——偏心轴套部件质量；

ω——偏心轴套角速度；

g——重力加速度；

r——偏心轴套部件重心到机器中心线的距离，$r = \frac{\Sigma m_i r_i}{\Sigma m_i}$（$m_i$ 为第 i 个空心圆柱的质量；r_i 为第 i 个空心圆柱重心到机器中心线的距离）。

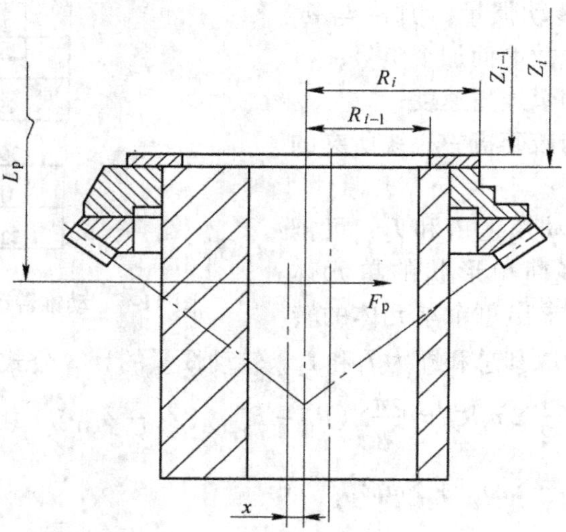

图 11-5　求偏心轴部件重心

由于偏心轴套部件是绕机器中心线转动的，惯性力作用点就在其重心上。所以，还需计算出偏心轴套部件的重心位置：

$$Z_c = \frac{\sum m_i z_{ci}}{\sum m_i}; \quad X_c = \frac{\sum m_i x_{ci}}{\sum m_i}$$

以机器中心线及偏心轴套部件上表面为准，建立坐标系。Z_{ci}为第 i 个空心圆柱的重心距上表面的坐标，X_{ci}为第 i 个空心圆柱的重心距机器中心线的坐标。

偏心轴套部件对悬挂点的力矩

$$M_p = F_p \times L_p \tag{11-10}$$

式中 L_p——偏心轴套部件重心到悬挂点的距离。

11.3 圆锥破碎机的平衡

根据圆锥破碎机运动学与动力学的研究可知，不论是旋回、中碎还是细碎圆锥破碎机，在运转中都产生不平衡的惯性力和惯性力矩。但是，由于旋回破碎机偏心轴套转速较低，动锥直径较小，故可不考虑平衡。对中细碎机，传统认为必须很好地平衡，以减少因惯性力和惯性力矩所引起的冲击振动，保证破碎机正常运转。目前，中细碎机都是采用在大锥齿轮上加平衡重的办法进行平衡。

11.3.1 偏心部件运动状态

如图 11-6 所示，破碎机空载时，作用在动锥和偏心轴套上有动锥惯性力 F_{c0}和动锥自重 G、偏心轴套的惯性力 F_p 以及平衡重的惯性力 F_t。

由于动锥自重产生的力矩比较小，为了简化可省略不计。故对定点 O 的力矩方程式为

$$M = F_{Ri}L_i = F_tL_t + F_pL_p - F_{c0}h \tag{11-11}$$

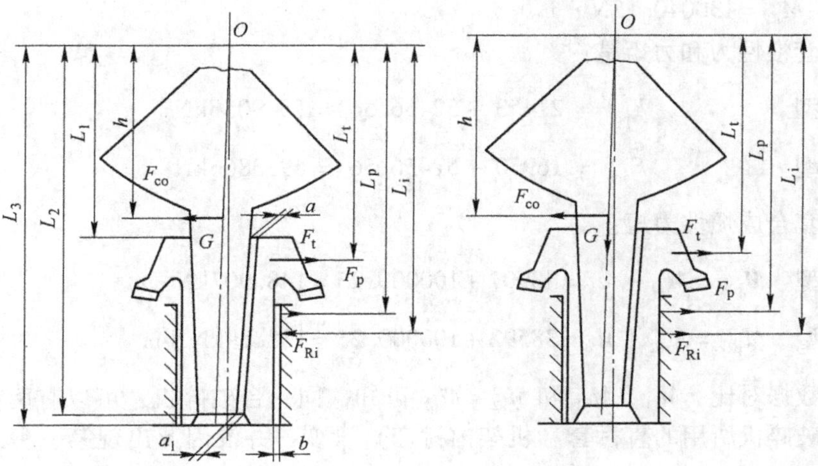

图 11-6 空载时偏心部件运动状态

a—第一种状态（平衡重过轻或没有平衡重）；*b*—第二种状态（平衡重较大）

从式（11-11）知，当 $M=0$，$F_{Ri}=0$ 时，破碎机为完全平衡。这种情况实际上不可能实现。因此，有以下两种情况：

1）当 $M<0$，$F_{Ri}<0$ 时，说明平衡重过轻或没有平衡重（图 11-6*a*）。此时，偏心部件运动状态是：主轴压在偏心轴套薄边，偏心轴套的薄边压在直衬套上，即偏心部件间隙留在右侧。

2）当 $M>0$，$F_{Ri}>0$ 时，说明平衡重较大（图 11-6*b*）。此时，偏心部件运动状态是：主轴压在偏心轴套薄边，偏心轴套厚边压在直衬套上，即主轴与锥衬套间隙在右侧，偏心轴套与直衬套间隙在左侧。

选矿厂细碎圆锥破碎机，力求有较小的排矿口，能得到更小粒度的产品。因此细碎机都采用第二种偏心部件的运动状态。

在选择平衡重时，应使 $F_{Ri}>0$，即采用第二种偏心部件运动状态。但尽量使平衡重小。若平衡重过大，会产生偏心轴套偏斜现象，影响破碎机正常运转。甚至会使主轴在锥衬套里产生上下口局部接触，造成机械事故。

F_t 和 F_p 之合力作用线位置：从偏心轴套上端面算起，大约在锥衬套与主轴接触线高度 1/3 处。平衡时，使作用力 F_{Ri} 的作用线也在同一高度上。

破碎机有载时，在破碎力作用下，偏心部件的间隙均移到左侧。上述两种状态都属于这种情况。

由于两种运动状态不同，对破碎力、偏心部件磨损、间隙和产品粒度以及机架和基础的动载荷均有不同的影响。如偏心部件第一种运动状态的优点是，平衡重较小，偏心轴套受力较小，更容易形成油膜，改善偏心轴套磨损情况。缺点是，产生附加冲击和动载荷，对破碎机和基础不利，使排料口尺寸增加许多，对细碎机不利。第二种运动状态的优缺点与第一种刚好相反。

对国产 2200 单缸液压圆锥破碎机计算结果：

标准型动锥惯性力和力矩是，$F_{c01}=115030\text{N}$，$M_{s1}=164600.37\text{N}\cdot\text{m}$；而短头型 $F_{c02}=9088.1\text{N}$，$M_{s2}=130040.15\text{N}\cdot\text{m}$。

偏心轴套惯性力和力矩是：

对标准型　　$F_{cp1}=21453+52456.56=73.9056\text{kN}$

对短头型　　$F_{cp2}=16930+52456.56=69.3866\text{kN}$

偏心轴套合成惯性力矩：

对标准型　$M_{p1k}=M_{p1}+M_k=48907+100000.25=148.907\text{kN}\cdot\text{m}$

对短头型　$M_{p2k}=M_{p2}+M_k=38592+100000.25=138.59\text{kN}\cdot\text{m}$

由计算数据对比，$M_{s1}>M_{p1k}$ 和 $M_{s2}<M_{p2k}$ 可知，同一台破碎机，可以有两种不同的运动状态。但破碎机所用的直衬套（机架内衬套）没变，并没因此出现第一种运动状态而损坏。

设计破碎机时，可用下面的办法确定偏心部件的间隙：

对于第一种运动状态（图 11-6*a*）

$$(a+b)\frac{L_1}{L_2}=a_1+b \tag{11-12}$$

对于第二种运动状态（图 11-6b）

$$L_1a_1=L_2a \tag{11-13}$$

间隙大小，还应结合国内破碎机偏心部件加工精密、材质、安装与润滑情况，并参考实际数据决定。在实际条件允许情况下，宜小不宜大。

11.3.2　圆锥破碎机平衡计算例题

例题： 用近似方法，将动锥分成 13 块空心圆柱，其序号和几何尺寸见图 11-7 和表 11-1 所示。

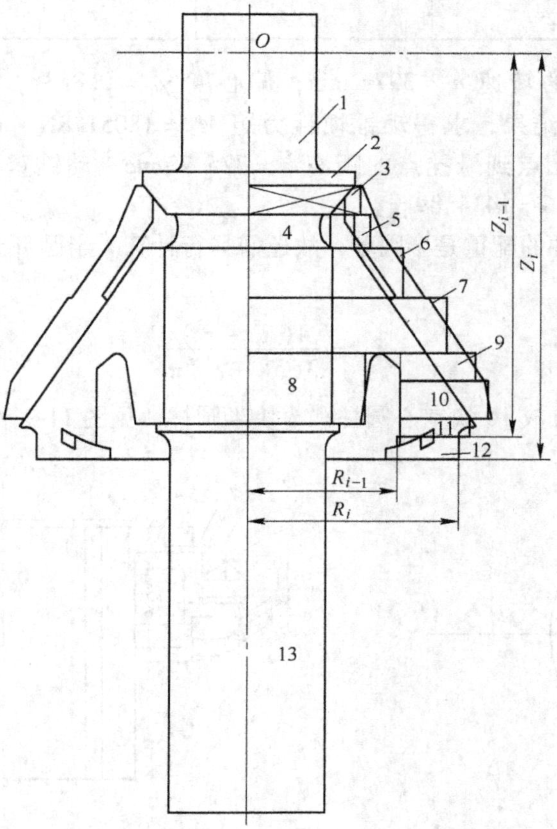

图 11-7　求动锥转动惯量

表 11-1　动锥分块尺寸坐标

编　号	R_1外径/mm	R_{i-1}内径/mm	Z_{i-1}上表面坐标/mm	Z_i下表面坐标/mm
1	110	0	−70	220
2	182	0	220	250
3	170	0	250	295

续表 11-1

编　号	R_1外径/mm	R_{i-1}内径/mm	Z_{i-1}上表面坐标/mm	Z_i下表面坐标/mm
4	113	0	295	355
5	193	158	295	355
6	245	0	355	445
7	320	0	445	516
8	192	0	445	516 + 166 = 682
9	370	250	516	596
10	402	250	596	663
11	368	250	663	707
12	358	248	707	740
13	125	0	740	1422

已知：偏心轴套的转速 $n = 397\text{r/min}$，偏心度 $\gamma_0 = 0.883°$，动锥体材料密度 $\rho = 7850\text{kg/m}^3$。编程计算结果，求得动锥惯性力矩 $M_s = 18051.8\text{N} \cdot \text{m}$；动锥惯性力 $F_{c0} = 23268.9\text{N}$；惯性力作用点到悬挂点的距离 $h = 775.79\text{mm}$；动锥重心距悬挂点距离 $Z_c = 605.08\text{mm}$；动锥体重 $G = 1414.89\text{kg}$。

由于偏心轴套部件的配重是半圆环，故还需另行计算。半圆环到机器中心线的重心坐标（图 10-8）计算式，

$$X_c = \frac{4(R^2 - r^2)}{3(R^2 - r^2)\pi} \tag{11-14}$$

将偏心轴套部件分成 10 块空心圆柱和 6 块半圆柱，见图 11-9 和表 11-2 所示。

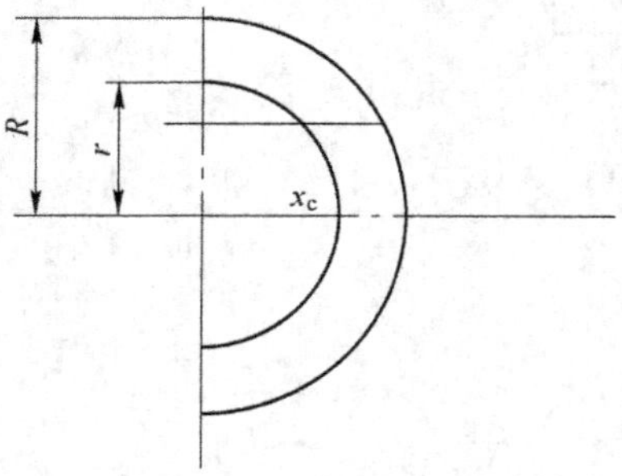

图 11-8　求重心

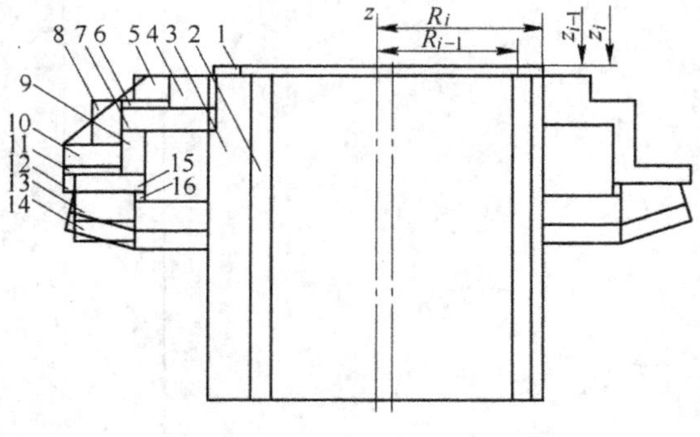

图 11-9　求偏心轴套惯性力和力矩

表 11-2　空心圆柱部分

编　号	R_i外径 /mm	R_{i-1}内径 /mm	Z_{i-1}上表面坐标 /mm	Z_i下表面坐标 /mm	重心坐标 X /mm	重心坐标 Z /mm
1	181	150	0	12	0	6
2	150	126	12	370	−16	191
3	180	150	12	370	36	191

续表 11-2

编　号	R_i外径 /mm	R_{i-1}内径 /mm	Z_{i-1}上表面坐标 /mm	Z_i下表面坐标 /mm	重心坐标 X /mm	重心坐标 Z /mm
4	225	176	12	33	0	23
7	280	176	33	58	0	46
9	280	256	58	106	0	82
13	336	263	138	180	0	159
14	336	263	180	195	0	188
15	326	256	106	138	0	122
16	263	256	138	148	0	143
半圆环部分						
5	265	225	12	37	156	24
6	280	225	37	45	111	40
8	309	280	37	90	188	64
10	338	280	83	93	197	88
11	338	280	93	113	197	103
12	338	328	113	133	211	123

按前面计算式求得结果：偏心轴套部件重力 $G_p = 3300\text{N}$，偏心轴套部件惯性力 $F_p = 15503\text{N}$，其重心位置 $Z_c = 142.4\text{mm}$，$X_c = 26.4\text{mm}$。

由于破碎机结构所限，若同时满足力和力矩方程式是困难的。为了使偏心轴套在破碎机运转中不产生歪斜，应首先满足力矩方程的要求。

例题：（图 11-10）：已知：$F_{c0} = 23260$、$h = 775\text{mm}$、$F_p = 15500\text{N}$、$L_p = 997\text{mm}$、$G = 14140\text{N} \times 0.016$（摩擦系数）$= 320\text{N}$、$F_t = GPf$（$GP$ 偏心轴套部件的重力为 3300N、f 为平面止推轴承摩擦系数 $f = 0.01$）$= 330\text{N}$、$L_t = 880\text{mm}$、$L_r = 1033\text{mm}$、$L_q = 1420\text{mm}$。

根据动锥体上各作用力对悬挂点 O 的力矩方程可求得 F_R 力，即：

$$F_R = (F_{c0}h_d - F_qL_q - GL_g\tan\gamma_0)/L_r$$

将已知数据代入上式求得 $F_R = 16880\text{N}$。

再根据偏心轴套部件上各作用力对悬挂点 O 的力矩方程可求得 F'_R 力，即：

$$F'_R = (F_RL_r - F_pL_p - F_tL_t)L_r$$

将已知数据代入上式求得 $F'_R = 1640\text{N}$。

讨论：

1）由于 $F_R = 16880\text{N}$，所以主轴压向

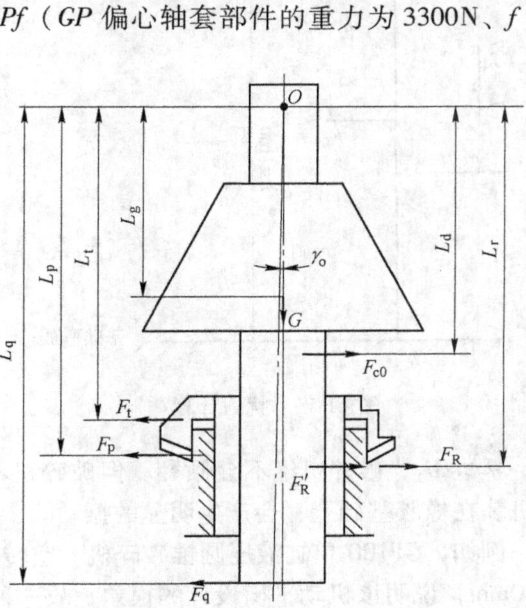

图 11-10　破碎机平衡计算

偏心轴套薄边，主轴与衬套间隙在左侧；

2）由于 $F'_R = 1640$，所以，偏心轴套薄边压向机架衬套，偏心轴套与机架衬套间隙在左侧；

3）又因 F'_R 力作用在偏心轴套二分之一高度以下，故偏心轴套不会歪斜。

11.3.3　扰力和倾翻力矩

破碎机必须安装在混凝土基础上或钢结构基础上，要求基础有相当的强度并破碎机和基础之间使用橡胶减振块。

为了计算简单，这里仅考虑动锥惯性力 $F_{c0} = 23260\text{N}$ 和偏心轴套部件惯性力 $F_p = 15500\text{N}$。

扰力就是破碎机各部的惯性力的合成，即不平衡的惯性力，如图 11-11 所示。

扰力作用 K 点，由各部惯性力对作用点的力矩之和等于零可求 OK 处距离

$$F_{c0}(L_d + OK) = F_p(L_p + OK) \tag{11-15}$$

将已知数据代入上式可求得：

$$OK = 0.33\text{mm}$$

OK 值很小，几乎与 O 点相重合，故还是以悬挂点 O 来计算倾翻力矩（M_1）。扰力 $F_{r0} = F_{c0} - F_p = 23260 - 15500 = 7760\text{N}$。而 $M_1 = F_{r0} \cdot L = 776 \times 1.16 = 9006\text{N} \cdot \text{m}$。

稳定力矩（M_2），见图 11-12 所示。

$$M_2 = G_0 R = 37600\text{N} \cdot \text{m} \tag{11-16}$$

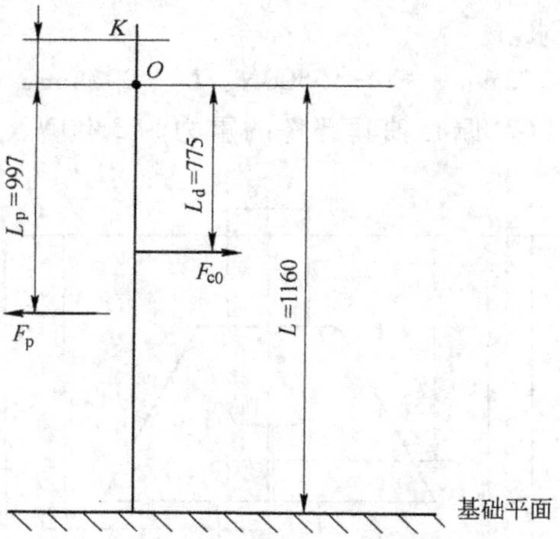

图 11-11　扰力计算

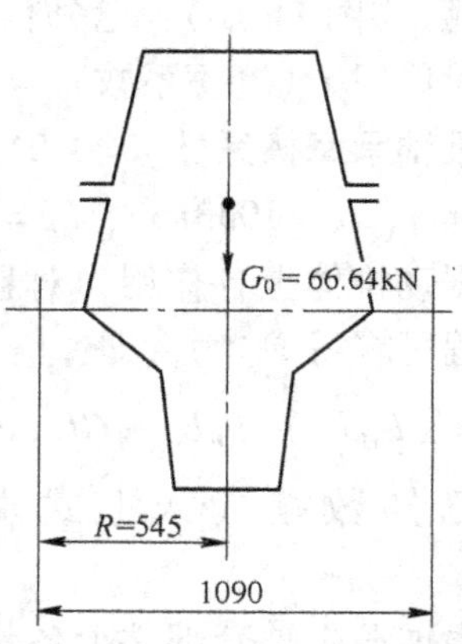

图 11-12　稳定力矩

$M_2 \gg M_1$，破碎机绝不会倾翻。但破碎机不平衡惯性力，即扰力为 7760N，故这种破碎机装在橡胶基础上，会产生明显的振动。

例如，GP100 单缸液压圆锥破碎机，空转时机架振幅为 ±2mm，启动或停车时振幅为 ±10mm，说明该机动平衡设计的很差，故这种破碎机将电动机机座装在破碎机下架体上。这样，电动机工作时，可不受破碎机强烈振动的影响。然而我们研制的 PYY800/130 单缸

液压圆锥破碎机启动或停车振动的都不明显，有轻微的振动。

11.4 圆锥破碎机稳定性

所谓破碎机动锥稳定性，就是指动锥是否翻倒，如果翻倒了就是失稳；不翻倒就是稳定。若动锥翻倒，主轴卡在偏心轴套里，此时动锥相对自转转速等于零并跟着偏心轴套一起转动，转得非常快，这种动锥失稳现象生产厂矿称为破碎机产生“飞车”现象；若动锥倾翻但不严重，动锥仍能作相对自转，但其绝对自转转速超出操作规程所规定的转速范围，也是动锥失稳现象。因此，从广义概念讲，破碎机动锥稳定性应该指动锥稳定运转而言，凡是不能保证动锥在限定转速范围内稳定运转的现象，均可称为失稳。圆锥破碎机动锥失稳会使破碎机产生严重事故。为此作如下论述。

11.4.1 动锥转速与稳定性

动锥稳定性表现动锥自转转速是否失控，所以研究动锥稳定性必须先论述动锥转速与稳定性的关系。

由图 11-13 动锥角速度矢量关系根据圆锥破碎机工作原理可知，动锥是作进动运动。其进动角速度，也称牵连角速度，用 ω 表示，实际就是偏心轴套角速度，如图 11-13 所示。ω_1 为动锥相对于偏心轴套的相对自转角速度，ω_0 为动锥对定锥的绝对自转角速度，也是瞬时角速度；O 是坐标原点也是球面中心点。

OZ' 为动锥中心线，OZ 为破碎机中心线；γ_0 为 OZ' 与 OZ 的夹角，也称偏心度；m-m 为动锥瞬时转动中心线。各角速度矢量关系为：

$$\omega_0 = \omega + \omega_1 \tag{11-17}$$

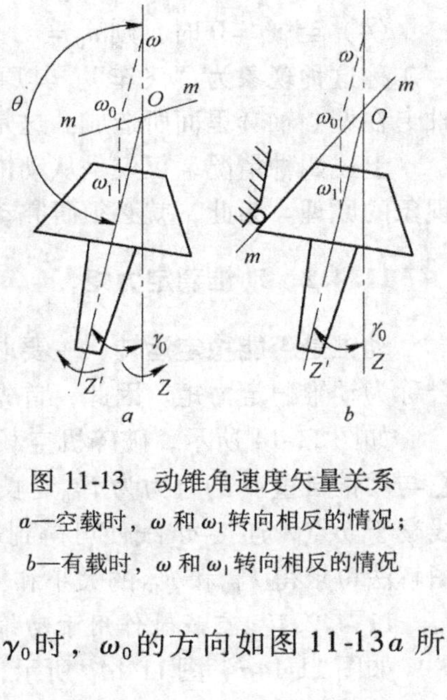

图 11-13 动锥角速度矢量关系

a—空载时，ω 和 ω_1 转向相反的情况；

b—有载时，ω 和 ω_1 转向相反的情况

当偏心轴套转速和转向一定时，则 ω 为定值。所以，瞬时转动中心线（瞬轴）位置根据相对自转角速度 ω_1 的大小和方向而改变。

当 ω 与 ω_1 转向相反，即两者之间的夹角为 $180° - \gamma_0$ 时，ω_0 的方向如图 11-13a 所示。

当破碎机有载时，ω_1 的转向总是与 ω 转向相反，此时 ω_0 的方向如图 11-13b 所示。

根据图 11-13a 所示，将各角速度矢量关系改写成下式：

$$\omega_0 = \sqrt{\omega_1^2 + \omega^2 + 2\omega_1\omega\cos\theta} \tag{11-18}$$

式中 θ ——动锥中心线与破碎机中心线所夹的钝角。

对中细碎圆锥破碎机，通常 $\theta = 178° \sim 179°$，若令 $\theta = 180°$ 时，则 $\cos\theta = -1$。故由式（11-18）得：

$$\omega_0 = \omega + \omega_1 \tag{11-19}$$

由式（11-19）可得：

$$n_0 = n + n_1$$

我们平常所说，动锥转得快还是慢、还是不转和失稳现象等均指动锥绝对转速而言。

讨论：

（1）当 $n_1=n$ 时，即动锥相对自转的转速 n_1 等于偏心轴套的牵连转速 n，此时绝对自转转速 $n_0=0$。也就是说，此时观看者站在破碎机旁边看动锥是不转动的状态。在破碎机大修后试车时，有时会出现这种情况，但不能持久；

（2）当 $n_1>n$ 时，则 $n_0=n-n_1<0$，此时动锥逆着偏心轴套旋转方向转动。破碎机有载时动锥都是这种情况这是正常现象；

（3）当 $n_1<n$ 时，则 $n_0=n-n_1>0$，此时动锥顺着偏心轴套旋转方向转动。破碎机空载时，它有两种情况：$n_0=n-n_1>0$ 和 $n_0=n-n_1<15\text{r/min}$。动锥绝对自转转速在此范围内都属于正常运转。一般 $n_0=n-n_1=10\text{r/min}$ 左右。这个转速对于同一台破碎机由于检修、安装质量不同以及运转中保养、润滑等情况不同，$n-n_1$ 值也不一样。因此说，动锥绝对自转转速在这种情况下是随机的，可以稳定在上述范围内，都属于正常稳定转动状态。相反，动锥转速超出上述范围都属于非稳定运转状态或者说失稳。此时应停机检查，找出原因并排除；

（4）当 $n_1=0$ 时，则 $n_0=n$，此时动锥随偏心轴套一起以偏心轴套的转速快速转动。厂矿称这种现象为“飞车”。其原因可能是由于产生抱轴现象或者是动锥失去稳定性，主轴卡在偏心轴套里面所造成。这是绝对不允许的，必须立即停车排除。

上述四种情况，仅仅是从动锥运动观点研究动锥稳定性的现象，而未能说明产生这种现象的原理。为此，就必须研究动锥摩擦力学。

11.4.2　动锥稳定力矩

动锥是否能稳定运转，主要取决于动锥所承受各摩擦力矩的综合，故将摩擦力矩的综合称为动锥稳定力矩。因此，首先计算动锥承受的各摩擦力矩。

如图 11-14 所示，破碎机空载时，由于动锥重心不在回转轴线上，故产生惯性力 F_{c0}，它与动锥自重 G 的合力为 F_{R0} 延长合力 F_R 的作用线与作用在偏心轴套上的支反力 F_{R0} 作用线交于 b 点，连接 ab 线便可得到球面轴承支反力 F_{R1} 的作用线 ab，当合力为已知时，用图解法可求得 F_{R0} 和 F_{R1} 的大小和方向。

11.4.2.1　空载时作用于动锥上的摩擦力矩

如图 11-14a、图 11-14b 所示，过球面轴承作用力 F_{R1} 的作用点 A_1 取一垂直 OO_1 的截面 A—A 和沿作用力 F_{R0} 取一垂直于 OO_2 的截面（该截面在偏心轴套高度中间）B—B。

由图 11-14a 可知，球面轴承给动锥的摩擦力为 $F_1=F_{R1}f_1$（f_1 为球面轴承的摩擦系数），此摩擦力对主轴中心点 O_1' 的摩擦力矩为：

$$M_1=F_{R1}f_1r_1 \quad 或 \quad M_1=F_1f_1$$

摩擦力矩 M_1 力图使动锥绕本身中心线 OO_1 逆着偏心轴套旋转方向自转。

空载时，主轴靠在偏心轴套的薄边上，偏心轴套给主轴的摩擦力为 $F_0=F_{R0}f_0$（f_0 为锥衬套与主轴的摩擦系数）。在 O_1'' 点上（图 11-14b）平行于 F_0 加两个大小相等方向相反的力和 F_0''，并使 $F_0=F_0'=F_0''$。这样，F_0'' 使动锥中心 O_1'' 绕破碎机中心 O_2'' 点顺时针转动；F_0 和 F_0' 构成使动锥顺着偏心轴套旋转方向的力偶矩，其值为：

$$M_0 = F_{R0}f_0r_0 \quad 或 \quad M_0 = F_0r_0$$

摩擦力矩 M_0 力图使动锥本身中心线 OO_1 顺着偏心轴套方向自转。

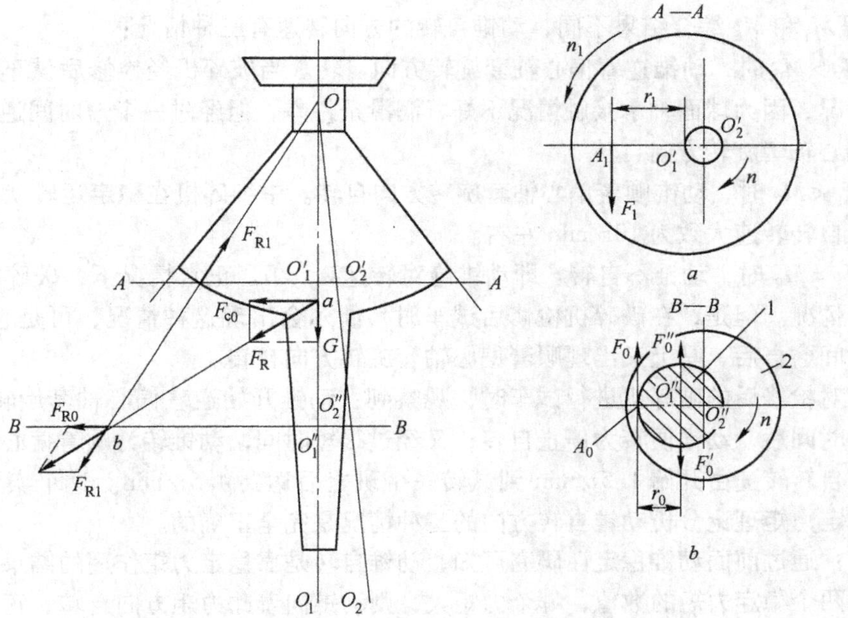

图 11-14　空载时作用于动锥上的摩擦力矩

n—偏心轴套的转速；n_1—动锥相对自转转速；

1—主轴；2—偏心轴套

11.4.2.2　有载时，作用于动锥上的摩擦力矩和动锥自转方向

如图 11-15 所示，动锥的中心线 OO_1 绕破碎机中心线 OO_2 作顺时针方向回转。当 OO_1 线转到图示位置时，在 A_2 点压碎物料，动锥压碎物料的力为 F_0，此时物料给动锥的摩擦力为 F_2，它所产生的摩擦力矩为：

$$M_2 = Ff_2r_2 = F_2f_2$$

式中　f_2——物料与动锥的摩擦系数；

r_2——F_2 的力臂。

摩擦力矩 M_2 力图使动锥沿 OO_1 轴线作逆时针方向转动。与此同时，偏心轴套给主轴一个摩擦力矩为：

$$M_1' = F_{R0}'f_0r_0'$$

式中　F_{R0}'——破碎力 F 在主轴上引起的反作用力；

r_0'——F_{R0}' 作用位置上的主轴半径。

摩擦力矩 M_1' 力图使动锥作顺时针转动。

因为 f_2 是物料与动锥之间的摩擦系数，它比 f_0 大得多；同时动锥在 A_2 点的力臂 r_2 也比主轴在 $B—B$ 截面半径 r_0' 大得多。因此有载时动锥以其母线为瞬时轴沿料层自身

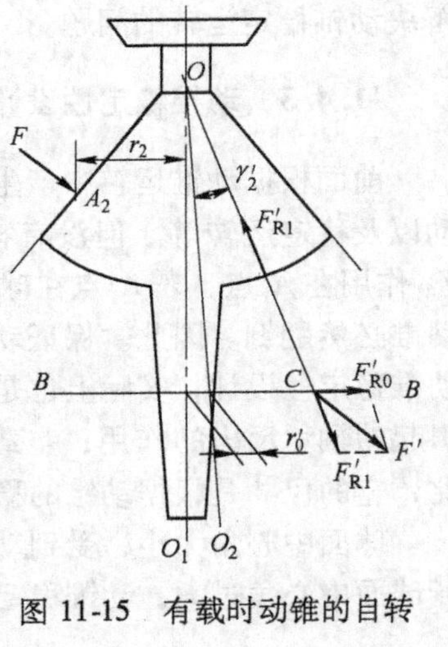

图 11-15　有载时动锥的自转

轴线滚动，动锥此时逆着偏心轴套回转方向自转。

11.4.2.3　动锥稳定力矩

空载时，稳定力矩为球面轴承给动锥的摩擦力矩 M_1 和偏心轴套给主轴的摩擦力矩 M_0。根据 M_1 和 M_0 综合结果不同，动锥自转的方向转速有三种情况：

当 $M_1 > M_0$ 时，动锥逆着偏心轴套旋转方向自转。当破碎机经检修后试车时，可能产生这种情况，因为球面轴承接触情况不好，润滑条件差，但经过一个短时间逆转后便能出现顺着偏心轴套旋转方向自转。

当 $M_1 < M_0$ 时，动锥顺着偏心轴套旋转方向自转。中细碎机在稳定运转状态下都是这种情况，自转转速大致为 10r/min 左右。

当 $M_1 = M_0$ 时，动锥不自转。即动锥绝对转速 $n_0 = 0$。正常情况下，破碎机是不可能出现这种情况。但是，在破碎机检修后试车时，偶尔会出现这种情况，可是它不能持久，经过短时间磨合后，马上又出现顺着偏心轴套旋转方向自转。

我们对检修后的破碎机进行试车时，观察到：动锥开始逆着偏心轴套旋转方向自转；延续一段时间后，动锥便转为停止自转；又经过很短时间，动锥转为顺着偏心轴套方向自转，并且自转转速由开始 1.5r/min 到试转一个班之后达到 4.5r/min。这个实践证明了前面根据稳定力矩理论分析动锥自转方向的三种情况是完全正确的。

结论：通过前面动锥稳定性研究可知，动锥自转是靠稳定力矩作用的结果；自转的方向取决于两个稳定力矩的数值，哪个力矩大，则动锥向着此力矩方向自转。正常情况下动锥都是顺着偏心轴套旋转方向自转；自转转速决定于两个稳定力矩的差值。

当动锥失去稳定性时，主轴卡在偏心轴套里，此时动锥相对自转转速 $n_1 = 0$，动锥跟着偏心轴套一起转动，则产生“飞车”现象。

当检修锥衬套时，由于检修质量差或间隙太小，则容易使主轴在锥衬套里放卡。此时造成局部接触，又增大了它的摩擦力矩，从而使主轴自转转速增大，则不能保证动锥稳定运转。

因为摩擦力矩决定于作用力、力臂和摩擦系数，后两个因素又由球面轴承和球面、锥衬套和主轴的接触情况、润滑情况以及间隙大小等因素决定。所以，保证动锥稳定运转，应从改善球面轴承和球面、锥衬套和主轴接触情况和润滑情况以及调整各部分间隙着手来解决动锥稳定运转的问题。

11.4.3　动锥稳定性设计

前面根据动锥运转中产生的摩擦力矩，详细地论述了动锥转得快和慢，往那个方向转动以及稳定运转等。但没有指出，动锥翻倒失稳的问题。如图 11-14 所示，动锥支反力 F_{R1} 作用在 A_1 点，若 A_1 点在球面轴承以内，则动锥就不会翻倒；若 A_1 在球面轴承以外，则动锥必然翻倒。因此。保证动锥不翻倒必须设计一个尺寸大小合适的球面轴承。所以说，动锥稳定性设计，实际上也是球面轴承的设计。球面轴承的作用：有载时，承受由破碎力引起的轴承反力的作用；空载时，承受由动锥自重和惯性力引起的轴承反力的作用。因此，它的尺寸是根据动锥的稳定性和轴承比压来确定。

球面中心角大小，受到动锥稳定性的条件约束，若球面中心角过小，会使动锥翻倒；若球面中心角过大，动锥稳定性好，但它会受到动锥结构的约束，甚至有时不得不采用较小的轴承。因此，球面轴承的设计就是根据稳定性确定球半径和球面中心角的问题，最后验算比压。

如图11-16所示，用图解法求球面中心角γ。当球面轴承支反力F_{R1}的作用线与OO_2的夹角γ小于球面最大中心角γ_{max}时，也就是反作用力F_{R1}的作用位置在球面轴承以内时，则动锥不会翻倒，保证动锥稳定运转；当γ大于球面最大中心角γ_{max}时，F_{R1}力超出球面轴承以外时，则动锥失去稳定性。

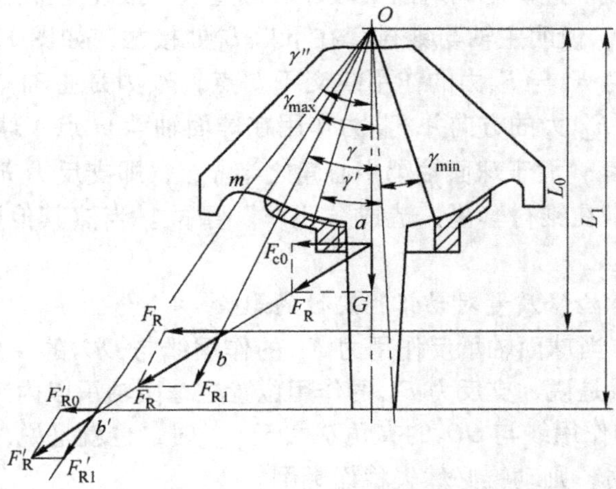

图 11-16 球面中心角与球面轴承以及动锥稳定性关系

γ角随作用力F_{R0}的位置变化而变化，即随L值增加γ角也随之增大，反之L值减小，γ角也随之减小。

图11-16中所示F_R作用在偏心轴套高度的中间。为了保证动锥稳定运转，应该根据允许条件取γ_{max}作为球面轴承最大中心角之半。球面轴承内孔尺寸可根据γ_{max}来确定，而γ_{min}又根据主轴以及偏心距等因素确定。但是为了保证动锥在运转中有可靠的稳定性，使动锥球面而不在内圈（r_{min}）接触，必须使支反力F_{R1}在γ_{max}和γ'之间变化。因此，球面轴承在内圈（γ'以内）转一周削薄一部分。最后还要验算动锥绝对自转转速和球面轴承承载能力。

从动锥广义稳定性概念来说，仅仅满足动锥翻倒还不行，还得满足动锥绝对自转转速在规定范围内的要求。动锥绝对自转转速根据前面给出的动锥稳定力矩进行验算。若超出允许范围，则必须重新设计球面轴承调整相关的因素，借以达到要求。

球面轴承比压可按下式计算：

$$P = \frac{F_{Rtmax}}{6r_a^2Kn(\cos\gamma_{max} - \cos\gamma_{max})} \leqslant [p]$$

式中 F_{Rtmax}——最大破碎力所引起的轴承反力；

r_a——轴承球面半径；

K——轴承承载不均匀系数，$K=0.5$；

n——安全系数，$n=0.5\sim0.75$；

$[p]$——青铜轴承许用应力，$[p]=8\sim10\text{MPa}$；

其他符号同前。

11.4.4　对动锥失稳现象的分析

虽然动锥经过稳定性设计，保证动锥在运转工作中不会产生失稳现象。但是，由于影响动锥稳定性的因素很多，所以在破碎机运转过程中还是会出现动锥失稳现象。

11.4.4.1　主轴与锥衬套在下口接触情况

作者在武钢大冶铁矿选矿车间对圆锥破碎机考查六个报废的锥衬套，其中有四个在下口约300mm处被压裂。说明主轴与锥衬套在下口 L_1 处接触，如图11-16所示。此时，锥衬套给主轴的反作用力 F'_R 与 F_R 力的作用线交于 b' 点，F_R 力是主轴离心力 F_{c0} 与动锥质量 G 的合力。连 ob' 线得 F'_{R1} 力的方向并 F'_{R1} 力作用在球面轴承 m 点。球面轴承反力 F'_{R1} 作用线与中心线 OO_2 的夹角 γ'' 大于球面轴承中心角之半 γ_{max}，即支反力 F_{R1} 超出球面轴承范围以外，动锥失稳翻倒卡在锥衬套里，造成“飞车” 事故。当然其他原因也可能使动锥失稳产生“飞车” 现象。

11.4.4.2　球轴承检修质量对动锥稳定性的影响

如图11-16所示，当球面轴承反作用力 F_{R1} 的作用线与 OO_2 的夹角 γ 小于球面轴承中心角之半 γ_{max} 时，也就是说，支反力 F_{R1} 的作用位置在球面轴承以内时，则动锥不会翻倒；反之，当支反力 F_{R1} 的作用线与 OO_2 的夹角 γ 大于 γ_{max} 时，也就是说，支反力 F_{R1} 的作用位置超出球面轴承以外时，则动锥必然失稳而翻倒。

在检修破碎机时，如果球面接触不好是沿其内圈接触，如图中实线所示。此时球面轴承中心角之半减小为 γ'，而 $\gamma > \gamma'$，则动锥失去稳定而翻倒并卡在锥衬套里，必然失稳产生“飞车” 事故。因此，为了防止这种现象产生，保证破碎机动锥稳定运转，检修时必须使整个球面轴承接触面积的 $\frac{2}{3}$ 接触在外圈。其余 $\frac{1}{3}$ 的里圈面积可不接触，待运转一段时间后便可达到全面均匀的接触。

以上是分析破碎机空载时动锥的稳定性与球面轴承检修质量的关系，而有载时情况则不同。如图11-15所示，破碎力 F 的作用线与主轴对锥衬套的压力 F'_{R0} 的作用线交于 C 点，连 OC 线可得有载时球面轴承的支反力 F'_{R1} 的作用位置，此时 F'_{R1} 与轴承中心线 OO_2 的夹角 γ'_2 变得更小，动锥变得更稳定。因此，在破碎机检修后，若出现球面轴承与动锥球面在里圈接触。但不太严重时，常常利用给矿运转一段时间后，将会改善球面轴承的接触情况，从而破碎机会转入正常运转。

11.4.4.3　其他因素影响动锥失稳产生“飞车” 现象

前面4.1节和4.2节所述都是由于接触点位置不当引起动锥失稳。实际上，由于偏心部件配合面局部接触或间隙不当或润滑油脏、油温高等原因均可引起动锥失稳产生“飞车” 现象。

当主轴与锥衬套产生局部接触，不论接触位置如何都会由于局部接触面积小，使得单位压力急剧增高，破坏了润滑条件产生边界摩擦或干摩擦，使得油温随之急剧升高，在局部较软金属被熔化并使两接触面交结产生抱轴，引起“飞车” 事故。

当主轴与锥衬套间隙过小时，同样由于热膨胀使得主轴与锥衬套产生抱轴现象，使动锥失稳；当偏心部件间隙太大时，易引起偏心轴套和主轴倾斜以及不能形成油膜，破坏了正常润滑条件，最后导致锥衬套局部过热使得动锥不能稳定运转，甚至失稳产生“飞车”现象。

当润滑油太脏、油温高润滑油黏度下降，各摩擦副对动锥的摩擦力矩发生变化，也能促成动锥失稳。

11.4.4.4 多因素综合影响产生“飞车”事故

江西铜业公司东乡矿中碎使用1台PYZ1750液压圆锥破碎机曾发生过“飞车”事故。

开始时发现润滑油压力降到0.0588MPa，之后有两次自行停车，在此过程曾进行过刮研锥衬套和球面瓦。第三次启动后便产生“飞车”现象，立即停车解体检查发现：球面瓦在油沟两侧有烧伤印痕，而且边缘有部分印痕，锥衬套2上口靠偏心轴套3薄边上部50mm处有裂纹（图11-17)，长达150mm，且烧伤严重；下口在偏心轴套厚边有大片烧伤，且有明显磨损印痕；止推盘外圈磨损严重；润滑油脏；直衬套4与偏心轴套3的间隙为4.29mm，主轴1与锥衬套2上口间隙为3.35mm，下口间隙为8mm（此间隙太小)。

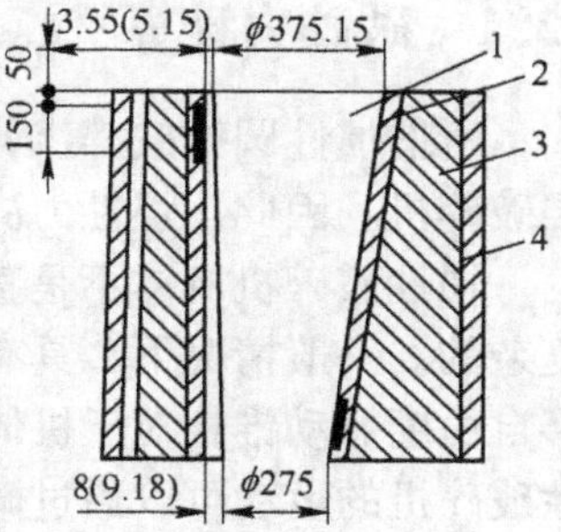

图11-17 偏心部件间隙与印痕示意图

1—主轴；2—锥衬套；3—偏心轴套；4—直衬套

对“飞车”事故的分析：由于锥衬套与主轴在对角方向接触并有严重烧伤印痕，说明动锥失稳翻倒，主轴卡在锥衬套里。因为只有这样，主轴在锥衬套里才会出现调角印痕且烧伤严重。

由于球面轴承接触印痕分布在油沟两侧，且边缘有部分印痕，而液压圆锥破碎机主轴顶部有支点，说明不会因动锥翻倒而造成主轴与锥衬套调角接触，再从止推盘磨损印痕看，外圈磨损严重。可能是因为偏心轴套歪斜造成主轴与锥衬套调角印痕。偏心轴套歪斜有两种情况：(1) 调整垫片累积误差所致；(2) 由于偏心轴套与直衬套间隙太大所引起。实际间隙4.29mm比《机械设备安装工程及验收规范》规定间隙3~3.6mm稍大，加之平衡重太重（检修时去掉约6kg)，说明由于偏心轴套歪斜使得主轴与锥衬套产生调角印痕。

“飞车”事故前，观察润滑油压力降到0.0588MPa，正常油压在0.08~0.15MPa。由于压力低供油不足而且润滑油又很脏，使球面轴承、主轴与锥衬套摩擦表面润滑状况恶化，磨损严重，油温升高以及热变形等使得球面轴承、锥衬套产生大面积烧伤，最后产生抱轴事故。

所以说，由润滑、间隙、偏心轴套倾斜和局部接触等综合因素相互影响，产生恶性循环最终促成“飞车”事故。

根据分析原因，针对损伤情况，对各摩擦副进行修理。调整垫片的厚度以及调整偏心部件间隙；减轻配重6~7kg，保证偏心轴套不歪斜；清洁润滑油，调整油温油压。经过这样处理后，破碎机恢复正常运转。

12 惯性圆锥破碎机参数计算

12.1 破碎力计算

所谓惯性圆锥破碎机，就是靠动锥及激振器产生的离心惯性力破碎物料，故称惯性圆锥破碎机。因此，惯性力决定圆锥破碎机破碎力的大小。

惯性破碎机机体不是直接固定在地基上，而是安装在弹性支撑上，它的运动状态是很复杂的。一般情况下，具有十个自由度。机体具有六个自由度：三个旋转自由度，三个平移自由度。动锥相对于机体有三个旋转自由度，激振器相对于动锥有一个旋转自由度。惯性破碎机的运动可以通过微分方程系统来描述，但解此方程十分复杂。对于破碎机来说，最重要的是破碎体之间的相对运动，即动锥相对于外锥的运动。

动锥的运动是由进动运动、自转运动和章动运动所组成。后者是动锥绕节线做旋转运动，即由于破碎腔内料层分布不均匀和物料颗粒有大有小，使动锥沿料层滚压时产生不稳定（γ_0是变值）运动，每滚动一周都伴随强烈的振动。但动锥沿料层滚压时的章动角速度向量，是无规律地变化，故无法准确求出惯性力大小，因此，先分析动锥无载旋转时，破碎机的惯性力。

惯性破碎机无载时，动锥的运动与传统圆锥破碎机是一样的，因此基本可按传统圆锥破碎机运动学与动力学的结果，来讨论惯性破碎机的破碎力。

图 12-1 所示为惯性圆锥破碎机无载时，动锥受力情况。图中略去摩擦力、两球面支

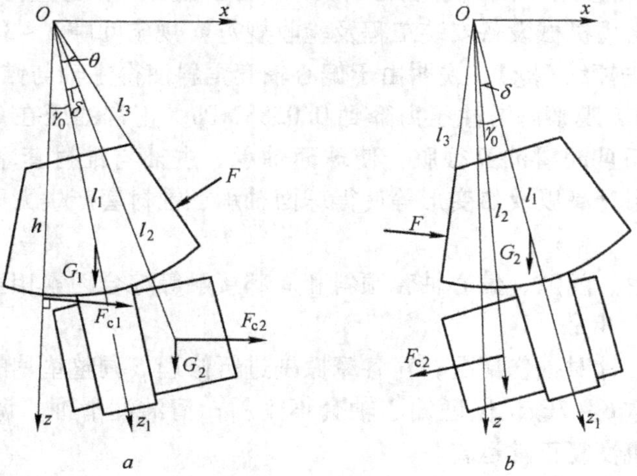

图 12-1 求破碎力

a—产生最小破碎力位置；*b*—产生最大破碎力位置

F—破碎力；F_{c1}—动锥惯性力；F_{c2}—激振器的惯性力；G_1—动锥自重；

G_2—激振器自重；l_1—G_1 作用点到 O 点距离；l_2—F_{c2} 作用点到

O 点距离；l_3—F 作用点到 O 点距离；h—F_{c1} 点到 O 点距离

撑对动锥与激振器的支反力。

把动锥和激振器视为一个系统，不考虑它们之间的内力。以 O 点为矩心，取力矩平衡，得：

$$F_{c1}h + F_{c2}l_2\cos(\gamma_0 + \delta) = G_1 l_1 \sin\gamma_0 + G_2 l_2 \sin(\gamma_0 + \delta) + Fl_3$$

解此方程,得:

$$F = \frac{1}{l_3}[F_{c1}h + F_{c2}l_2\cos(\gamma_0 + \delta) - G_1 l_1 \sin\gamma_0 - G_2 l_2 \sin(\gamma_0 + \delta)] \quad (12\text{-}1)$$

12.1.1 求动锥惯性力（图 12-1）

$$F_{c1} = m_1 \omega^2 l_1 \sin\gamma_0 \quad (12\text{-}2)$$

式中 m_1——动锥的质量。

12.1.2 求激振器的惯性力

$$F_{c2} = m_2 \omega^2 l_2 (\gamma_0 + \delta) \quad (12\text{-}3)$$

式中 m_2——激振器的质量。

将式（12-1）和式（12-2）代入式（12-3）求得破碎力为:

$$F = \frac{l_1}{l_3}(m_1 h\omega^2 - G_1)\sin\gamma_0 + \frac{l_2}{l_3}[m_2 l_2 \omega^2 \cos(\gamma_0 + \delta) - G_2]\sin(\gamma_0 + \delta) \quad (12\text{-}4)$$

因为惯性圆锥破碎机转速很高，所以

$$m_1 h\omega^2 > G_1$$

$$m_2 l_2 \omega^2 \cos(\gamma_0 + \delta) > G_2$$

破碎力 F 可以简化为:

$$F = \frac{1}{l_3}[m_1 l_1 \omega^2 h\sin\gamma_0 + m_2 l_2 \omega^2 \sin(\gamma_0 + \delta) l_2 \cos(\gamma_0 + \delta)]$$

$$= \frac{\omega^2}{2l_3}[2m_1 l_1 h\sin\gamma_0 + m_2 l_2^2 \sin2(\gamma_0 + \delta)] \quad (12\text{-}5)$$

实际工作中，破碎腔内是充满物料的。若物料颗粒大小比较均匀、在破碎腔内分布均匀，则动锥运动和腔内无料时动锥的运动基本一样，只是 γ_0 角有料时比无料时减小一些。在这种情况下，可按式（12-5）计算破碎力。

破碎腔有料时，通过测试能知道 F_{min} 和 F_{max}，在破碎机运转过程中，F 在 F_{min} 和 F_{max} 之间变化。

当破碎腔内落入不可破碎物料时，动锥被卡住，不产生惯性力。激振器绕动锥轴线继续转动。激振器惯性力 F_{c2} 的方向不断变化，引起破碎力不断变化。激振器在图 12-1a 所示位置时，破碎力 F 最小，即为 F_{min}。

对 O 点之力矩列平衡方程式:

$$Fl_3 + G_1 l_1 \sin\gamma_0 + G_2 l_2 \sin(\gamma_0 + \delta) \approx F_{c2} l_2 \cos\delta$$

解此方程得:

$$F = \frac{1}{l_2}[F_{c2} l_2 \cos\delta - G_1 l_1 \sin\gamma_0 - G_2 l_2 \sin(\gamma_0 + \delta)]$$

$$= \frac{1}{l_3}[m_2 l_2^2 \omega^2 \sin\delta\cos\delta - G_1 l_1 \sin\gamma_0 - G_2 l_2 \sin(\gamma_0 + \delta)]$$

$$= \frac{1}{2l_3}[m_2 l_2^2 \omega^2 \sin 2\delta - 2G_1 l_1 \sin\gamma_0 - 2G_2 l_2 \sin(\gamma_0 + \delta)] \tag{12-6}$$

破碎力 F_{min} 为 F 的反作用力，F_{min} 值为：

$$F_{min} = \frac{1}{2l_3}[m_2 l_2^2 \omega^2 \sin 2\delta - 2G_1 l_1 \sin\gamma_0 - 2G_2 l_2 \sin(\gamma_0 + \delta)] \tag{12-7}$$

激振器在图 12-1*b* 所示位置时，破碎力 F 最大，即为 F_{max}。

对 O 点的力矩列平衡方程：

$$Fl_3 = F_{c2} l_2 \cos\delta + G_1 l_1 \sin\gamma_0 + G_2 l_2 \sin(\gamma_0 - \delta)$$

解此方程得：

$$F = \frac{1}{l_3}[F_{c2} l_2 \cos\delta + G_1 l_1 \sin\gamma_0 + G_2 l_2 \sin(\gamma_0 - \delta)]$$

$$= \frac{1}{l_3}[m_2 l_2^2 \omega^2 \sin\delta\cos\delta + G_1 l_1 \sin\gamma_0 + G_2 l_2 \sin[\gamma_0 - \delta]]$$

$$= \frac{1}{2l_3}[m_2 l_2^2 \omega^2 \sin 2\delta + 2G_1 l_1 \sin\gamma_0 + 2G_2 l_2 \sin(\gamma_0 - \delta)]$$

破碎力 F_{max} 为 F 的反作用力：

$$F_{max} = \frac{1}{2l_3}[m_2 l_2^2 \omega^2 \sin 2\delta + 2G_1 l_1 \sin\gamma_0 + 2G_2 l_2 \sin(\gamma_0 - \delta)] \tag{12-8}$$

计算举例：已知，КИД-300 惯性圆锥破碎机，$l_3 = 0.135\text{mm}$、$m_2 = 20.8\text{kg}$、$\omega = 152\text{rad/s}$（$n = 145\text{r/min}$）、$\delta = 1.146°$、$l_2\sin\delta = 0.005\text{m}$，$l_2\cos\delta = 0.38\text{m}$。

将式（12-8）近似写成为：

$$F = \frac{1}{2l_3} m_2 \omega^2 \times 2 l_2 \sin\delta l_2 \cos\delta$$

将已知数据代入上式，求得 $F = 6763\text{N}$。

该机实测 $F = 6700\text{N}$，故求破碎力理论公式基本可用。

12.2　各参数之间的关系

12.2.1　破碎力变化的影响

当物料硬度和破碎腔充填率变化时，惯性破碎机破碎力变化不大。调整激振器的静力矩，可以针对任何工作条件产生所需的破碎力。增大破碎力，能增大料层的单位压力，增加密实度，从而提高处理能力，但同时也增大功率，因此，破碎物料的单位功耗变化不大。

12.2.2　排料口变化的影响

前苏联泽芝卡什干科研生产联合体，应用 КИД-2200 惯性圆锥破碎机进行试验，对不同排料口尺寸试验结果表明：排料口尺寸变化对产品粒度影响很小。但是，КИД-300 惯性破碎机进行试验结果（表 12-1）表明：在小型惯性破碎机中，产品粒度随排料口的增大而增大。

表 12-1 КИД-300 破碎机排料口试验结果

排料口尺寸 b_0/mm	生产率 Q/t·h^{-1}	输出功率 P/kW	产品粒度①d/μm
4	0.816	6.899	890
7	1.517	8.437	1160
9	2.184	10.489	1300

①该粒度占 80%。

上述两种不同结果的原因是：根据公式（12-5），破碎力 F 的大小为：

$$F = \frac{\omega^2}{2l_3}[2m_1 l_1 h\sin\gamma_0 + m_2 l_2^2 \sin2(\gamma_0 + \delta)]$$

对小型惯性圆锥破碎机，由于 m_1、m_2较小，增大排料口导致 γ_0角增大，而引起的破碎力变化不大，因此增加破碎机排料口，产品粒度增大。大型惯性圆锥破碎机的 m_1、m_2，相对于小型破碎机的 m_1、m_2来说呈立方增长，$h \times l_1$、l_2^2 的大小呈平方增长，虽然 ω_2呈平方减小，l_3也增大，但总的来说破碎力 F 随排料口的增加而增加，即 γ_0角的增大的值，远远大于小型破碎机中破碎力随 γ_0角的增加而增大的值。因此，虽然排料口增大，使产品粒度有减小的趋势，两种因素合成结果，使产品粒度基本保持不变，只增加破碎机处理能力。

为了保证动锥沿外锥滚动的稳定性，环形排料间隙不应超过临界间隙。临界间隙值可按下式确定：

$$b_K = K\frac{M_{sc} l}{I_b} l_d \tag{12-9}$$

式中 l——动锥摆动中心到激振器重心旋转平面的距离；

I_b——动锥通过摆动中心轴的惯性距；

l_d——动锥摆动中心到破碎腔出口边缘之间的距离；

M_{sc}——激振器的静力矩；

K——滚动的稳定性系数。

临界值的物理意义：激振器从电动机传给动锥的功率，正好可以抵消破碎过程所消耗的功率。

12.2.3 动锥频率变化的影响

用 КИД-300 惯性圆锥破碎机，对泽芝卡什干产地的硫化铜（普氏硬度为 16～18，原料粒度为 16～3.0mm）进行试验，结果如图 12-2 所示。

图 12-2*a* 表示处理能力与动锥频率关系。在激振器静力矩不变的情况下，所有三条曲线表明，增大动锥频率时，破碎机处理能力逐渐下降。但这种下降是非线性的，因为根据公式（12-5），ω 增加，使得破碎力 F 按平方关系增加，从而减弱了 ω 对处理能力下降的影响。

从图 12-2*b* 可以看出，频率增加，导致物料破碎比增加，产品的加权平均直径降低。

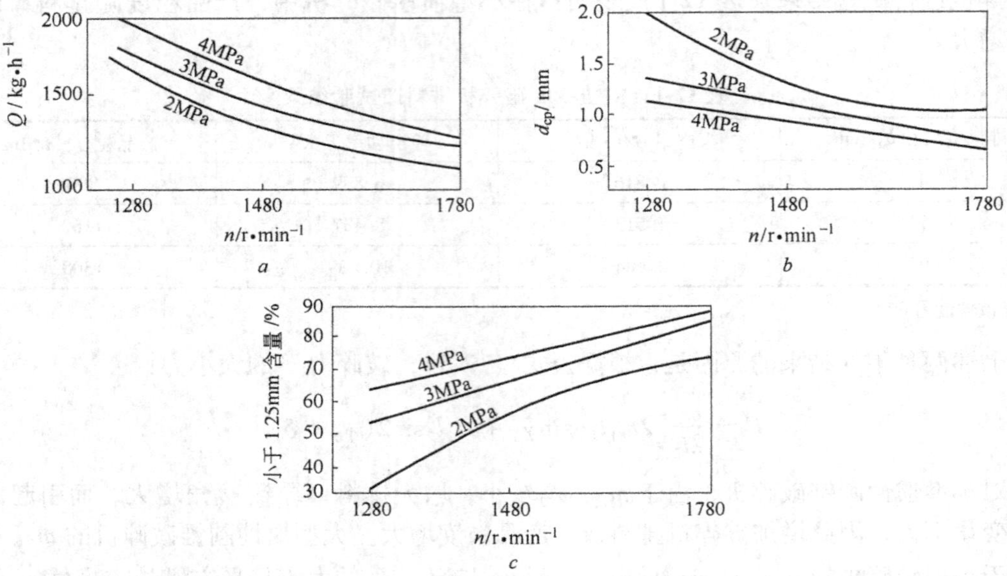

图 12-2 动锥频率变化的影响

a—频率与处理能力的关系；b—频率与产品中加权平均直径的关系；c—频率与小于 1.25mm 粒级的关系

图 12-2c 表明，在小范围内增加频率，可提高破碎产品中小于 1.25mm 粒级的产品 28%～45%。

对物料单位破碎力为 2MPa 的情况，频率增加对三个参数影响较大，因为在这些条件下，动锥离心力的增长很高（单位破碎力为 4MPa），使之密实度相对更高。

因此，所得结果表明，动锥频率的改变对控制破碎比是很有效的办法。在激振器的离心力值小时，这个方法较为合理。在这种情况下，保证提高滑动轴承的可靠性，并由于远离共振，即远离其橡胶缓冲器的固有频率，降低外壳的振幅。

12.2.4 破碎腔的影响

破碎腔的几何形状对破碎机的工艺指标和能耗指标都有很大影响。腔形的变化将影响到颗粒在破碎腔内的停留时间和运动轨迹、破碎比，产品粒度组成等都将随之发生变化。合理的腔形，可在降低必要的破碎力和单位能耗的条件下，大大提高其工艺指标。

根据物料在 КИД-1750 惯性圆锥破碎机破碎腔里运动特性。经过精确计算，给出破碎腔形状如图 12-3 所示。

КИД-1750 惯性圆锥破碎机的已知数据：激振器静力矩为 2100N·m、环形间隙（卸载间隙）为 30mm、动锥振幅为 15mm、进动角 $\gamma_0=0.013$rad、角速度 $\omega=50.8$rad/s。

破碎腔平行区长度对产品粒度影响很大。平行区长度短时，产品粒度过粗，合格产品产率很低。随着平行区长度增加，产品粒度明显变小，合格产品产率提高。平行区长度增加到一定值，合格产品产率最高。平行区长度再增加时，合格产品产率降低，过粉碎产品增加。

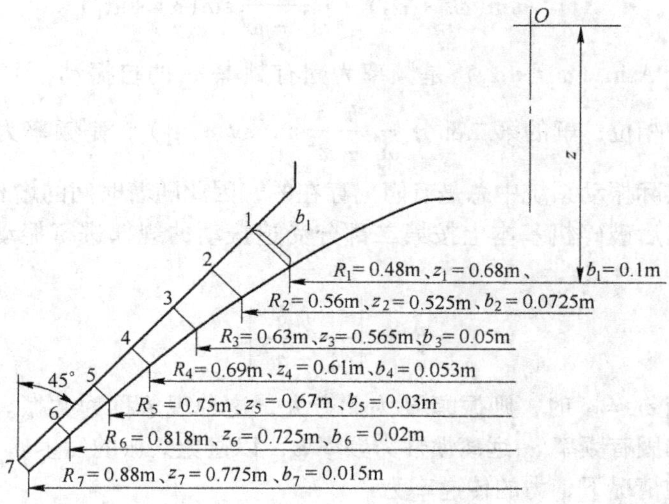

图 12-3　КИД-1750 破碎机破碎腔形

12.3　惯性破碎机的隔振系统

作用于惯性圆锥破碎机机体上载荷，是由动锥和激振器产生的惯性力和惯性力矩，它是一种周期性的动载荷。因此，不可避免地引起破碎机的振动。

惯性圆锥破碎机的振动形式为水平圆振动、垂直振动和摆振，以及动锥料层滚压时，伴随强烈的冲击和振动所引起的附加振动。在这些振动中，水平圆振动是主振动，其他方向的振动相对来说很小，故下面分析水平圆振动的隔振情况。

惯性圆锥破碎机机体坐落在隔振系统上，设隔振系统的剪切弹性刚度为 K，惯性破碎机和机中的物料总质量为 m，破碎机在水平面内任意方向受到的惯性力为 F_c，则具有水平圆振动的惯性圆锥破碎机，可简化为图 12-4 所示的弹簧质量系统。

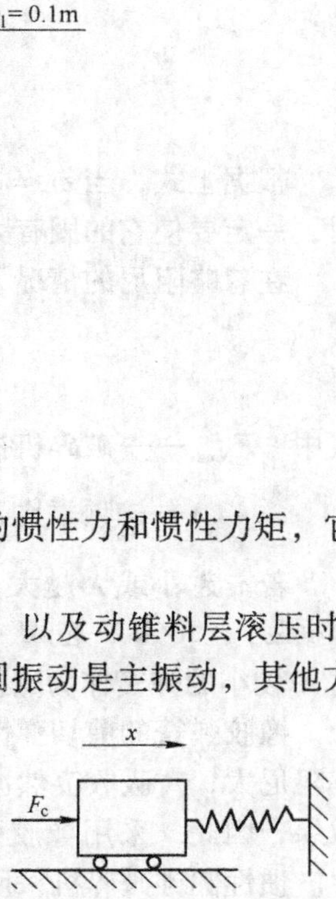

图 12-4　弹簧质量系统

惯性圆锥破碎机振动的固有频率 ω_n 为：

$$\omega_n^2 = K/M$$

惯性力 F_c 的大小为：

$$\sin(\omega t + \alpha_1)F_c = (F_{c_1} + F_{c_2})\sin(\omega t + \alpha_1)$$

式中　α_1——惯性力的初相位；

其他符号同前。

在忽略阻尼的情况下，破碎机在 X 方向的振动方程为：

$$M\ddot{X} + KX = F_c\sin(\omega t + \alpha_1)$$

设 $b = F_c/M$，得：

$$\ddot{X} + \omega_n^2 X = b\sin(\omega t + \alpha_1)$$

解得：

$$X = A\sin(\omega t + \alpha_2) + \frac{b}{\omega_n^2 - \omega^2}\sin(\omega t + \alpha_1) \tag{12-10}$$

解的第一部分 Asin（$\omega_n t + \alpha_2$）是频率为固有频率 ω_n 的自振动，A 为自由振动振幅，α_2 为破碎机运动初相位；解的第二部分 $\frac{b}{\omega_n^2 - \omega^2}\sin(\omega t + \alpha_1)$，是频率为惯性力频率 ω 的受迫振动。由于实际振动系统中总是有阻尼存在的，因此随着时间的增长，自由振动部分总会衰减下去，以后破碎机基本上按第二部分受迫振动的规律进行振动。破碎机的振幅为：

$$B = \left|\frac{b}{\omega_n^2 - \omega^2}\right| \tag{12-11}$$

根据上式，当 $\omega_n = \omega$ 时，则振幅 B 为无穷大，这种现象称为共振。在选择隔振系统时，一定要使它的固有频率 ω_n 远离惯性力频率 ω，以避免共振的发生。

在忽略阻尼的情况下，力的传递率为：

$$\eta = \frac{F_{\mathrm{Nmax}}}{C} = \left|\frac{1}{1 - \lambda^2}\right| \tag{12-12}$$

式中 F_{Nmax}——破碎机振动时传递给地基的力的最大值；

λ——频率比，$\lambda = \frac{\omega}{\omega_n}$。

若 η 越小或 λ 越大，则 F_{Nmax} 就小，传给地基的力也较小。这样，要求 ω_n 越小越好。根据 $\omega_n = K/M$，在 M 一定的情况下，必须采用剪切弹性刚度 K 较小的弹簧作为隔振元件。

橡胶弹簧的剪切弹性刚度较小，可承受多方向载荷，且其阻尼大，对吸收突然冲击和高频振动及减小噪声有良好的效果，因此，采用橡胶弹簧作为惯性破碎机隔振元件很理想。惯性圆锥破碎机采用的橡胶弹簧如图 12-5 所示。

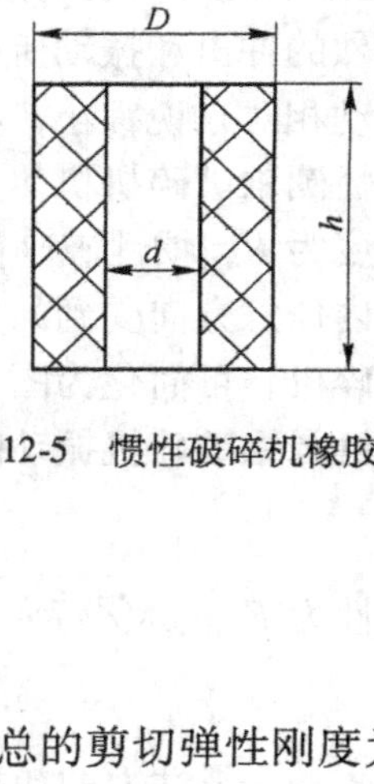

图 12-5 惯性破碎机橡胶弹簧

在破碎机的水平圆振动中，橡胶弹簧受到的是剪切载荷。设橡胶弹簧的切变模量为 G，按图 12-5 所示尺寸，橡胶弹簧的剪切弹性刚度为：

$$K = \frac{\pi(D^2 - d^2)}{4h}G$$

破碎机隔振系统由四块相同的橡胶弹簧组成，因此隔振系统总的剪切弹性刚度为：

$$K = \frac{\pi(D^2 - d^2)}{h}G \tag{12-13}$$

下面以 КИД-300 惯性圆锥破碎机的隔振系统为例计算隔振系统。

已知：$m = 828\mathrm{kg}$，$F_c = 26000\mathrm{N}$，$\omega = 152\mathrm{rad/s}$。所用橡胶弹簧 $D = 0.09\mathrm{m}$，$d = 0.03\mathrm{m}$，$h = 0.12\mathrm{m}$，肖氏硬度 57HS。

根据设计手册，橡胶弹簧的切变模量 G 为：

$$G = 0.117\mathrm{e}^{0.034\mathrm{HS}} = 0.8\mathrm{MPa}$$

隔振系统的剪切弹性刚度为：

$$K = \frac{\pi(D^2 - d^2)}{h}G = \frac{\pi(0.09^2 - 0.03^2) \times 0.8 \times 10^6}{0.12} = 1.5 \times 10^5 \text{N/m}$$

隔振系统的固有频率为：

$$\omega_n = \sqrt{K/M} = \sqrt{1.5 \times 10^5/828} = 13.5 \text{rad/s}$$

频率比 $\lambda = \omega/\omega_n = 152/13.5 = 11.26$。

当 $\lambda \geqslant 1$，破碎机工作频率远离共振区，工作频率可在很大范围内调节。

破碎机的振幅为：

$$B = \left|\frac{F_c/M}{\omega_n^2 - \omega^2}\right| = \left|\frac{26000/828}{13.5^2 - 152^2}\right| = 0.0013 \text{m}$$

破碎机水平圆振动的振幅为 1.37mm。

力的传递率为：

$$\eta = \left|\frac{1}{1 - \lambda^2}\right| = \left|\frac{1}{1 - 11.26^2}\right| = 0.008$$

破碎机作水平圆振动时，传递给地基上的 F_{Nmax} 很小，因此不需要专门建造大而坚固的地基。

13　圆锥破碎机润滑与磨损

13.1　圆锥破碎机的润滑

机器在运行过程中，相互接触又有相对运动的表面之间会产生摩擦。克服摩擦需要消耗一定的功，使机器的效率降低。这些摩擦功转化为热量，对机器运行不利，摩擦又是零件磨损的根源之一。实践证明，要改善零件表面的摩擦状况，最有效的办法是对机器进行合理的润滑。这样既能提高机器的效率，又能延长零件使用寿命，确保机器正常工作。

圆锥破碎机经常在较繁重条件下和不好的环境中工作。因此，经常保持润滑系统油路畅通，油质清洁不渗不漏和正常运行，对于确保破碎机的工作是十分必要的。

圆锥破碎机采用稀油循环润滑。国产圆锥破碎机的循环润滑系统，参见文献［2］。它与西蒙斯破碎机润滑系统基本相似，但比较陈旧落后，所以这里介绍后者。它有两种润滑系统：一种是油泵借助传动轴的动力驱动，叫做整体式润滑系统；另一种是油泵单独驱动的润滑系统（图 13-1）。大多数破碎机都配备油泵单独驱动的润滑系统。该系统在破碎机启动前就可进行润滑，是一种适应性强，易于控制的系统。

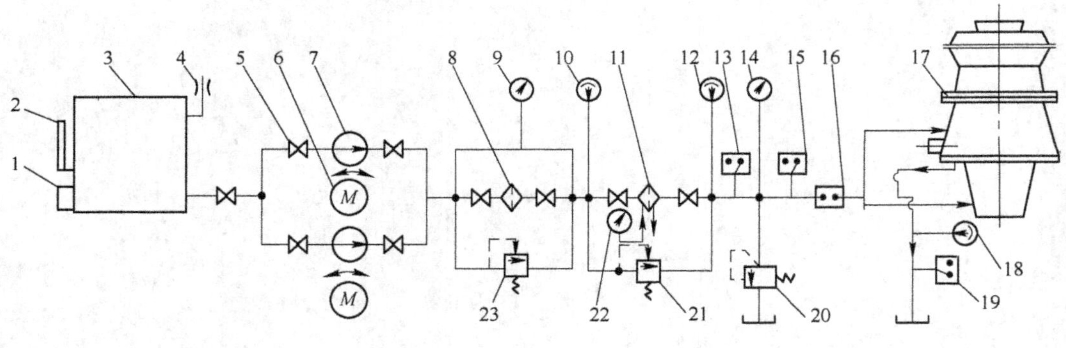

图 13-1　西蒙斯圆锥破碎机润滑系统

1—加热器；2—油位计；3—油箱；4—通气装置；5—截止阀；6—电动机；7—油泵；8—过滤器；9—压差计；10，12—温度计；11—冷却器；13—温度开关；14—压力表；15—压力开关；16—流量开关；17—破碎机；18—回油温度计；19—回油温度开关；20—主安全阀；21—冷却器安全阀；22—进水压力表；23—过滤器安全阀

图 13-1 所示为该破碎机稀油循环润滑系统示意图。润滑油从油箱 3 经过截止阀 5（三个）被吸入油泵 7（另一台油泵是备用），然后经过截止阀进入过滤器 8 中，再从两个截止阀进入冷却器 11，经过温度开关 13、压力开关 15、流量开关 16 后，分两路：一路进入偏心轴套下部沿主轴与锥衬套间隙、偏心轴套与直衬套间隙上升到顶端后落到锥齿轮上，然后由下部回油孔回到油箱去。与此同时，另一部分油沿主轴中小孔上升到球面轴承进行

润滑之后从轴承的回油孔落到锥齿轮上，回到油箱；再一路润滑油从传动轴架上的油孔进入，润滑传动轴承，经过小锥齿轮下部回油孔及传动轴架上的加油孔，从回油管返回油箱。

控制润滑系统油温、油量和油压对于保证润滑系统和破碎机的正常工作是十分重要。

破碎机润滑油油温应保持在 30 ~ 45℃ 范围内。不允许破碎机在油温高于 60℃ 和低于 16℃ 的状态下工作。润滑系统的油温是靠加热器 1、冷却器 11、温度计 10、12 和温度开关 13 以及回油温度计 18、温度开关 19 共同监测和控制，借以保证油温稳定在最佳范围内。

13.1.1 油浸加热器

油浸加热器的作用是冷天保证润滑油正常流动。在油温低于 27℃ 时，切断加热器。当温度高于 54℃ 通过电接点温度计报警。可借调整冷却器给水量来调节油温。对于气冷还可通过温度开关 19 接通气冷式散热器。

13.1.2 冷却器

常用的冷却器有水冷和气冷两种。图 13-1 中所示为水冷。润滑系统必须备有冷却器，它的作用是冷却高于 54℃ 的润滑油。当油温低于 38℃ 时不要使用润滑油冷却器。

冷却器清洁可获得最好的冷却效果和最长的使用寿命。定期清理不仅提高冷却器热转换效率而且可以排除可引起腐蚀和阻碍水流平稳流动沉积物而延长了冷却器寿命。通过冷却器出入口处设置的温度计 12、10 来测定是否应该清洗。若冷却器出入口温度很小，便说明冷却器可能已被沉淀物堵塞或腐蚀，此时必须清理。为保持润滑继续畅通，润滑油经安全阀 21 进入供油管路。

13.1.3 电接点温度计

电接点温度计的作用：一是高温报警；二是控制冷却器风扇电动机。若想两个作用兼有必须装有两个温度计。

电接点温度计应尽可能安装在靠近油箱的回油管上。应该指出，电接点温度计的热敏头必须全部浸没在回油中。正常情况下排油管里只有一半有油，因此它倒着装在排油管上，从而使热敏头从底下进入排油管。温度计的高温调定值在 48 ~ 57℃ 之间。夏季炎热天气应选用 57℃ 为宜，冬季应选用 48℃ 为宜，因为机内温度高于温度计调定值。

13.1.4 温度开关

安装在回油管上的温度开关 19，它可起到下面三个作用：其一是用于高温报警；其二是用于低温机械连锁；其三是可自控制叶片式油冷却器电风扇。若三个作用都需要，则要安装三个温度开关。

破碎机润滑油压不能太高也不能太低，一般应控制在一个稳定的范围。润滑系统的油压由压力表 14、压力开关 15 和主安全阀 20 监测和控制。主安全阀的作用是防止过高的压力油进入破碎机，同时对油泵起保护作用。油压过高时，安全阀开起，使一部分油从傍路返回油箱，其余的直接进入破碎机机架底部。破碎机润滑油工作压力由主安全阀调定值所决定，见表 13-1。

表 13-1　压力调定值

破碎机规格	600	900	1200	1650	2100
调定值/MPa	0.06	0.07	0.11	0.14	0.14

13.1.5　压力开关

油路中压力表 14 指示的压力应在规定的范围内，破碎机油量和工作压力如表 13-2 中所示。压力开关可以在油压不足的情况下，保护破碎机，若供油压力降至破碎机最低工作压力以下，压力开关会动作，与压力开关相连接的警报信号和机械停车连锁装置会提醒操作人员注意，所有破碎机上，压力开关都是标准元件。表 13-3 给出 HP 系列破碎机油量和压力。

表 13-2　破碎机油量和工作压力

破碎机规格	600	900	1200	1650	2100
西蒙斯破碎机油量/$L \cdot min^{-1}$	35 ~ 55	45 ~ 55	65 ~ 85	190 ~ 210	230 ~ 250
旋盘式破碎机油量/$L \cdot min^{-1}$		150 ~ 170	190 ~ 210	265 ~ 285	300 ~ 320
西蒙斯破碎机工作压力/MPa	0.02 ~ 0.04	0.035 ~ 0.07	0.035 ~ 0.07	0.035 ~ 0.11	0.035 ~ 0.11
旋盘式破碎机工作压力/MPa		0.07 ~ 0.11	0.07 ~ 0.11	0.04 ~ 0.11	0.04 ~ 0.11

表 13-3　HP 系列破碎机油量和工作压力

破碎机规格	HP200	HP300	HP500	HP700
油量/$L \cdot min^{-1}$	95 ~ 114	114 ~ 132	227 ~ 246	470 ~ 492
正常工作压力/MPa	0.14 ~ 0.21			

正常工作时，供给破碎机的润滑油不能过多也不能过少。油箱中油量多少操作人员可通过观察油面指示器来判断。破碎机正常工作时油箱中油面不低于油面指示器的下线，破碎机不工作时油箱的油面应达到油箱油面指示器的上标线。但是若油泵发生故障不供油怎么办？传统圆锥破碎机靠观察油流指示器是否断油。西蒙斯破碎机上装有油流开关。

润滑系统中装一个油流开关以防止油泵发生故障，油箱破裂或漏油过多对破碎机造成损害。油流开关可在油流中断时发出电气警报或执行机械停车连锁装置，提醒操作人员注意。油流开关最好装在进油管上。

破碎机润滑油循环工作过程中，由于各摩擦副的磨损和灰尘进入不可避免的污染。为了排除杂质保证润滑清洁必须装有过滤器。当过滤器 8 的油路中压差计 9 显示的压差达到 0.175MPa 时，说明过滤器已到该清理的时候。若过滤器产生故障，可将过滤器前后截止阀关闭，使润滑油经过安全阀 23 直接供给破碎机润滑油，即保证润滑系统照常工作。

润滑系统的油箱是用来给破碎机供油的，既简单又有效的容器，油箱底部到破碎机基础顶部最小距离为 $1500 + x$，尺寸 x 表示排油管斜度影响的垂直距离的变量。2100 破碎机为 $1800 + x$。但无论如何油箱底面到油泵中心线的高差也不能超过 4m（指整体式油泵而言）。油箱的容积见后面表 13-4。油箱上装有通气装置，使里面的润滑油与大气相通，保证润滑油顺利流出。

前述破碎机润滑系统各种仪表、元件、油箱、过滤冷却器等都是一种标准稀油润滑站的组成部分。各种规格破碎机采用的标准稀油润滑站参数见表13-4。

表 13-4 破碎机用标准稀油润滑站参数

破碎机规格		600	900	1200	1650	2100
油站型号		XYZ-40	XYZ-63	XYZ-63	XYZ-200	XYZ-250
油箱容积/m^3		1	1	1.6	1.6	1.6
供油量/$L \cdot min^{-1}$		40	63	100	200	250
电动机	型号	Y100L2-4-V1		Y132S-4-V1	T132S-4	
	功率/kW	3	3	5.5	5.5	5.5
	转速/$r \cdot min^{-1}$	1420	1420	1440	1440	1440
	电压/V	380				
过滤面积/m^2		0.082		0.21	0.52	
换热面积/m^2		5		7		
过滤精度		0.12mm				
换热器进水温度/℃		≤28				
冷却水耗量/$m^3 \cdot h^{-1}$		3		6		
电热器	功率/kW	12		24		
	电压/V	220				

标准稀油润滑站的特点：

(1) 设有两台油泵，其中一台为备用；过滤器装冷却器前面。油在过滤器中的通过能力与其黏度有关：黏度大，通过能力差；温度高则黏度下降，通过能力高，过滤效果也好。因此按着先过滤后冷却的原则布置过滤器和冷却器。

(2) 采用双筒网式过滤器。它有两个过滤筒，其中一个是备用；回油口设有磁过滤，可将回油中细小铁磁物质吸附过滤。

(3) 配有仪表盘和电控箱。所有显示仪表均装在表盘上。压力表可观察油泵及油站出口油压。两只压力调节器（或电节点压力表）实现油压自控；双筒过滤器进出口的压差由压差表控制器控制，压差过高时，可发出信号，由操作人员手动换向和清洗网芯；压力开关发出过高或过低油压警报，启动备用泵；电接点压力式温度计用来指示油温；温度继电器用来控制加热器的启动、停止及切断电源；干式舌弹管可发出油箱油位的高位和低位信号。

正常情况下，一台油泵工作，一台备用。当系统因某种原因压力下降，需要增加供油量时，压力开关（又称压力调节器）在油压低于一定压力时控制备用泵自动升起，与工作泵同时供油，直至压力恢复正常，备用泵自动停止。

13.2 圆锥破碎机主要件磨损与损坏

破碎机主要件的磨损情况或者说它的接触印痕，能够最真实的反映它的受力情况，反映检修和安装质量对它的影响。分析磨损情况，从中可以找出磨损特征和磨损规律，指导设计工作，掌握磨损情况和接触印痕又是分析故障最根本的依据；从中还可找到改进检修工作方法，提高检修质量延长其使用寿命，使设备检修期延长，降低检修费用和充分发挥设备潜力。因此，论述主要件磨损与损坏不论是对破碎机设计制造，还是对破碎机使用维修都是非常重要的。

13.2.1　主轴与锥衬套的磨损与损坏

根据作者现场考查可知，在破碎机正常工作情况下，主轴与锥衬套都是在锥衬套上口往下大约在400mm左右（对2200细碎机）高度上有明显磨损印痕。有的同时在主轴下部有轻微的磨损印痕或者根本没接触；而底部单缸液压破碎机主轴的磨损是从下到上每隔一段距离就有磨损印痕，而且也是上部印痕较重、下部较轻。可以说，根本就没见过主轴与锥衬套沿全长（高度）均匀接触的情况。

主轴与锥衬套的配合相当于一个滑动轴承，因此根据滑动轴承承载能力说明其压力分布情况。根据液体摩擦滑动轴承承载能力公式并经简化整理可得：

$$P = \frac{\eta\omega d^3 L\varphi_p}{4\varepsilon^2}$$

式中　P——轴承承载能力，N；

η——润滑油的黏度，Pa · s；

ω——角速度，rad/s；

d——轴颈直径，m；

L——锥形轴承长度，m；

φ_p——轴承承载量系数；

ε——轴承间隙，m。

从公式中明显看出，轴颈 d 和轴承间隙 ε 对承载能力的影响，即当其他因素一定时，P 随 d 增加而增加，随 ε 增加而减小。

对破碎机锥形衬套（锥形滑动轴承）来说，由于它的主轴颈沿锥形轴承长度（高度）从上到下是逐渐减少，而其间隙从上到下是逐渐增大，故根据前式可绘制出沿锥衬套高度的压力分布曲线如图13-2所示，从图中可以看出，锥衬套的上部承载能力很高。这种情况和前面所述主轴与锥衬套在上口磨损印痕较重的情况完全相适应。

虽然主轴与锥衬套不可能沿全长均匀接触，但是不允许出现局部接触情况，否则会引发事故。

若主轴与锥衬套在下部磨损较重而上部反而较轻，此时，动锥会有轻度的失稳现象产生，破碎机不能正常运转；若主轴与锥衬套仅在下口产生局部接触，此时，破碎机必然产生事故，现分析如下：当主轴压在锥衬套下口（图13-3）时，主轴给锥衬套的压力 F_0 与合力 F_2 交于 b 点，F_2 力是动锥离心力 F_{C0} 与其自重 G 的合力。连 Ob 线得 F_1 力的方向，由 F_0 和 F_1 合成后可得 F_2 力的大小。从图上可知，此时球面轴承支反力 F_1 作用线与中心线 OO_2 的夹角为 γ_1，即支反力 F_1 超出球面轴承以外，则动锥翻倒主轴卡在锥衬套里。此时，动锥随偏心轴套一起转动产生“飞车”现象，故必须停车检修，排除故障。

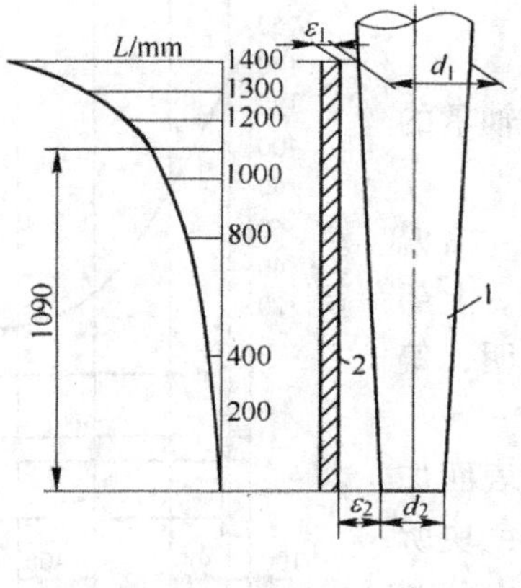

图 13-2　锥衬套沿高度压力分布曲线

1—主轴；2—锥衬套；ε_1，ε_2—上、下口间隙；d_1，d_2—上、下口主轴轴颈

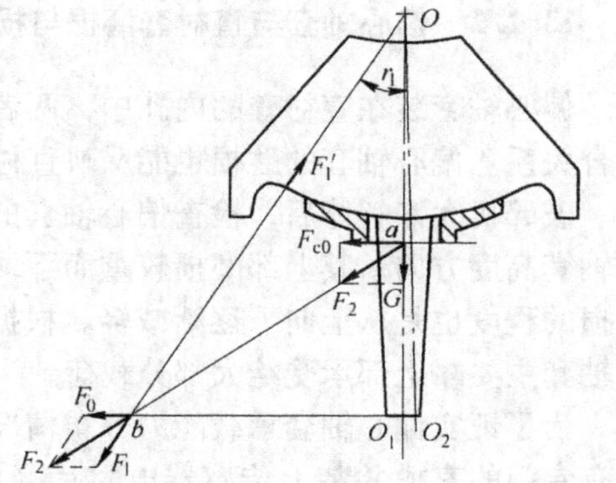

图 13-3　主轴与锥衬套在下口接触情况分析

主轴与锥衬套的损坏形式不外乎是主轴折断和锥衬套裂纹，特别是在下口产生裂纹。

若出现主轴与锥衬套在下端局部接触情况，则锥衬套就会产生裂纹损坏。作者在很多现场考查，锥衬套下口裂纹时有发生。近年在深圳最大的石料厂考查，该厂锥衬套下口裂纹也时有发生。产生锥衬套与主轴下口接触原因是，间隙小、偏心轴套歪斜、球面轴承在里圈接触以及锥衬套倾角与偏心度不吻合等。为此，建议在破碎机检修时，有意将主轴与锥衬套下口约500mm（对2200细碎机）左右处的间隙加大，使两者不接触，从而可避免在下口产生局部接触引发事故，也便于调整和检修。若主轴与锥衬套在下口接触，还有可能引发断轴事故。例如，当破碎机有载运转时，在主轴与动锥体底部配合面处产生的应力最大，特别是出现“过铁”时可能使主轴折断。

破碎机运转过程中，断轴事故时有发生。由于断轴情况不同，所产生的原因也是各种各样的。但一般可归纳为下列几种情况：

（1）由于设计制造原因引发断轴事故：某厂2100破碎机主轴与动锥配合面过盈量太大、没有卸载槽和过渡圆角太小，产生应力集中，导致主轴疲劳损坏；由于主轴径较小发生断轴，特别是当出现“过铁”时，更加危险。如SXHD-7破碎机主轴径为420mm，其电动机功率为375kW，而国产2200破碎机主轴径为400mm，其电动机功率为280kW。两者比较功率提高25%，而轴径增加4.8%。明显主轴径强度不够。这种破碎机由于油温过高产生烧瓦抱轴现象，使主轴在锥衬套上口约200mm左右断轴。据说是原电机所设定油温不当造成。这种情况主要是将轴扭断而不是折断。此时，锥衬套上口碎裂。

（2）生产现场对破碎机使用不当也是造成断轴原因之一。因此，破碎机频繁“过铁”和超载、主轴与锥衬套间隙不当、偏心轴套歪斜、润滑油温过高、油太脏、油路系统故障等，都会产生局部接触，烧瓦以及抱轴等现象，从而导致断轴事故。例如东北某矿，由于给矿块过大，使主轴在分矿盘下边“脖子”处折断；内蒙古某选厂由于破碎机给矿不均又经常过铁，从而造成断轴事故。

13.2.2　偏心轴套与直衬套磨损与损坏

偏心轴套装在直衬套的内孔中，两者相当于轴和轴承的配合关系。偏心轴套的磨损也能反映直衬套的磨损。

破碎机大修解体后，检查偏心轴套的磨损情况是：沿偏心轴套高度方向，其上部磨损较重而下端有轻微磨损。上部磨损的程度也是从上向下逐渐减轻。根据磨损印痕说明，偏心轴套主要靠上部承受绝大部分载荷。

为了证实偏心轴套承载能力分布情况，在衬套外表面加工有专门的直槽并装上传感器电阻片（图 13-4 中黑色块所示）。根据测试结果绘制出沿偏心轴套高度方向的应力分布（图 13-4），说明偏心轴套的受力也是其上部产生很大的应力而下部很小，整个曲线呈抛物线状态。这种情况与主轴和锥衬套的受力情况相适应。

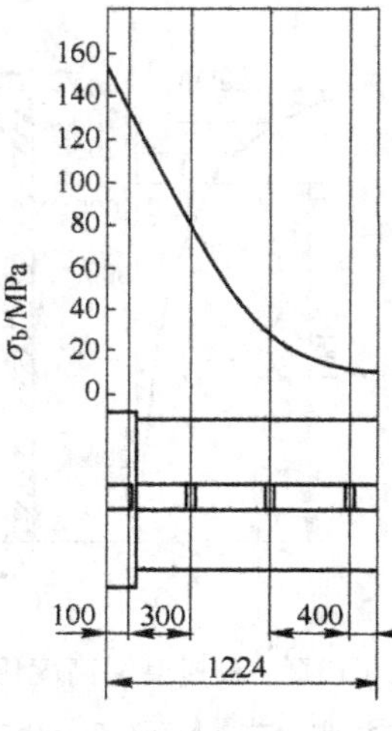

图 13-4　偏心轴套沿高度方向应力分布曲线

与偏心轴套相配合的直衬套也是上部磨损较重下端有轻微磨损，但沿圆周方向是比较均匀的。虽然磨损印痕相似，但它们磨损量相差很大。一般是靠更换直衬套来满足间隙要求。直衬套除正常磨损外，也常因严重烧伤和裂碎而更换。

圆锥破碎机在运转过程中，常出现直衬套向上移动的现象，一般称为上窜。这种现象有一定的普遍性，根据不同情况采取不同的措施加以解决。有的在直衬套与机架中心孔的配合面之间攻丝拧上螺钉；有的在机架中心孔顶面用压板加固；有的采用增加两配合面的过盈量，借以提高压紧度。

直衬套采用过渡配合装在机架中心孔里，直衬套内孔与偏心轴套是动配合，其他零件根本不与直衬套接触。所以，只有偏心轴套在运转过程中对直衬套施以挤压和摩擦作用，引起直衬套松动和上窜。总之，必然有外力作用于直衬套上，才有可能使直衬套上窜。

从图 13-4 可知：偏心轴套对直衬套的作用力，主要集中在上部的三分之一高度上，而且越往上部受力越大。偏心轴套转一周，直衬套沿圆周方向各处被挤压一次。当偏心轴套压在直衬套某一位置上，此时直衬套在此位置上受挤压，与此同时在其对侧位置（由受挤压位置转过 180°的位置），直衬套受拉力作用。这样，随着偏心轴套旋转，周而复始地使直衬套一侧受挤压，对应的另一侧受拉。在这种反复的拉压力作用下，使直衬套开始上窜，而且反复拉压使直衬套上升的高度越来越高，最后产生直衬套上窜现象。

此外，直衬套被偏心轴套挤压的同时，还受偏心轴套在接触位置上产生的摩擦力矩的作用。前已提及，由于破碎机起动时润滑油达不到要求，使摩擦力矩增大，助长直衬套上窜。当偏心轴套烧伤后更能助长直衬套上窜。例如某选矿厂偏心轴套有严重烧伤，直衬套松动后上窜约 100mm 以上。

圆锥破碎机直衬套产生裂纹现象也是经常出现的一种故障。其原因也是多种多样：直衬套与机架中心孔配合面的锌合金脱落，使两配合面松动；配合面过盈量小引起松动；由于机架中心孔变形使配合面松动。松动后有时直衬套上窜，在两配合面间出现间隙，在偏心轴套的冲击下产生裂纹。当球面轴承座与机架配合面窜动后，引起主轴与锥衬套接触不正常，彼此产生冲击，严重时偏心轴套将直衬套冲击裂纹。再者因出现高峰载荷，加之两者间润滑不好，特别是启动时油温达不到要求，使直衬套上窜，导致裂纹。

针对上述几种情况，可采用下列办法：采用加大过盈量，如将原来配合种类适度提高；若因锌合金脱落松动，可重新浇铸环氧树脂；机架中心孔变形是强度不足，可采用增加强度的措施。若因球面轴承座窜动，引起直衬套裂纹，处理办法如前所述。

直衬套上窜与裂纹产生是互相影响的。直衬套上窜后更容易造成裂纹，若直衬套裂纹后更容易引起上窜，上窜与裂纹产生的先后次序也是随机的。但有一点应指出，当直衬套裂纹后，产生的碎屑会切割机架中心孔表面，使之失圆；裂纹碎屑对偏心轴套损伤特别严重，会使整机工况恶化，甚至造成严重事故。因此，发现直衬套裂纹、油温升高，必须立即停车检查。如某选矿厂圆锥破碎机直衬套裂纹情况是：直衬套已上窜约 100mm 以上，并有多处裂纹，其中在传动轴对面的裂纹已达 300mm 左右，从传动轴中心起逆时针方向大约转 135°处，裂纹稍小些但也比较长。这种情况说明，直衬套裂纹后，破碎机继续运转很长时间，导致偏心轴套外表面靠平衡重一面上部损伤特别严重，中间一段没有接触，下部也有一段损伤特别严重，使表面被拉成沟。

13.2.3 止推盘与齿轮的磨损与损坏

为了说明止推盘厚度误差对偏心轴套歪斜的影响程度，我们举一实例：2100 圆锥破碎机，止推盘半径大约 300mm，偏心轴套高度为 1500mm，如果止推盘积累误差在外圆周高 0.5mm，则偏心轴套中心偏斜约为 1.5mm。根据前面分析的破碎机为调整齿轮间隙，在下止推盘下面加 2～3 片没经加工的垫片。

止推盘沿外圆磨损较严重[53]（正常情况下也是如此），因外圈线速度大，故磨损也较里圈快。不过由于偏心轴套的歪斜又加重了它的外圈磨损。止推盘外圈磨损愈重，偏心轴套歪斜的愈厉害，彼此互相影响。

止推盘上、中、下各片，在平台上刮研时，不仅要保证表面平整光洁而且必须注意各片的厚度均匀；为调整齿轮间隙，在止推盘下部加的垫片应该经过切削加工，不应图省事将没加工的钢板垫在下面。安装垫片时，一定注意防止垫片边部产生折叠现象。西蒙斯圆锥破碎机在说明书中，对此有明确的严格要求。

如前所述，破碎机运转时，由于偏心轴套与直衬套之间有较大的间隙，而且偏心轴套的厚边总是压向直衬套，所以大锥齿轮不是绕它本身的中心线旋转而是以直衬套间隙的一半为半径绕破碎机中心线作圆运动。大锥齿轮这种运动状态的特点是：大锥齿轮节锥顶点也是以直衬套间隙的一半为半径绕破碎机中心线作圆运动，导致齿轮节锥顶不交于一点。因此，这对齿轮在运转过程中产生附加冲击振动和附加磨损，致使齿轮寿命缩短，甚至打牙齿。为什么会产生附加冲击振动和磨损，现说明如下。

13.2.3.1 齿轮传动产生附加冲击振动

由于两锥齿轮节锥顶点 O_1 与 O 不交于一点（图 13-5），破坏了一对齿轮正确啮合条件，即基节 $t_{j1} = \pi m_{s1}\cos\alpha_1 \neq t_{j2} = \pi m_{s2}\cos\alpha_2$。因为 n-n 截面上端面模数 $m_{s1} > m_{s2}$；渐开线齿面压力角特性是：压力角越往齿顶越大，故压力角 $\alpha_1 < \alpha_2$。图 13-5 所示，小齿轮从 O 点向前移动 Δx 相当于大齿轮向左侧移动 Δx。此时，在过原齿长中点 m 处取一截面 n-n 的当量圆柱齿轮上，小齿轮的模数大于大齿轮的模数，小齿轮齿面压力角小于大齿轮齿面压力角。所以小齿轮基节 t_{j1} 大于大齿轮基节 t_{j2}。当小齿轮牙齿 1 离开啮合点 a 时，其牙齿 2

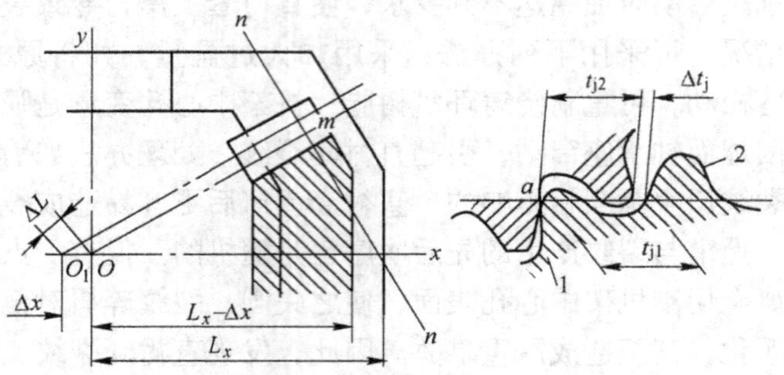

图 13-5　齿轮传动产生的附加冲击振动

尚未进入啮合，待牙齿 2 转过一定角度后，才能用它的齿顶去推动大齿轮齿根。这样，若小齿轮作等速回转而大齿轮时快时慢，则必然产生冲击振动以及附加动载荷。

13.2.3.2　齿轮传动产生附加磨损

为了说明齿轮传动产生附加滑动磨损，我们选用齿轮运转过程中四个典型啮合位置并根据其啮合印痕来说明问题。

如图 13-6 所示，位置Ⅰ是两轮锥顶交于一点 O 且节锥母线相重合，即符合一对齿轮正确啮合条件，此时齿轮牙齿对应各截面的基节相等，其啮合印痕居中。

位置Ⅱ为大锥齿轮从 O 点起逆时针转过 90°，相当于大锥齿轮锥顶 O_2 从 O 点起沿 OX 轴向左移动一个 $\Delta x=c/2$ 的距离（c 为直衬套间隙），继之又沿 OY 轴向上移动一个 $\Delta y=c/2$ 的距离。此时齿轮啮合印痕在牙齿小头。

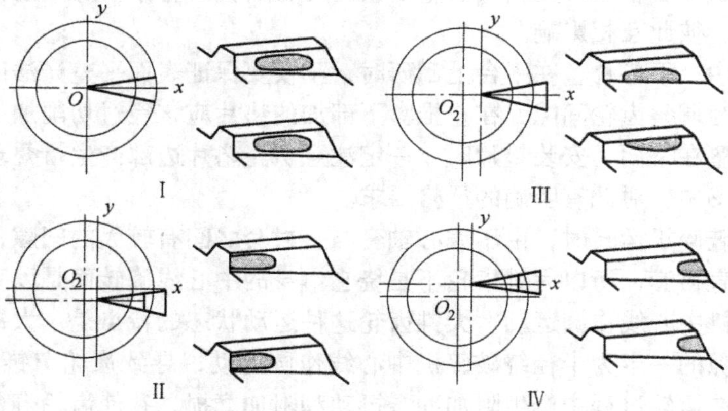

图 13-6　齿轮四个典型位置啮合印痕
Ⅰ—正常啮合位置；Ⅱ—大轮锥顶转过 90°位置；Ⅲ—大轮锥顶转过 180°位置；Ⅳ—大轮锥顶转过 270°

位置Ⅲ为大锥齿轮从 O 点起逆时针转过 180°，相当于大锥齿轮锥顶 O_2 从 O 点起沿 OX 轴向左移动一个 $\Delta x=c$ 的距离。此时齿轮啮合印痕在小轮牙齿的齿顶部分，在大轮牙齿的齿根部分。

位置Ⅳ为大锥齿轮从 O 点起逆时针转过 270°，相当于大锥齿轮锥顶 O_2 从 O 点起沿 OX

轴向左移动一个 $\Delta x = c/2$ 的距离，继之又沿 OY 轴向下移动一个 $\Delta y = c/2$ 的距离。此时齿轮啮合印痕在牙齿的大头。

从该对齿轮四个典型啮合位置的啮合印痕可知，在齿轮旋转一周的过程中，一对牙齿的齿面沿齿向方向从小头到大头完成一次往复运动；同时沿齿高方向，小齿轮从中间位置向齿根完成一次往复滑动，而大齿轮从中间位置向齿顶完成一次往复运动，而大齿轮从中间位置向齿根完成一次往复运动。因此，若破碎机大齿轮转速为200r/min，每天按三班运转，每月按25天计，破碎机工作一年，则这对齿轮齿面间产生的滑动次数为8640万次。这就充分说明，齿轮产生附加磨损的严重性。因此，能够找到克服齿轮产生附加冲击振动和磨损的办法是非常有意义的。具体解决办法见参考文献［36］。

13.2.4　机架与球面轴承磨损与损坏

13.2.4.1　机架磨损与损坏

机架是整个破碎机的主体，所有零部件都装在机架上，它被四个地脚螺栓固定在基础上。机架是保证破碎机耐久性和可靠性的重要零件，特别是机架与支承环相配合的锥形面，机架与球面轴承座相配合的圆柱形配合面以及机架下架体磨损与损坏直接影响破碎机的正常工作和寿命。现分析如下。

如图13-7所示，机架上的作用力 F 是由动锥经破碎物料传给调整环与支承环的作用力也就是破碎力，其反作用力 F 压在动锥上，两者大小相等方向相反，破碎力 F 可分解 F_y 和 F_x 两个分力。破碎机工作时若 F_y 大于弹簧张力，则支承环被抬起，若 F_y 小于弹簧张力，则支承环被压紧在锥形配合面上。因此，使锥形配合面磨损的基本因素是破碎力变化与弹簧张力不当。

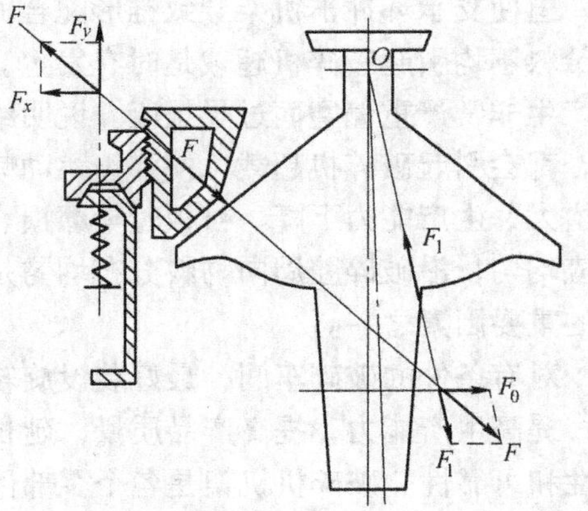

图13-7　机架受力分析

弹簧张力过大，使支承环能牢靠地被压在机架上，但会失去保险作用；弹簧张力若小，则支承环易产生跳动，跳动越频繁，磨损越严重。所以，保证适当的弹簧张力是减少配合面磨损，提高耐久性和可靠性的重要因素之一。

由于锥形配合面的磨损，使支承环下沉，导致弹簧组变长，随之将支承环固定在机架上的弹簧初压力下降。当锥形配合面磨损严重，间隙减小，使锥形面上部平面相互接触，则产生较大的振动和偏颠（一面颠）。正常两平面间必须留有大于5mm的间隙。因此，必须定期检查弹簧的正确安装高度，必需时重新调整。表13-5给出国产和西蒙斯破碎机弹簧的调整高度。

这里介绍一种测量弹簧高度的量具：将两根去皮的焊条切成弹簧安装高度的一半。测量时，将其中一根一端顶在扇形板下面或机架上下的适当部位，用手扶住，同时将另一根焊条的一端支在下扇形板上，一看便知道是否达到正确高度。

表 13-5　国产和西蒙斯破碎机弹簧调整高度

破碎机规格	600	900	1200	1650	1750	2100	2200
调整高度/mm	381	406 (375)	445	597 (508)		629 (507)	
	337	365 (337) [360]	368 [515]	559 (446)	[659]	616 (552) [500 ±2]	[660 ±3]
	330	359 (330) [360]	365 [510]	552 (470)	[645]	610 (546) [800 ±2]	[660 ±3]

注：圆括号中数值为西蒙斯破碎机传动轴上方的弹簧高度，方括号中数值为国产破碎机弹簧调整高度。

圆锥破碎机的破碎力是随着物料硬度、给料是否均匀以及物料变形大小而变化。物料变形程度又决定于一个工作循环中物料的位移：位移量越大，变形量也越大，反之越小。物料在一个工作循环中的位移量是变化的。因此说，破碎力大小是一个不定值。

由于破碎力 F 是变化的，则 F_y 值时大时小，当 F_y 值大于弹簧初压力时，弹簧产生跳动，使配合面产生磨损。给料不均匀，过大料块和过铁等都会产生超载，引起弹簧系统振动，迫使支承环冲击机架导致锥形配合面损坏。其中过大料块和过铁，一般是比较少见，而给料不均引起破碎机超载是时有发生。作者在某矿破碎车间考查时，发现中碎机衬板由于产生非常严重偏磨而过早报废。说明给料斗布置不当，产生偏析，以及由于给料量不均匀，都会引起破碎机超载，使弹簧跳动频繁，加速配合面的磨损。不仅如此，还会造成功率增大、生产能力下降、衬板过早磨损、产品粒度不均等不良后果。因此，进入破碎腔料流应均匀，沿破碎腔周向物料分布均匀是减少锥形配合面磨损，提高破碎机耐久性和可靠性的重要因素之一。

对有条件的破碎车间，最好装设旋转布料器和自动给料控制系统，这样会带来许多优点：提高生产能力，提高产品质量，延长衬板使用寿命，避免破碎机超载，提高破碎机耐久性和可靠性。破碎机机架是各个零部件的安装基础。因此，要求它有足够的强度、刚度和几何尺寸的精确度，才能保证破碎机的耐久性和可靠性。

由于下架体下部几何形状复杂，同时又承受多种作用力，可能比其上部会产生较大的应力。下部机架的危险截面应该是，下架筒体外部与地脚法兰的交接面，内部各径向方向加强筋板与筒体的交接处（过渡圆角处）以及传动轴承座壳体端面承受较大的拉力等。这些地方都是产生应力集中部位或者较薄弱环节当经常承受强烈的冲击载荷后容易裂纹面损坏。设计时，应特别注意两交接面的过渡圆角必须合适，尽量减少应力集中，从而不仅保证其强度和刚度，又延长使用寿命，提高可靠性。

作者曾到内蒙古某选矿厂考查，他们的 2200 圆锥破碎机机架地脚法兰与筒体交接处产生数道裂纹，传动轴承座壳体端部法兰螺栓全部被拉断，机体振动非常明显。

安徽某选矿厂 1750 圆锥破碎机机架，除像上述裂纹外，下架筒体内部与加强筋交接处产生纵向裂纹，所对应的外筒体外部也产生裂纹，更甚者加强筋板肩部有裂纹等。凡是机架产生裂纹的破碎机，其工作条件都很恶劣，甚至有的破碎机在经常产生“过铁”的工况下运转，使破碎机产生强烈的冲击振动，最后导致机架多处裂纹面损坏。就是说，这种机架裂纹损坏，不应该属于强度不够而是属于不合理操作所引起的恶果。尽管破碎机机架裂纹是很少见的，但它给设计制造提供了实际的依据，即下架的下部比其他部位要求的强度较高，设计时应依满足下架体强度为依据。但不是满足前两例机架裂纹的要求，因为它不是破碎机正常损坏而是由于不正常使用的结果。所以，避免机架裂纹也不难，即避免或减少“过铁”，保证给料均匀，严格按操作及检修规程使用破碎机，不让破碎机经常处于超负荷状态下运转。这样，必然提高破碎机的耐久性和可靠性。

通过前面结合实际情况对机架磨损与损坏的分析可知，提高机架耐久性和可靠性应归结两方面：一是设计机架时，结合机架受力情况，保证机架有足够的强度、刚度和几何尺寸的精确度，特别是结合机架受力实际情况确定合理的结构。设计时，要求机架中心套筒的中心线与图13-9所示的$A—A$面之间的垂直度以及中心套筒的中心线与传动轴承座壳体中心线之间垂直度在0.1～0.3mm之间。各个交接面的过渡圆角必须合适；二是尽量避免或减少“过铁”和过载现象，不让破碎机在频繁超载工况下运转，保证给料均匀是非常重要的。最好是选用旋转布料器和自动控制给料。总之，正确使用、精心维护、及时检修可以保证破碎机正常运转和延长其使用寿命，提高破碎机作业率并充分发挥它的潜力。

13.2.4.2 球面轴承的磨损与损坏

球面轴承与动锥球面相配合，在破碎机运转过程中，动锥球面磨损很少，几乎不坏，只是靠更换球面轴承（也叫球面瓦）来满足破碎机的要求。

为使破碎机正常工作及动锥稳定地支承在球面轴承上，动锥球面与球面瓦的接触情况应该是使整个球面轴承接触面积的2/3接触在外圈，其余的1/3的里圈不接触，随着球面瓦由外圈逐渐向里圈磨损，最后达到整个接触宽度均匀接触。在球面轴承整个使用过程中，随着球面瓦的磨损，动锥也会下沉，使主轴与锥衬套间隙变小。如出现不协调的情况时，可借助调整球面轴承座高低来达到两者协调一致。

球面瓦的磨损是由外圈向里圈逐渐发展的过程。使用到后期，偶尔会出现里圈接触，因此就等于球面轴承变小，球面轴承支反力超出球面轴承以外，使动锥失稳，主轴卡在锥衬套下口处，导致锥衬套下口裂纹而损坏，甚至产生“飞车”现象。深圳某大型石料厂1750中碎机就发生过锥衬套下口裂纹的事故。凡是出现这种情况之前，首先会产生一种预兆，即破碎机空转时动锥自转转速提高（破碎机空转时，动锥自转转速一般在0～10r/min）。当发现动锥转速过高时，可能是需要更换球面轴承。

国产圆锥破碎机球面轴承设计制造不理想，故容易出现上述情况。作者在某破碎机制造厂观察1750破碎机在厂内试运转时，专门靠磨合办法消除球面和球面瓦由于加工不准确造成里圈接触的毛病。这样浪费人力和电能又浪费时间，而且这个问题又是人为的。为避免这种情况发生，可参考西蒙斯圆锥破碎机球面瓦的结构（图13-8和表13-6）进行改进。

表13-6 球面瓦里圈切去部分的尺寸

破碎机规格	直径 A/mm	切深 B/mm	破碎机规格	直径 A/mm	切深 B/mm
600	320	5	1200	510	5
900 标准型	420	5	1650	760	5
900 短头型	445	5	2100	960	5.5

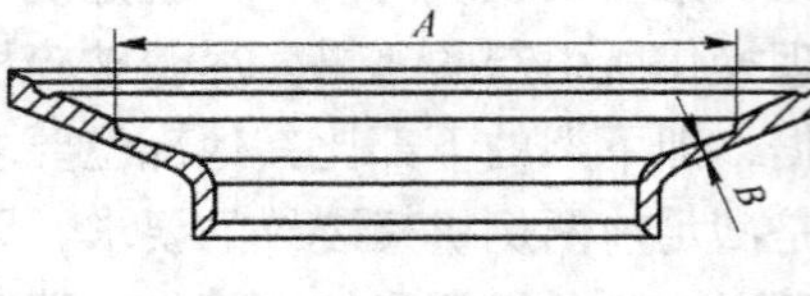

图 13-8 球面瓦切去部分的尺寸

球面瓦的损坏，除正常磨损外就是产生裂纹。当出现上述由于球面瓦变小动锥失稳，动锥球面压在球面瓦边缘时，有可能使球面瓦产生裂纹损坏，再就是球面瓦被烧伤损坏。

当破碎机冷车启动时，由于润滑油黏性增大，油压升高又不能返回油箱。若进入底盖的油太凉，安全阀又无法使足够多的润滑油返回油箱，则油压升高。或者安全阀压力调节不当或失灵等都会使润滑油压力升高将偏心轴套抬起[43]使底部销子脱落，垫在偏心轴套下面，从而强迫动锥倾翻压在球面轴承边缘，在破碎力作用下产生很高的集中应力，导致球面轴承裂纹并随着动锥不断地周而复始地挤压，裂纹也不断扩大。它虽然是一个特例，但它告诉我们，凡是出现动锥倾翻现象时，若动锥球面压在球面轴承边缘，就可能使轴承产生裂纹损坏。

当球面轴承磨损到油沟底部（油沟磨平）或露出固定销以及产生裂纹，都应更换新球面轴承。

13.2.4.3 球面轴承座的磨损与损坏

如图 13-9 所示，球面轴承座 2 是用圆柱面（直径 D）与机架 1 搪孔采用 H7/k6 过渡配合并用销子 3 相连接。轴承座 2 下平面与机架 1 在 A—A 面相接触，其中间加垫片。

破碎机负荷工作时，作用于球面轴承座上的力 F_1 是一个周期循环作用力，它可以分解为水平分力 F_{1s} 和垂直分力 F_{1c}。F_{1c} 和动锥自重由水平面 A—A 支承。在圆柱配合面中心加一对 F_{1s} 力，则力偶矩 $F_{1s}h_c$ 扰动圆柱配合面，而 F_{1s} 力冲击圆柱配合面。此外还有 F_1 产生的摩擦力矩和动锥自重产生的摩擦力矩等。在这些力的作用下，圆柱配合面易产生松动。特别是当润滑状况不好以及由于给料不均匀或过铁时产生高峰负荷时，在这种周期载荷作用下，久而久之配合面发生松动。随粉尘的渗入，加速配合面的磨损，使球面轴承座窜动加剧。与此同时粉尘进入润滑油中，使整机工况恶化以及由于轴承窜动会破坏偏心部件正常工作状态，甚至发生严重事故。因球面轴承座与机架搪孔是采用 H7/k6 过渡配合以及键和销子相连接，其牢固程度是很不够的。所以，球面轴承座必然产生窜动现象。虽然球面与机架搪孔之间采用 H7/k6 过渡配合紧度不够也不能将配合种类再度提高，因为这样不便于拆装。

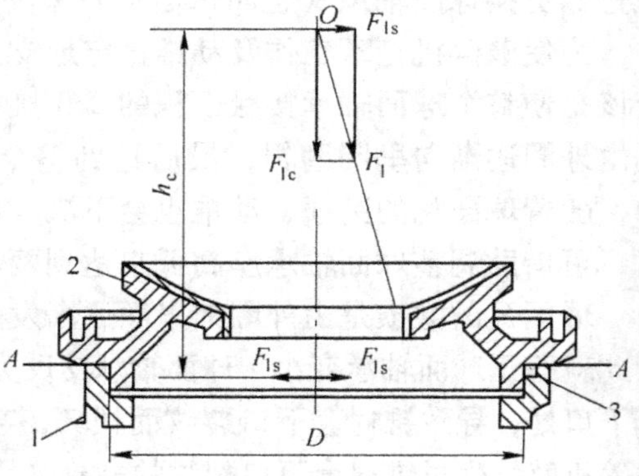

图 13-9 球面轴承座的受力

改进方法：西蒙斯 900、1200、1650 破碎机轴承与机架之间用螺栓连接。因此，可以采用图 13-10 所示的方法。用摇臂钻在轴承座 4 上钻底攻六个螺孔，然后将轴承座与机架之间加上石棉垫 5，借以防水、缓冲、减振以及弥补结合面不平造成的影响。再根据螺孔的实际位置，将事先已加工好的 8 个支座 2 焊在机架 1 上，最后拧紧螺钉 3 并用铝丝扎紧防松。螺钉直径螺孔深度按破碎机规格不同而定。

13.2.5　破碎腔的磨损与改进

破碎腔的形状是由定锥衬板内表面和动锥衬板外表所构成的空间，所以，破碎腔的磨损就是衬板的磨损。

研究衬板的磨损能够真实地反映物料在破碎腔中与衬板的接触情况，分析衬板的磨损情况可以找到它的磨损特征和磨损规律，从而可以改进现有不合理破碎腔形和设计出最佳腔形，借以提高破碎机技术经济指标。

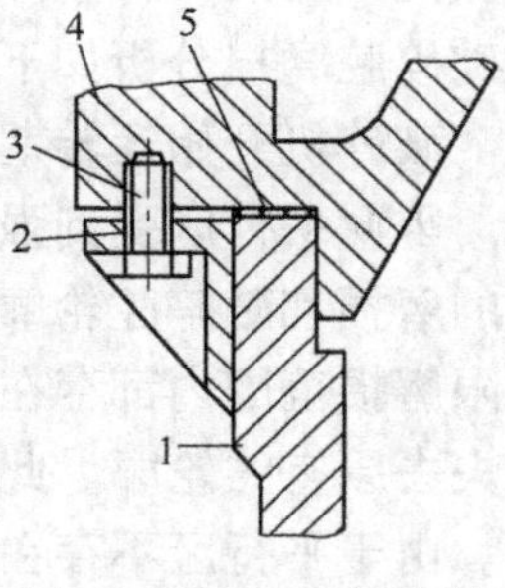

图 13-10　机架与球面轴承座的连接方式

13.2.5.1　1750 细碎机破碎腔的磨损

根据实测数据绘制的 $\phi1750$ 细碎机破碎腔磨损情况如图 13-11所示。图 13-11*a* 为腔形磨损情况，图 13-11*b* 为定锥衬板磨损曲线，图 13-11*c* 为动锥衬板磨损曲线。

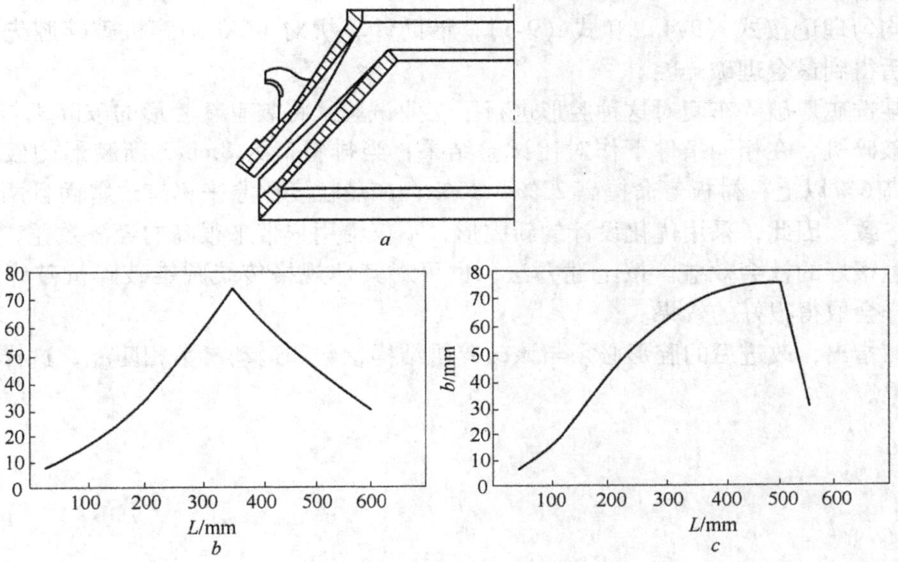

图 13-11　$\phi1750$ 圆锥破碎机破碎腔磨损情况

a—破碎腔磨损情况；*b*—定锥衬板磨损曲线；*c*—动锥衬板磨损曲线

由图 13-11 可以看出，细碎机破碎腔磨损特征：

（1）定锥衬板比动锥衬板磨损量小，但定锥衬板寿命还比动锥衬板短，因为动锥衬板比较厚；

（2）破碎腔平行区磨损最严重而且定锥最大磨损在平行区入口处，动锥衬板磨损最大在排料口偏上；

（3）整个平行区磨损量比上腔磨损量大；

（4）破碎腔磨损后，其腔形变化很大并且完全失去原形。

13.2.5.2　对破碎腔磨损的分析

前面所列举的破碎机破碎腔的磨损情况，其原因在于影响衬板磨损因素太多，诸如物料硬度、研磨性、粒度、水分和被破碎的物料量以及给料方式与操作条件等。既便这些因素相同，对同一种破碎机由于破碎腔形不同，则衬板磨损情况也不一样。现就1750细碎机破碎腔磨损分析如下。

破碎机开始运转期间进入破碎机平行区入口处所破碎物料的数量最多，此后急剧下降。因此平行区受到强烈磨损和破碎机经过运转若干天后，平行区逐渐发生变化。随着衬板的磨损和破碎腔轮廓变化的程度，沿破碎腔高度被破碎的物料分布的比较均匀。在衬板极限磨损范围内都存在破碎腔轮廓尺寸的变化，特别是后期平行区不复存在，整个腔形完全失去原有的轮廓。此时给料口尺寸大约减小1.4～1.7倍，给料口所处理的物料数量最多。由于平行区不存在使得产品质量变坏，破碎机产量也下降。

综上所述，由于衬板磨损不均匀，破碎腔失去原破碎腔形状，导致衬板寿命低和破碎机技术经济指标下降。所以这种破碎机破碎腔应该改进。

13.2.5.3　对传统圆锥破碎机腔形的改进

传统圆锥破碎机破碎腔设计没考虑衬板的磨损，所以存在上述缺点。现在我们根据破碎机衬板磨损特征以及对破碎腔磨损的综合分析，结合矿山实际情况，根据衬板磨损最小、最均匀理论按式（9-4）和式（9-5），借助计算机对1750细碎机破碎腔进行优化设计，最后得到最合理破碎腔。

在某选矿厂破碎车间对这种腔形进行了工业试验。将装有新腔形的破碎机与同规格传统圆锥破碎机，在相同条件下作对比试验结果：当排料口为8mm，新腔形的破碎机产量大约提高6%以上；衬板寿命提高20%～30%；产品粒度比原来稍有改善而且两块衬板寿命趋于一致。因此，采用优化设计的新腔形，不仅给用户带来很高的经济效益，若能推广也会产生很好的社会效益。按上述办法，也可对其他规格传统圆锥破碎机破碎腔进行改进，同样会取得很好的效果。

应该指出，改进后的腔形必须与该破碎机结构参数和运动参数相匹配，这样才能取得最佳效果。

14 圆锥破碎机使用与维修

14.1 圆锥破碎机操作

14.1.1 开车前的准备

开车前一定做好准备工作，如检查破碎腔中有无物料或铁块；查看电气连接装置各信号以及仪表装置；检查排料口大小；检查油位、油温以及调整环锁紧装置等，各项完毕并确信无误方可启动破碎机。

14.1.2 破碎机启动与停车

首先开动油泵，检查油压、油温、油量是否在规定范围后，开动油泵 3 ~ 5min，待一切正常，再按规定发出开车信号，然后启动破碎机。

停车时，先停给料机，待破碎腔内物料完全排出后，再停止破碎机、油泵和排料运输机。

14.2 圆锥破碎机维护

破碎机进入正常运转后，工作人员也必须常观察给料与排料情况。给料不能有过大料块和排料粒度必须达到要求，否则调整排料口大小。

要时时注意观察各种仪表显示情况是否正常，并注意破碎机各主要件是否有松动，密封防尘装置以及破碎机运转声音是否正常等。圆锥破碎机常见故障及排除方法见表 14-1。

表 14-1 常见故障、原因及排除方法

故障	原因	排除方法
油流指示器内没有油流，但油压低于 0.5MPa	（1）油温低； （2）油开关未开好； （3）油泵不好用	（1）将油加热； （2）将开关开好； （3）停止破碎机，更换油泵
过滤器前后油管中的油压不一样	过滤器堵塞	油压差超过 0.04MPa 时，必须清洗过滤器，先使油不经过过滤器，然后卸下过滤器清洗，这样直接向破碎机供油，不超过 2 ~ 3h
油压升高的同时油温也升高	油管或破碎机内部油路堵塞	停机找出堵塞处并清除
油温超过 55℃，但油压并未升高	偏心轴套部分有毛病	停机检查直衬套和锥衬套，找出故障原因消除
油箱中的回油量减少，油面显著降低	（1）破碎机底盖漏油； （2）传动轴承壳法兰盘漏油； （3）球面轴承座环槽堵了或者给油过多，油从防尘装置处漏掉	（1）、（2）停机，找出原因消除，然后向油箱中添油； （3）停机，清洗回油环槽，调整给油量，并向油箱添油

续表 14-1

故　障	原　因	排除方法
从冷却器出来的油温超过45℃	(1) 没有冷却水； (2) 冷却水温度高； (3) 冷却器堵塞	(1) 给冷却水； (2) 检查是否水压太低，并尽可能地增大压力，检查冷却水温度； (3) 清洗冷却器
油中有水，油箱中油量增加	冷却器中水压高于油压	使冷却器中的水压低于油压0.05MPa
动锥被抬起	(1) 冬季油温太低，使给油压力过大； (2) 安全阀失灵，给油压力太大； (3) 所用的油泵能力太大	(1) 将润滑油预热； (2) 调整安全阀； (3) 更换油泵
水封排水中有油，油温并未升高	球面轴承座回油环槽堵了；回油道弧度差得多	清洗回油环槽，并向油箱添油
水封给不进水	可能破碎机内部有问题	停车检查破碎机内部，找出原因消除
破碎机振动，弹簧很快失掉弹性	(1) 给矿不均或过多； (2) 给矿中粉矿过多； (3) 给矿潮湿，排矿口小； (4) 弹簧紧度不够	(1)、(2)、(3) 消除所指出的原因； (4) 按弹簧规定高度调整，但不准超过规定值
有剧烈冲击声，支承环跳起，然后破碎机又正常工作	不能破碎的物料进入破碎腔，随后又排出去了	
破碎矿石时有“噼啪”声	(1) 破碎机动锥衬板松动； (2) 定锥衬板松动	(1) 经常检查压紧衬板的螺母，若锌合金松动，应重新浇注； (2) 检查固定衬板的U形螺栓，若锌合金松动，应重新浇注
喑哑的“噼啪”声后，传动轴或带轮转而动锥不动	(1) 主轴折断； (2) 小锥齿轮键破坏； (3) 带轮键破坏	停机检查，找出破坏的部位，更换破损件
破碎机剧烈振动，动锥转得很快	主轴卡在锥衬套里；缺油或油不干净；球面瓦磨损，或其他原因使动锥下沉，主轴与锥衬套间隙太小	停车检查，找出原因消除
电流过高	(1) 给矿过多； (2) 润滑不良； (3) 轴承或球面轴承损坏； (4) 轴承接触面严重不足； (5) 大锥齿轮上部与球面轴承座下部相摩擦	(1) 调整给矿； (2) 加强润滑； (3) 更换轴承； (4) 重新刮研或更换； (5) 在球面轴承座下部加垫

14.3 破碎机检修

有计划地对破碎机进行预期检修，是保证设备完好率和完成生产计划的重要措施。计划预修制度就是在生产实践中不断地调查研究和积累资料，从中找出破碎机零件磨损的规律，在零部件尚未失去工作能力和精度以前，事先有计划、有准备地进行检修。这样才能做到合理安排机修能力和检修时间，使检修计划和生产计划紧密结合起来，以保证破碎机经常在完好状态下运转。

制订检修周期的办法有两种：一是根据破碎多少吨矿石；二是按负荷运转多长时间来确定。不论按哪种方法，都应该结合本单位生产实际条件制订。因为破碎机的检修周期与许多因素有关，如破碎机检修质量、作业率、负荷量、矿石强度和大块矿石多少，以及维护好坏等。因此破碎机检修周期长短，各厂矿不尽相同，如原矿非常硬而且过大，矿块多，负荷量过大，破碎机检修周期就很短。

尽管检修周期各不相同，但为了缩短检修时间，在检修前按计划将备件备齐，并应采取预先装配好的办法，做好一切准备工作，方能动手拆卸计划大修的破碎机，否则必将拖延检修的时间，影响生产。

大修的破碎机经解体后，对磨损情况、修复和更换的部分均应作出详细记录，以便从中总结规律，为做好备件准备、预修工作和分析破碎机故障等积累资料。

圆锥破碎机的检修分为经常性检修、小修、中修和大修。圆锥破碎机的检修间隔一般可按表 14-2 安排。

表 14-2 圆锥破碎机检修间隔期

使用时间/年	修理次序	间隔期/月			检修时间/天	
		小修	中修	大修	中修	大修
20 ~ 25	小、小、小、中	3 ~ 4	18 ~ 24	48 ~ 120	3	7 ~ 10

14.3.1 经常性检修

圆锥破碎机除按规定进行大、中、小修以外，每隔 35 ~ 45 天应进行一次经常性的检修。其内容有：

（1）检查球面轴承；

（2）检查直衬套、锥衬套的磨损；

（3）检查调整齿轮啮合间隙；

（4）检查传动轴瓦间隙；

（5）检查并清洗液压装置和润滑装置；

（6）检查并清洗水封装置及防尘环；

（7）修理或更换部分小零件。

14.3.2 小修

小修主要内容有：

（1）包括经常性检修的各项；

（2）检查修复或更换球面瓦（球面轴承）；

（3）修复或更换大小锥齿轮、传动轴和轴瓦；

（4）修复或更换偏心轴套、锥衬套和直衬套；

（5）修复调整环和支承环螺纹；

（6）过滤或更换润滑油。

以上各项每次小修不一定全部进行，视实际情况选定。

14.3.3　中修

中修主要内容有：

（1）包括全部小修项目；

（2）更换大、小锥齿轮；

（3）更换传动轴瓦和球面轴瓦；

（4）检测球面轴承座与偏心轴套上端面之间的间隙；

（5）检查或部分更换弹簧及弹簧螺栓；

（6）检查球面轴承座与机体、动锥与主轴配合部分的磨损情况，必要时可进行更换。上述各项每次中修也不一定全部进行，根据实际情况选定检修项目。

14.3.4　大修

大修主要内容有：

（1）包括中修各项内容；

（2）全部零部件解体检查、测量、修理或更换；

（3）检查、修理或更换调整环、支承环、弹簧及弹簧螺栓；

（4）校正整个破碎机的技术性能，并可根据具体情况进行技术改造。

圆锥破碎机主要零部件的检修周期见表 14-3，使用寿命见表 14-4，主要零部件配合要求见表 14-5。

表 14-3　主要零部件的检修周期

项　目	周期/月	项　目	周期/月
定锥衬板	4～6	球面轴承及座	6
动锥衬板	4～6	调整环	6～8
锥齿轮	2～3	支承环与机体	36～46
偏心轴套	2～3	弹簧（对弹簧的检查是正常状态的检查，不是解体检查）	6～12
传动轴及轴套间隙测量	6～12		
锥齿轮（径向、轴向）	2～3	偏心轴套与止推盘	6～12
偏心轴套与直衬套	4～6	球面轴承与偏心轴套上端面	6～12
主轴与动锥	2～3	锥衬套	2～3
动锥部及止推盘	6～12		

表 14-4 主要零件使用寿命与最低储备量

零件名称	使用寿命/月	最低储备量	材 料
定锥衬板	4~6	2	ZGMn13
动锥衬板	4~6	2	ZGMn13
小圆锥齿轮	12~24	2	40Cr
大圆锥齿轮	48~60	1	45
直衬套	36~60	1	ZQSn8-12
直衬套	9~18	1	巴氏合金
传动轴	48~60	1	45
传动轴套（轴瓦）	24~36	1	ZQMn5-12
偏心轴套	72 以上	1	35 或 HT250
动锥体	84 以上	1	35
主 轴	48 以上	2	45
球面轴承	60 以上	2	ZQSn5-12
球面轴承座	60~84	1	35
传动轴架	84 以上	2	HT250
上部锁紧螺母	72~96	1	35
调整环	60~72	1	25
支承环	120 以上		35
机 架	180 以上		35
衬板压盖	72~96	1	35
分矿盘	60~72	1	25
止推盘	60 以上	2	45
弹 簧	60~96	30	60Si2Mn
联轴器	60~84	1 对	HT240
止推盘	60 以上	2	ZGMn6-6-3

表 14-5 主要零件的配合

主要零件的配合部位	配合公差	
	旧国标	新国标
主轴与动锥体	D/jd 或 D/ee	H7/u6 或 H7/s6
球面轴承与轴面轴承座	D4/d4	H8/h8
球面轴承座与机架镗孔	D/gc	H7/k6
偏心轴套与大锥齿轮	D/je	H7/k6
偏心轴套与直衬套	D4/dc4	H8/d9
机架中心套孔与直衬套	D/gc D/d	H7/k6 或 H7/h6
机架上传动轴架孔与传动轴架	D/gc D/dc	H7/k6 或 H7/h6
机架底盖孔与底盖	D/d	H7/h6
传动轴与轴瓦	（0.0013~0.002）D	（0.0013~0.002）D
传动轴瓦与传动轴架	D/d	H7/k6
传动轴与小锥齿轮	D/gc	H7/k6
传动轴与联轴器	D/gc	H7/k6

破碎机经常更换的零件就是定锥与动锥衬板，其中有拆卸和安装，包括锌合金或环氧树脂的浇注工作。

如果使用巴氏合金锥衬套也存在浇注问题。其他属于修理就是铜质锥衬套、直衬套和球面瓦刮研工作以及一些件的焊接修补工作，详见参考文献［2，8］。

作者读过西蒙斯、H/S1800 系列、GP 系列圆锥破碎机使用说明书，其中重点都是介绍零部件拆卸安装调整以及故障等，所以下面结合国内情况介绍安装调试。

14.4 圆锥破碎机的安装试车

大修的破碎机解体后，将其零部件检查修复完毕，然后便可着手将所有零部件组装成一台完好的圆锥破碎机。这里以弹簧圆锥破碎机为例介绍其安装调试。程序如下：首先安装机架，然后依顺序安装传动轴部件、偏心轴套、球面轴承座、动锥、防尘和润滑装置。上述各部安装完毕，进行空载试运转，经检查完全符合要求，再安装调整装置、锁紧弹簧、给料装置以及液压站的安装与试验。最后再进行空载和有载试运转。

14.4.1 圆锥破碎机的安装

圆锥破碎机应安装在坚固的钢筋混凝土基础上，基础的大小和深度应根据当地的地质条件确定。混凝土的基础标高应预留出二次灌浆层 2（图 14-1）的厚度（50～120mm）。

为了避免破碎后的矿石堆积，基础下部必须设有足够的空间以安装运输设备。在基础下部的侧壁上，应镶有护板 4，以免下落的矿石损坏基础。基础在浇注之前应按图纸和实物（实测有关安装尺寸）进行标高，严格核对地脚螺钉孔的相对位置，确认无误后再进行浇注。

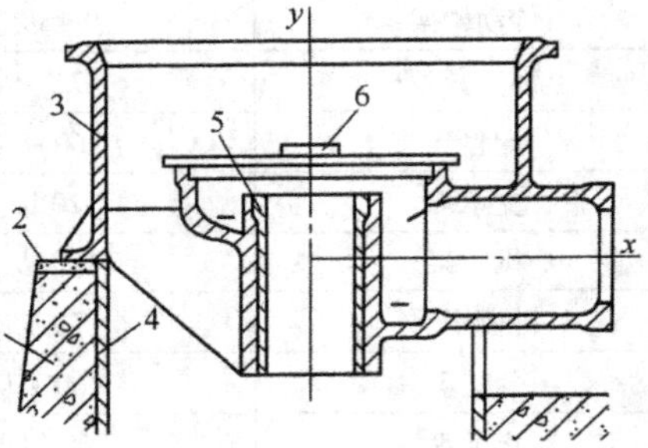

图 14-1 机架的安装

1—基础；2—二次灌浆层；3—机架；4—护板；5—机架衬套；6—水平仪

在机器的装配中，必须仔细保护各摩擦表面不受沾污、擦伤，擦洗必须用干净的擦布和清洗油。各接触面都要润滑，固定表面用干油润滑，运动表面用稀油润滑。

14.4.1.1 机架的安装

机架是整个破碎机主体，所有零部件都装在机架上，它的安装好坏直接影响破碎机的运转情况，因此要求安装牢固、位置准确、基础螺栓紧固。圆锥破碎机机架的安装与旋回破碎机相似。拆除旧机架前，先要测出原来破碎机的中心位置和标高，而且新旧机架偏差不大于 ±2mm，新机架标高不低于旧机架标高，也不能高出 1.5mm。安装新机架之前清除二次浇灌层，然后将机架坐在基础上并在机架下面装好垫板。借以调整破碎机水平度。一般机架垫有 8～12 组 250mm×250mm 的垫板。垫板应靠近机架底盘边缘，露出 10～50mm 长度，斜垫板的斜度为$\frac{1}{20}$～$\frac{1}{10}$。用垫板调整机架水平度时，应以和球面轴承座的环形加工面为基准，用水平仪测量，其水平偏差每米长度内不应大于 0.1mm。在测量前，必须检查垫板情况和拧紧地脚螺栓后进行，否则会出现误差，甚至得出错误结论。垂直找正以机架直衬套中心为基准，利用悬锤方法检查。垂直度应符合图纸规定的精度要求，若偏差太大，是机架本身的毛病，应修正后再安装。否则将产生衬套局部磨损，影响偏心部件和水封防尘装置正常工作。当位置调好后，将每组垫板点焊牢固，并拧紧地脚螺栓，待将设备全部安装完毕后，再进行二次浇注。二次浇注的地脚螺栓孔，只浇其上端的 200～400mm，下部螺栓孔应用浸油棉、干纱等物堵塞。

14.4.1.2　传动轴部件的安装调整

传动轴部件包括传动轴架、传动轴、轴承和联轴器等。在破碎机中传动部件是要求装配精度比较高的部件。所以安装前必须认真检查，若发现碰伤、锈蚀、转动不灵活等现象，应拆开清洗，修好后重新组装。部件在装入机架前，应在法兰盘处先放好原有旧垫片，以便调整齿轮啮合间隙。如若用新垫片，必须与旧垫片厚薄一致，这样便于调整。传动轴装入后，应用样板检查与齿轮有关尺寸。传动齿轮轴向窜动量允许 0.4～0.8mm。对于合金轴瓦，顶隙为 0.27～0.45mm，侧隙为 0.15～0.25mm。对于铜轴瓦，顶隙为 0.5～0.6mm，侧隙为 0.35～0.45mm。轴与轴瓦的接触面应研磨均匀，其接触点 3～4 点/in^2（1in＝2.54cm）。

电动机轴与破碎机传动轴中心偏差不许大于 0.15mm。偏差过大时，不但能引起电动机过负荷，并且增加轴承负荷，使运转轴承发热或振动，甚至造成轴承损坏。

14.4.1.3　偏心轴套的安装调整

在装偏心轴套之前，按图 14-2 把底盖 1 装在机架 6 上，然后用吊环 7 将下止推盘 3、中下止推盘 4、中上止推盘 5 一起装在底盖上，并使中下止推盘 4 的凸起部分和底盖 1 的凹槽卡好。在安装偏心轴套时，如图 14-3 所示，先将最上面的上止推盘装在偏心轴套上，此时必须注意将圆销插入偏心轴套的销孔内（图 14-3），为此利用螺栓 1 将上止推盘 2 预先固定在偏心轴套 4 上。最后借偏心轴套上专用螺孔（图中未示出）用吊环将它装入直衬套里（图 14-2 中 8）装入时，大锥齿轮配重应靠小锥齿轮一边。

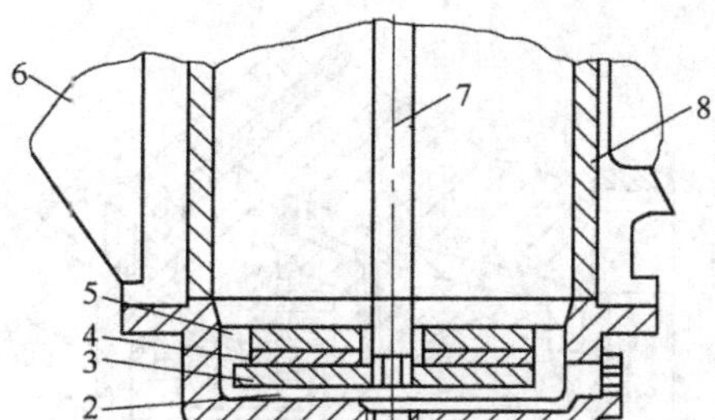

图 14-2　止推盘的安装

1—底盖；2—垫片；3—下止推盘；4—中下止推盘；5—中上止推盘；6—机架；7—吊环；8—直衬套

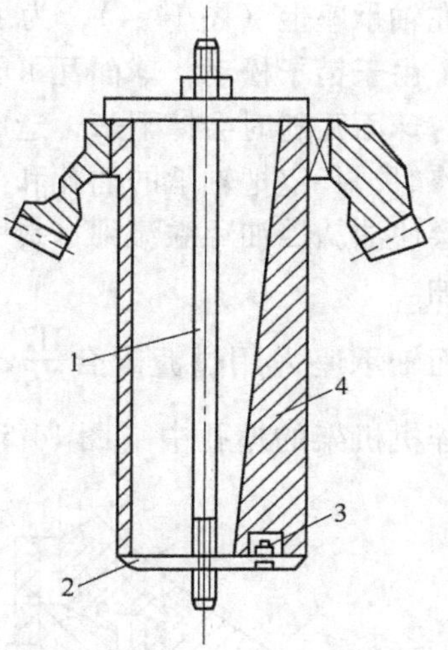

图 14-3　偏心轴套的安装

1—螺栓；2—上止推盘；3—圆销；4—偏心轴套

偏心轴套与直衬套之间的间隙极为重要。这个间隙过大会引起附加的冲击载荷，过小会引起发热。偏心轴套与直衬套的间隙见表 14-6。

表 14-6　偏心部件间隙

规　格	900	1200	(1650)	1750	(2100)	2200
直衬套间隙 c/mm	2 ± 0.38	$2^{+0.9}_{+0.1}$	$2^{+0.6}_{+0.1}$	$4^{+0.18}_{-0.08}$	$2^{+0.5}_{+0.1}$	4 ± 0.3
锥衬套上口间隙 a/mm	$3.2^{+0.3}_{+0.1}$	$2^{+0.3}_{+0.1}$	$3^{+0.6}_{+0.1}$	$3^{+0.33}_{+0.11}$	$3^{+0.5}_{+0.1}$	$3.1^{+0.5}_{+0.1}$
锥衬套下口间隙 a_1/mm	$10^{+0.5}_{+0.5}$	$9.5^{+0.2}_{+0.1}$	$9^{+0.3}_{+0.0}$	$8.5^{+0.31}_{+0.07}$	$10^{+0.5}_{+0.0}$	$10^{+0.5}_{+0.1}$

当偏心轴套与圆锥齿轮组件装入直衬套内，然后用压铅的办法测量齿轮间隙。一般偏大选取，这是由于这种破碎机齿轮运动和负荷特点所决定。若是偏小选用，会产生附加载荷。常用的经验数据见表 14-7。

表 14-7　圆锥齿轮啮合间隙

规　格	900	1200	(1650)	1750	(2100)	2200
齿侧间隙/mm	2.6 ~ 3.2 (0.508 ~ 0.016)	2.5 ~ 4 (0.508 ~ 1.016)	3 ~ 3.5 (1.016 ~ 1.524)	3 ~ 3.67	3 ~ 3.5 (1.27 ~ 1.778)	3.2 ~ 4
齿顶间隙/mm	4 ±0.3	5 ~ 5.5	6 ~ 6.5	6.2	6 ~ 8	6 ~ 8
大端模数	14	20	24	24	30	30

注：括弧中的齿侧隙为西蒙斯破碎机齿轮侧隙。

测量齿轮间隙时，齿轮平衡重在小齿轮上方，而且齿轮大头对齐，同时偏心轴套应靠在小齿轮一侧的直衬套上。此时测得的间隙是最小间隙。

齿轮间隙大小，还可借增加止推轴承的垫片来调整，一般垫片厚度为 1 ~ 0.3mm。这样调整后，要影响主轴与锥衬套的间隙，应全面考虑。

14.4.1.4　*球面轴承座与球面轴承的安装*

球面轴承也叫碗形瓦，球面轴承座也叫碗形瓦座。球面轴承是铜合金铸成，并用圆销被固定在轴承座上（图 14-4），为了防止圆销松动再灌上锌合金。否则在检修中，当吊起动锥时，由于销子松动，球面瓦可能被润滑油粘在动锥底部球面上。这样，在吊运动锥的过程中，球面瓦随时会掉下来，造成事故。

检修时，一定把轴承的油孔和挡油环的油沟清洗干净，如果堵塞，不仅影响润滑油畅通，还会使油从挡油环溢流到水封中去，浪费了润滑油。

球面轴承座采用过渡配合 $\frac{H7}{k6}$，紧密地坐落在破碎机机架的搪孔中（图 14-5）。并使键

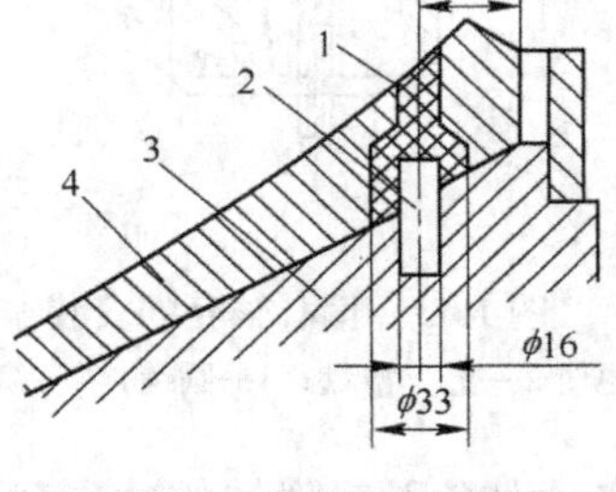

图 14-4　球面轴承的固定

1—锌合金层；2—圆销；3—球面轴承座；4—球面轴承

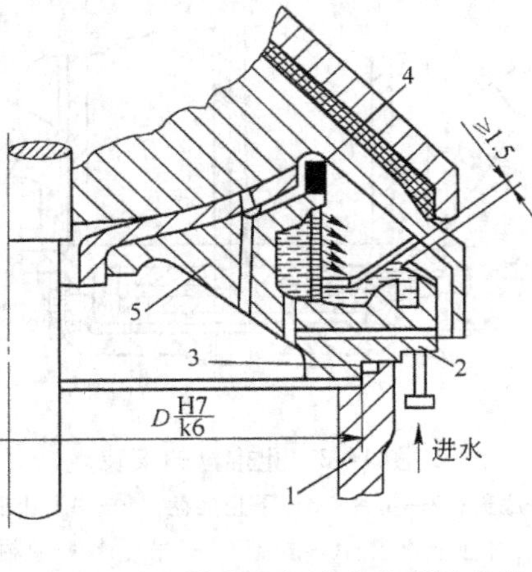

图 14-5　球面轴承座与防尘装置的安装

1—机架；2—环形加工面；3—键；4—挡油环；5—轴承座与防尘装置

不歪斜地进入槽内固定，防止轴承座在搪孔凹槽中摇摆偏斜，并用塞尺检查水平接触面紧密情况。

安装时还须注意与其连接的输水管、挡油环、球面瓦及外部密封等不要受到损坏，并应对各管道进行适当的疏通清洗，以防堵塞。安装完毕，应立即用盖板盖好，防止灰尘进入。

14.4.1.5 动锥的安装与调整

动锥是一种常用的成套备件。应仔细检查主轴中心孔是否畅通，并将锥体球面和主轴清洗干净，然后才能装入破碎机里。装入时，为了避免损坏水封装置的边缘防尘圈和球面轴承座上的挡油环，应使主轴沿着大锥齿轮上平衡重一侧锥衬套上的○点缓慢装入（图14-6）。在此以前，把测量锥衬套上口间隙的铅丝放在上口○点对方，一直把动锥坐到球面轴承上之后，再提起动锥，取出被压扁的铅丝，测量其厚度，便可知道锥衬套的上口间隙是多少。有时不测下口间隙，要测也是用同样方法。上、下口间隙大小极为重要，过大了破碎机运转不正常，过小了容易发热，引起抱轴事故。主轴与锥衬套间隙见表14-6。如果这个间隙不符合要求，可在球面轴承座与机架环形加工面（图14-5中2）上加减垫片来调整，使动锥升起或降落一点，借以改变锥衬套的间隙。

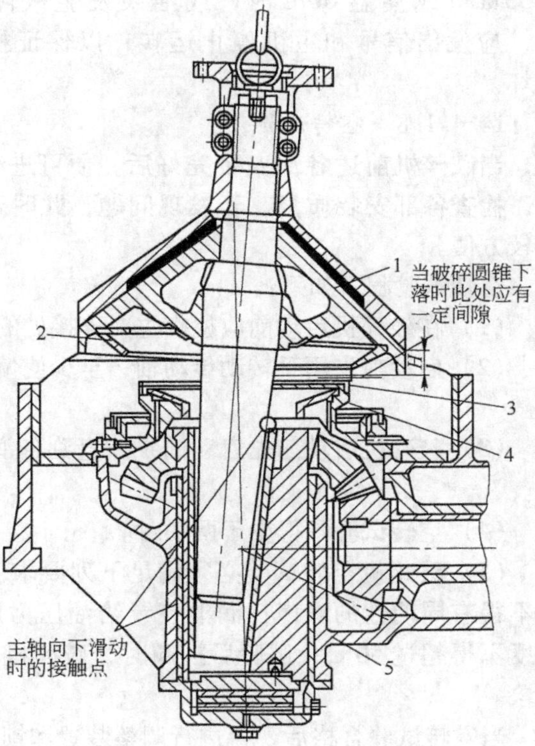

图14-6 动锥及主轴的安装
1—动锥；2—防尘圈；3—挡油环；
4—球面轴承座；5—机架

为了保证破碎机正常工作及动锥能稳定的支承在球面轴承上，动锥球面与球面瓦的接触情况，应该使整个球面轴承接触面积的2/3接触在外圈，其余1/3的里圈面积不接触。如果接触不正确，应进行刮研找正。否则运转时主轴与锥衬套接触不好，严重时可能使主轴卡住引起事故。建议：现场检修时，将球面瓦内圈干脆车去一层碗形带，避免内圈接触。

14.4.1.6 水封防尘装置的安装

水封防尘装置能有效地防止灰尘进入破碎机内部各摩擦表面。水封防尘装置的供水系统有两种：一种是连续式水封系统，它是利用选矿厂泵站水开路使用。这种系统水通过破碎机后即被排出，污物和粉尘聚集在水中，随水流出，不再通过系统循环。另一种是循环式水封系统，它是采用自循环的供水站。这种系统是将已组装好水泵系统（图14-7）接在球面轴承架的入口上。水管的设置应避免被矿石打击和磨损，在排水管上，应设置便于观察的喇叭口接水管4，以便检查排水情况。在进水管路上，应设置调节阀2，并设有当破碎机停止工作时能排除贮水箱水槽中存水的截止阀3。

14.4.1.7　润滑装置的安装

圆锥破碎机是采用稀油强制循环润滑。润滑站须设置在便于检修、粉尘少的地方。在安装动锥之前，应先完成润滑装置的安装，并进行润滑装置的试验。这样，若润滑部位发生故障，便于事先拆卸修理。

润滑系统应与主机电气系统实现连锁。即开动主机之前，必须先开油泵，否则主机不能启动，借以保证主机在运转之前能得到充分润滑。当油压低于0.05MPa或油温60℃时，或油泵发生故障停止工作，应发出信号和主机停止运转，以保证机器不受损坏。

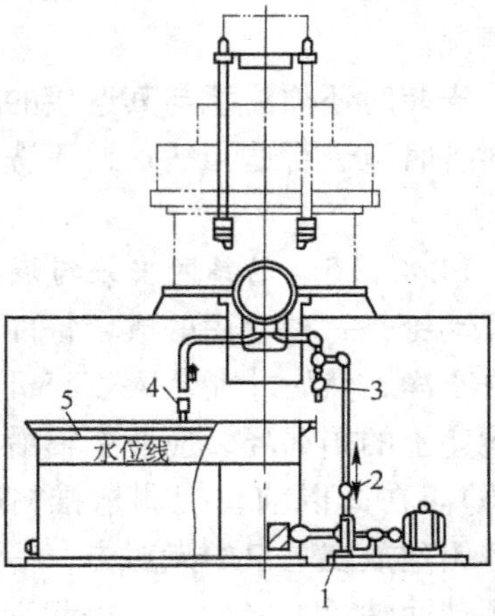

图 14-7　循环式防尘供水系统
1—水泵；2—调节阀；3—截止阀；4—喇叭口接水管；5—贮水箱

14.4.1.8　空转试验

当破碎机前述各部安装完好后，便可进行空转试验，检查各部安装质量。若发现问题，此时进行处理比较方便。

空转试验程序如下：

（1）在破碎机启动前应检查主要连接处的紧固情况。

（2）启动前先用手转动传动轴，至少使偏心轴套转动2～3转，确认转动灵活方可开车。

（3）破碎机启动前先启动油泵，直到各润滑点得到润滑油，见油流回油箱后方可开车。

（4）空转试验不得少于两小时。

（5）破碎机空转试验必须满足下列要求：动锥自转转速不得超过15r/min；圆锥齿轮不得有周期性的噪声；润滑装置给油压力应在0.08～0.15MPa的范围内，以及回油温度不得超过50℃；试验后拆卸时，破碎机各摩擦部位不应发生擦伤、烧伤和磨损等现象。

当空转试验合格后，再进行调整装置和锁紧弹簧的安装。

14.4.1.9　调整装置和弹簧的安装

安装之前，应将调整环9和支承环5（图14-8）清理干净，并对锯齿螺纹进行严格修整，清除毛刺和伤痕，并涂以干油和稀油的混合液，借以保证调整灵活。

安装时先将锁紧油缸8装在支承环5上，然后再将支承环装在机架6上，并检查机架和支承环支撑面是否接触均匀。接着将调整环9旋入支承环5内，并将锁紧螺母3拧在调整环上，要对准支承环5上的四个销孔，再打入销钉4定位。

一般弹簧不需要维修，但要维修支承环应必须拆下弹簧，因此有拆就有装。弹簧装在机架上有两种不同的布置方式：一种是偏心式，即在传动轴架上方两边各布置一组弹簧；另一种是中心式，即正对传动轴架上方布置一组弹簧。

弹簧的安装方法也不同，有用吊车通过钢绳，将装在两托盘之间的一组弹簧压缩，然后穿上螺栓和拧紧螺母，直到压缩到规定弹簧高度（表14-8）。

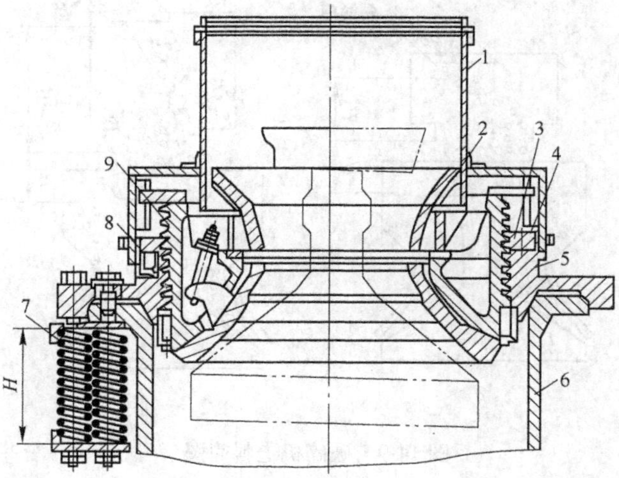

图 14-8 调整装置的安装

1—圆筒罩子；2—受矿斗；3—锁紧螺母；4—锁钉；5—支承环；
6—机架；7—弹簧；8—锁紧液压缸；9—调整环

表 14-8 国产破碎机锁紧弹簧高度

破碎机规格	900	1200	(1650)	1750	(2100)	2200
弹簧工作高度 H/mm	360	515	610	659	800 ± 2	660 ± 3
弹簧最大压紧高度 H/mm	360	510	605	645	800 ± 2	660 ± 3

另一种安装弹簧的方法，是借助液压千斤顶，但也必须遵守这个原则，即拆卸和安装一组弹簧之后，再拆装其对角上的一组弹簧。用这种交叉方式可使支承环平稳地装在支架上。

测量弹簧高度的办法前已述及。

最后再将调整装置的推动液压缸对称地安装在支承环上。推动液压缸的两个接口与液压站对应接口相接。蓄能器用管夹固定在进料装置支柱上。蓄能器接口通过管路和四通阀接到锁紧液压缸油路中。

14.4.1.10 *布料装置安装*

圆锥破碎机布料装置虽然结构原理都很简单，但是它的安装正确与否、它的性能好坏都会对用户的经济效益产生直接影响。

A 传统布料装置

布料装置是由支架、溜槽、进料箱和漏斗所组成。进料箱装在支架顶部，它接住从溜槽来的物料，借以使物料回弹并使物料从进料漏斗垂直落在分矿盘上，然后矿石再从分矿盘上比较均匀的沿破碎腔圆周方向分布。若分布不均匀，严重时会引起破碎机过载，使弹簧跳动频繁，加速支承环与机架配合的梯形表面磨损；易使球面轴承座与机架配合的圆柱面松动，甚至造成窜动和损坏；使破碎机功率增加、生产能力下降和导致产品粒度不均以及衬板过早磨损等不良后果。所以，破碎机运转技术经济指标首先取决于布料装置结构性能和安装是否合理。为此，必须正确选择给矿溜槽的高度 H_2（H_1 为定值）和它的倾角，见图 14-9 所示。

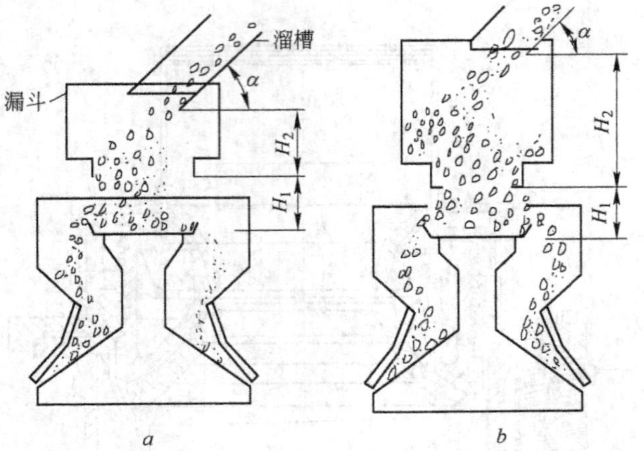

图 14-9　破碎机进料简图

a—不正确；*b*—正确

若 α 角一定时，调整高度 H_2；若 H_2 一定时，调整倾角 α 值，但 α 角必须大于松散物料的安息角。经过对溜槽位置的调整，使矿石进入料箱后，垂直落在分矿盘上，再由分矿盘的摆动和自转作用，使矿石均匀分布在破碎腔内，如图 14-9*b* 所示。矿石不能直接给入破碎腔内（图 14-9*a*）。

进矿漏斗口，距分矿盘顶面高度 H_1 对保证破碎机有效的工作非常重要。当 H_1 值太大时，矿石容易不经分矿盘而直接进入破碎腔；当 H_1 值太小时，矿石容易产生堵塞。因此，安装漏斗时，必须将高度 H_1 调整合适。对于细碎破碎机，靠装有合适的内径和高度 H_1 的圆形漏斗，能控制进矿量均匀，防止破碎机过载，保证破碎机正常工作。例如 2200 中碎机 $H_1 = 350$mm，漏斗直径 $d = 700$mm；2200 细碎机 $H_1 = 300$mm，$d = 500$mm；2100 细碎机 $H_1 = 250$mm，$d = 500$mm；1750 细碎机 $H_1 = 300$mm，$d = 300$mm。

安徽某矿中碎圆锥破碎机，采用皮带机给料。通过计算可知，物料从皮带机抛出后，大约下降 1.5m 左右便打在料箱侧壁上然后落入漏斗。这样，必然使矿石偏于一侧，造成严重偏析现象。该破碎机定锥衬板产生严重偏磨，其偏磨位置也与矿石偏析现象相吻合。

改进办法：可在矿石偏析一侧的料箱上，即在矿石落到料箱侧壁处，增设一个溜槽，借适当调整它的角度和矿石沿溜槽下滑的距离使矿石沿漏斗中心下落。这样可避免由于进料偏析产生的不良后果。

B　单缸机布料装置

单缸液压圆锥破碎机布料装置的安装位置，应顺着臂架方向并两者中心相重合。

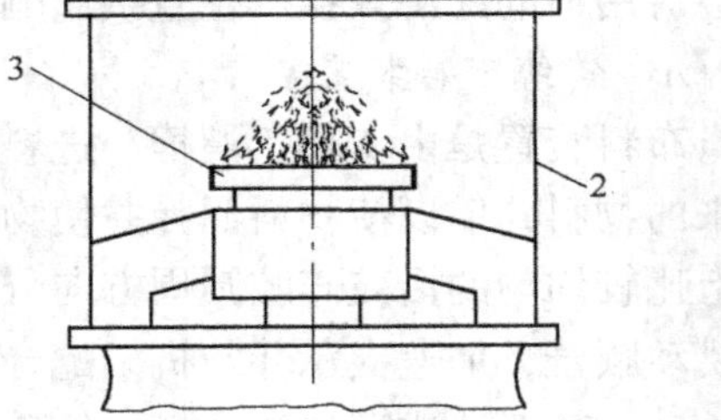

图 14-10　皮带给料

1—给料皮带；2—受料箱；3—臂架盖；4—中间料箱

若给料带或斜槽给料位置比较高，则必须增设一个中间料箱（图 14-10）。使物料从运输带抛落到中间料箱底角处，然后再滑落到臂架盖上自动进入破碎腔。

作者曾在某选矿厂观察一台单缸机试车时，将给料装置，按弹簧圆锥破碎机给料方式进行给料。把给料筒设置在臂架盖（图 14-10）上方，并且在高头有斜度很大的溜槽给矿，致使破碎机严重堵料，无法正常运行。由此告诫，给料装置安装的重要性不容忽视。

C 旋转布料器

进口的国外液压圆锥破碎机以及旋盘圆锥破碎机几乎都带有旋转布料器。然而国内用户很少使用这种给料装置。特别是细碎机，给料粒度 D_{max} < 80mm 均应使用布料器。因为细碎机承受载荷最大，要求给料更均匀，并且可以堆满给料。料位最高可达到与臂架平齐。这样会提高破碎机效果。

对传统圆锥破碎机安装旋转布料器效果如何，现分述如下：

图 14-11 所示，为前苏联 КМДТ-2200 圆锥破碎机布料器。电动机 1 经减速器、V 形带 2 驱动带溜槽 3 和侧面排料口的旋转布料斗 8 旋转。料斗 8 的轴 4 装轴承 5 中并由支撑横梁 9 承受整个布器旋转部分。物料经由料箱 6、漏斗 7 落入旋转料斗并沿溜槽均匀地分布在破碎腔一周。

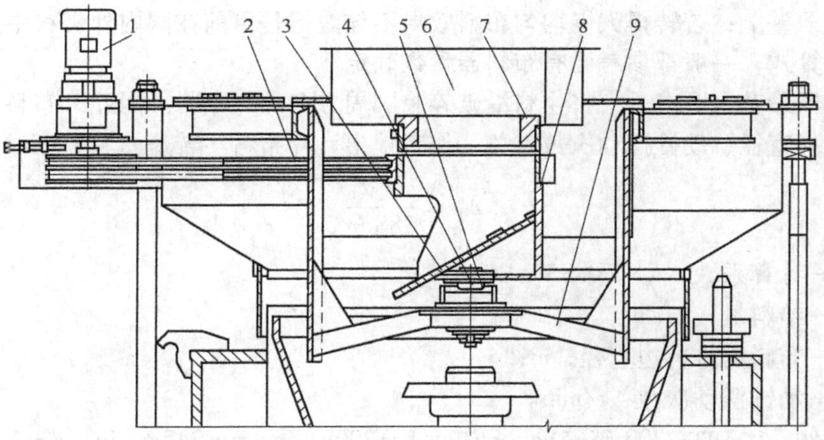

图 14-11 КМДТ-2200 圆锥破碎机旋转布料器

1—电动机；2—V 形带；3—溜槽；4—轴；5—轴承；6—料箱；7—漏斗；8—布料斗；9—支撑横梁

为了说明旋转布料器的优越性，前苏联国家选矿设计研究院与杰兹卡兹甘矿山冶金公司联合对进料均匀性能进行了研究和试验。表 14-9 给出了试验结果。

表 14-9 КМДТ-2200 破碎机不同布料方式的产品粒度特性和生产率

粒级/mm	分矿盘		旋转布料器		有自动控制料位的旋转布料器	
	r/%	Σ*r*/%	*r*/%	Σ*r*/%	*r*/%	Σ*r*/%
+35	2.0	2.0	—	—	—	—
-35 +25	7.3	9.3	3.8	3.8	2.4	2.4
-25 +20	13.2	22.5	10.2	14.0	7.9	10.3
-20 +16	13.9	36.4	11.6	25.6	13.4	23.7

续表 14-9

粒级/mm	分矿盘		旋转布料器		有自动控制料位的旋转布料器	
	r/%	Σr/%	r/%	Σr/%	r/%	Σr/%
-16 +12	17.9	54.3	21.1	46.7	21.9	45.6
-12 +0	45.7	100.0	53.3	100.0	54.4	100.0
总计	100.0		100.0		100.0	
平均粒度/mm	13.68		11.64		11.12	
排料口平均值/mm	8.65		8.0		8.1	
生产率/$t \cdot h^{-1}$	280		320		376	

从表中数据对比可知，装旋转布料器比装分矿盘破碎机生产率由 280t/h 增加到 320t/h，即生产率增加 14%；产品粒度也降低许多，特别是 -12 +0 含量相对为 45.7% 和 53.5%。此外，衬板寿命可提高 20% 以上，单位能耗也降低。因此有条件厂矿都可增设旋转布料器。

旋转布料器的技术参数中，布料斗的转速是非常重要的参数。若料斗转得太快，物料被甩到上部罩壁上；若转得太慢均匀布料效果不佳。但是目前在国内外资料中还没计算料斗转数的计算式，一般都参考已有布料器参数确定。

对布料器最基本要求是：将物料沿破碎腔圆周方向均匀布料。因此，布料斗转速与物料多少、物料直径、动锥摆动次数有关。作者提出计算布料斗转速 n_0（r/min）公式

$$n_0 = \frac{KV}{188dn}$$

式中　K——计算系数，$K=(0.85\sim1.1)^{-10}$；

V——给料量，m^3/h；

d——布料筒排料边直径，m；

n——动锥摆动次数，r/min。

计算举例：КМДТ-2200 破碎机。已知，$V=200m^3/h$、$n=242r/min$、$d=1.3m$。

解：取系数 K 的平均值为 0.975^{-10}。将已知数据代入上式，求得 $n_0\approx35r/min$。这个转速基本与实际相近。

防止破碎机过载，保证破碎机正常工作。如若能装设一套旋转布料器，更能保证破碎机有效地工作，而且又能提高生产能力，降低能耗和延长零件的使用寿命。

14.4.1.11　*液压站的安装与调试*

圆锥破碎机液压站应安装在便于操作的地方。锁紧液压缸和推动液压缸都应与其相对应的油路相连接，借以保证推动液压缸前进、后退同步。液压站各部分安装完毕后，应进行压力试验，试验压力为 14MPa。在试压过程中，应通过管路和蓄能器底部的螺丝堵，将管路和锁紧液压缸中的残存气体排除。

锁紧液压缸试压之前，蓄能器中必须充有 7.5 ~ 8MPa 的氮气。充气时应将液压系统卸压。推动液压缸试压之前，应使锁紧液压缸卸压。在试压过程中，应保证各元件不渗不漏，仪表灵活可靠。

试压之后，再进行调整装置试验。应做到操作灵活，各液压部件工作可靠。

14.4.2 圆锥破碎机的试车

破碎机安装完毕，要进行空载试车和有载试车。试车达到要求后并经审查合格，方能投入生产使用。

14.4.2.1 空载试车

在不给矿的条件下，对破碎机进行全面运转检查。其内容有：电气设备及电气连锁系统；润滑、供水、液压站及液压调整；主机部分运转情况的检查。

空载试车达到下列要求是：按操作程序启动和停车，各有关连锁系统应符合设计要求；齿轮传动不应有冲击和周期性噪声；动锥正反向自转转速不应超过15r/min；润滑系统工作正常、给油压力在0.05~0.1MPa范围内，回油温度不得超过50℃；液压系统工作正常，并将排矿调整到符合要求；空车连续运转时间2~8h。

14.4.2.2 有载试车

空载试车完毕并达到各项要求后，便可进行有载试车。有载试车是在给矿的条件下，对空载试车中各检查项目进行检查。

有载试车应达到下列要求：有载试车应连续进行两昼夜（允许短时间停车检查）。试车开始时先加入少量矿石，然后逐渐增加到满载；给矿正常，矿石均匀分布在破碎腔内，排矿正常且与规定的生产能力接近；破碎机正常工作时无急剧的振动和噪声。在“过铁”情况下能顺利地排除非破碎物；液压系统工作正常；液压系统给油压力为0.08~0.15MPa，回油温度不超过60℃；各磨损件没有损伤现象；电气设备工作正常。

上述试车条款与数据，对各型破碎机必须遵照国家新制定的破碎机标准中规定的有关条款和数据执行。

15　锤式破碎机机型与性能

15.1　锤式破碎机概述

锤式破碎机是1895年由M. F. Bedmson发明的，至今已有100余年的历史。在此过程中破碎机得到不断地完善，到目前这种破碎机在水泥、选煤、化工、电力、冶金等工业部门应用得非常广泛。主要用于中、细碎石灰石、煤、焦炭、页岩、白垩、石膏、炉渣等中硬和低硬物料。

锤式破碎机主要是靠锤子冲击作用破碎物料（图15-1）。物料进入锤子工作区后，被高速回转的锤子冲击破碎。被破碎的物料从锤头处获得动能，以高速向破碎板和算条筛上冲击而被第二次破碎。此后，小于算条筛缝隙的物料，便从缝隙中排出，而粒度较大的物料，弹回到衬板和算条上的粒状物料，还将受到锤头的附加冲击破碎，在物料破碎的整个过程中，物料之间也相互冲击粉碎。

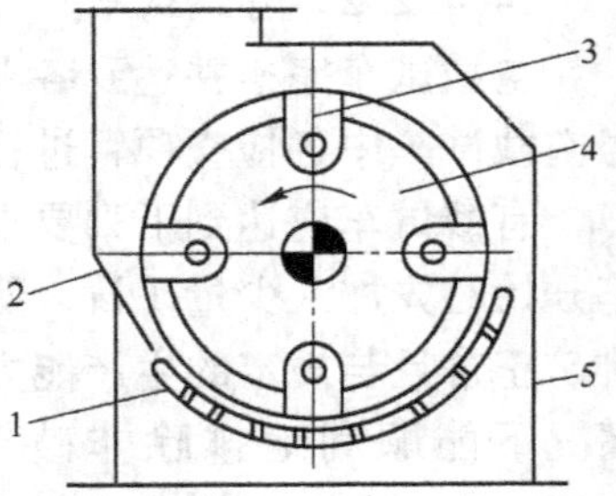

图15-1　锤式破碎机示意图
1—算条筛；2—破碎板；3—锤子；4—转子；5—机架

锤式破碎机类型很多，按转子数目分有单转子和双转子两种，而单转子又有可逆和不可逆旋转的两种。此外，按用途不同，有一般用途和特殊用途之分。

锤式破碎机的特点是：生产率高、破碎比大、能耗低、产品粒度均匀、过粉碎现象少、结构紧凑、维修和更换易损件简单容易；锤头、算条筛、衬板、转盘磨损较快，若破碎较硬物料磨损更快，故它仅能破碎中硬易碎物料；当物料水分含量超过12%或含有黏土时，它的算条筛缝隙容易堵塞，这时生产率下降，能耗增加和锤头磨损加快。

锤式破碎机型号表示方法举例说明：PCK-1010，PC为锤式破碎机，若前面标注2表示双转子，单转子不标注；后面K为可逆式、若是Y为一段、D为单段、F为反击型、Z为重锤式，不可逆式不标注；横线后面10为转子直径的百分数和10为转子长度百分数，单位为mm。全称为单转子1000×1000的可逆式锤式破碎机。

15.2　锤式破碎机机型

15.2.1　可逆式锤式破碎机

图15-2所示破碎机由于它的转子10可以正、反两方向旋转，所以它的主要零、部件都是对称布置的，进料口18也就必须设置在机器的正中上方。

可逆式锤式破碎机主轴14上装有圆盘15。每两个圆盘，通过销轴17悬挂锤头16。

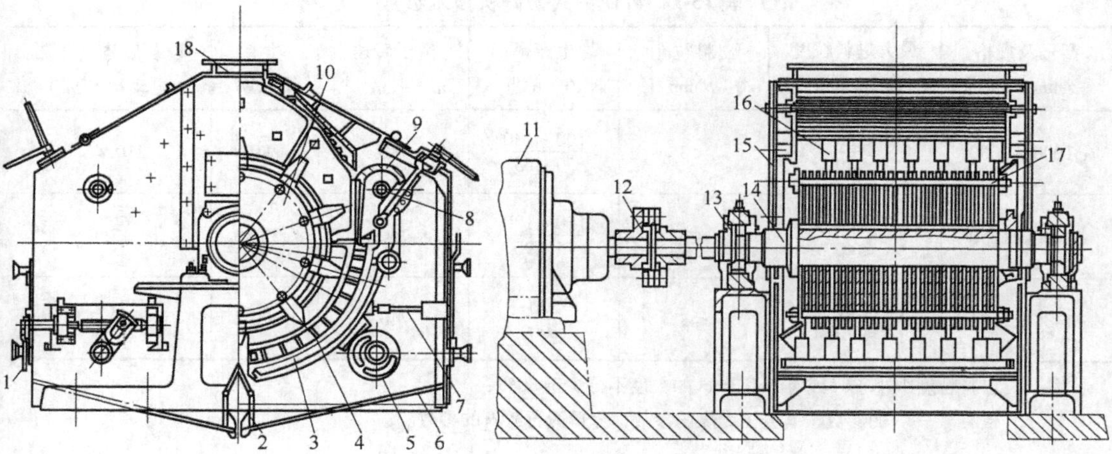

图 15-2 可逆式锤式破碎机

1—手柄；2—笼筐；3—侧板；4—箅条；5—偏心轮；6—拉杆；7—拉紧弹簧；
8—心轴；9—折转板；10—转子；11—电动机；12—联轴节；13—轴承座；
14—主轴；15—圆盘；16—锤头；17—销轴；18—进料口

主轴 14 两端支承在滚动轴承上。电动机 11 通过弹性联轴节 12 直接带动转子回转。

排料箅条 4 安装在对称于转子两边的弧形侧板 3 上。弧形侧板 3 的上端，悬挂在固定于机壳两侧壁上的心轴 8 上，下端支承在偏心轮 5 上。转动机器两侧的手柄 1，使偏心轮 5 转动某一角度，就可以调节锤头与箅条间的间隙，从而保证所需要的产品粒度。调整时可不必停车。为了保证侧板与偏心轮在机器工作时经常接触，在侧板下端装有拉紧弹簧 7，借弹簧的拉紧力，可防止物料冲击箅条而引起侧板在偏心轮上跳动。

为了防止锤头将未被破碎了的物料或非破碎物带到转子的另一边去，而引起事故，可使左右侧板下端相距一定的距离。在这段距离内没有箅条。而在下端安装一个可左右摆动的可调式笼筐 2，未被破碎了的物料，就落到此筐内。操作者定期拉动露在机壳外面的拉杆 6，便可使积存于笼筐内的未被破碎了的物料排出去。

机器使用一段时间后，锤头工作的一面已磨损，转子一侧的衬板与箅条也有一定磨损。这时，可以停车把电动机反接，使转子逆转，锤头未磨损的一面就变成工作面，并利用另一侧未磨损的箅条与衬板，但需要将原来开着的折转板 9 闭死，而将原来闭死的折转板打开。

锤头用优质碳钢锻制。箅条由钢板切割而成。这种破碎机的其他部件与不可逆锤式破碎机基本相似。

锤式破碎机安装好后，需进行两小时的空载试运转。发现问题要及时处理。然后再进行连续 4 ~ 8h 负载试运转。在试运转中，给料先减半，两小时后再给全料。加料前，根据转子旋转方向，把箅条上方的折转板调成一开一闭。运转中，主轴承的温度应在 60℃以下，若发现不正常声音，应立即停车检查处理。表 15-1 给出可逆锤式破碎机技术参数。

表 15-1　可逆锤式破碎机技术参数

型号及规格 /mm × mm	最大进料粒度 D_{max}/mm	出料粒度 d/mm	生产率 /t · h^{-1}	转子转速 n/r · min^{-1}	功率 P/kW	设备质量（不带电动机）m/t
$\phi1000 \times 1000$	$\frac{\leqslant 80}{\leqslant 40}$	<3	$\frac{100 \sim 130}{50 \sim 65}$	980	280	10.45
$\phi1250 \times 1250$	$\frac{\leqslant 80}{\leqslant 40}$	≤3	$\frac{150 \sim 180}{75 \sim 90}$	740	320	13.8
$\phi1430 \times 1300$	$\frac{\leqslant 80}{\leqslant 40}$	≤3	$\frac{200}{100}$	740	370	19.7

注：1. 出料粒度中小于（或等于）3mm 的粒度不得少于 80%；
2. 带有“—”的参数，其分子为煤的参数，分母为石灰石的参数。

15.2.2　不可逆式锤式破碎机

图 15-3 所示为 PCZ 系列单转子不可逆锤式破碎机，这种破碎机属于反击型锤式破碎机。该机主要由机架、转子、反击板、箅条、联轴器、电动机等零部件组成。电动机通过弹性联轴器直接驱动转子旋转，使转子上的锤头呈放射性高速旋转，来打击进入破碎腔内的物料，形成一次破碎；物料受到锤头的打击后，再以高速撞击反击板，而再次破碎，并在物料冲向反击板以及从反击板弹回过程中又发生了多次物料之间的相互冲击而自破碎。在很短的时间内，经多次碰撞循环，破碎后的物料落到转子下部的箅条上；小于箅条缝隙的物料，被排出形成产品；稍大于缝隙的物料，在筛条上又可受到锤头的挤压碾磨而形成最终产品。因此，本机在破碎原理上，既有锤式破碎机的细碎、粒型好的功能，又有反击式破碎机的节能、产量高的特点，并兼有辊式破碎机的挤压原理，是一种兼有多种破碎机之长的先进机型。

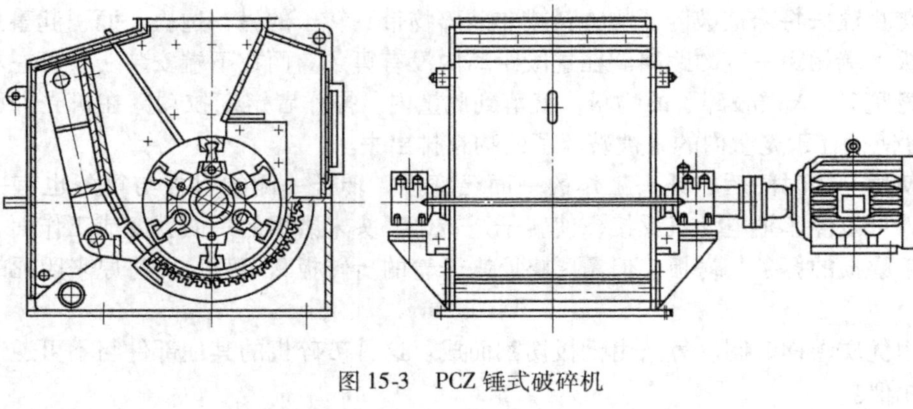

图 15-3　PCZ 锤式破碎机

该机结构特点是，机架由两部分组成：开启机架、主机架。这两部分由螺栓经法兰板紧固在一起。打开转 90°，平行于基础水平放置，从而可方便地对转子上的锤头及其下部的箅条进行检修，也可对装于该部件上的反击衬板进行维修或调换；开启机架，在下部两侧装有反击板位置的调整机构。通过增加或减少调节垫片数量，可控制被碎物料的粒度；主机架主要用于支撑转子体并与开启机架形成深型破碎腔；转子主要由主轴、锤架、锤子、轴承等组成。锤头通过销轴悬挂在三角形锤盘上，可在一定范围内转动。锤架通过键套装于主轴上，并借助锁紧螺母固定在主轴上。

该机锤子结构特点是，单个锤子质量大，从而打击力量大，能破碎较大物料（入料粒度可达200mm）使之破碎比较大；锤子采用组合式结构，锤帽和锤柄借助短销轴连接，磨损后仅更换锤帽，提高金属利用率；该机装有反击板，借用反击破碎的优点，增加破碎效果。这种破碎机破碎抗压强度不超过150MPa、水分不大于10%的物料。破碎机技术性能参数见表15-2。

表15-2 主要技术性能参数

型　号	PCZ0604	PCZ0508	PCZ0612	PCZ0808	PCZ0812	PCZ1012	PCZ1212
转子直径/mm	620			820		1020	1250
转子长度/mm	390	790	1190	790	1190	1190	1250
锤头质量/kg	24			28			49
锤头数量/个	3	6	9	8	12	18	15
进料粒度/mm	≤150	≤250		≤350			
出料粒度/mm	≤10			≤15			≤20
生产率/$t \cdot h^{-1}$	5~15	15~25	30~40	40~50	50~60	60~90	100~140
进料口/mm×mm	440×440	440×800	440×1200	520×810	550×1200	550×1210	550×1270
电动机功率/kW	15~18.5	45	55	75	90	132	185
质量/kg	1670	2790	3675	4430	5835	7790	10500

图15-4所示为反击型细碎锤式破碎机。从图中看出，该机采用圆弧形反击板，物料是沿有筛孔的导板滑下，被高速旋转的锤子冲击后，再以高速抛出撞击在反击板上再次破碎，从反击板反弹回来的过程中又产生多次由物料间相互冲击，在破碎腔形成集中打击

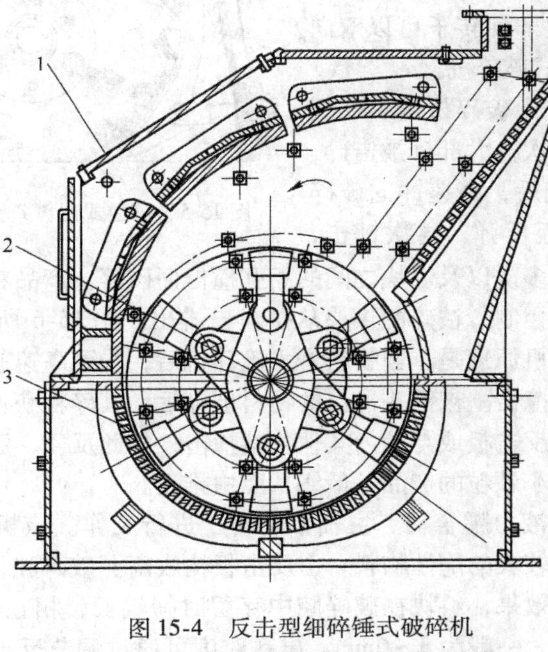

图15-4 反击型细碎锤式破碎机
1—机架部件；2—转子部件；3—筛子部件

区，然后按着锤式破碎机的原理将破碎产品从下部箅条筛排出。

该机是充分发挥了反击破碎和锤式破碎机结合的优点，从而能得到更细的物料（小于（或等于）5mm 占 80%）。该机破碎抗压强度不超过 100MPa、水分不大于 15% 的脆性物料。破碎机技术参数见表 15-3。

表 15-3　反击型细碎锤式破碎机技术参数

型号	转子直径×长度/mm×mm	转子转速/r·min⁻¹	进料口尺寸/mm	最大进料尺寸/mm	出料粒度/mm	生产率/t·h⁻¹	电动机功率/kW	质量/t	外形尺寸/mm×mm×mm
PCX-83	800×300	1000	250×340	80	5	10~15	37	3.1	1202×1678×1680
PCX-84	800×400	1000	250×445	80	5	15~20	37	3.5	1233×1678×1680
PCX-86	800×600	1000	250×600	100	5	15~25	45	3.7	1575×1300×1185
PCX-88	800×800	1000	250×840	100	5	25~35	75	4	1702×1678×1680
PCX-810	800×1000	1000	250×1040	100	5	30~40	90	5.1	1910×1678×1680

注：表中为破碎石灰石的数据。

15.2.3　无箅条可逆锤式破碎机

有些用户对破碎产品要求非常严格，如火力发电厂硫化锅炉燃烧的是煤粒而不是煤粉。锤式破碎机安装箅条筛可以控制产品粒度不会过大，但由于锤头与箅条产生挤压与剪切使得产品产生过粉碎，粉料量大，所以就将箅条筛去掉，减少大量粉料来满足不同用户的要求，这样就产生了无箅条筛锤式破碎机。为了增加易损件寿命，又将转子和腔形制做成对称的，如图 15-5 所示，这样使转子可以双向旋转，即可逆式无箅条锤式破碎机。

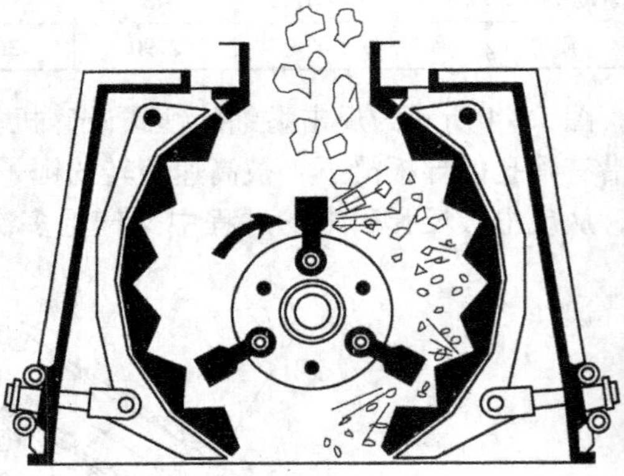

图 15-5　可逆式无箅条锤式破碎机示意图

以碎煤为例，煤块进入破碎机后，受到高速旋转的锤头冲击，首次有大部分被击碎，其余小部分块煤获得动能后，高速冲向破碎板再次被破碎，经破碎板反弹，再次锤击，如此反复在破碎腔内经过多次以及煤块之间的相互撞击而破碎。产品粒度通过调整转子与破碎板之间的间隙大小来控制。被碎的煤块从排料口排出。图 15-6 所示为 PCKW 无箅条可逆锤式破碎机。其破碎机原理是，当物料进入破碎机后，受到高速旋转锤子的冲击或与腔内高速运动的其他物料撞击。被锤头冲击的物料破碎后，其碎粒获得冲击动能，以 2 倍于锤头的线速度撞向腔内反击板或与腔内其他物料撞击，如此反复，腔内积聚的集合颗粒群多次的剪切和碾磨，细小颗粒的产品，最终从腔中排出。

破碎机由电动机驱动液力耦合器、主轴带动转子进行工作。该机结构特点是，无箅条，可适用于破碎含水量较大的脆性物料；由反击板构成高深破碎腔，有较大的破碎腔空间，能充分发挥反击破碎效果，料块在破碎腔中存留时间较长，相互碰撞次数相对增多，破碎比大，产品粒度很细，一般为 3~6mm。出料粒度可通过调节反击板下部与锤头之间

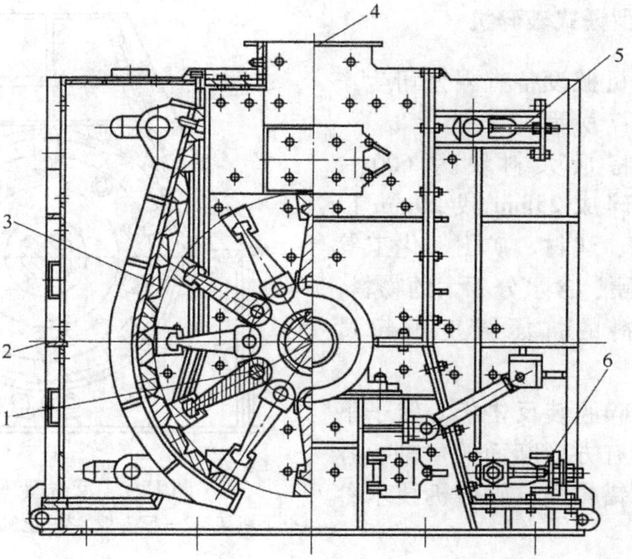

图 15-6 无箅条可逆锤式破碎机

1—转子组件；2—机壳组件；3—反击板组件；4—入料口；
5—反击板上部调节机构；6—排料口调节机构

的间隙来控制；采用小锤盘长柄组合式锤子，除了具有组合式锤子优点外，由于锤柄长，在锤帽相同质量条件下，增加打击力度，从而提高破碎效果；机架可以由液压开启和关闭，便于操作和装拆易损件。

该机可以破碎抗压强度达250MPa和表面水分小于（或等于）15%的物料；若破碎砂岩小于4.75mm的物料达40%；若用于破碎水泥生料，由于粒度小于6mm，能够很好地满足“多碎少磨”节能的要求。

无箅条可逆锤式破碎机技术参数见表15-4。

表 15-4 无箅条可逆锤式破碎机技术参数

型号	PCKW0908	PCKW1012	PCKW1214	PCKW1414	PCKW1416	PCKW1618	PCKW1820
转子直径/mm	900	1000	1200	1400	1400	1600	1800
转子长度/mm	800	1200	1400	1400	1600	1800	2000
给料口尺寸/mm×mm	300×800	300×1200	300×1400	600×1450	400×1650	500×1800	500×2000
入料粒度/mm	≤100			≤150		≤100	
出料粒度/mm	3~6						
生产率/$t \cdot h^{-1}$	20~50	40~90	60~120	210~300	80~160	180~200	250~300
电机功率/kW	75~90	132~160	185~210	475	220~320	360~400	400~560
机重（不含电机）/kg	6500	8200	1300	1300	1550	19100	22600

15.2.4　反击型锤式破碎机

上海建设路桥机械设备有限公司生产这种破碎机如图 15-7 所示。

该机可直接将最大料块为 600 ~ 1800mm 的物料破碎成 25mm 或 20mm 以下。主要用于水泥、建材、矿山、化工等部门破碎脆性、中硬、含水分不大的物料，如石灰石等。物料的抗压强度不超过 140MPa。

破碎机上部破碎腔装反击板，转子下部设有箅条筛，具有方形断面的主轴，各圆盘之间的锤子交错排列。破碎机技术参数见表 15-5。

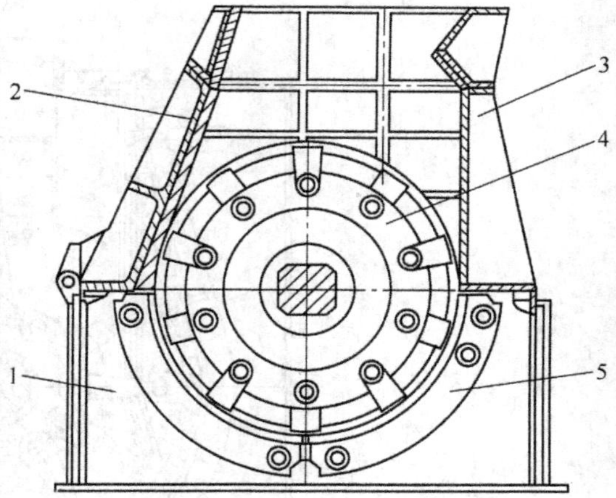

图 15-7　反击型锤式破碎机

1—下机架；2—反击板；3—上机架；4—转子；5—箅条

表 15-5　反击型锤式破碎机参数

型　号	转子直径 × 宽度 /mm × mm	最大进料边长/mm	出料粒度 /mm	生产率 /t · h^{-1}	电动机功率/kW	机重（不包括电机）/kg
PFC-1609	1680 ×918	600	25 ~70	50 ~70	110	20576
PFC-1612 Ⅱ	1980 ×1250	850	25 ~70	100 ~140	240	29870
PFC-2014	2000 ×1480	1200	25 ~70	150 ~200	310	39000
PFC-20л Ⅱ	2000 ×1788	1200	25 ~70	250 ~300	475	56657
PFC-2519	2530 ×1900	1200	25 ~70	250 ~300	710	94206
PFC-2724	2750 ×2450	1800	25 ~70	600 ~800	800 ~1100	127000

我国冀东水泥厂曾引进前联邦德国 O&K 公司制造的这种锤式破碎机，即 Mammoth 锤式破碎机。它的最大规格为 2300 ×3570，能将 2000mm 物料一次破碎至 25mm 以下，其生产能力可达 2000t/h[4]。国内生产的反击型锤式破碎机也是在此基础上研制成功的。

单段反击型锤式破碎机，其结构形式与图 15-6 所示基本一样。所谓单段系指用于水泥厂破碎生料所用的单段反击型破碎机能得到 25mm 以下的产品（表 15-6），直接进入管磨机，而不用两段破碎。单段的破碎工艺不仅减少了生料破碎段的设备投资，而且降低破碎段运行的能耗、经济效益显著。但是，入磨粒度为 25mm 以下的单段破碎是不能满足“多碎少磨”节能要求。迄今为止，我国水泥工业的生料磨机仍以管磨机为主。管磨机的机械效率很低，其 80% 以上的电能消耗在回转运动中的发热和噪声上，并未作有效功。据统计，在干法水泥生产线上，生料制备系统电耗占总耗电的 36% 以上，而其中 85% 是生料磨机的电耗，由此可见，降低管磨机电耗具有重大意义。

图 15-6 所示无箅条可逆锤式破碎机能够给磨机提供 6mm 以下的生料。

目前，水泥工业所使用的生料管磨机，其第Ⅰ仓将生料磨碎到小于 2.75mm，进入第Ⅱ仓，最终磨到 0.088mm 而排出。若入磨粒度可以控制在 3mm 以下，则可取消第Ⅰ仓使管磨机的处理量大大提高，而电耗减少。

表 15-6　单段反击型锤式破碎机技术参数

型　号	进料口尺寸 /mm × mm	最大进料粒度 /mm × mm × mm	转子直径 /mm	转子长度 /mm	出料粒度 /mm	生产率 /t · h^{-1}	电动机功率/kW	机重（不包括电机）/t
PCF-1412	1290 × 1320	600 × 600 × 900	1420	1200	≤25	80 ~ 130	130 ~ 190	23.5
PCF-1616	1500 × 1785	800 × 800 × 1000	1650	1630	≤25	130 ~ 240	250 ~ 350	43.3
PCF-1817	1750 × 1840	900 × 900 × 1200	1850	1730	≤25	240 ~ 350	400 ~ 560	70
PCF-2018	2268 × 2130	< 1m^3 1000 × 1000 × 1000	2020	1802	≤25	350 ~ 450	630 ~ 710	89
PCF-2022	2100 × 2380	1000 × 1000 × 1500	2010	2230	≤25	400 ~ 600	630 ~ 800	128

注：表中为破碎石灰石的数据；小于 25mm 占 85%。

无箅条可逆锤式破碎机可提供 3 ~ 6mm 的生料，这样又将从单段破碎回到两段破碎，可见采用几段破碎工艺主要是取决于破碎机的性能。目前，已在不少水泥厂改造中采用新两段破碎，相对于单段破碎又前进一步。因此，研制出能够提供更细产品、性能更优越的破碎机非常重要。

15.3　环锤式破碎机

15.3.1　环锤式破碎机结构原理

15.3.1.1　环锤式破碎机结构

环锤式破碎机由转子、机体、调节机构等主要部分组成。电动机通过弹性圆柱销联轴器直接驱动转子。图 15-8 为环锤式破碎机结构示意图，该图为环锤式破碎机主体部分。

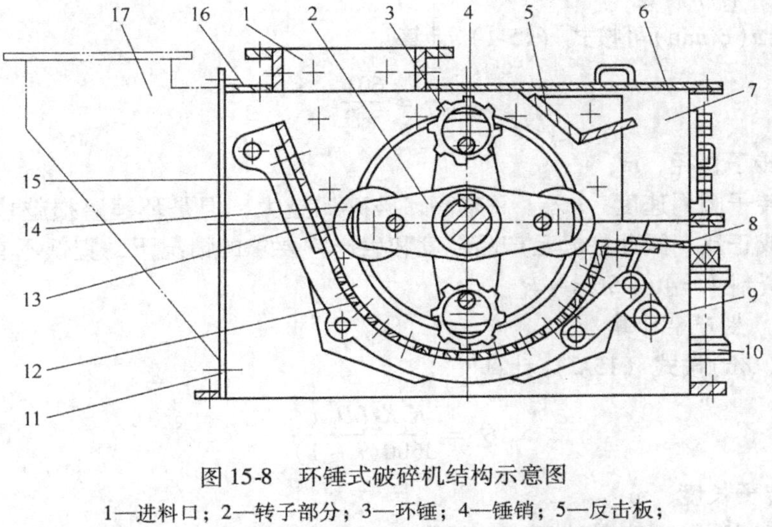

图 15-8　环锤式破碎机结构示意图

1—进料口；2—转子部分；3—环锤；4—锤销；5—反击板；
6—活动盖板；7—金属收集器；8—活动板；9—机体部分；
10—调节机构部分；11—下机壳；12—筛板；13—托板；
14—环锤；15—破碎板；16—上机壳；17—旁路槽

转子由主轴、端板、隔板、锤销、环锤等主要零件组成。环锤吊挂在锤销上，锤销安装在端板和隔板上，端板和隔板用平键和螺母固定在主轴上。

机体由上下机壳、破碎板、筛板、托板、反击板、衬板等主要零件组成。破碎板和筛板安装在托板上。托板的一端用轴支承在上机壳两侧的轴座上，另一端通过连接板与调节机构相连。衬板安装在机壳两侧的内壁上，用以保护机壳不受磨损。破碎板、筛板、反击板与转子形成破碎腔。

调节机构由蜗杆、蜗轮、指针、间隙指示牌等主要零件组成，用于调节并显示转子与筛板之间的间隙。

15.3.1.2　工作原理及类型

环锤式破碎机是一种带有环锤的冲击转子式破碎机，环锤不仅能随转子旋转，还能绕锤销轴自转。物料进入破碎机后，在破碎腔内受到随转子高速旋转的环锤的冲击而破碎，被破碎的物料同时从环锤处获得动能，高速度地冲向破碎板，受到第二次破碎，然后落到筛板上，受环锤的剪切、挤压、研磨以及物料与物料之间的相互碰撞作用，物料得到进一步的破碎，并通过筛孔排出机外。不能破碎的杂物则由环锤推入金属收集器，由操作人员定期清除。

出料粒度的调节，是通过更换不同规格的筛板来实现的。转子与筛板之间的间隙，可根据需要通过调节机构进行调节。

环锤式破碎机目前分重型及轻型两种，环锤式破煤机（轻型环锤式破碎机）适用于莫氏硬度二级物料的破碎，使用碎煤环锤。环锤式碎石机（重型环锤式破碎机）适用于莫氏硬度五级以下的脆性物料的破碎，使用碎石环锤。碎石环锤质量大于碎煤环锤的质量，从而提高环锤的冲击力，达到破碎矿石的目的。

15.3.2　环锤式破碎机参数计算[70]

15.3.2.1　转子转速

转子转速 n(r/min)可按式（15-1）计算

$$n = \frac{60V}{\pi D} \tag{15-1}$$

式中　D——转子直径，m；

V——转子圆周速度，m/s。V 越高，破碎比越大，但是环锤磨损越快，并且与 V^2 成正比。因此在满足产品粒度和生产率要求的情况下，宜低不宜高。据已有资料 $V = 40 \sim 50$m/s。

15.3.2.2　生产率计算

生产率 Q(t/h)按式（15-2）计算

$$Q = \frac{K_1 K_2 L D^2 n^2}{3600(i-1)} \tag{15-2}$$

式中　L——转子长度，m；

K_1——修正系数，碎煤时 $K_1 = 0.6 \sim 1.2$，碎矿石时 $K_1 = 0.5 \sim 1$；

K_2——修正系数，碎煤时 $K_2 = 15$，碎矿石时 $K_2 = 10$；

i——破碎比；

其他符号同前。

15.3.2.3　轴功率（kW）计算

$$P = K_3 Qi \tag{15-3}$$

式中　K_3——修正系数，碎煤时 $K_3 = 0.04 \sim 0.075$。

环锤式破碎机不宜破碎黏性物料，上式适用于碎煤和其他中等硬度、密度类似煤的物料，当破碎其他物料时，应进行硬度、密度修正。

表 15-7 为同规格的碎煤环锤式破碎机同碎矿石环锤式破碎机的比较，供设计参考。

表 15-7　碎煤与碎矿石环锤式破碎机的比较

转子 $D \times L$ /mm×mm	生产率/t·h⁻¹		电机功率/kW		破碎比		转子质量/kg	
	碎煤机	碎石机	碎煤机	碎石机	碎煤机	碎石机	碎煤机	碎石机
400×400	16~25	15~25	11	11	6.7	5.3	300	350
600×600	30~60	35~55	30	30	6.7	6.7	730	730
800×800	75~105	60~80	55	55	6.7	8	1400	1550
1000×1000	$\frac{160\sim200}{200\sim245}$	100~130	$\frac{280}{355}$	110	10	9.3	2700	2950
1000×1600	$\frac{300\sim350}{300\sim500}$	200~250	$\frac{155}{220}$	220	10	9.3	3280	3520
1200×1600	$\frac{500\sim620}{620\sim800}$	300~350	$\frac{280}{355}$	355	11.7	10.6	5100	5700

15.3.2.4　环锤质量

对破碎煤时环锤质量 m_h（kg）为：

$$m_h = (0.6 \sim 1.6) m r_1 / r_2 \tag{15-4}$$

式中　m——物料质量，kg；

r_1——销轴中心到环锤碰撞中心之距离，m；

r_2——销轴中心到环锤质心之距离，m。

15.3.2.5　环锤排数

当给料高度和转子转速一定，环锤排数过少，物料会落到转子体上而使表面磨损，不能有效利用环锤动量打击物料；环锤排数过多，物料不会落到环锤的“打击区域”，而仅仅接触环锤的边缘，既损失了能量，又加剧了环锤的磨损。因此，准确地选取环锤排数很重要。根据给料高度，转子转速和转子结构尺寸，满足环锤在相隔打击物料的时间内，物料能够自由下落到环锤的“打击区域”，得出下式：

$$Z_1 = \frac{60\sqrt{2gH\beta}}{nh} \tag{15-5}$$

式中　H——给料高度，m；

β——环锤几何尺寸系数，$\beta = 0.6 \sim 0.8$；

h——环锤工作区深度，m。

PCH 型环锤式破碎机技术参数见表 15-8。

表 15-8　PCH 型环锤式破碎机技术参数

型号		PCH0604		PCH0606		PCH0808	PCH1010	
转子	直径/mm	645		645		800	1000	
	长度/mm	400		630		840	910	
生产率/t · h^{-1}		30		45		80	120	
给料粒度/mm		≤120		≤150		≤200	≤250	
排料粒度/mm		≤3		≤3 ~ 10		≤5 ~ 20	≤5 ~ 25	
电动机选型	型号	Y180L-6	Y200L2-6	Y200L2-6	Y250M-6	Y280M-6	Y315M1-8	Y315M3-8
	功率/kW	15	22	22	37	55	75	110
	转速/r · min^{-1}	970	970	970	980	980	740	740
外形尺寸（长 × 宽 × 高）/mm × mm × mm		2002.5 × 1320 × 980	2027.5 × 1320 × 980	2397 × 1320 × 980	2522 × 1320 × 980	3131 × 1760 × 1230	3189.5 × 2040 × 1520	3189.5 × 2040 × 1520
质量/kg		2103	2158	2565	2723	3692	5150	5280

注：制造单位是鞍山矿石机械股份有限公司。

16 锤式破碎机转子设计

锤式破碎机转子由锤子、主轴与轴承、销轴、锤架及转盘组成。

16.1 转子尺寸与平衡

16.1.1 转子直径与长度

转子直径可按最大料块尺寸来确定，转子直径：

$$D = (1.2 \sim 5)D_{max} \tag{16-1}$$

式中 D_{max}——最大给料粒度。

转子长度根据破碎机生产率而定。转子长度：

$$L = (0.7 \sim 1.8)D \tag{16-2}$$

对大型破碎机取比较小的值。

16.1.2 转子转速计算

锤式破碎机的转子转速可按圆周速度来计算：

$$n = 60v/\pi D \tag{16-3}$$

式中 v——转子圆周速度，m/s；

D——转子直径，m。

转子圆周速度一般在 18 ~ 70m/s 之间选取。对中小型破碎机，取 $v = 25 \sim 70$m/s，而转速在 750 ~ 1500r/min；对大型破碎机 $v = 18 \sim 25$m/s，而转速为 200 ~ 300r/min。速度越高，产品粒度越小，锤头、衬板和箅条磨损也越快，功率消耗也随之增加，对机器零件的加工，安装精度要求也随之增高，所以在满足产品粒度的情况下，转子圆周速度应偏低选取。

16.1.3 转子的平衡

前面提及，若转子的主惯性轴与旋转轴线不重合，但相互平行，即转子重心不在它的旋转轴线上，则必然产生静力不平衡；若转子主惯性轴与旋转轴线交错，且相交于转子的重心上，即回转中心线与其几何中心线相交，转子旋转时产生不平衡力矩，必然产生动力不平衡。这两种不平衡现象将使转子旋转时产生很大的动载荷（即挠力），从而引起机器的不稳定运转，使主轴、轴承、机架等零部件受力恶化。特别是对轴承产生周期性冲击载荷，使轴承发热，甚至损坏；此外还引起机器的振动。转子不平衡现象主要是由于转子零件的制造质量和装配精度不良造成。同时，在工作过程中锤头磨损不均匀也是影响转子不平衡的因素。转子产生的动载荷（挠力）可按下式计算：

$$F = F_0 \sin\omega t \quad (16\text{-}4)$$

$$F_0 = m_0 e\omega^2 \quad (16\text{-}5)$$

式中　m_0——偏心质量，kg；

e——从旋转中心至旋转质量重心间的距离，即偏心距，mm；

ω——转子的角速度，1/s。

设计时，应注意破碎机的动载荷不能超过允许值。

转子装配后，必须进行平衡试验。对于长度较小的转子和转速在800r/min以下时，只需做静平衡；对于长度较大的转子，除做静平衡外，必须做动平衡。

对于用户，当更换锤子时，也需做平衡。其办法是，逐个称量锤子质量，记在锤子上，还要详细记在记录单上。

要求相对应的两排，如图16-1所示，1和4，2和5，3和6应平衡，且轴向截面对应的两个锤头也应平衡。这是最简单的方法。

假如所有对应的两排的每个锤头都是平衡的，只有两个不平衡，而这两个锤头又处于转子的两端，这样旋转时就会产生力偶，产生动态不平衡，引起振动。

如果不平衡，其质量又是相等的，且为180°，这种情况，对于轴心线能达到平衡，然后旋转起来，每个不平衡的锤头，就产生旋转离心力，则使转子轴在轴承内出现摇摆，所以必须使距离“A”的值尽量最小（图16-2）。

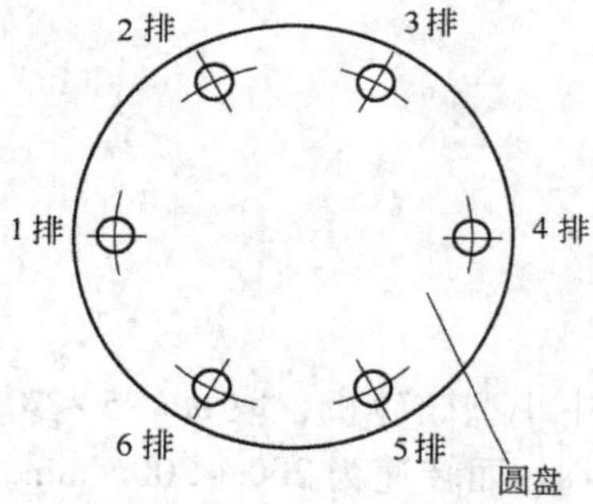

图16-1　锤头调整图

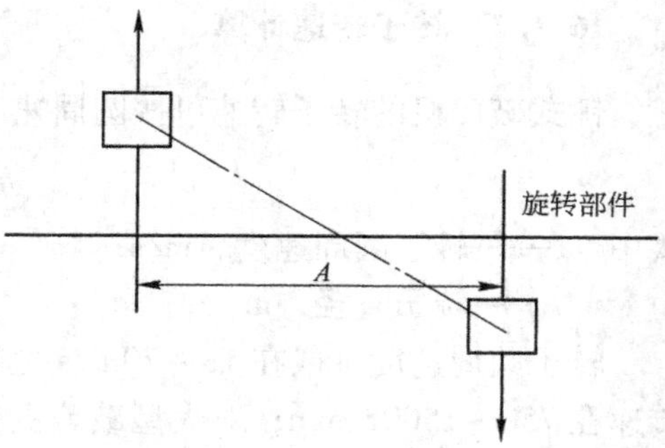

图16-2　锤头平衡图

16.2　锤子形状与质量

16.2.1　锤子形状

锤式破碎机锤子的形状与破碎物料性质和粒度有关，即与被破碎物料硬度、脆性、粒度等因素有关。因此，锤子的形状有各种各样的，如破碎金属切削的锤子就像镰刀形；一是加大打击力度；二是延长锤子的使用寿命。

这里仅介绍前面所叙述的锤式破碎机所使用的锤子（图16-3）。

图16-3a所示锤子用于前面图15-2所示的可逆式锤式破碎机。它属于轻型锤子。被破碎的物料粒度大约在100mm左右。PCZ单转子锤式破碎机采用图16-3b所示的锤子是一种组合式，由锤柄锤帽和销轴等组成。锤帽由耐磨材料铸造而成，可方便的更换。锤柄

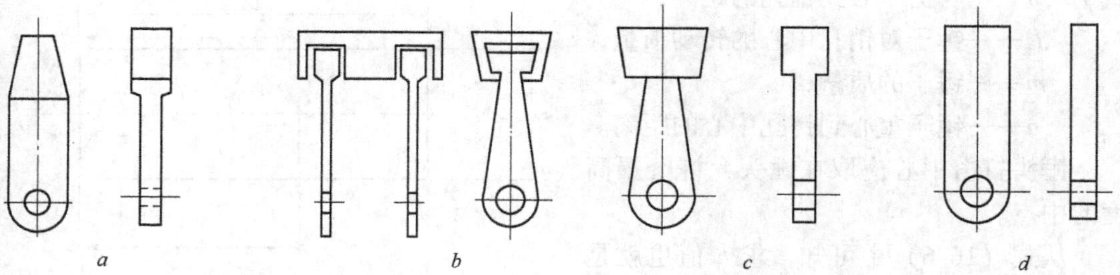

图 16-3 锤子形状

a—轻型；b—组合式；c—整体中型；d—轻型板式

可用高碳钢制造并在侧面焊有耐磨合金，其寿命很长。这样的锤子增加打击中心的质量，增加物料与锤头撞击几率。

PC 和 PCX 系列锤式破碎机采用图 16-3c 所示的锤子。其头部质量较重，可以得到较细的产品。整体式锤子结构比较简单。反击型锤式破碎机（图 15-4）采用图 16-3c 所示的锤子。其结构很简单，此外，PCKW 无箅条锤式破碎机采用长柄组合式锤子。由于锤柄较长，对同样规格破碎机，其转盘直径就比较小增加破碎腔内空间，可减少因鼓风效应而产生的不必要的电能损耗。这种锤子用于 PCKW 无箅条可逆式锤式破碎机。

16.2.2 锤子销孔位置的确定

锤式破碎机转子虽然达到了转子平衡的要求，但由于锤子悬挂得不正确，即销孔位置不对也会随锤子对物料冲击，对销轴、主轴和轴承产生冲击反力。如图 16-4 所示，锤头冲击物料时，在锤头冲击点作用着冲击力 F。若锤子悬挂位置不正确，使锤子产生非打击状态，这时在锤子销轴 2 上产生冲击反作用力 F_y，根据作用力与反作用力大小相等、方向相反的原理，在转盘的销孔上也将作用有 F'_y力。该力也传给主轴。作用在主轴上的力为 F'。F'力的反作用力 F''将作用在转盘的中心轴孔上。F'和 F''在转盘上形成逆转盘旋转方向的冲击力偶，因而额外地增加能量消耗。作用在主轴上的 F'力也将传给轴承，使轴承负荷增加，降低轴承使用寿命。为了使破碎机工作时，在锤子销轴上不产生反作用力，必须使锤子处于冲击下平衡状态。所谓平衡状态，就是锤头冲击物料后，悬挂销轴上不产生冲击反力。实际上，就是正确选择销孔位置。

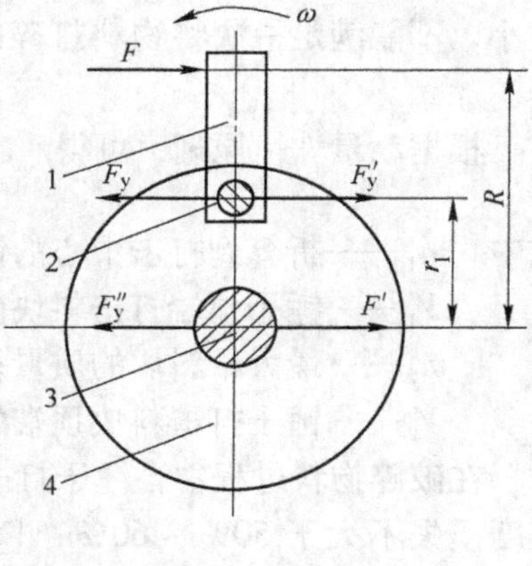

图 16-4 转子受力分析

1—锤子；2—销轴；3—主轴；4—转盘

根据理论力学：对于具有垂直于转轴的质量对称面的刚体，当碰撞冲量的作用线通过撞击中心且垂直于转轴至质心的连线时，则在轴承处不产生反力碰撞冲量。故可求得打击中心：

$$h = J_z/ma \tag{16-6}$$

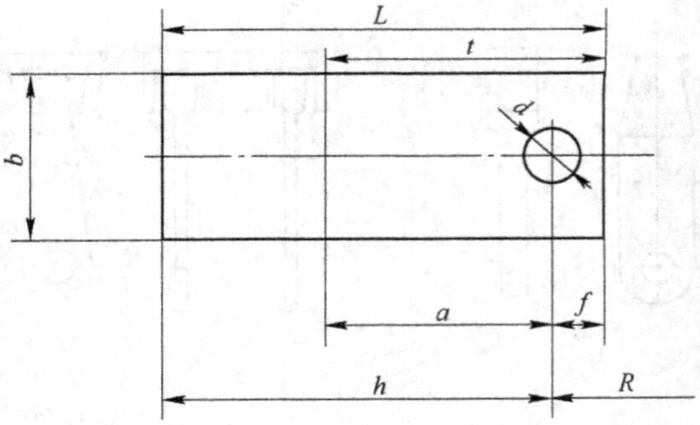

图 16-5　求打击中心到销孔中心距离

式中　h——打击中心到销孔的距离；

J_z——锤子对销孔中心的转动惯量；

m——锤子的质量；

a——锤子重心到销孔中心的距离。

锤头打击中心应取在锤头允许磨损高度的中点。

从式（16-6）中可知，求 h 值也就是 J_z 的问题，这里先介绍一种形状（图16-5）最简单的板锤，求它的 J_z 进一步可得到 h 值大小。

$$h = \frac{B(D - 2ALb) + \sqrt{B^2(2ALb - D^2) - AE(D - ALb)}}{2A(D - ALb)} \tag{16-7}$$

式中　$A = \dfrac{4Lb}{4Lb - d^2\pi}$；

$B = \dfrac{2Lb^2}{4Lb - d^2\pi}$；

$D = Lb\dfrac{1}{4d^2\pi}$；

$E = Lb(L^2 + b^2)/12 + LbB^2 - d^2\pi/32$。

16.2.3　锤子质量的确定

锤子是锤式破碎机最关键的零件，而锤子的质量大小直接影响破碎效果。若锤子质量过小，不能满足一次将物料打碎的要求；若锤子质量过大，则无用功消耗过大，也不经济。

根据动量守恒原理，可得

$$m_1 V_1 = (m_1 + m_2) V_2 \tag{16-8}$$

式中　m_1——折算到打击中心的锤子的质量；

V_1——锤子顶端打击料块前的线速度；

m_2——最大给料块的质量；

V_2——锤子打击料块顶端的线速度。

在破碎物料过程中，锤子打击物料后会绕销轴向后倾斜，即产生速度损失，一般允许速度损失不大于 50% ~60%，$V_2/V_1 = 0.4 \sim 0.5$，代入式（16-8）得 $m_1 = (0.7 - 1)m_2$，则得

$$G_1 = (0.7 - 1)G_2 \tag{16-9}$$

式中　G_1——锤子折算到打击中心的质量；

G_2——最大给料块的质量。

根据质量代换法，锤头的实际质量 G_0，可按下式计算：

$$G_0 = G_1\left(\frac{r}{r_0}\right)^2 \tag{16-10}$$

式中　G_0——锤头实际质量；

r——锤头打击中心到悬挂点的距离；

r_0——锤头的重心到悬挂点的距离。

上述计算锤头质量式，没有考虑物料的性质和锤头速度等因素的影响，故在文献中又提出：

$$G_1 = (0.788 \sim 1.26)d^2/V_1 \tag{16-11}$$

式中 d——最大料块尺寸，cm；

V_1——同前，m/s。

锤头实际质量，可按式（16-11）计算。

16.3 主轴、锤架与筛子

16.3.1 主轴与轴承计算

整个转子的零件都由主轴来支撑，主轴又装在机架侧壁流动轴承中。破碎板工作时所产生的冲击力也由主轴承受，因此，要求主轴的材料具有较高的强度和韧性。主轴有圆形断面和方形断面两种，后者是锤架活套在主轴上不用平键连接。

由于锤式破碎机外载荷很难准确决定，故一般可按前联邦德国海因利希·阿·莫林计算式计算，作用在转子主轴上的相当弯矩（N·m）：

$$M_d = \sqrt{M_k^2 + M_n^2} \tag{16-12}$$

式中 M_k——作用在主轴上的弯矩，$M_k = \frac{1}{8}G_R$，N·m；

G_R——转子总质量，N；

M_n——作用在主轴上的扭矩，$M_n = 974\frac{P}{n}$，N·m；

P——电动机功率，kW；

n——主轴转速，r/min。

已知 M_d 值后，便可计算主轴尺寸，最后再根据实际资料进行修正。

作用在轴承上的载荷 F_L 可按经济公式计算：

$$F_L = 3G_R \tag{16-13}$$

轴承的使用寿命，一般规定为30000h。

16.3.2 锤架与转盘

锤架的作用，主要是通过转盘与销轴将主轴与锤子连接起来。锤架是由多个转盘和压紧转盘、销轴等组成。锤架是靠两端压紧转盘和锁紧螺母固定在一起，锤子就装在销轴上。转盘有三角形、圆形和十字形几种。不论哪种形式，在强度、刚度允许条件下，尽量减轻质量，因为锤式破碎机与反击式破碎机不一样，它仅仅是靠锤子的动能来完成对物料破碎。

16.3.3 箅条筛

顾名思义，它就是用箅条做成的筛子。箅条的排列形式是与锤子运动方向垂直，与转子的回转半径有一定间隙的圆弧状，合格产品通过断面形状有三角形、矩形和梯形三种，通常用锰钢铸成。

17 锤式破碎机参数计算

17.1 生产率计算

影响生产率的因素很多，如给料粒度、产品粒度、转子转速、物料性质、破碎机结构、规格等等。这里首先依据从箅条筛上排出的物料体积来求破碎机生产率。设转子每转一周从箅条筛孔中排出的物料体积 $V(\mathrm{m}^3)$ 为：

$$V = L\frac{\pi D}{360}\theta d \tag{17-1}$$

式中 L——转子长度，m；

D——转子直径，m；

d——筛孔直径，m；

θ——箅条筛孔所对应的中心角，(°)，$\theta = 360Zd/\pi D$（Z 为筛孔数）。

将上述的 θ 值代入式（17-1）中，并令 $d = d_1$ 产品最大粒度（m），则得：

$$V = LZ_0d^2k \tag{17-2}$$

式（17-2）求得的是产品为 $d$mm 的物料体积，实际上，应考虑排出物料的松散度以及不均匀等因素，才更接近实际，根据已有资料和计算经验，物料松散系数与物料不均匀系数 k 约为0.4～0.6。

当转子转速为 n(k/min)时，则每小时从箅条筛孔排出的物料体积 $Q(\mathrm{m}^3/\mathrm{h})$ 为：

$$Q = 60nLz_0d^2k \tag{17-3}$$

例题：PCX-83 细碎锤式破碎机，已知：$D = 0.8\mathrm{m}$，$L = 0.3\mathrm{m}$，$d = 0.005\mathrm{m}$，$z_0 = 37$。

取系数 $k = 0.4$，将已知数据代入式（17-3）中得 $Q = 6.66\mathrm{m}^3/\mathrm{h}$，若堆密度为 $1.6\mathrm{t/m}^3$，则 $Q = 10.65\mathrm{t/h}$。该机技术参数中指出，其生产率为（10～15）t/h。求得结果相近。

讨论：式（17-3）的准确度取决于系数 k 值，而 k 值又决定试验结果，但还是有局限性，而且 k 值范围又较大，故计算结果也不可能很准确。

计算生产率经验式 $Q(\mathrm{t/h})$ 为：

$$Q = (30 - 45)DL\rho \tag{17-4}$$

式中 D, L——转子的直径和长度，m；

ρ——物料的堆密度，$\mathrm{t/m}^3$。

若破碎煤岩，其生产率 $Q(\mathrm{t/h})$ 为：

$$Q = kLD^2n^2/3600(i - L) \tag{17-5}$$

式中 k——系数，为0.12～0.22；

n——转子转速，r/min；

i——破碎比；

D，L——同前。

17.2 电动机功率计算

锤式破碎机功率 P(kW)可按式（17-6）计算：

$$P = \frac{mR^2n^3jk_1}{1088 \times 10^3 \eta} \tag{17-6}$$

式中 m——锤子质量，kg；

R——转子半径，m；

j——锤子总数；

η——机械效率，$\eta = 0.7 \sim 0.85$；

k_1——修正系数。它与转子圆周速度有关，因为速度愈高，每个锤子打击物料的机会率愈低。k_1 值与转子圆周速度 v 的关系见表 17-1。

表 17-1 k_1 值与 v 值的关系

转子圆周速度 v/m · s^{-1}	17	20	23	26	30	40	47
修正系数 k_1	0.022	0.016	0.01	0.008	0.0030	0.0015	0.00125

B. A. Олевский 提出计算锤式破碎机的经验公式 P(kW)为：

$$P = 0.15D^2Ln \tag{17-7}$$

式中 D，L——转子直径与长度，m；

n——转子转速，r/min。

式（17-7）中 0.15 是经验系数。作者对照国产破碎机核算结果，大多数情况都比较接近实际，特殊情况误差较大。对于直径和长度大于 1.6m 或者转子长度小于 0.4m 的破碎机可取系数 0.2。故此经验修正为：

$$P = k_0D^2Ln \tag{17-8}$$

式中 k_0——经验系数，大型机 $k_0 = 0.15 \sim 0.2$；中型机 $k_0 = 0.15$；小型机 $k_0 = 0.1$。

锤式破碎机电动机功率还可以按生产率和物料单位能耗（比能耗）求得[4]。破碎石灰石的单位能耗为 1.3～2.2kW · h/t；破碎煤的单位能耗为 1.4～1.9kW · h/t；破碎煤的能耗：锤式破碎机行业标准规定单位能耗为 1.4～1.9kW · h/t，而德国行业标准规定为 1.2～1.9kW · h/t。

18　反击式破碎机机型与性能

18.1　反击式破碎机概述

利用冲击原理破碎物料的破碎机专利是美国1842年提出，但用于反击式破碎机还是在20世纪。

1924年德国哈兹马克（Hazemag）公司，A·安德烈（A. Andres）首先设计了供实用的反击式破碎机。其结构相当于“棒式锤破机”，在美国用它来破碎焦炭和烧结矿。后来生产了“Andres”单转子和双转子反击式破碎机。

反击式破碎机实际上是在锤式破碎机基础上发展起来的一种新型高效破碎机。反击式破碎机用于破碎石灰石、石棉矿、煤、石英砂、电石、白云石、硫化铁矿等物料。可用作粗、中碎，也可用作细碎。

由于这种破碎机的易损件磨损很快，故只能用于破碎中等硬度物料，致使它的应用范围受到一定限制。到20世纪50年代初，随着新的耐磨材料的应用，前联邦德国KHD公司首先推出硬岩反击式破碎机，从而使反击式破碎机的应用范围扩大。

50年代末国内已生产反击式破碎机，在80年代之前国产反击式破碎机只限于破碎中等硬度物料，到80年代末，上海建设路桥机械设备有限公司（简称上建）引进KHD型硬岩反击式破碎机并研制了硬岩板锤，不仅代替原来依赖进口而且出口到欧美国家和日本等。从此使硬岩反击式破碎机得到很快的发展。采用硬岩反击式破碎机破碎抗压强度300MPa的玄武岩、安山岩等物料完全符合高速公路防滑路面混凝土要求。

随着基础建设快速发展，我国水泥用量已占世界第一位。对管磨机作为生料磨时，单段锤式破碎机是最佳选择，而目前，在2000t/d以上的水泥生产线上越来越多选用立式磨机来取代管磨机，比较好的配套方案是选用大型粗破反击式破碎机便于根据立磨的需求调整出料粒度，以便立磨压力床的建立，从而提高处理能力。因此，发展粗碎反击式破碎机会有相当大的市场。其主要性能如表18-1所示。

表18-1　粗碎反击式破碎机参数

规　格 /mm × mm	生产率 /t · h^{-1}	最大进料边长 /mm	出料粒度 /mm	电机功率 /kW	机器质量 /t
ϕ1600 × 1500	300	1000	100	300	40
ϕ1600 × 2250	500	1000	100	500	60
ϕ1800 × 2250	700	1200	100	600	70

对于高等级公路防滑面层沥青混凝土的级配骨料要求越来越少以及对玄武岩、安山岩等坚硬物料处理能力要求达到100t/h以上的情况，目前的硬岩反击式破碎机在出料粒度

和处理能力两方面都不太适应。所以，上建于 1999 年引进美国最新技术生产了 PF1315 型反击式破碎机满足了硬岩、细破、较大处理量的二破要求[66]。

图 18-1 所示为反击式破碎机示意图。其工作原理是，高速旋转的转子 4 上装有刚性连接的板锤，它随转子一起转动。从进料口 1 沿导板 7 下滑的物料被板锤冲击后破碎，一部分未被破碎的物料被抛射在反击板 2、3 上进行再次破碎，反弹回来的物料群，在空中相互撞击进一步遭到破碎。均整板 5 的作用是可控制产品粒度。被破碎后的物料从破碎机底部排料口 6 排出。

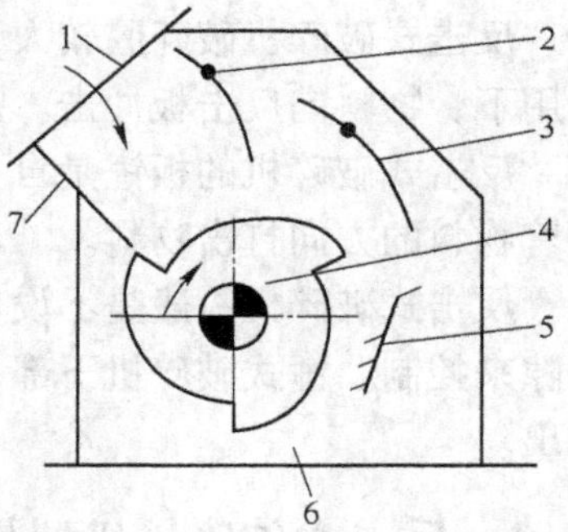

图 18-1 反击式破碎机示意图
1—进料口；2，3—反击板；4—转子；5—均整板；6—排料口；7—导板

物料在反击式破碎机中的破碎机理可概括为三种方式：

（1）自由冲击破碎。物料进入破碎腔内受到高速板锤的冲击以及物料之间相互冲击，同时还有板锤与物料的摩擦。使物料在腔内在自由状态下沿其脆弱面破碎。反击式破碎机产生粉尘也是料块群在空间撞击产生的。

（2）反击破碎。受高速旋转的转子上的板锤的冲击作用，使物料获得很高的运动速度，然后撞击到反击板上，使物料得到进一步的破碎。从反击板上反弹回来的物料流向是由反击板曲线所决定。

（3）铣削破碎。物料进入板锤破碎区间，大块物料被高速旋转的板锤一块一块铣削破碎并抛出。另外经上述两种破碎作用还未破碎大于出料口尺寸的物料，在出料口处也被高速旋转的板锤铣削破碎。

上述三种破碎方式以自由冲击破碎为主导。

反击式破碎机类型较多，但可归纳为单转子和双转子反击式破碎机两大类型。

单转子反击式破碎机又分单转子可逆旋转和不可逆旋转两种，又分有无均整板。双转子反击式破碎机（图 18-9），根据转子旋转方向不同有，两转子同向旋转、相向旋转和反向旋转三种。

两转子同向旋转的双转子反击式，相当于两个单转子反击式破碎机串联使用，可同时完成粗、中、细碎作业，破碎比大，产品粒度均匀，生产能力高，但电耗较高。该种破碎机可减少破碎段数，简化生产流程。

两转子反向旋转的反击式破碎机，相当于两个单转子反击式破碎机并联使用，生产能力高可破碎较大块物料，作为大型粗、中碎使用。

两转子相向旋转的反击式破碎机，它主要利用两转子相对抛出的物料相互撞击进行破碎，所以破碎比大，金属磨损量较少。

反击式破碎机型号表示方法举例说明：PFY-1214，PF 为反击式破碎，若前面标注 2 为双转子，单转子不标注；后面 Y 为硬岩、Q 为涡旋；横线后面 12 为转子直径的百分数、14 为转子长度的百分数，单位为 mm。全称为单转子 1200 × 1400 硬岩反击式破碎机。

锤式破碎机与反击式破碎机主要区别：反击式破碎机的板锤与转子是刚性连接的，利用整个转子的惯性对物料进行冲击，使物料不仅遭到破碎而且获得较大速度和动能。锤式破碎机由于锤头与转子是铰接，所以它仅以单个锤子对物料进行打击破碎物料，物料获得的速度和动能较小。

反击式破碎机破碎腔较大，使物料有一定的活动空间，充分利用冲击作用，在板锤的作用下，物料向反击板冲击。锤式破碎机的破碎腔小，物料主要受锤子打击破碎。

反击式破碎机的板锤是自下向上迎击物料并把它抛到反击板上，而锤式破碎机锤头是顺着物料的方向打击物料。

反击式破碎机一般是不设箅条，产品粒度是靠板锤的速度以及反击板或均整板之间的间隙来控制。锤式破碎机下部有箅条（也有无箅条可逆锤式破碎机），破碎产品通过筛孔排出。

18.2　反击式破碎机机型与性能

18.2.1　PFY 硬岩反击式破碎机

图 18-2 所示为上建厂生产的 PFY 硬岩反击式破碎机，该机由机架、反击装置和转子三个部分组成。

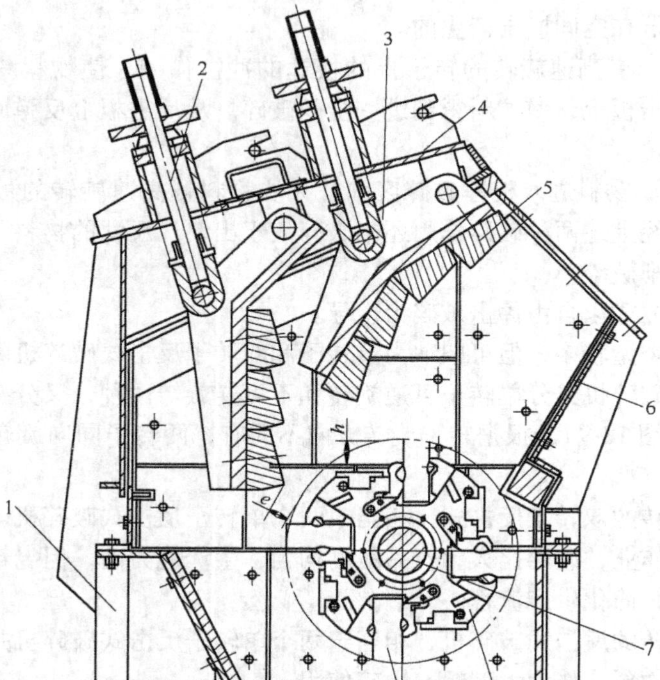

图 18-2　PFY 硬岩反击式破碎机

1—机架；2—反击板；3—悬挂装置；4—机架上盖；5—衬板；6—导板；7—主轴；8—转盘；9—板锤

机架是整机的基础所有零部件都装在机架上，它分上、下两部分，用钢板和型钢焊接制成。在转子两端的机架内壁上装有锰钢衬板，机架顶盖和左侧壁以及两端壁构成可以翻转的半开式上盖，它是借助丝杆或液压顶打开和关闭的，便于更换易损件等工作。

机架右侧壁上部有进料导板，在下部（底部）机架装有主轴承。

反击装置，它由反击板和悬挂装置所组成。反击板内壁装有高耐磨材料制成的锯齿形衬板。反击板一端铰接在机架上盖上而中间部位借助拉杆弹簧悬挂装置吊在机架上盖。利用悬挂装置调节排料口大小，当有不能破碎物料时，又能起到保护作用。

转子是由主轴 7、转盘 8、板锤 9 与板锤紧固装置组成。主轴装在机架两端壁外侧的滚动轴承里。转盘为焊接结构件，它与主轴不是用键连接而是靠锁紧与主轴牢固连接的。

破碎机破碎物料的空间是由进料导板、两级反击板和从进料导板卸载点起到第二级反击板排料口的圆弧所组成的空间，叫做破碎腔。

18.2.2 PFY 细碎型反击式破碎机

图 18-3 所示为上建厂根据美国最新技术研制的一种 PF 系列细碎型反击式破碎机。

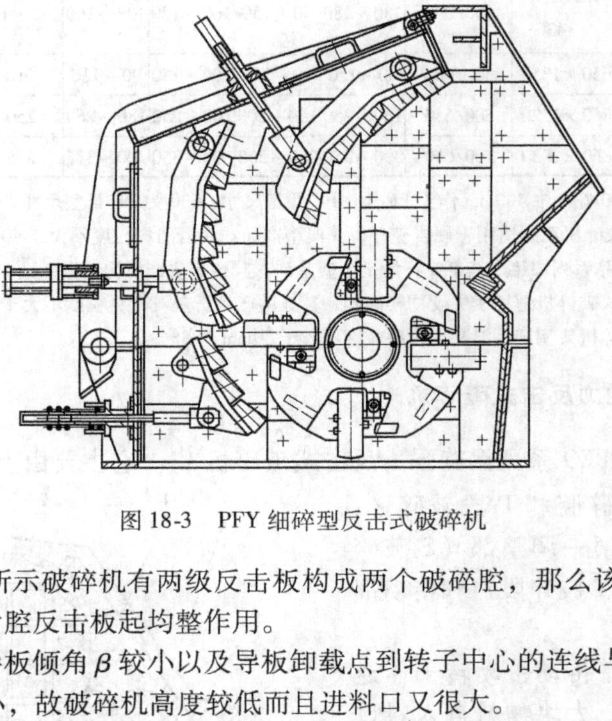

图 18-3 PFY 细碎型反击式破碎机

如果说图 18-2 所示破碎机有两级反击板构成两个破碎腔，那么该机具有三级反击板就是三腔破碎机，后腔反击板起均整作用。

由于该机进料导板倾角 β 较小以及导板卸载点到转子中心的连线与转子中心水平线之间的夹角 α 也比较小，故破碎机高度较低而且进料口又很大。

板锤的紧固方法也与同类机型破碎机不一样。反击板位置以及悬挂位置也都有改进，特别是第二级反击板排料口距转子中心水平线很近，因此该破碎机破碎腔比较优越。所以增加处理能力而且产品粒度、粒形都比较好。可以说，是目前国内同类型产品中最佳的机型，其技术水平已达到国际先进水平。

上建生产的 PF 系列反击式破碎机技术性能参数见表 18-2。

PF-Ⅰ系列反击式破碎机能处理边长在 100 ~ 500mm 以下物料，其抗压强度最高可达 350MPa，具有破碎比大，破碎后物料呈立方体颗粒等优点；PF-Ⅱ系列反击式破碎机，适用于破碎中硬物料，如水泥厂的石灰石破碎，具有生产能力大，出料粒度小的优点；PF-Ⅲ系列反击式破碎机，适用于混凝土破碎，具有进料规格大，处理能力高等优点；PF 系列反击式破碎机采用无键连接、高铬板锤、液压或手动开启和独特的反击衬板。

表 18-2　PF 系列反击式破碎机技术性能参数

型　号	规　格 /mm×mm	出料口尺寸 /mm×mm	最大进料口边长/mm	生产率/t·h^{-1}			电机功率/kW			质量(不包括电机)/kg
				PF-Ⅰ	PF-Ⅱ	PF-Ⅲ	PF-Ⅰ	PF-Ⅱ	PF-Ⅲ	
PF-0607	ϕ644×740	320×770	100	10~20	5~15	15~25	30	30	30	4000
PF-0807	ϕ850×700	400×730	300	15~30	10~25	25~35	30~45	45	37	8130
PF-H-1007	ϕ1000×700	400/630 ×730	300/600	30~50	25~45	40~60	37~55	55~75	55~75	9500
PF-A-1010	ϕ1000×1050	400/630 ×1080	350/600	50~80	40~60	60~100	55~75	75~90	55~90	12127
PF-B-1210	ϕ1250×1050	400/636 ×180	350/600	70~120	60~100	80~150	110~132	110~160	110~160	14000
PF-B-1214	ϕ1250×1400	400/630 ×1430	350/600	130~180	90~150	100~180	132~160	132~180	132~180	18579
PF-1013	ϕ1000×1300	650×1350	400/600	80~120	80~120	100~150	90~110	110	90	12000
PF-1315	ϕ1320×1500	860×1520	500/650	160~250	160~200	200~250	180~260	250	180	19000
PG-1320	ϕ1320×2000	860×2030	500/650	300~350	250~300	300~350	300~375	375	300	24000

注：1. 进料口尺寸 400/630 中 400mm 作为 PF-Ⅰ、PF-Ⅱ型尺寸、630 为 PF-Ⅲ型尺寸；
2. PF-Ⅰ反击式破碎机系列适用于硬岩破碎，其典型产品花岗岩出料粒度不大于 40mm 占 90%；
3. 上表中Ⅰ型产品系列中第 3 至第 6 行均是Ⅰ型系列，其余 5 项产品均不标Ⅰ；
4. Ⅱ型系列反击式破碎机适用于中硬物料破碎，其典型产品石灰石出料粒度不大于 25mm 占 85%；
5. Ⅲ型反击式破碎机典型产品混凝土出料粒度不大于 30mm 占 85%。

18.2.3　涡旋强力反击式破碎机

图 18-4 所示为 PFQ 系列涡旋强力反击式破碎机[73]。它主要由上机架（前、后）组成的高大涡旋形破碎腔和 P 段破碎区、下机架、转子部、第一调整部（S 破碎段）、第二调整部（T 破碎段）和传动部等八部分组成。

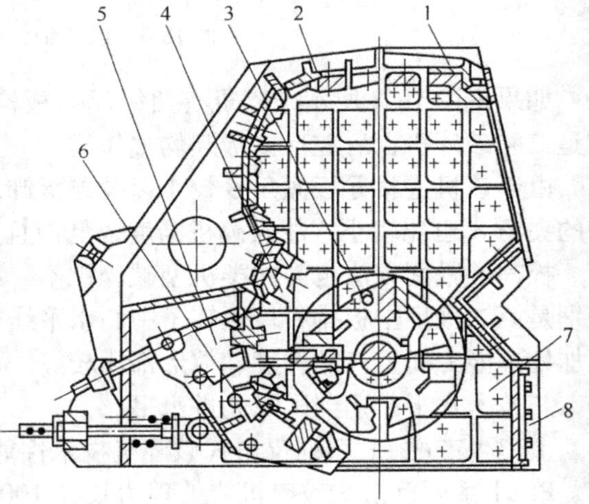

图 18-4　PFQ 系列涡旋强力反击式破碎机结构示意图
1—上右机架；2—上左机架；3—转子部；4—厚齿板（P 段）；5—第一调整部（S 段）；6—第二调整部（T 段）；7—下机架；8—传动部

电机经过三角带传动带动转子体逆时针方向高速旋转，大块物料自入料口进入高大涡旋式破碎腔内，被高速旋转的转子板锤打击，冲击至涡旋破碎腔顶部锯齿形反击板后反弹下落，不断同后续向上冲击的物料相碰击破碎，未充分破碎的大块物料在 P 破碎腔部的厚齿板与板锤作用下产生巨大的压力与剪切力，即使很难破碎的硬物料也能轻易被粗碎后进入下段 S 破碎腔。

S 破碎腔齿形衬板同转子体板锤间隙

较小，物料在此受到摩擦冲击、剪切、挤压等多种作用而得到中碎，进入T破碎腔细碎。

T破碎腔齿形衬板同转子体间隙更小，物料同样受到摩擦、剪切等多种作用得到细碎，排出机体外。

PFQ系列涡旋强力反击式破碎机在结构上，除了具有高大涡旋形破碎腔，P、S、T三段粗、中、细破碎工作段外，在结构组成上还具有：

（1）上机架部后腔体与下机架设有丝杠或液压开启装置，一人可以轻松打开、关闭，在上、下机架两侧，设有观察检修门，易于观察，检修设备；

（2）转子体采用焊接而成，主轴与转子体采用锥套无键联结，拆装、更换方便，具有过载保护作用；

（3）板锤是该机的核心部件，采用特殊材料热处理工艺加工而成，既保证耐磨，又保证不会折断，使用寿命为ZGMn13的3~5倍，板锤对称制作，可调头翻转使用，材料利用率50%~60%；

（4）板锤由耐磨块固定，嵌装进转子体内，工作运转时自动定心，安装、更换方便迅速。

PFQ系列涡旋强力反击式破碎机的优点：由于物料经涡旋破碎腔、P、S、T四腔多次破碎，产品粒形几乎全部呈立方体，即使破碎产生针片状较多的安山岩、成品针片状含量也小于12%的要求，四个破碎腔破碎，转子体线速度低于30m/s，就可以达到一般反击式破碎机35~40m/s的破碎效果。由于板锤的使用寿命同转子体线速度的平方成反比，转子体线速度降低，板锤使用寿命大幅度提高。

S、T破碎腔，可以根据用户对不同粒度的要求或板锤、衬板磨损后，连续可调。T型破碎腔后部带有弹性装置具有退让缓冲作用，使不可破碎物排出机体外，因此，具有自身保护能力。

PFQ涡旋强力反击式破碎机技术参数见表18-3。

表18-3 PFQ涡旋强力反击式破碎机技术参数

型号	最大入料粒度/mm	主轴转速/r·min^{-1}	功率/kW	生产率/t·h^{-1}	外形尺寸/mm×mm×mm	质量/t
PFQ-1010	400	720	约132	90~110（-45mm约占90%）	2730×2460×2340	14.6
PFQ-1210	600	600	约160	120~140（-50mm约占90%）	4090×2580×3200	18.1
PFQ-1212	600	600	约250	180~220（-50mm约占90%）	4090×2880×3200	20.3

18.2.4 可逆式反击式破碎机

可逆式反击式破碎机由机架、转子、反击架等零部件组成（图18-5），其原理是高速旋转的板锤打击进入破碎区域的物料。物料受到板锤的高速冲击而破碎，破碎的物料又以高速冲向上反击区再次破碎。这样经过多次冲击后，形成的粒度小于板锤和反击板之间间隙时，就从机架底部排出。其特点是可正反转。当一个方向旋转一定时间，板锤磨损后，转子可换向旋转，使之板锤的利用率提高。另外，机架是可以由液压机构开启的，便于操作和拆装。该机可破碎抗压强度250MPa的物料和表面水分小于（或等于）15%的物料，当破碎砂岩时，小于4.75mm的物料可达40%。

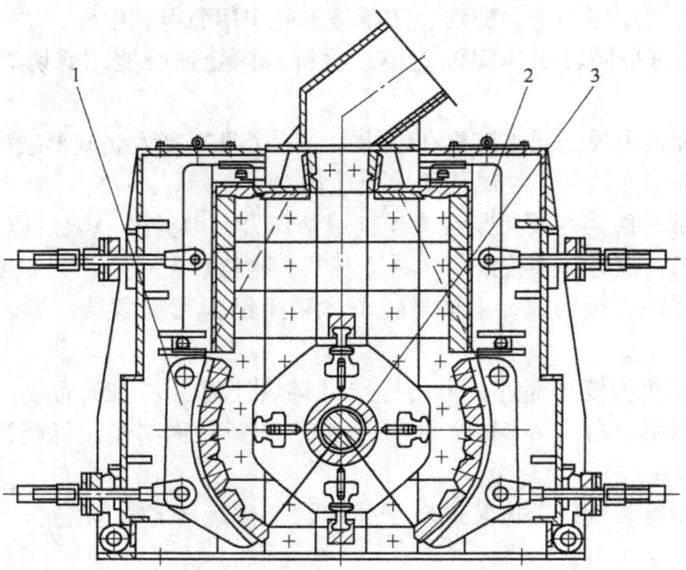

图 18-5　可逆式反击式破碎机
1—反击架；2—机架；3—转子

讨论：反击式破碎机转子的运动相当于风机叶轮的运动，板锤相当于叶轮的叶片，而且是属于径向叶片。破碎机工作时，细小颗粒深入到转盘表面，也就是板锤伸出的根部区域，受板锤加速作用，它会沿径向方向运动到板锤的端部，在切向速度和径向速度合成的绝对速度 V_e 的作用下被板锤抛出，悬浮在破碎腔中。此外，板锤高速旋转，其中的空气也是和小颗粒物料一样，在板锤端部动压作用下形成沿 V_e 方向气流与小颗粒混在一起组成悬浮状态的粉尘。这种现象对粗、中碎影响不大，而对细碎影响较大。特别是对制砂用反击式破碎机构成一个重要缺陷。由分析可知，若板锤越多粉尘悬浮越强；若板锤越少粉尘悬浮越弱。试想转子上装一个板锤，则板锤间不能形成流道，从而大大地减少粉尘和悬浮状态。所以用作制砂的反击式破碎机（图 18-5）可改装两个板锤，反击板可按图中虚线改制。这样构成双板锤反击式破碎机。它的优点，闭路可得制砂率 50% 以上，高于“石打石” 30%；板锤寿命长；容易控制排料粒度；结构简单。但是，由于板锤数目少，其转子转速相对要高些，一般在 30 ~ 40m/s。这种双板锤制砂机使用前景看好。

18.2.5　几种国外反击式破碎机

18.2.5.1　Hardopact 反击式破碎机

哈多帕克特（Hardopact）反击式破碎机是德国洪包特伟大格（HamBoldt Wedag）公司生产的（图 18-6）。早年日本曾引进这种破碎机技术，上海某破碎机厂生产的 PWC-B 型反击式破碎机也是参照它制作的。

哈多帕克特破碎机，上部机架 6 以底架 1 上的铰链为轴，可向外翻转使整个反击板暴露在外，便于检修。机架内部敷有耐磨衬板。转子 2 由若干个正方形钢盘构成，各钢盘互相之间用销轴及轴套紧固。板锤 3 用耐磨铸件制成，其形状设计特殊，从侧面推入转子的凹槽内，与凹槽的支承块之间是三支点接触，材料利用率达到 2/3 左右。反击板 5 共 3 块

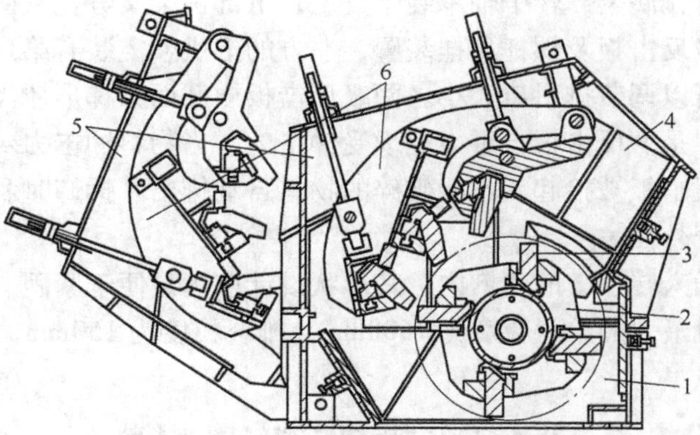

图 18-6 Hardopact 反击式破碎机

1—底架；2—转子；3—板锤；4—右部机架；5—反击板；6—上机架

构成三级破碎腔。3 块反击板装在两个铰接件上，这两个铰接件的回转中心是共同的，但利用两个螺栓可分别调整其角度，这样增加后腔重力矩。反击板和板锤相似，也是从侧面推入凹槽内固定住。该机用于破碎坚硬物料，如玄武石、花岗岩、刚玉以及金属矿石，其抗压强度超过 2.5×10^8Pa 的物料，均能取得很好的破碎效果。

这种破碎机比一般破碎机转子线速度低 15% ~20% 即 20 ~30m/s 的圆周速度运转。而且物料过粉碎少，板锤和反击板磨损较轻，因为板锤磨损与线速度平方成正比。

18.2.5.2 PEG 型反击式破碎机

图 18-7 所示为德国 HamBoldt Wedag 公司生产的 PEG 型反击式破碎机，用于粗、中破

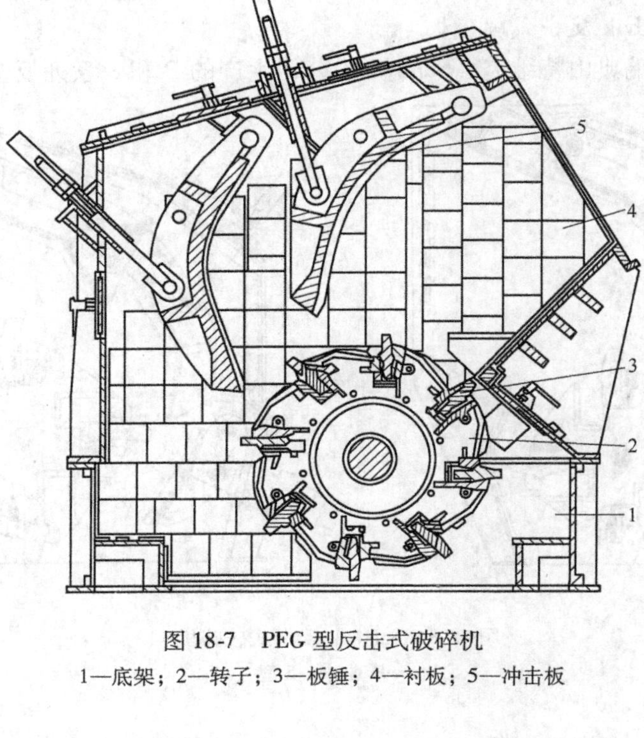

图 18-7 PEG 型反击式破碎机

1—底架；2—转子；3—板锤；4—衬板；5—冲击板

碎。破碎机的机架有：底架，转子轴承装于其上；上部机架又分左右两件，右方的上机架包括给料口和第一级反击板及螺杆悬挂装置，左方的上机架上装有第二级反击板及螺杆悬挂装置，利用螺杆可以调节排料口大小。两级反击板横截面为梯形牙齿，类似颚式破碎机齿板，反击板很重，是靠反击板自重力矩承受冲击力。当物料冲击力对铰点的力矩超过自重对铰点力矩时，反击板被抬起，不能破碎的物料自动排出。拆卸时利用吊车吊起后，内部机构即完全暴露于外面。

板锤3从侧面插入转子2的凹槽内，其形状设计应满足便于紧固、拆装容易，材料利用率高等要求。该机最大的给料粒度为1600mm，排料粒度为150mm，其主要技术参数见表18-4。

表 18-4　PEG 型反击式破碎机技术参数

规　格	105 ~ 125	125 ~ 140	140 ~ 160	160 ~ 220	200 ~ 220	250 ~ 220	250 ~ 330
给料口尺寸/mm × mm	1000 × 800	1400 × 800	1440 × 1020	2140 × 1020	2250 × 1570	2250 × 1800	3350 × 1800
最大给料粒度/mm	750	800	900	1000	1200	1500	1600
生产率/$m^3 \cdot h^{-1}$	50 ~ 80	80 ~ 110	110 ~ 170	170 ~ 270	270 ~ 460	460 ~ 760	760 ~ 1000
电动机功率/kW	60 ~ 90	90 ~ 132	132 ~ 200	200 ~ 330	330 ~ 550	550 ~ 900	900 ~ 1200
机重/t	13.6	16.4	28.8	37.6	72.4	112.6	144.0

该公司还生产另一种PEF型反击式破碎机用于中、细碎，其结构与PEG型不同之处是，初级反击板是平面的而次级反击板由多块小反击板组装在初级反击板后下部；进料导板倾角β较大（约60°）；板锤增加到10个。

此外，德国哈兹马格（Hazemag）公司还生产的APK系列反击式破碎机。它的上部机架可借油缸向两侧翻转打开，便于维修安装。该机用于五强溪水电站。

18.2.5.3　Sandvik 反击式破碎机

图18-8所示为瑞典山特维克（Sandvik）公司生产的P和S系列反击式破碎机，它用

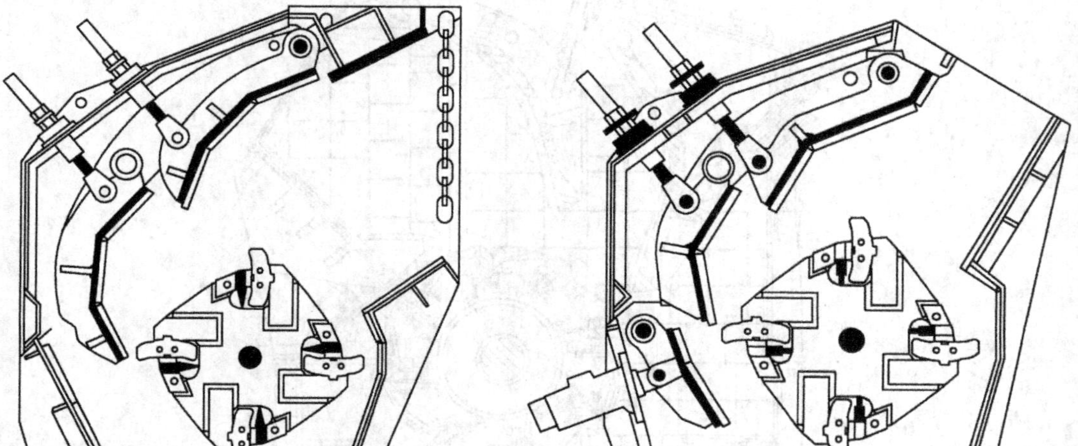

a　　　　*b*

图 18-8　Sandvik 反击式破碎机

a—P 型；*b*—S 型

于水布椏水电站。江西南昌某矿山机械厂生产的 PFC 和 PFX 反击式破碎机就是在山特维克反击式破碎机基础上研制成功的。这种破碎机（图 18-8）结构特点是，P 型用于粗、中碎，有两级反击板，S 型用于中、细碎，有三级反击板。其后腔反击装置悬挂点与反击板悬挂点在一起，这样增加后腔反击装置的重力矩。过铁时反击装置又能迅速抬起，异物排出后又能迅速返回原处。这种破碎机 P 型和 S 型都是采用四个“香蕉形”板锤，可翻转使用，在磨损周期内与物料的接触角保持不变，排料粒度均整。P 型和 S 型反击式破碎机简要技术参数列于表 18-5 中。

表 18-5 简要技术参数

破碎机规格	P200	P300	P400	P500	P600	P800	P1000	P1300
最大给料块尺寸/mm	600	900	900	1000	1000	1200	1300	1300
破碎机最大质量/kg	8100	12600	17000	20500	15000	41100	4200	52500
最大功率/kW	132	160	200	250	315	2×250	2×315	2×450
生产率/$t \cdot h^{-1}$	95～180	160～340	240～380	260～520	345～620	420～720	520～880	700～1030
破碎机规格	S100	S150	S200	S250	S300	S400	S500	S600
最大给料块尺寸/mm	350	350	400	400	400	450	450	450
破碎机最大质量/kg	7500	10300	12900	15800	9100	32000	35400	41000
最大功率/kW	132	160	200	250	300	2×250	2×315	2×450
生产率/$t \cdot h^{-1}$	80～150	120～220	160～300	200～380	240～460	400～580	500～720	650～950

18.2.6 双转子反击式破碎机

图 18-9 所示为国产 $\phi1250 \times 1250$ 双转子反击式破碎机，它主要由机体 3、第一级转子 1、第一级反击板 4、分腔反击板 5、第二级转子 9、第二级反击板 6、调整弹簧 7、第二均整栅板 8、第一均整栅板 10、第一传动部件和第二传动部件组成。该机具有破碎比大、处理能力高和电耗少的优点。

两台电动机分别通过液力联轴节、弹性联轴节和三角皮带传动，带动第一转子和第二级转子按同向高速回转。第一级转子的板锤与第一级反击板和分腔反击板组成第一破碎腔；第二转子的板锤与第二级反击板组成第二破碎腔。物料经上部机架给料口 2 的链幕给入第一破碎腔遭到高速旋转的板锤冲击后，沿板锤切线方向被抛向第一级反击板和分腔反击板上，然后反弹回到板锤旋转的空间并继续重复这一过程。这样，物料受到板锤、反击板的多次冲击以及在高速飞行的物料间的相互碰撞，使物料沿其本身层理、节理、裂纹等脆弱界面而粉碎。在第一腔被破碎了的物料通过，分腔反击板 5 下半部的栅板缝隙，以及第一转子板锤端点与分腔反击板下端的强制排入第二破碎腔。物料在第二破碎腔内继续受

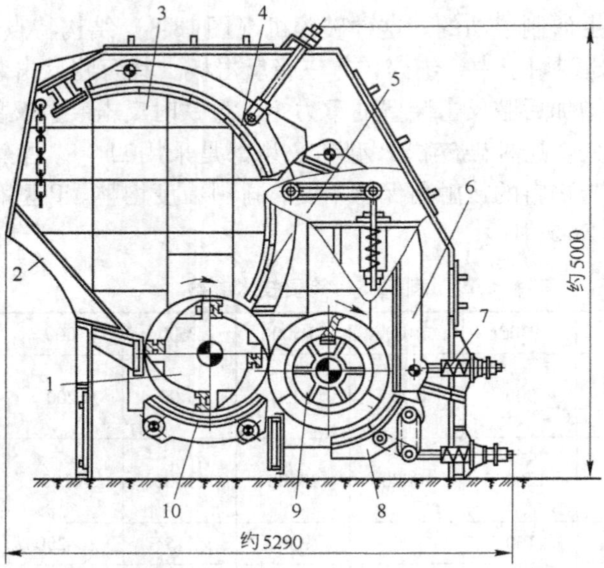

图 18-9　双转子反击式破碎机

1—第一级转子；2—给料口；3—机体；4—第一级反击板；5—分腔反击板；
6—第二级反击板；7—调整弹簧；8—第二均整栅板；
9—第二级转子；10—第一均整栅板

第二级转子板锤和第二级反击板的冲击和撞击，直到破碎到 20mm 以下，沿机体下部均整栅板缝隙和第二级反击板下半部的栅板间隙而排出。

为了充分利用物料排出时的动能，消除个别大于产品粒度的大块物料排出，在第一和第二转子下部的机体上，安装有第一均整栅板 10 和第二均整栅板 8，以及固定反击板，继续对过大尺寸的物料进行均整，破碎到产品粒度以下，从而保证了产品粒度均匀。

第一级转子部的转子体上，用螺钉固定着四排共八块板锤。而第二级转子部的转子体上，则镶嵌固定着六排共 12 块板锤。两转子的板锤，均用比较耐冲击磨损的高锰钢铸造而成。用铸钢制造的转子体，通过平键固定在主轴上，主轴两端用双列向心球面滚动轴承支承在下机体两侧壁上。

为了防止由于增大转子转动惯量而使电机启动不起来，该破碎机采用了液力联轴节。

为了充分发挥两转子的破碎作用，该破碎机采用了分腔破碎原理，即两转子都担负一定的破碎作用，以便提高破碎效果，为此，两转子具有 265mm 的高差，使第二转子强制给料，从而获得了提高第二转子线速度的可能性，提高了破碎效率。

第一和第二反击板部的反击板体，一端通过悬挂轴，铰接于上机体的两侧壁上，另一端分别由特制的螺杆和调节弹簧部件，支挂在上机体的上壁和后壁上。分腔反击板，通过支挂的方断面轴，与装在上机体两侧壁上的连杆及锁紧弹簧相联结，悬挂在两转子之间，将上机体分成两个破碎腔。在分腔反击板和第二反击板的下半部，安装有不同缝隙尺寸的栅板，使达到粒度要求的物料及时排出去，从而防止了因增设均整栅板而影响机器生产率的提高。

扭动锁紧弹簧的螺母，可以调节分腔反击板的锁紧弹簧的压紧力。此时，通过连杆，可以改变分腔反击板下端与第一转子板锤的间隙，从而控制给入第二破碎腔的物料粒度。扭动定位螺母，可以达到同样的目的，但必须同时扭动锁紧弹簧的螺母，调节锁紧弹簧的预压力。调节第二反击板下端的调节弹簧的压紧力，即扭动圆螺帽，但同时必须调整六角螺母，可以直接改变第二级转子板锤与第二反击板下端的间隙，以便控制破碎机最终产品粒度。应该注意，调节时必须使对称安装的两个锁紧弹簧的压缩力一致。当破碎机中掉入非破碎物时，这两组弹簧还可以继续压缩，使非破碎物排出机外，直接起到保险作用。

第二均整栅板与第二转子板锤端点的间隙调整，与第二反击板和第二转子板锤端点的间隙调整方法相同，保险作用也相同。

机体沿转子轴心线倾斜地分为上、下机体两部分。下机体用地脚螺栓固定在基础上，它承受整机的重力。上、下机体在物料破碎区域内壁上均装有防护板。下机体装有便于安装和检修均整栅板的后门与侧门。上机体上装有便于观察和检修的侧门、后门和顶盖。机体给料口处挂有链幕，用以防止物料破碎时飞出。上、下机体部是焊接结构。

双转子反击式破碎机技术参数见表 18-6。

表 18-6 双转子反击式破碎机技术参数

型 号	转子尺寸 $D\times L$/mm×mm	最大给料尺寸/mm	出料粒度/mm	生产率/$t\cdot h^{-1}$	电动机功率/kW		转子转速/$m\cdot s^{-1}$	
					第一转子	第二转子	第一转子	第二转子
2PF-0606	ϕ650×650	350	<20	20~30	28	28	25~35	40~50
2PF-1010	ϕ1000×1000	450	<20	50~70	60	75	25~35	40~50
2PF-1212	ϕ1250×1250	850	<25	100~140	130	155	25~35	40~50
2PF-1622	ϕ1600×2250	1100	<25	260~340	320	380	25~35	40~50
2PF-2022	ϕ2000×2250	1200	<25	440~560	570	650	25~35	40~50
2PF-2030	ϕ2000×3000	1400	<25	750~1000	1250	1250	25~35	40~50

19 反击式破碎机转子设计

19.1 转子结构设计

19.1.1 转子直径与长度

根据实际资料统计，转子直径D(mm)，可按式（19-1）计算

$$D = 1.85D_{max} + 110 \tag{19-1}$$

式中 D_{max}——最大给料粒度，mm。

对于单转子反击式破碎机，将公式（19-1）的计算结果乘以2/3。

转子长度L主要依据生产率大小而定。根据已有资料$L/D \approx 0.7 \sim 1.5$。坚硬物料，选较小值。

19.1.2 转子结构与质量

反击式破碎机转子由主轴、转盘、板锤、板锤紧固装置等组成。有采用整体铸钢结构转子；有采用厚钢板或铸钢板做成的圆盘叠合而成的转子；也有用钢板焊接的空心转子，如上海建设路桥机械设备有限公司生产的PF系列反击式破碎机大多数是焊接结构转子。

砂石系统反击式破碎机都是厚钢板、厚壁管、铸件焊接而成，加工后定位焊接（便于平衡），在与物料接触处焊上碳化钨等硬质合金耐磨材料。转子质量应尽量集中在外缘，增加转动惯量。主轴与转子使用紧定胀套胀紧，无键连接，这样拆装方便，并有过载保护作用。

反击式破碎机与锤式破碎机不同，它是利用整个转子质量所产生的动能通过板锤冲击破碎物料，而锤式破碎机仅仅是靠锤头产生的动能冲击破碎物料。因此，反击式破碎机的转子必须具有足够的质量以适应破碎物料的需要。若转子质量过小，降低破碎效果；若转子质量过大，则启动困难。鉴于目前已有资料中还没有确定转子质量的理论公式和经验式，故作如下的讨论。

表19-1中给出了三种不同规格反击式破碎机转子的参数以及电动机功率值，并根据这些参数计算出板锤质量与转子质量关系以及转子总质量与电动机功率的比值。

表19-2中给出，几种不同规格反击式破碎机总质量之比值与电动机功率的比值。

从这些比值数据可以说明三种规格的破碎机转子质量和功率基本是匹配的，因此我们可以根据转子总质量与电动机功率的比值初步计算转子质量。设转子总质量为M，电动机功率为P两者比值为$M/P \approx 31$kg/kW。表19-1由此可根据电动机功率P计算M值；若已知M值可计算电动机功率P值。

表 19-1　反击式破碎机转子参数

破碎机型号	转子总质量/kg	单个板锤质量/kg	板锤总质量（板锤个数）/kg	板锤总质量与转子总质量比值/%	板锤凸出转子表面高度/mm	电动机功率/kW	转子总质量与电机功率比值/$kg \cdot kW^{-1}$
PF1007	2007	118	118 ×4 =472	23	垂直方向 $h=135$ 半径方向 $h'=140$	75	26.76
PF1214	5720	178	178 ×8 =1424	25	$h=132$ $h'=137$	180	31.77
PF1315	8128	320	320 ×8 =2560	31	$h=120$ $h'=126$	260	31.26

表 19-2　反击式破碎机总质量的比值与电动机功率的比值

参数比较	PF1214 与 PF1007	PF1315 与 PF1214	PF1315 与 PF1007
转子总质量之比	5720/2007 =2.85	8128/5720 =1.42	8128/2007 =4
电动机功率之比	180/75 =2.4	260/180 =1.42	260/75 =3.5

转子产生的动能 W 不仅与 M 有关，而且也与转子结构有关，与转子角速度有关。即 $W=J\omega^2$。若 ω 一定与转子转动惯量 $J=\Sigma Mr^2$ 有关。同样 M 值由于 r 值不同可得到不同的转动惯量 J 值，则产生不同的动能 W 值。由此告诉我们，在强度、刚度允许条件下，在转子结构设计时，应尽量增加 r 值，从而可用较小质量产生较大的动能。所以不仅要重视转子质量还要重视转子结构的设计。从加大破碎效果和减少板锤磨损的观点看，向着增加转子质量 M，减少转子速度方向发展。

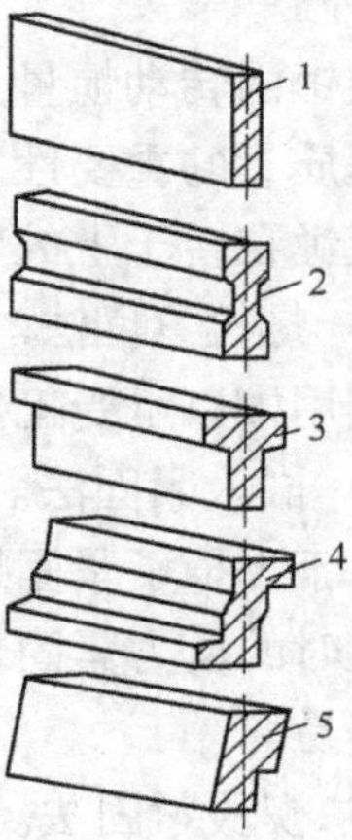

图 19-1　板锤的形状

1—长条形；2—I 形；3—T 形；4—S 形；5—斧形

19.2　板锤结构形式与数目

板锤是破碎机易损件，因此它的耐磨性能或者说，它的使用寿命是非常关键。早年都是采用高锰钢材料，所以反击式破碎机不能破碎硬岩。现在已采用高铬铸铁制造板锤。一种是 KmTBCr26，另一种是 KmTBCr20。前者打击物料速度略低于后者，但使用寿命比 Cr20 的板锤高 1/3 以上。由于采用高铬铸铁材料，反击式破碎机可以破碎 350MPa 的各种物料。

反击式破碎机板锤形状多种多样，如图 19-1 所示，有长条形、I 形、T 形、S 形和斧形。

选择板锤形状的原则是，易于制造和紧固，增加使用寿命。

合理选择板锤质量很重要。表 19-1 中给出三种不同规格反击式破碎机板锤质量占转子总质量的百分数。此外，对 PF1007 反击式破碎机计算求得转子总转动惯量为 $57.29kg \cdot m^2$，

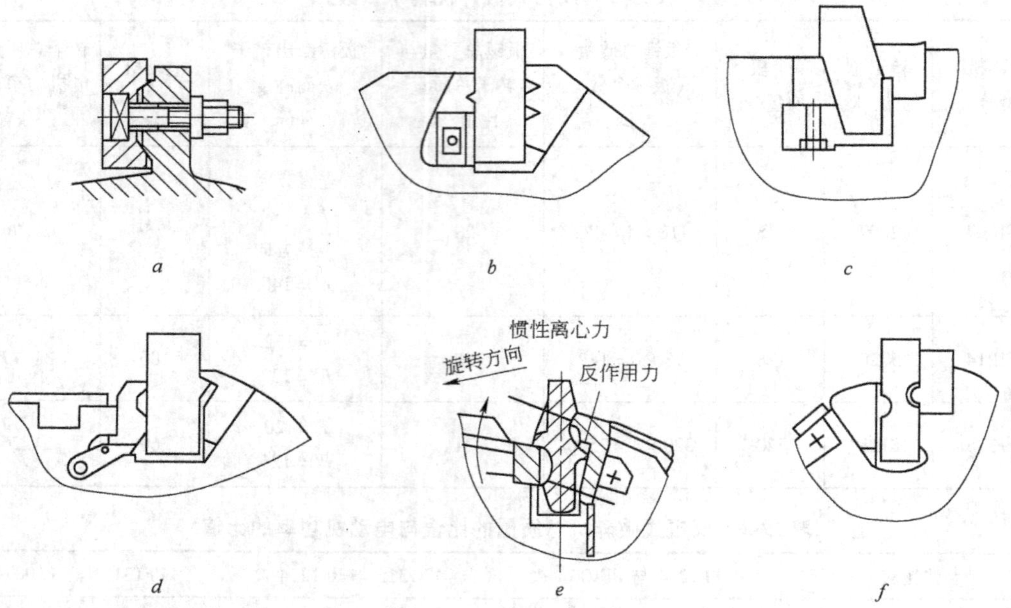

图 19-2　板锤固定方法

a—螺栓紧固；*b*—榫块紧固；*c*—楔块紧固；*d*，*e*—嵌入紧固；*f*—改进的嵌入紧固

其中板锤的转动惯量为 18.26kg · m^2 大约占转子总转动惯量的 31.8%。由此看出合理选择板锤质量的重要性。

板锤在转子上的紧固方法有以下几种：

1）螺栓紧固法。板锤借助螺栓紧固于转子的板锤座上（图 19-2*a*）。板锤座带榫状，可以利用榫口承受工作时板锤的冲击力，避免螺栓受剪，提高螺栓连接的可靠性。

2）嵌入紧固法。板锤从侧面插入转子的沟槽中，为了防止轴向窜动，两端用压板定位。由于去掉了紧固螺栓，提高了板锤工作的可靠性。利用板锤回转时产生的离心力与撞击破碎时的反力紧固自锁，对转子易受磨损处都制成可更换的结构形式，因此装卸简便，制作容易。

3）楔块紧固法。用楔块塞入板锤与转子间的相应槽孔内，使之紧固。根据楔块作用力的方向和位置，此类紧固方法可归纳为三种形式，见图 19-2*c*。楔块紧固法工作较为可靠，装卸也较方便，由于消除了板锤与转子间的相对串移，转子磨损减轻。但采用螺栓拉紧楔块，螺纹容易变形受损，甚至断裂。螺纹变形时，给板锤的拆装也造成很大困难。为了克服上述弊病，采用液压式楔块紧固法（图 19-2*d*）。它利用油缸内的柱塞，卸掉支座与楔块，然后吊起板锤，更换或换向板锤。这种紧固方法安全可靠，更换简便，维护也较方便。

以上几种紧固方法，以螺栓紧固法的板锤利用率较高，通常可达 50% 左右，但是它更换费事，也不适宜高冲击载荷，故一般用于规格小的破碎机。嵌入紧固法和楔块紧固法虽然更换方便，工作也较可靠，但其金属利用率普遍较低。图 19-2*e* 所示的为改进后的嵌入紧固法，采用带槽式板锤，板锤面上带有纵向槽，因而金属耗量大为减少，而且工作面可以调换四次，使用寿命相应地有所增加。

板锤数目与转子直径有关，转子直径越小，板锤数越少。通常转子直径 $D<1\text{m}$ 可装三个板锤；直径 $D=1.5\sim2\text{m}$ 的可装 6～10 个。对于硬物料或破碎比较大的情况板锤数目应多些。

不论装有几个板锤，都必须保证物料到卸载点时刚好与板锤相遇的原则，故将式(19-2)、式（19-3）中的转子运转时，两相邻板锤通过给料点的间隙时间 t，可由式(19-2）计算：

$$t=\frac{60[\pi D-z(\delta_1+\delta_2)]}{\pi Dnz}\tag{19-2}$$

式中　z——板锤数目；

δ_1——板锤厚度，m；

δ_2——板锤座厚度，m；

n——转子转速，r/min；

D——转子直径，m。

物料在 t 时间内应深入锤击区深度为 h，则：

$$t=h/\sqrt{2gH}\tag{19-3}$$

式中　h——板锤高度，m；

H——物料下落的高度，m；

g——重力加速度，m/s^2。

将式（19-2）代入式（19-3）并经整理，则求得板锤数目 z 为：

$$z=\frac{1}{\dfrac{nh}{60\sqrt{2gH}}+\dfrac{\delta_1+\delta_2}{\pi D}}\tag{19-4}$$

式中符号同前。

19.3　转子轴与轴承计算

由于作用在转子轴上每个瞬间的载荷大小不等，其作用的持续时间又短，仅为千分之几秒，而计算的外载荷又与实际破碎情况出入较大，故下面对轴的强度计算仅作参考。

作用在转子轴上的力有：转子重力 F_1、转子外端的圆周力 F_2 和板锤的不平衡力 F_3，其合力 F(N)为：

$$F=(F_1+F_2+F_3)K_0\tag{19-5}$$

其中

$$F_2=\frac{9550P}{nr}\tag{19-6}$$

$$F_3=\frac{\mu F_1r_1P^2}{1800}\tag{19-7}$$

式中　K_0——冲击系数，粗碎 $K_0=3.0$；中碎 $K_0=1.5$；细碎 $K_0=1.2$；

n——转子的转速，r/min；

r——转子外端半径，m；

P——电机功率，kW；

μ——轴承的摩擦阻力系数，取 0.03；

r_1——轴承滚柱滚动面的半径，m。

转子轴受力分析见图 19-3。图中 O_1，O_2 点为转子和转子轴热压配合的端点，R_1，R_2 为轴承支点。

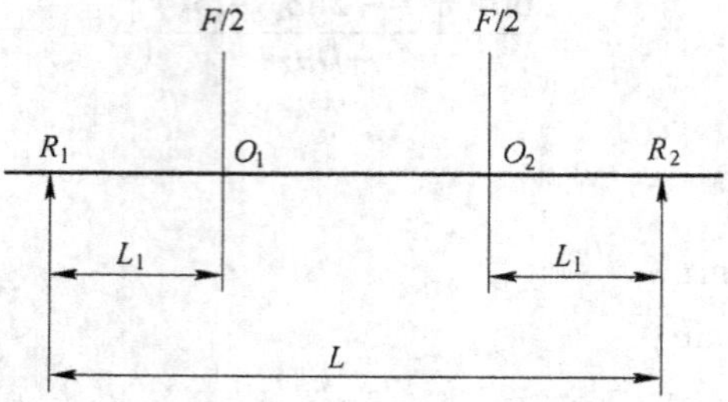

图 19-3　转子轴受力分析

作用在转子轴上的弯矩 M_w（N · m）为：

$$M_w = \frac{F}{2}l_1 \tag{19-8}$$

作用在转子轴上的扭矩 M_n（N · m）为：

$$M_n = 9550\frac{P}{n} \tag{19-9}$$

作用在转子轴上的当量弯矩为 M_d（N · m）：

$$M_d = \sqrt{M_w^2 + M_n^2}$$

已知当量弯矩后，即可计算转子轴的几何尺寸。计算结果是否符合破碎机的实际情况，须结合实际进一步验证。

作用在轴承上的载荷 F_z 可根据下述经验公式计算：

$$F_z = 3F_1 \tag{19-10}$$

式中　F_1——转子所受的重力，N。

轴承的使用寿命，一般规定为 30000h。

20 反击式破碎机破碎腔设计

反击式破碎机破碎腔对生产率、能耗、产品粒度和粒形以及衬板磨损有很大影响。因此，设计最佳破碎腔是保证破碎机性能优越的关键因素。

20.1 破碎腔结构参数

反击式破碎机破碎腔是由进料导板、两级反击板以及由导板卸载点到第二级反击板排料口的圆弧所构成的空间组成的。它所包括的结构参数如图 20-1 所示。

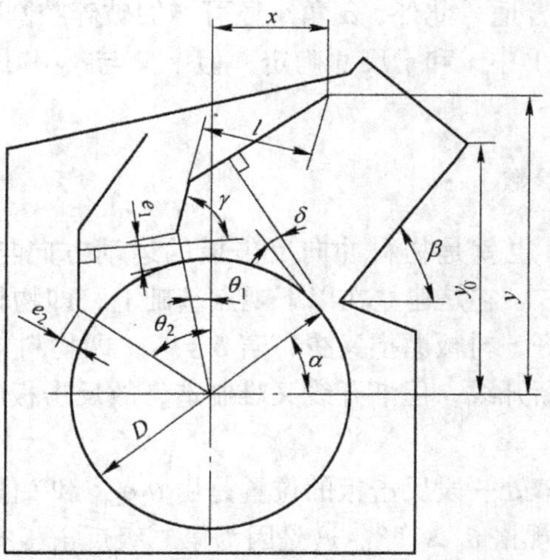

图 20-1 破碎腔结构参数

现以转子直径 D 和转子中心为基准来选择破碎腔结构参数。转子直径和长度前已述及。

20.1.1 给、排料口及给料导板倾角 β

给料口宽度 $B \approx 0.7D$；排料口尺寸：$e_{1\min} \approx 0.1D$；$e_{2\min} \approx 0.01D$。

为了选择破碎腔合理的结构参数，将 4 个规格的反击式破碎机破碎腔结构参数统计结果列于表 20-1 中。

表 20-1 反击式破碎机破碎腔结构参数

机 型	β/(°)	α/(°)	δ/(°)	γ/(°)	θ_1/(°)	θ_2/(°)	l	y	x	y_0
PF-1010	47	44	>2	68	17	70	0.16D	D/0.7500	D/3.2608	D/1.0714
PF-1007	60	30	2	60	15	60	0.18D	D/0.6292	D/5.0203	D/1.2552
PF-1210	55	50	>2	70	15	69	0.20D	D/0.8937	D/3.8648	D/1.1259
PF-1315	45	30	2	73	19	77	0.20D	D/0.8250	D/6.1100	D/1.3197

反击式破碎机物料是沿导板进入破碎腔，因此导板倾角 β 就是一个重要参数。从表20-1看，β 角在45°～60°之间，这完全符合实际情况。β 角越大，物料沿导板下滑的速度越快；β 角越小，物料沿导板下滑的速度越慢，甚至产生堆料现象。β 角大，破碎机高度增加；β 角小，破碎机高度降低。在其他条件允许的情况下，以取 β 角小为宜。如瑞典山特维克 P 型反击式破碎机其 β 角为35°。此外，选择导板倾角还应考虑物料滑出导板与板锤相遇的关系；若物料滑出导板（离开卸载点）而板锤尚未来到（板锤滞后现象）；若物料尚未滑出导板而板锤刚好到位，又未与物料相遇（板锤超前现象）。最好是物料滑出导板后同时与板锤相遇，此时破碎效果最好。

20.1.2　导板卸载点 α 及反击板悬挂位置

从表20-1数据可知，导板卸载点 $\alpha=30°\sim50°$，一般 α 角小，破碎机高度相对低一些，能降低机高和减轻机重。对移动式破碎机降低高度很有益。所以，在其他条件允许的情况下，还是以 $\alpha=30°$ 最合适。此外，α 角小还可增加破碎腔圆弧长度。

反击板悬挂点由图20-1中 x 和 y 尺寸确定，但 y 又与 y_0 和进料口尺寸有关，最后又决定于 β 和 α 大小。

20.1.3　破碎腔其他参数

δ 角是板锤外圆切线，也就是物料冲向反击板的运动方向与反击板垂线之间的夹角（图20-1），一般 $\delta=2°$ 左右。它是建立在以下观点基础上，即物料与反击板的表面应是垂直冲撞，这样破碎效果较好，衬板磨损又少，若 $\delta=0°$，即物料与反击板垂直冲撞，这样的反击板曲线应该是一条渐开线，但渐开线又难制造，故反击板的形式主要有折线和弧线两种。

第一级反击板的排料口处一段反击板的位置是由 $\theta_1 e_{1\min}$ 和 l 值来确定。从表20-1数据可知，$\theta_1=15°$，其余两种规格 $\theta_1>15°$。这是因为第二级反击板排料口都偏向转子水平中心线，故 $\theta_1=15°\sim19°$。$e_{1\min}=0.1D$。图20-1所示是具有两段折线反击板，若是有三段折线的反击板，而第三段 l 值也各不相同，这主要是由反击板悬挂点和反击板本身结构所决定。

对于第二级反击板来说，应尽可能靠后，而且下端排料口接近转子水平中心线，就是说一般 $\theta_2=60°\sim77°$（表20-1），尽量选择 θ_2 较大值，这会增加细碎效果。第一级反击板第三段与第二级反击板第二段之间相互位置是由 γ 角确定，$\gamma=60°\sim73°$。当 θ_2 和 $e_{2\min}$ 确定后，结合 γ 角大小便可确定第二级反击板第二段的位置，这样第二级反击板位置也基本确定，从而最后完成了反击式破碎机破碎腔设计。

从表20-1中还可以看出，四种不同规格破碎机，破碎腔所对应的圆弧长度都不同，即转子对应的角度 $\theta=\theta_2+(90°-\alpha)$ 不同，其中以 θ_2 大，所对应的圆弧长度较长为好。

最后将破碎腔主要结构参数归纳在表20-2中。

表20-2　破碎腔主要结构参数

β/(°)	α/(°)	δ/(°)	γ/(°)	θ_1/(°)	θ_2/(°)	l	$e_{1\min}$	$e_{2\min}$
47～60	30	1～2	60～73	15～20	>60≤90	0.16D～0.2D	0.01D	0.1D

20.2 反击板设计

反击板的作用是承受被板锤击出的物料在其上冲击破碎，将破碎后的物料重新弹回到破碎区，再次冲击破碎。反击板的形状和结构对破碎效果影响很大。鉴于这种情况，首先从物料破碎效果说起。

根据理论力学碰撞原理，物料以正碰撞（垂直碰撞）效果最佳。但是板锤是旋转运动，若保证在破碎腔内物料被抛射到反击板上都呈正碰撞（垂直碰撞），则反击板曲线必须是一条渐开线。因为渐开线的特点是，在反击板各点上物料都是以垂直方向冲击，即入射角 $\delta=0$，因此可获得最佳的破碎效果。但是，由于渐开线反击板制作困难，以及物料在腔内相互干扰，其运行轨迹也不规则，加上料块形状等影响，实际上也不能实现正碰撞，故常常是采用接近渐开线的折线反击板。

图 20-2 所示的反击式破碎机具有两段反击板，该机给、排料口尺寸较大、β 角也较大，所以反击板与渐开线离得较远。反击板折线在第一段以下更接近渐开线，但无论如何也无法实现按渐开线制作的反击板，但从中可以找出特点。以卸载点 A 为基准，从 A 点抛射出去的物料，基本上与第一段反击板呈垂直方向，即 $\delta=1°\sim2°$。当反击板大约转过25°左右被抛出的物料与第二段反击板呈正碰撞状态。

图 20-3 所示为中细碎反击式破碎机，该机有三段折线反击板，其排料口较小、β 角也较小，所以反击板与渐开线离得较近。第二段反击板更接近渐开线，从 A 点抛射出去的物料，基本上与第一段反击板呈垂直方向，$\delta\approx2°$。当板锤大约转过20°，物料被抛射的方向与第二段反击板正碰撞；当板锤大约转过40°，物料被抛射的方向与第三段反击板正碰撞。

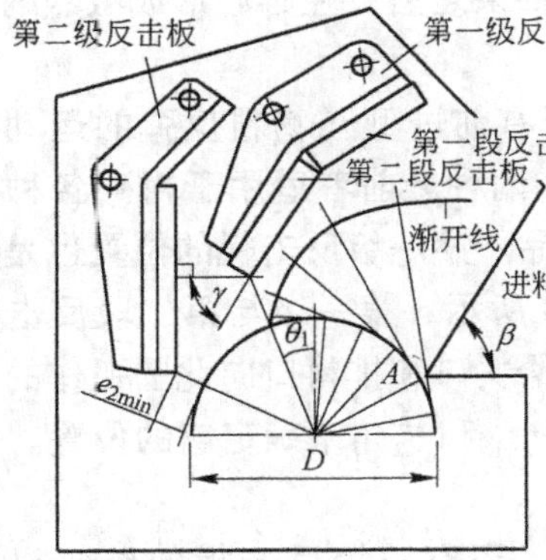

图 20-2 具有两段折线反击板的破碎机

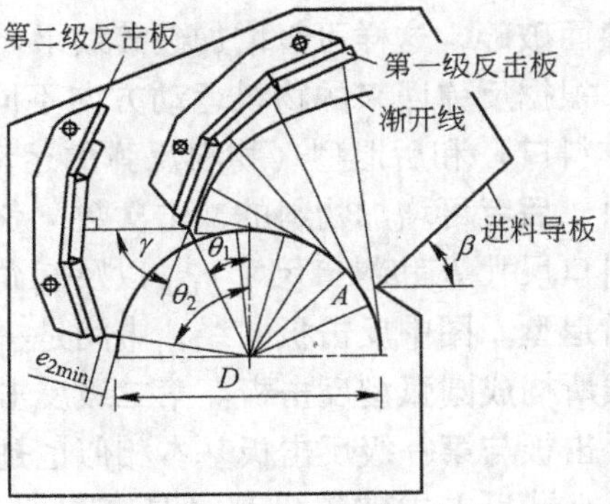

图 20-3 具有三段折线反击板的破碎机

根据反击板实际磨损情况可知，破碎腔从 A 点的射线到反击板上交点起往下到反击板排料口这个区段是物料重要破碎段，特别是在反击板排料口附近更主要。综合以上分析不难找到折线反击板设计方法：对具有两段反击板的，根据 $\delta=0°$和给料口尺寸 B 布置第一段反击板。从 A 点板锤转过约 25°，再取 $\delta=0°$，以及考虑第一级反击板最小排料口尺寸 $e_{1\min}=0.1D$ 和 $\theta_1=15°$以及 $\gamma\approx60°$便可确定第二段反击板的位置。

第二级反击板位置的确定方法是：过第一级反击板排料口作一条水平线与第二段反击板表面相垂直，并根据第二段反击板最小排料口尺寸 $e_{2\min}=0.01D$ 便可确定第二级反击板位置。

对于具有三段反击板的，根据 $\delta=0°$ 和给料口尺寸 B 布置第一段反击板。板锤转过约 20°，再取 $\delta=0°$，布置第二段反击板。板锤转过约 40°，再取该点 $\delta=0°$ 以及考虑 $e_{1\min}$ 和 $\theta_1=19°$ 布置第三段反击板。第二级反击板的第二段反击板，根据 $\gamma\approx73°$ 确定。第三段反击板的位置可根据排料口尺寸 $e_{2\min}=0.01D$ 和 $\theta_2=66°\sim77°$ 确定，在条件允许的情况下，对中细破碎机 θ_2 值宜取较大值。这样能更好地提高产品质量。折线反击板结构简单，制造容易。

反击式破碎机板锤在破碎腔将物料抛射到反击板上，在绝大多数情况下，都不会呈现 $\delta=0°$ 状态，而是 $\delta\neq0°$。则物料碰撞在反击板上必然被反弹回来，在破碎腔进行反击破碎，故称这种破碎机为反击式破碎机。由此可知，对于这种破碎机不能无谓地追求实际 $\delta=0°$ 的破碎，而是如何充分利用反击破碎效果。所以除折线反击板外，又出现了圆弧型反击板。

国产 $\phi1250\times1000$ 反击式破碎机反击板，就是有 6 个直线段组成的折线反击板。由于折线段多且短，它已很接近圆弧线。图 20-4 所示是具有圆弧线的粗中碎反击式破碎机。

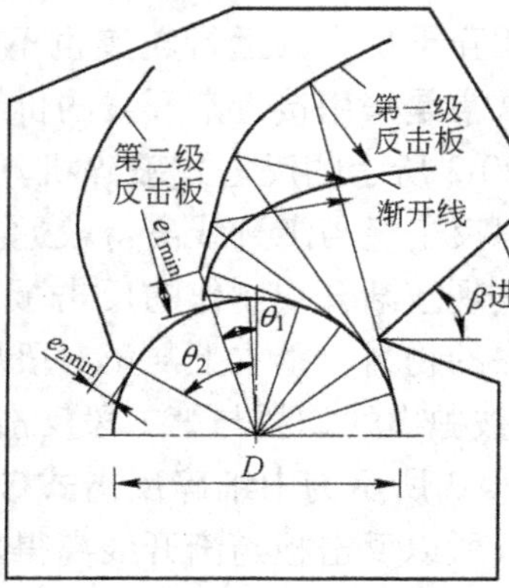

图 20-4　具有圆弧反击板的破碎机

从图 20-4 中看出，反击板弧线与渐开线相差甚远，即不考虑 $\delta=0°$ 正碰撞条件的要求，而是充分利用反击破碎的作用。圆弧型反击板设计原则是，物料从反击板反弹回来的反射角能使料块由反击板反弹回来之后，在圆心形成激烈的相互碰撞而破碎，这样可以增加破碎效果。

根据反弹回来的物料运动方向不同，圆弧型反击板有前进型（物料反弹的运动方向向排料口）和后退型（物料反弹的运动方向向给料口）两种。前者适用于粗碎各种易碎物料；后者可增加物料的冲击次数，获得较细粒级的产品。第一级反击板的位置也是根据给料口尺寸 B 和料口尺寸 $e_{1\min}$ 以及 θ_1 角来确定。图 20-4 所示，第一级与第二段反击板都是后退型。图中反击板曲线，中间是一段圆弧两端是从给料口和排料口向此圆弧作的两条切线所构成圆弧型反击板。第二级反击板是根据排料口 $e_{2\min}$ 和 θ_2 角来确定它的位置。第二级反击板与第一级反击板基本相似也是属于后退型的。

上述反击式破碎机都是具有二级反击板的破碎机。还有三级反击板的破碎机，如 Hardopact 反击式破碎机和 PWC-B1314 低转数三腔反击式破碎机、国产 2PF1212 型反击式破碎机以及 PFQ 涡旋反击式破碎机等。

如果破碎机破碎腔按反击板划分，第一级反击板所对应的破碎腔称一腔，第二级反击板所对应的破碎腔称二腔，第三级反击板所对应的破碎腔称三腔。因此具有三级反击板的破碎机由于增加破碎腔数目能够强化选择性破碎，增大物料的粉碎度。因此，通过增设破碎腔，采取较低的转子回转速度，不仅可以达到通常需要较高的回转速度才能达到的破碎效果，而且还将导致产品中过大粒度的减少以及板锤磨损降低。例如，一般两腔破碎机需要 36 ~40m/s 速度达到的破碎速度及处理能力，用三个腔（三级反击板）破碎机只需要

22～30m/s 速度即可。此外，反击板破碎机物料破碎比主要取决于反击路线长短。具有三级反击板的破碎机反击路线增长，破碎比也比较大，能够得到更细粒级的产品。但它的结构复杂。

反击板内表面装有锯齿形和平面形衬板，由于衬板形状不同对物料破碎效果也不一样。因为岩石撞击到锯齿齿缘上较平面上产生较大的局部比压以及由于锯齿形衬板小平面与反击板底面形成一倾角，增加了岩石在破碎腔内的停留时间。因此，锯齿形衬板较平面衬板，在其他条件相同情况下，产品粒度更细并可提高处理能力约 15%～25%。但过粉碎现象严重，锯齿较平面磨损快。

20.3 反击板悬挂装置

反击式破碎机反击板悬挂装置也是排料口调整装置，同时又能起保险作用。这种装置有三种形式：

1）拉杆自重式。破碎机工作时，反击板借自重保持正常位置，当破碎腔有非破碎物时，反击板被抬起，非破碎物排出后，又重新返回原位。其间隙大小可通过悬挂螺栓进行调整（图 18-5）。

2）拉杆弹簧式。反击板在工作时的位置是通过弹簧的预压力保持的，当非破碎物进入破碎腔时，可克服弹簧预压力后，从破碎腔排出。弹簧采用螺旋式，也可采用组合式，后者可用较小的压缩变形量获得较大通过非破碎物间隙（图 18-2）。

3）液压式。利用油压装置调节反击板位置，同时也作为保险装置。一般用于大型反击式破碎机，与液压启闭机壳油缸共同使用一个油压系统。

反击式破碎机工作时，反击装置的正常工作位置是靠其重力、弹簧预压力或液压力来实现的。对于这种重力、弹簧预压力或液压力大小的确定，可以通过反击装置工作时的平衡条件来计算。

根据动量定理，物料块撞击在反击板表面上所产生的冲击力 F_c（N）可按式 20-1 计算：

$$F_c = \frac{mv(1 + K_2)}{t} \tag{20-1}$$

式中 m——撞在反击板上的物料块质量，kg；

v——转子的圆周速度，即板锤端点的线速度，m/s；

K_2——恢复系数，$0 < K_2 < 1$；若考虑物料块与板锤产生斜碰撞，可取 $K_2 = 0.2 \sim 0.3$；

t——冲击时间，s，

$$t = 2.48R/v$$

R——矿块半径；

v——转子圆周速度，m/s。

撞击在反击板上的物料块质量，可按下述假设确定：物料块受板锤冲击和与反击板碰撞时的破碎过程是以自身等分的形式进行的，见图 20-5。设第一块接触反击板的物料块质量是最大给料块质量的一半，即 $m_1 = \frac{1}{2}m$，第二块为第一块 1/4，即 $m_2 = m_1/4$，依此类推。为了计算方便，取其平均值：

$$m_{p} = \frac{m_1 + m_2 + m_3 + \cdots + m_n}{n} \tag{20-2}$$

式中　n——沿反击板高度方向上的物料块数。

整个反击板上承受的冲击力，可按式（20-3）计算：

$$F_{cx} = K_3 \mu j \frac{m_{p} v(1 + K_2)}{t} \tag{20-3}$$

式中　K_3——给料粒度不均匀性和料块破碎后不规则形状与假设呈球形间的差异的修正系数，其值为0.5～0.7；

μ——不均匀系数，μ=0.1～0.25；

j——撞击在反击板长度方向上的质量为 m_p 的料块数；

其他符号同前。

冲击力作用点的位置，可近似地认为作用在距铰接点的1/3处，见图20-5。

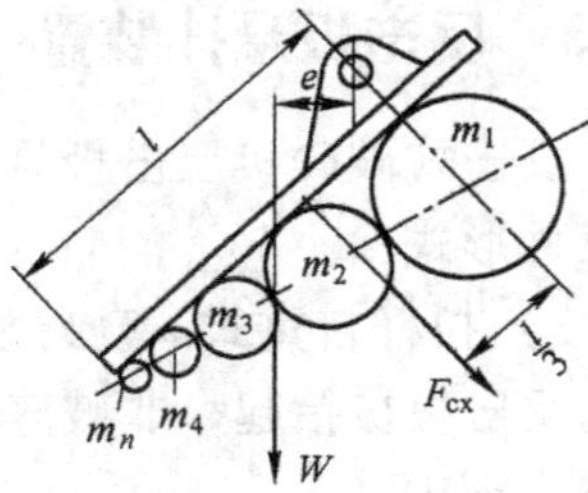

图20-5　反击装置的平衡

根据反击装置的平衡条件，即可求得所需的反击板的自重 W(N)为：

$$W = lF_{cx}/3e \tag{20-4}$$

式中　l——反击板悬挂轴心到其下端点的距离，m；

e——反击板悬挂轴心到其重力作用线的距离，m。

若反击装置的排料间隙调整机构采用弹簧调节装置或液压调节装置时，则可根据结构情况，按上述方法求得弹簧预压力或液压力的大小。

由于假设的料块破碎过程与实际情况的差别，按上述方法求得结果还应参考现有设备进行修正。

综上所述，转子设计和破碎腔设计还是处于经验设计阶段。因此，物料在破碎腔中被粉碎的状态和破碎腔的优化设计以及转子板锤质量和速度所构成的打击力以及输入的能量之间的优化组合，对发展国产反击式破碎机，缩小与国外先进产品的差距都是非常重要的。此外，提高设计制造工艺综合水平，是国内自制破碎机械设备的基础，是赶超世界先进水平的根本条件。

21 反击式破碎机参数计算

21.1 转子转速计算

转子转速 n(r/min)可按式（21-1）计算：

$$n = \frac{60v}{\pi D} \tag{21-1}$$

式中 D——转子直径，m；

v——转子线速度，m/s。

转子的转速根据板锤所需要的线速度来决定。板锤的线速度与物料性质、粒度、破碎比、机器结构、板锤的磨损诸多因素有关。通常粗碎时转子线速度为15～40m/s；细碎时为40～70m/s。因为转子转速高增加细粒含量，但同时能耗增加、板锤磨损加快，对破碎机制造工艺精度要求也较高，故转子速度不宜太高。反击式破碎机板锤冲击物料不同于锤式破碎机仅是锤头质量和速度产生的动能，而是靠整个转子产生的动能通过反击板冲击物料。所以，当输入功率一定时，转子转速和转子质量如何优化组合是最关键的问题。

根据经验，碎煤时板锤线速度 $v=50\sim60$m/s 比较合适；破碎石灰石时，板锤线速度 $v=30\sim40$m/s 比较合适。如果是双转子反击式破碎机，则第一级转子的线速度 v_1 较第二级转子的线速度 v_2 低，一般 $v_1=30\sim35$m/s，$v_2=35\sim45$m/s。

21.2 生产率计算

反击式破碎机生产率也可根据转子每转一周所排出的物料体积计算。设转子长为 L、板锤与反击板之间最小间隙为 e（相当于排料口）和板锤伸出的高 h（见图18-2）、最大排料粒度 d，板锤数目为 Z，则求得转子每转一周所排出的物料体积 V(m^3)为：

$$V = L(h + e)dZ \tag{21-2}$$

式中，长度单位为 m。若转子转速为 n(r/min)则求得生产率 Q(m^3/h)为：

$$Q = 60nL(h + e)dZK \tag{21-3}$$

式（21-3）没考虑物料是松散体而且排料也是不均匀的，物料中含有小于直径 d 的产品。因此必须考虑这些因素影响，故乘上系数 K。根据已有资料知系数 $K=0.1$。

21.3 电机功率计算

反击式破碎机所需功率大小，与物料性质、破碎比、生产率及转子线速度等因素有关。由于物料的破碎过程情况复杂，目前反击式破碎机的电机功率尚无一个完整准确的理论计算公式，通常是利用经验公式或根据实测的单位电耗来计算电机功率。

反击式破碎机可按经验式（21-4）计算功率 P(kW)为：

$$P = 0.102Qv^2/g \tag{21-4}$$

式中　Q——破碎机的生产率，t/h；

v——转子圆周速度，m/s；

g——重力加速度，m/s^2。

根据单位电耗计算反击式破碎机的功率 P(kW)为：

$$P = K_1 Q \tag{21-5}$$

式中　Q——破碎机生产率，t/h；

K_1——破碎单位质量物料所需的电耗，kW · h/t，视破碎物料的性质和破碎比而定。对中硬石灰石，粗碎时 $K_1 = 0.5 \sim 1.2$kW · h/t；细碎时 $K_1 = 1.2 \sim 2.0$kW · h/t。

22 锤式和反击式破碎机应用调试

22.1 锤式破碎机应用与调试

锤式破碎机用于破碎各种中硬且磨蚀性弱的物料。其物料的抗压强度不超过100MPa，含水率小于15%。被破碎物料为煤、盐、白垩、石膏、明矾、砖瓦、石灰石等。由于锤式破碎机能产生一定的混匀和自行清理作用，所以能破碎饲料、骨头和制备鱼粉等。还用于破碎纤维结构、弹性和韧性较强的碎木头、纸张或破碎石棉水泥的废料以回收石棉纤维等等。

22.1.1 锤式破碎机试车与操作

22.1.1.1 试前准备工作

试车前的准备工作如下：

(1) 检查地脚螺栓及各紧固螺栓是否松动，如有松动必须拧紧；

(2) 调整破碎板与锤头的间隙，通常依物料性质和粒度要求而不同；

(3) 检查转子旋转方向是否正确，先试电机转向；

(4) 盘车2~3转后，观察是否有碰撞蹩劲现象，如机内有杂物应予清除。

22.1.1.2 空负荷试车

空负荷试车步骤如下：

(1) 开车后，机体应无明显振动，轴承座处振幅值应在0.06mm以下；

(2) 试运转2h，轴承温度不超过80℃；

(3) 运转中应无金属相撞声响。

22.1.1.3 负载试车

负载试车步骤如下：

(1) 空载用手盘车，使锤头处于水平状态，然后测锤端与破碎之间的间隙值，该值应该是产品粒度的1.5~2倍（碎煤）。具体还得视物料性质而定；

(2) 在入料口全长上供料应均匀，并应从少量供料开始，而逐步增加到额定出力；

(3) 出料应畅通，避免出料口堵塞而影响连续负载试车；

(4) 负载试车时轴承温差不得超过35℃，轴承温升不得超过80℃；

(5) 负载试车4h后，停车检查以上各项要求。一切正常，方可连续运行并与生产系统连锁运行。

22.1.1.4 生产操作注意事项

生产操作注意事项如下：

(1) 给料应均匀，并布满转子全长上，否则，破碎板局部磨损，影响使用寿命，且易发生堵塞和出料粒度不均等现象；

（2）破碎煤（物料）中，不准带入超过10mm直径（长度）以上的金属物；

（3）运行时要经常注意轴承的温度是否超过80℃。如超过应立即停车，找出原因，排除故障后才能继续开车；

（4）当锤头磨损过大、效率变低时，应更换锤头。其锤头的安装排列，应保证相对两个锤头的平衡及两排相对的锤头的平衡；

（5）一定要在转子达到额定转速后，方可给料，不允许负载启动。停车前应停止给料（煤），必须待破碎腔内已无物料时再停车；

（6）本机不得随意变更转子的转速，不可超过出力、任意加大入煤量。

22.1.2　锤式破碎机的维护与调整

22.1.2.1　*锤式破碎机的维护*

锤式破碎机的维护事项如下：

（1）联轴器上的弹性套如发现损坏，应及时更换；

（2）破碎机工作时，若突然发生强烈振动，应立即停车，查明原因并消除后，再启动锤式破碎机；

（3）锤子的撞击部分在一面磨损后，可反转另一面使用。

22.1.2.2　*锤式破碎机的调整*

锤式破碎机的调整工作如下：

（1）产品粒度调整也可通过旋转偏心轴来调整锤子与筛条之间的间隙；

（2）产品粒度的调整可通过更换筛条样式，或于筛条装在筛条架槽内的两端嵌入填块，以改变筛条的缝隙；

（3）装配或更换锤子时，必须保持转子的平衡。每排锤轴上的锤子的总质量应与相对应锤轴上的锤子的总质量相等，总的偏差不得超过100g。单个锤子质量偏差不大于±0.5kg。

22.1.3　机器故障及排除方法

机器故障及排除方法见表22-1。

表22-1　BC型破碎机的故障及排除方法

序号	故障性质	故障发生原因	排除方法
1	碎煤机振动	1）锤头失去平衡； 2）锤头折断失去平衡； 3）轴承损坏； 4）联轴器与主轴、电机轴的安装不紧密，不同轴度或偏角过大； 5）给料不均匀，造成锤头磨损不均而失去平衡	1）按要求重新选装锤头； 2）交换新锤头； 3）更换轴承； 4）重新调整； 5）调整给料位置，均匀给料
2	轴承温度超过80℃	1）滚动轴承损坏； 2）润滑油脏污； 3）润滑油不足或过多	1）更换轴承； 2）清洗轴承，换新润滑油； 3）调整润滑油量

续表 22-1

序号	故障性质	故障发生原因	排除方法
3	破碎腔内产生连续敲击声	1）不易破碎物进入腔内； 2）破碎板等部件松动，锤头打在破碎板上； 3）锤头销轴磨损过大	1）清除异物； 2）紧固螺栓、螺母； 3）更换新销轴
4	排料粒度大于 6mm 量明显增加	1）破碎板与锤头间隙过大； 2）锤头磨损过大	1）重新调整破碎间隙； 2）更换新锤头
5	产量明显降低，电机电流超过额定值	1）给料不均匀； 2）破碎间隙过小	1）调整给料； 2）调大破碎间隙

22.2 环锤式破碎机应用调试

22.2.1 环锤式破碎机的应用

PCH 型（PHQ 型、HCS 型）环锤式碎煤机最适用于破碎各种脆性物料，如煤、煤矸石、焦炭、炉渣、红砂岩、页岩、疏松石灰石等。物料的抗压强度不超过 40MPa，表面水分不应大于 8% ~11%，对于非黏结性物料，其表面水分可控制在 15% 以内。

PCHZ 型（PHZ 型）环锤式碎石机适用于破碎各种矿石，如硫铁矿石、磷矿石、褐铁石、磁铁石、石灰石及鹅卵石等。其抗压强度不超过 60MPa，表面水分不大于 15%。当硫铁矿石、磷矿石破碎出料粒度小于 6mm 时，物料表面水分不应大于 12%。

环锤式破碎机的结构特点，是对出料粒度可以调节。当不允许产品粒度中有过大粒度时应优先选用环锤式破碎机。

22.2.2 环锤式破碎机安装与调试

22.2.2.1 环锤式破碎机安装要求

环锤式破碎机安装要求如下：

（1）破碎机主轴的水平度允差≤0.2mm/m；

（2）破碎机主轴垂直方向的水平度≤1mm/m；

（3）破碎机主轴与电动机主轴的同轴度允差 ϕ0.1mm；

（4）破碎机飞轮联轴器与电动机联轴器的轴线偏角≤40°。

22.2.2.2 环锤式破碎机的安装

按照制造厂提供的安装布置图结合上料、排料等具体情况另行设计设备安装布置图，土建进行破碎机基础设计。

破碎机的安装应在钢筋混凝土基础干固后进行。安装方法如下：

（1）安装时，首先检查基础上的各预留孔位置、安装高程是否与安装布置图相符，检查相符后将破碎机和电动机分别吊装于基础上，对准基础上预先拉好的中心线，在座底用楔形垫板初调到符合安装的技术要求，并拧紧地脚螺母，接着进行基础的第二次浇灌工作；

（2）待第二次浇灌的混凝土基础干固后，再精调破碎机，使之符合安装的要求的第（1）、（2）条，并拧紧破碎机的地脚螺母，然后精调电动机，使之符合安装的技术要求的第（3）、（4）条，并拧紧电动机的地脚螺母；

（3）全部安装完毕后，用手转动飞轮，主轴必须转动灵活，轻便自如。如遇卡死，必须重新调整，至达到要求为止。

22.2.2.3　环锤式破碎机的试车

破碎机安装完毕后，经手动盘车，确认无卡住现象后才能试车。试车应进行2～4h的空载试车和5～6h的负载试车。

A　空载试车

空载试车在不给料的情况下进行，必须达到如下要求：电气连锁系统试车，按启动程序，其启动和停车都符合电气连锁系统的设计要求；所有紧固件应牢固可靠，无松动现象；飞轮转动平稳；轴承温升不超过30℃；轴承润滑正常，无漏油现象。

B　负载试车

负载试车应在空载试车合格后进行，除应符合空载试车要求外，还必须达到如下要求：不应出现明显的振动和异常响声，如出现，必须立即停车，查明原因，消除故障，重新试车；给料位置正确，排料正常，产品粒度和产量均符合要求。

22.2.2.4　环锤式破碎机操作

A　生产操作前的准备工作

检查轴承座内是否有适量的润滑油；检查转子与筛板之间是否有适当的间隙，特别是换上新环锤之后；检查下机壳两侧的腰圆形压板上的螺母是否牢固可靠；检查破碎腔内有无异物，并清理破碎腔；人工盘车2～3转，确保无卡住现象。

B　启动

首先按要求发出开车信号，然后启动电动机。

C　运转

破碎机空载运转1～2min后，运转正常，方可给料生产。给料应连续、均匀，必须分布于转子工作部分的全长上，以防电动机负荷突增；严禁铁件和其他不能破碎的物料进入机内，以防损坏设备和造成意外事故；破碎机运转时，工作人员不能站在转子惯性力作用线内，并严禁进行任何清理、调整、检查等工作，以免发生危险；轴承最高温度不得超过70℃，如超过70℃，应立即停车，查明原因，妥善处理正常后，才得按程序开车。

D　停车

首先停止给料；停止给料后，让破碎机继续运转，直到将遗留在破碎腔内的物料处理完毕；环锤式破碎机停车，待排料运输机上物料送完后，停止排料运输机。

E　间隙的调整

转子与筛板之间的间隙（一般略微大于出料精度），可根据需要进行调节。调节应在停车时进行。调节时，先松开下机壳两侧的腰圆形压板上的螺母（共四处），再转动蜗杆进行调节，调好后，将松开的螺母拧紧。

F　清理金属收集器

环锤式破碎机备件及易换件，见表22-2。

表 22-2 环锤式破碎机备件及易换件

序号	名称	环锤破碎机规格					
		0402	0404	0604	0808	1010	1016
1	双列向心球滚子轴承	2	2	2	2	2	2
2	弹性圈	32	32	32	40	40	40
3	环锤（齿环）	10	12	12	14	16	30
4	环锤（圆环）	10	12	12	12	14	30
5	筛板	2	2	3	4	5	15
6	破碎板（Ⅰ）	1	1	1	1	1	1
7	破碎板（Ⅱ）	—	—	—	—	—	2

注：表中备件和易换件数量的单位为：个/台。

22.3 反击式破碎机应用调整

22.3.1 反击式破碎机的应用

反击式破碎机的板锤和转子是刚性连接，而且有一个较大的破碎腔，使物料有一定的活动空间。该机利用高速旋转的转子对物料进行冲击，在板锤的作用下物料不仅被破碎，还获得较大速度和动能，在破碎腔内向机架上的各冲击板冲击，或是在料块之间彼此之间发生冲击而达到物料粉碎。早在 1965 年，由鞍山焦化耐火材料设计研究院对反击式破碎机粉碎炼焦煤料试验。并且同笼式破碎机和锤式破碎机进行生产能力、电能消耗、检修保养等多方面的比较。通过试验，反击式破碎机在上述方面都优于笼式破碎机和锤式破碎机。反击式破碎机不仅结构简单，电耗省，破碎比大，而且在产品粒度均匀方面更具有独特的优越性。因此它在冶金、焦化、化工、建筑材料、耐火材料等工业部门已得到广泛应用。

反击式破碎机同锤式破碎机、笼式破碎机的磨损与检修的比较见表 22-3。

表 22-3 反击、笼式、锤式破碎机损耗比较

指标		反击式 $\phi1250\times1000$	笼式 $\phi2100\times530$	锤式 $\phi1430\times1000$
每吨干煤易损零件金属消耗/g	磨损量①	1~3	4~5	5~6
	废弃量②	—	7~8	5~6
每 10kt 干煤检修工作量/d		4~5	16~18	8~10

①磨损量所指的零件：反击式破碎机为板锤，笼式破碎机为排轮，锤式破碎机为锤子和筛条；

②废弃量指零件不能重复再用时废弃的质量，其中不包括磨耗损失的质量。

注：满足炼焦煤料粉碎细度（<3mm，86%以上）。

反击式破碎机的破碎比大，约为 40，最高可达 150。粗碎用反击式破碎机喂料尺寸可达 $2m^2$，产品粒度小于 25mm，可直接入磨机：细碎用反击式破碎机的产品粒度小于 3mm。选用一台合适的反击式破碎机就能代替以往二级或三级的破碎工作，减少破碎段数，简化生产流程，还可以提高磨机产量。

22.3.2 反击式破碎机的调整

22.3.2.1 卸料间隙调整机构

反击装置通常带有卸料间隙调整机构。通过卸料间隙的调整，可以改变物料的冲击次数，从而在不同程度上影响产品粒度的组成。自重式反击装置的间隙大小通过悬挂螺栓进行调整。弹簧式反击装置使用弹簧调整机构来调节间隙，该机构能保证卸料间隙调整时弹簧预压力不必重新调整，简化卸料间隙的调整。另外还有重锤式和液压式反击装置，目前以自重式和弹簧式应用比较多。自重式结构简单可靠，调节简便，但产品粒度均匀性差，结构较笨重。弹簧式产品粒度均匀性较好，但结构较为复杂。

22.3.2.2 产品粒度调整

双转子反击式破碎机因产品粒度的要求或板锤等零件磨损后，都需要进行适当地调整，主要是调整分腔反击板、第二反击板和匀整筛板与板锤端点的间隙。第一反击板用来配合分腔反击板的调节，以便保持近似圆弧形反击破碎腔。调节分腔反击板时，拧动定位螺母即可改变与转子板锤端点的间隙，调整间隙时，必须相应地调整弹簧预应力。第二反击板、匀整筛板与第二转子板锤端点间隙的调整，是通过调整相应的弹簧来达到。

22.3.3 反击式破碎机的安装

安装时的注意事项：

(1) 反击式破碎机泵带有振动性工作的机组，在安装时和试车前均应紧固好所有的紧固件，在生产运转中也应定期检查，随时紧固；

(2) 安装中应注意本机旋向（在带轮上标有旋向箭头）不可逆转；

(3) 安装好电动机后，应根据安装情况，配备传动带防护罩；

(4) 反击板与板锤的间隙应按工作需要逐渐调小，调整后应用手转动转子数转，检查有无撞击；调整完毕后，应锁紧套筒螺母，防止反击板受振动后螺母松动而逐渐下降与板锤相碰撞，造成事故；

(5) 由于反击式破碎机的出料口在下部，安装高度以及如何与进料、出料装置配合，均应在系统设计中考虑好。

22.3.4 反击式破碎机的维修

维修时的注意事项：

(1) 反击式破碎机运转过程中应经常作例行检查，当发现有不正常的声响或轴承温度高于70℃时，应立即停机检查，及时消除故障后才可继续开机。

(2) 在机器运转正常后方可加料，喂料要均匀，应防止混入铁块硬物。在停机前必须先停止加料，停机内物料破碎完毕再停电动机。

(3) 反击式破碎机在检修或调整排料口后，应先用人力转动转子，确认转子与其他零件没有摩擦和卡住现象并能灵活转动，方可开动电动机。

(4) 应经常检查轴承座密封是否良好，轴承座内润滑脂应每月加注一次，每三个月应全部清洗换油及更换油毛毡。

（5）在检查紧固件是否松动时，应重点检查转子两侧压紧板锤的压板螺钉，防止压板松动后，板锤两端露出转子体，与机体碰击，损伤机件。

（6）为确保操作人员及设备安全，机器运转中禁止进行修理、调整及清理工作，禁止打开各种小门。

（7）当破碎产品粒度过大时，应停机检查板锤磨损情况，防止转子被磨坏。当板锤因磨损需调整180°再次使用时，应使每块板锤重量相等并保持平衡，以防止机器开动后发生振动。

23 立轴式破碎机

23.1 立轴式破碎机概述

立轴式破碎机包括：立轴锤式破碎机、立轴反击式破碎机、立轴复合式破碎机以及立轴冲击式（石打石与石打铁）破碎机。因为这些破碎机都是立轴的，又都是利用冲击破碎原理。所以仅仅把“石打石”和“石打铁”称为立轴冲击式破碎机容易混淆，也不合情理。是否因此，立轴冲击式破碎机新标准（报批稿）将其改为冲击式制砂机。这样立轴破碎机就不包括立轴冲击式破碎机（冲击式制砂机）。因此，本章只介绍立轴锤式、立轴反击式和立轴复合式破碎机。

图 23-1 所示为立轴锤式破碎机示意图。它由筒体 1、衬板 2 和转子等所组成。转子由锤头 3、转盘 4、套筒 5、主轴 6 组成。主轴上装数层转盘，锤头位于转盘的间隔内，并用销轴与转盘铰接。相邻两层锤头错位安装，自上而下形成螺旋排列。工作时，物料从给料斗进入，自由落到转盘上，随着电动机经 V 带轮 7 驱动转子高速旋转，物料被甩向筒体内壁，然后沿着筒壁下落与高速旋转的锤头相遇受到冲击破碎，击碎后的物料飞向筒壁，从而又一次或数次受到冲击而破碎。同时，锤头还对沿筒壁下落物料产生挤压和研磨作用。由于主轴上装有多层转盘及锤头，故物料可经过多次击碎、挤压、研磨作用，其产品粒度小于 1 ~ 3mm。粉碎后的产品从机体底部周边排出。

立轴反击式破碎机是通过国外立轴锤式破碎机的引进与消化吸收，在此基础上于 20 世纪 90 年代研制出一种新型高效的破碎设备。该机在建材、冶金、矿山、煤炭、化工和电力等行业得到广泛地应用，如破碎水泥熟料、石膏、石灰石、砂岩、高炉炉渣、铁矿石、金矿石、钼矿石、铝矿石、煤石、块煤、石棉矿石、磷矿石等中等硬度物料。但不宜用来破碎含水分较多的物料，不能用于湿料破碎，因容易在反击板上形成泥饼，致使闷车。

如图 23-2 所示，带轮 2 由电动机经皮带驱动，通过立轴使第一转子和第二转子一起

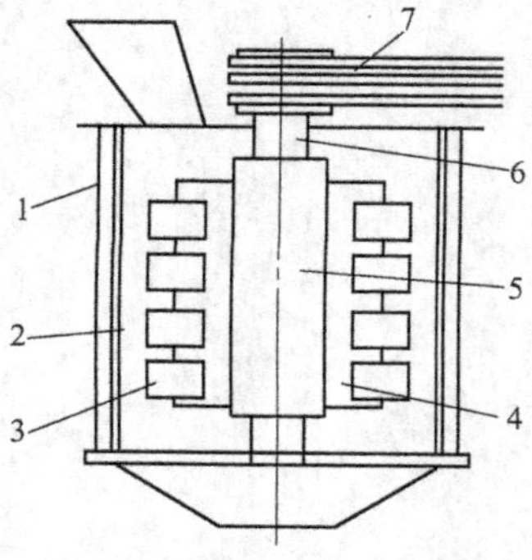

图 23-1 立轴锤式破碎机
1—筒体；2—衬板；3—锤头；4—转盘；
5—套筒；6—主轴；7—V 带轮

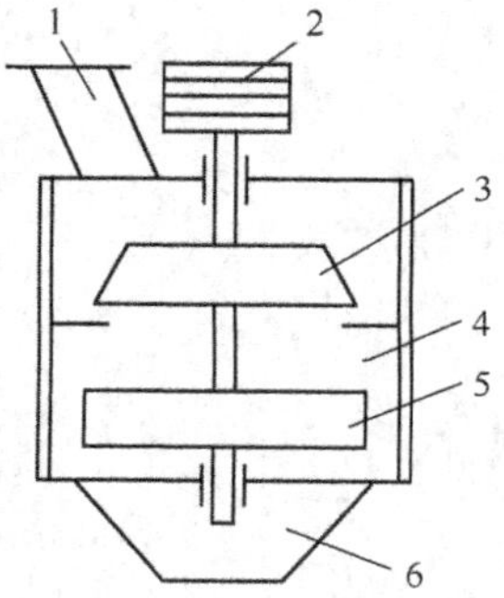

图 23-2 立轴反击式破碎机示意图
1—进料斗；2—带轮；3—第一转子；
4—机体；5—第二转子；6—卸料斗

转动。当物料从进料斗 1 落入圆柱形机体 4 之后，首先受到第一转子上板锤的冲击，并以很高的速度沿转子切线方向被抛向反击板产生撞击，物料在反击板上的斜齿齿面及重力作用下，又沿斜下方向反弹到转子体外圆周与反击板之间（即破碎腔），物料再次受到急速旋转的板锤冲击后又被抛向反击板，并继续重复该过程。由于物料在破碎腔内受到板锤和反击板的周而复始的冲击以及料块之间的相互撞击，致使物料沿其自然节里面、层里面发生碎裂。当破碎后的物料粒度小于第一级转子的排料间隙时，物料在重力作用下进入到第二级转子的破碎腔。第二级破碎过程与第一级相同，所不同的是第二级转子的线速度比第一级更高，物料所受到的冲击更大，因此可使物料破碎得更细小。当物料破碎到最终的产品粒度后，便从卸料斗 6 排出。

立轴反击式破碎机的破碎过程是通过式被破碎。一般物料由进料口加入到排出成品，在破碎腔内只用 2 ~ 3s 的时间。所以物料通过量比较快，产量高。

该破碎机为两种破碎物料方法集于一个机体内。第一级破碎体现反击破碎机的特点，把大块物料靠高速冲击而得到破碎，成为小块料。第二级粉碎又体现挤压机的特点，把小块料经冲击、挤压后而破碎，产品成为粉状和小颗粒料；

被破碎的物料在机体内呈旋转运动下落，使物料得到充分的破碎；

物料在第二破碎腔受到冲击、挤压作用。挤压强度可达 30MPa，把颗粒层压实。同时，冲击作用把料粒击碎。这样，在冲击、挤压作用下排出的物料不是料饼，而是物料的松散体。所以，立轴式破碎机的产品不需要再用打散设备。

23.2 立轴反击式破碎机机型与性能

图 23-3 所示为洛阳某厂生产的具有锥形转子的立轴反击式破碎机。它的上、下转子都装有板锤而不是锤头，即都是反击式转子，应该是立轴反击式破碎机而不是立轴复合式破碎机。

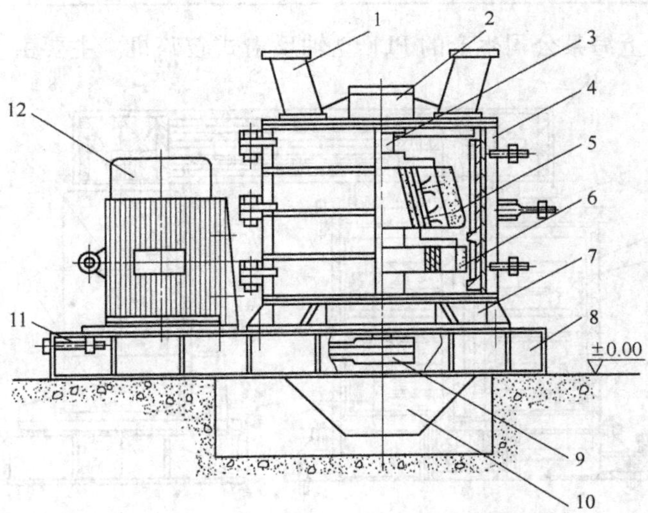

图 23-3 立轴反击式破碎机

1—进料斗；2—机盖；3—主轴；4—筒体；5—上转子；6—下转子；7—底盘；8—机座；9—带轮；10—下料斗；11—胀紧装置；12—电动机

块状矿石由进料斗落入上破碎腔内上甩料盘上，借助甩料盘的离心力将物料抛向筒体的内壁，与安装在内壁上的反击板猛烈碰撞，同时物料互相撞击，使之破碎或产生大量微裂纹，接着物料进入锥形转子腔后，在锥形空间呈螺旋状下落，经冲压、挤压，使已有裂纹的矿石进一步被破碎。物料在锥形转子腔内受锤头的打击，高速运行块料再次与反击板碰撞，物料流相互碰撞使物料经打击、撞击、剪切、挤压而粉碎，从而提高破碎效率。

从锥形转子腔内落下的物料进入下破碎腔内，以借助甩料盘的离心力将物料进一步破碎成小颗粒。

物料最后进入圆柱形转子腔体内，对已被破碎的物料进行磨削，使物料进一步细碎，直至破碎成所要求的粒度。

该机主要用于中、小水泥厂破碎机水泥熟料或原料（石灰石），为水泥厂技术改造或新建生产线提供一种较为理想的两级破碎设备。

大华厂生产的 PFL 立轴反击式破碎机主要参数见表 23-1。

表 23-1　PFL 立轴反击式破碎机主要参数

型　号	PFL-550	PFL-750	PFL-1000	PFL-1250	PFL-1500
筒体内径/mm	550	750	1000	1250	1500
生产率/t · h^{-1}	3 ~ 5	10 ~ 25	25 ~ 40	40 ~ 70	90 ~ 110
给料粒度/mm	≤80	≤100	≤120	≤150	≤180
出料粒度/mm	≤3 占 90%	≤3 占 90%	≤3 占 90%	≤3 占 90%	≤3 占 90%
主轴转速/r · min^{-1}		700	600	500	400
电机型号	Y200L1-6	Y225M-6	Y280M-6	Y315M1-6	U315M3-6
电机功率/kW	18.5	30	50	90	132
外形尺寸（长×宽×高）/mm×mm×mm	1800×1000×1300	2100×1200×1700	2600×1400×1900	2800×1600×2100	3100×1900×2300
质量/t	约 2.6	约 3.8	约 5.8	约 8.0	约 13.7

图 23-4 所示为上海某公司生产的 PLF 立轴反击式破碎机。主要由主机、传动系统和

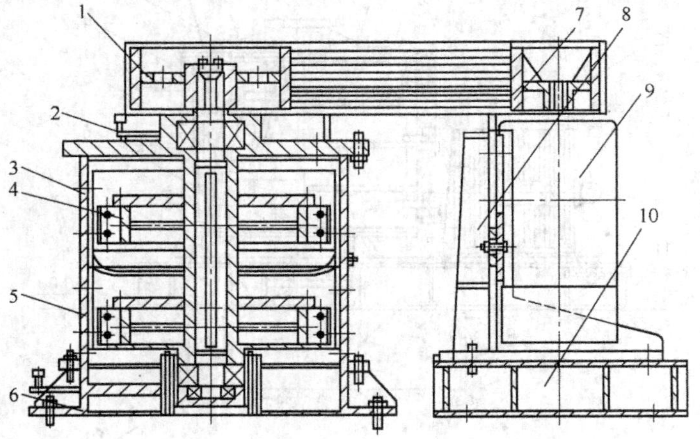

图 23-4　PLF 系列立轴反击破碎机结构示意图

1—大带轮；2—盖；3—反击板；4—转子；5—筒体；6—支座；7—小带轮；8—电机支架；9—电机；10—电机底座

电动机等部分组成。电机9呈垂直布置由电机支架8支撑，通过V形带驱动大带轮和转子按规定方向转动。主轴包括两个转子、机体（筒体）和反击板三大部件。

转子是立轴冲击式破碎机中最关键的部件，按结构形式分有整体式（铸造的）和焊接式两种。前者刚性和平衡较好，但制造周期较长，而后者制造周期较短，但刚性较差。不论哪种结构的转子，都必须有足够的质量，即转子转动惯量要大，较大型的破碎机采用整体式转子，较轻型破碎机采用焊接转子为宜。

由图中可知，转子与立轴是靠键连接的，支承立轴的两个调心滚子轴承和一个推力调心滚子轴承分别装在上盖和支座的中央、长条矩形结构的板锤是靠螺栓固定在转盘上。

板锤是破碎机易损件，因此要求它坚固耐磨损，便于安装和更换。一副板锤破碎石灰石能达15000～20000t，破碎水泥熟料能达5000～10000t。板锤采用ZG30CrMnSi和耐磨铸铁材料。

筒体由两个对开的半圆壳体构成、两个半圆壳体一侧为铰链连接，另一侧用螺栓固定。筒体可围绕铰接点打开旋转一定角度，以便更换各种易损件和检修。筒体上端连接上盖，下端连接机座。上盖顶部设有进料口，机座内是空的，破碎好的物料就由机座下部排出。

该机上盖、筒体和支座构成的轴承座的位置是决定立轴安装的精确度，故上述三件设计和加工时，必须特别注意其形位公差问题。

反击板的作用，一是保护筒体不受磨损，二是承受被板锤抛出的物料在其上碰撞而被破碎，同时又将碰撞破碎的物料重新弹回破碎区，再次进行破碎。

为了获得最佳破碎效果，物料与反击板表面应呈垂直碰撞，另外为了加快排料速度，使物料被撞时，产生一个垂直向下轴向力，故应设计有一个螺旋角，其旋向与转子转向一致，螺旋角一般为15°～50°，角度越大向下的轴向力越大。反击板设计带有相同形状，且均匀分布的牙齿，其横截面为三角形。牙齿角度的设置，应使物料与反击板的碰撞趋于正碰撞，同时可使部分物料通过剪切或挤压而破碎。反击板材料有ZG30CrMn2Si和ZG40CrNi2Mo等。

立轴反击式破碎机技术参数列于表23-2中。

表23-2　PLF系列破碎机技术参数

型　号	PLF-500	PLF-750	PLF-1000	PLF-1250	PLF-1500	PLF-1750
筒体直径/mm	500	750	1000	1250	1500	1750
主轴转速/r·min^{-1}	1000	860	620	490	410	350
最大进料粒度/mm	50	70	80	100	120	140
出料粒度/mm	≤5～8	≤5～8	≤5～8	≤5～8	≤5～8	≤5～8
生产率/t·h^{-1}	5～15	10～25	15～35	35～50	50～70	70～85
电机功率/kW	22	37	55	75	132	160
设备质量/kg	3500	4000	6100	9880	13700	18500
外形尺寸(长×宽×高)/mm×mm×mm	—	2349×1150×1660	2638×1500×1800	3000×1670×2216	4248×2100×2250	4930×2370×2553

注：1. 对于中等硬度石灰石 $d95=8$mm；
2. 表列入为破碎石灰石的数据；
3. 破碎机的规格用筒体内径 D(mm)表示。

立轴反击式破碎机优点：

（1）破碎比大，最大入料粒度 100 ~ 180mm，出料粒度小于 3mm 的占 90% 以上（其中 30% ~60% 为粉料）；

（2）能量利用率高，单位产量电耗 1.29kW · h/t；

（3）与球磨机配套使用，可使磨机产量提高 30% ~40%，系统电耗下降 20% ~30%；

（4）易损件选用高耐磨合金材质，磨损小，寿命长；

（5）运转平稳，密封性能好，粉尘少，噪声低；

（6）结构简单，操作简便，占地面积小，安装和维修方便。

立轴反击式破碎机缺点：该设备是以冲击、挤压力破碎物料，转子上板锤磨损较快，更换频繁。尤其是在破碎坚硬物料，其磨损更为严重。

23.3　立轴反击式破碎机主要参数计算

23.3.1　转子直径与长度

立轴反击式破碎机转子直径与物料最大粒度有关：

23.3.1.1　第一级转子直径 D_1

$$D_1 = D - 2d_{max}$$

式中　D——筒体规格直径，mm；

d_{max}——最大给料粒度，mm。

23.3.1.2　第二级转子直径 D_2

$$D_2 = D - 16$$

转子的长度 L 主要根据破碎机的生产能力和产品细度来定。一般转子长度（即高度）为 600 ~650mm 为宜。

23.3.1.3　给料口宽度和长度

一般在破碎机上盖设有两个给料口并且对称布置。给料口宽度 $B \approx 0.35D_1$。

为了避免垂直进入给料口大块物料，直接冲击转子，在两个给料口的内侧各设一块导料板。导料板向外侧倾斜 15°，这样可引导物料滑向机腔内。

23.3.2　板锤数目与质量

板锤的数目主要根据破碎物料块尺寸和产品粒度来确定。一般破碎大块物料转子上板锤数要少些，破碎小块料，并具有挤压研磨作用转子上板锤数要多些。为此，第一转子装 4 ~6 个板锤，第二转子装 6 ~8 个板锤。

板锤或锤头的质量，主要根据反击式和锤式破碎机确定板锤和锤头质量的原则是一致的。

23.3.3　转子转速

立轴反击式破碎机转子的圆周速度对破碎机的生产能力、产品粒度和粉碎比的大小起着决定性作用。实践证明，破碎机转子的圆周速度的提高，生产能力和产品细度将有显著的增加。其中进料块大，其粉碎比变大更为显著。但是，随着转子的圆周速度增大，板锤磨损加快，需要功率也有所提高。

在粗碎时，第一转子的圆周速度一般控制在25~30m/s。细碎时，第二转子的圆周速度为35~40m/s。

23.3.4 生产率

破碎机生产率与转子的转速有关，又与转子与机体间的间隙有关，即与破碎腔容积大小有关。立轴式破碎机为通过式粉碎机械，物料通过快产量就高，物料通过慢产量就低。物料在机体内通过快慢又与产品的细度有关。所以，对立式粉碎机的产量要考虑转子的转速、破碎腔的容积和产品的细度。

对立轴式破碎机的生产率一般按下式确定：

$$Q = KD\delta v_j \rho\mu \tag{23-1}$$

式中 Q——生产率，t/h；

K——修正系数；

D——机壳内径，m；

δ——破碎区圆环形的宽度，m；

v_j——物料在机体内下落的平均速度，m/h；

ρ——物料的密度，t/m^3；

μ——物料的泊桑系灵敏，取0.25。

23.3.5 电动机功率

破碎机功率消耗与很多因素有关。但主要取决于破碎物料的性质，转子的转速，破碎比和生产能力。

总之，立轴式破碎机为20世纪90年代初研制的设备，用于生产中只有几年的历史。对于破碎机电动机功率计算尚无一个完整的理论公式。一般都是根据生产实践或采用经验公式来选择破碎机的功率。

根据单位电耗确定电机功率P(kW)：

$$P = KQ \tag{23-2}$$

式中 P——电动机功率，kW；

K——比功耗，kW·h/t。比功耗视破碎物料的性质、粉碎比和设备结构特点而定。对中等硬度石灰石，粗碎时取$K=0.6\sim1.2$；对细碎时取$K=1.2\sim2$；

Q——生产率，t/h。

23.3.6 轴承寿命的校核和润滑剂的选择

立轴反击式破碎机装有三套轴承，上端和下端为向心调心滚柱轴承，而最底下装有推力滚柱轴承，其作用在轴承上的载荷可近似按$F=3G_R$（G_R为转子总质量N）来计算。轴承使用寿命可按20000~30000h设计。

立轴反击式破碎机大多采用润滑脂，其额定速度要低于稀油润滑，但它很方便省事。油脂清洁是保证轴承可靠工作延长轴承寿命的重要条件，为此必须重视轴承密封，选择很好的密封形式。一般采用一道，最好二道迷宫式密封和一道骨架式油封，从实际使用情况看，效果是十分良好的。

润滑脂的黏度率 k 值越高，在同样条件下轴承寿命越长，润滑脂的黏度率 k 为：

$$k = \frac{\nu_1}{\nu_2} \tag{23-3}$$

式中 ν_1——工作温度下润滑脂的黏度，Pa；

ν_2——所需要的黏度，Pa。

由式中知，只有提高润滑脂工作温度下的黏度，才能提高黏度率 k 值。对立轴反击式破碎机要选用耐高温黏度大的润滑脂。

当破碎石灰石、钼矿石、铝矿石等物料时，应选用 ZL-4H 合成锂基润滑脂作为主轴承的润滑用。

当破碎水泥熟料，最好的工艺过程，由立窑卸出的高温熟料输送到堆场冷却后，再进入破碎机内破碎。如果熟料未完全冷却，要控制进入破碎机的熟料温度在 150℃以下，这时可选用 ZFG-3 复合钙基润滑脂，轴承工作温度不能高于 150℃。也可选用 J-3 膨润脂，轴承工作温度控制在 180℃以下。

总之，对立轴反击式破碎机主轴轴承的润滑，必须强制、定时供油。保证设备平稳、长期运转。

23.3.7　破碎力的确定

立轴式破碎机的工作原理是利用板锤冲击、挤压来破碎物料。转子的冲击破碎力的大小可按动量定理求出（假定物料碰撞前的速度为零）。

其冲击破碎力 F_1：

$$F_1 = \frac{m_1 v_0}{t} \tag{23-4}$$

式中 F_1——冲击破碎力，N；

m_1——喂料块的平均质量，kg；

v_0——冲击后料块的速度，m/s；

t——冲击时间，s。

高速回转的转子上板锤冲击物料后，使物料获得比板锤端点线速度高得多的速度。这是由于弹性压缩和其后的料块内应力释放使物料产生一个飞动速度。这个速度比板锤端点的线速度要大得多。

根据弹性碰撞理论，假定料块与板锤碰撞前的速度为零，则碰撞后的速度为：

$$v_0 = v + Kv \tag{23-5}$$

式中 v——转子圆周速度（板锤外侧线速度），m/s；

K——恢复系数，$0 < K < 1$，考虑物料与板锤产生斜碰撞，一般取 $K = 0.2 \sim 0.4$。

冲击时间可按式（20-1）中的冲击时间计算。

从上述计算公式可以看出，当立轴式破碎机的转子在 500r/min 的转动下，板锤冲击物料是在瞬间发生的。所以，冲击时将产生强大的冲击破碎力，使料块得到有效的粉碎。

为此，立轴式破碎机的粉碎比大，产品中粉状料占有相当的比例数。

23.3.8　转子平衡

立轴破碎机转子不平衡有两种情况，一是转子重心不在转子的旋转轴上，此时，必然产生静力不平衡；二是转子主惯性轴与旋转轴线交错，且相交于转子的重心上，即回转中心线与其几何中心线相交，当转子旋转时，则产生不平衡力矩，出现动力不平衡现象。这两种不平衡现象都对转子产生很大的动载荷（即挠力）从而引起机器的振动，使主轴、轴承、机架等零部件受力恶化。特别是对轴承产生周期性的冲击载荷，使轴承发热，甚至损坏。转子不平衡现象产生的原因是由于转子零件的制造质量和装配精度不良造成。此外，板锤磨损不均匀也是影响转子不平衡的因素。

转子产生的动载荷（挠力）可按下式计算：

$$F = F_0 \sin\omega t$$

$$F_0 = m_0 e \omega^2$$

式中　m_0——偏心质量，kg；

e——从旋转中心到旋转质量重心间的距离，即偏心距，mm；

ω——主轴的角速度，s^{-1}。

破碎机的动载荷必须得到很好平衡，才能使挠力不超过所允许的数值。由于立轴破碎机转速比较低，故只需对转子满足静平衡要求便可。其转子平衡精度等级可取 G16 ~ G40 为宜。此外，为保证机器可靠运转，必须注意下列问题：保证给矿的均匀性；保证转子零件的加工和装配精度；提高锤头的耐磨性，及时更换磨损的板锤，且必须全部更换；转子装配后进行静平衡。

23.4　立轴复合式破碎机

所谓立轴复合式破碎机，就是一根立轴上装有立轴反击式破碎机的转盘和立轴锤式破碎机的转盘，集两种破碎机的优点于一体组成一种新型高效破碎机。该机适用于矿山、建材、冶金、化工和电力等行业，能破碎中等硬度可碎性矿石，特别是易碎性物料。例如铁矿石、铜矿石、石灰石、煤矸石、石棉、焦炭、煤和水泥熟料等，是一种超细碎型粉碎机械设备，具有破碎比大，破碎粒度细而均匀，能将 80 ~ 120mm 的物料一次性粉碎到小于 3 ~ 5mm 细小颗粒。因此，可以破代磨，降低进入磨机粒度，提高磨机产量。

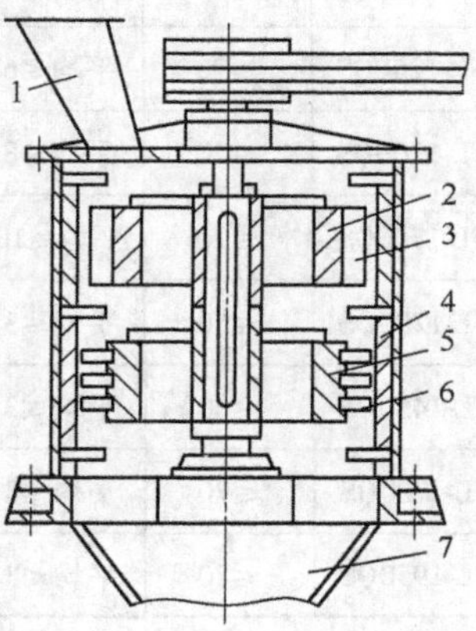

图 23-5　立轴复合式破碎机简图

1—进料斗；2—上转盘；3—板锤；4—反击板；5—下转盘；6—锤头；7—排料斗

立轴复合式破碎机分上下两层分级破碎（图 23-5）。上层为中碎下层为细碎。破碎区是立轴上的转盘外圆与筒壁齿板之间所构成的圆环破碎腔。上转盘固定有板锤分布较稀，形成较大破碎腔，有利于破碎大块物料。下转盘上装有多排活动锤头，分布较密，形成较小破碎腔，以控制被破碎物料达到细破粒度的要求。在筒体内壁上，装有带齿牙的固定齿板，又称反击板。

该机的工作原理为：物料自上口加入，落入破碎腔，受到高速旋转板锤的打击，而迅速抛向反击板，撞击后被反弹到锤板上，再次受到打击。如此高频次的打击与反击，使物料由大到小逐渐被破碎，较小的物料落到下层破碎腔，受到高速旋转密集锤头的打击，重复上层破碎过程。由于型腔较小，锤头与反击板齿刃之间对部分物料施加剪切应力，进行铣削，加速物料的细碎。同时，锤头带动物料产生流动，相互间产生很大的研磨作用，使物料进一步细碎，直至破碎成所要求的粒度。实践证明，立轴复合式破碎机上层采用反击式破碎对物料实施硬打击，可有效地利用能量，破碎速度快，且破碎比大。下层采用锤式破碎，锤头在径向可以自由转动，对物料堆积和流动处打击时，可起到缓冲作用，使物料均匀疏松翻腾，从而使超细碎负荷平稳，大大减少了电机瞬时超载现象，消除了故障隐患。

立轴复合式破碎机特点：虽然立轴复合式破碎机与现行使用的同类型立轴反击式破碎机的进料粒度相同，但就其破碎效果而言，立轴复合式破碎机仍优于立轴反击式破碎机，小于5mm 的均细部分增加5%，生产能力提高10%；

基本上解决了原用立轴反击式破碎机进行超细粉碎时电机负荷大，易出现故障的问题，维修量相对减少，维修费用大为降低；

对破碎偏软性且含有少量水分的物料（如水泥熟料、焦炭和煤等）时，立轴复合式破碎机的结构还可以采用上层为锤式破碎，下层为反击式粉碎，以减少工作部件的磨损和物料塞实现象，提高能量的利用率。

表23-3 给出山东某厂生产的立轴复合式破碎机技术参数。

表 23-3　立轴复合式破碎机技术参数

型号规格	进料粒度/mm	出料粒度/mm	生产率/$t \cdot h^{-1}$	反击转子排数	锤击转子排数	电动机功率/kW	外形尺寸(长×宽×高)/mm×mm×mm	质量(不包括电动机)/t
PCFL-1000QS	≤60	平均≤5	20~30	1	2	55	2720×1500×1850	6.1
PCFL-1250QS	≤70	平均≤6	45~60	1	2	75	3135×1820×1955	10.5
PCFL-1500QS	≤70	平均≤8	60~80	1	1	110（132）	3631×2120×2095	16
PCFL-1750QS	≤70	平均≤10	70~90	1	1	160	4035×2380×2370	20.5
PSFL-1200QS	≤50	平均≤3	20~30	2	0	75	2895×1500×1820	7.6
PSFL-1450QS	≤60	平均≤3	40~60	2	0	90	3135×1820×1955	11.8
PSFL-1700QS	≤70	平均≤3	50~70	2	0	132（160）	3631×2120×2095	18.5
PSFL-1950QS	≤80	平均≤3	60~80	2	0	160	4095×2380×2100	23.5

23.5　对立轴式破碎机性能的比较

俗话说，不怕不识货，就怕货比货。有比较才能鉴别优劣。为此，将表23-1 和表23-2的主要参数列于表23-4 中加以比较。

从表 23-4 中进料粒度、出料粒度、生产率、电机功率和机器质量的数据对比可知，还是 PFL 立轴反击式破碎机性能较优越。

表 23-4 PFL 和 PLF 两种破碎机主要参数

规 格	进料粒度 /mm	出料粒度 /mm	生产率 /t · h^{-1}	电动功率 /kW	机器质量 /t
PFL-1000	≤120	≤3 占 90%	25 ~ 40	50	5.8
PLF-1000	≤80	≤5 ~ 8	15 ~ 35	55	6.1
PFL-1500	≤180	≤3 占 90%	90 ~ 110	132	13.7
PLF-1500	140	≤5 ~ 8	70 ~ 85	160	18.5

再将同规格的 PFL-1000 立轴反击式破碎机（表 23-1）和 PCFL-1000QS 立轴复合式破碎机（表 23-3）主要参数列于表 23-5 中。

表 23-5 两种破碎机主要参数比较

规 格	进料粒度 /mm	出料粒度 /mm	生产率 /t · h^{-1}	电机功率 /kW	机器质量 /t
PFL-1000	≤120	≤3 占 90%	25 ~ 40	50	5.8
PCFL-1000	≤60	平均≤5	20 ~ 30	55	6.1

从表 23-5 中参数对比可知，PFL-1000 立轴反击式破碎机性能优于 PCFL-1000QS 立轴复合式破碎机。后者上层是 1 排反击转子而下层是 2 排锤击式转子；前者，上、下两层均为反击式转子，且上层具有锥形转子（图 23-2）。由此，是否可得出这样结论：立轴复合式破碎机不如立轴反击式破碎机性能更优越或者说下层采用锤击转子不如采用反击式转子。为了进一步说明此问题，根据表 23-3 中 PCFL-1500QS 与 PSFL-1450QS 的主要参数比较也应该是后者较优越。

立轴式破碎机第二级采用锤式破碎机转子，其目的是破碎腔内下部物料颗粒较小，反击式不能充分发挥反击破碎效果。但前面的性能对比说明，此种做法破碎效果并不好而且机器会产生较大的振动，其原因在于物料进入锤式破碎区域时，受到高速回转的锤头冲击破碎，同时从锤头处获得动能以高速冲向破碎板被第二次破碎。在破碎过程中，锤头每破碎一次，就使锤头后仰其损失的能量在转子带动下得到恢复，转子重新处于正常位置进行第二次破碎。但由于在第一、第二级转子之间装分隔板使物料在整个平面上基本上处于均匀分布状态，因而锤头损失的能量不能得到有效补充，使锤式转子的作用近似于反击式转子的作用，但却加大了转子的不平衡，导致破碎机工作时振动增大。因此，在立式破碎机的第二级转子上采用锤式破碎机结构（图 23-4）从理论上讲存在较大缺陷，因而不宜在立轴式破碎第二级转子上采用锤式破碎机结构。

24 冲击式制砂机

因为在我国建材行业标准中将原立轴冲击式破碎机改称为冲击式制砂机（报批稿），故本章采用了冲击式制砂机这个名词。

24.1 冲击式制砂机概述

冲击式制砂机早在20世纪50年代已申请专利，但由于易损件磨损问题，一直到70年代都没能取得突破性进展。到80年代由新西兰人提出BARMAC冲击式制砂机原型，后经不断改进，在80年代末期由新西兰TIDCD国际集团公司推出了BARMAC冲击式制砂机。到90年代在世界各国已推广使用。

目前国内各制造厂生产的PL冲击式制砂机已基本上可以跟国外同类产品抗衡。这是由价格优势而不是产品质量和性能达到国际水平。但从长远发展来看，还是不断提高这种破碎机技术水平方能在市场竞争中立于不败之地。

冲击式制砂机是利用高速转动的物料相互自行破碎及物料之间摩擦而破碎（石打石），所以适宜于特硬、中硬及磨蚀性物料的粗碎与细碎作业。本机适用于铁矿石、铜矿石、金银矿石、钼矿石、铅锌矿石、钨矿石、锰矿石、破碎原料、耐火材料、陶瓷、建筑用砂刚玉、滑石竹、橄榄石岩盐、萤石、石灰石及碳化硅钢渣等几百种磨蚀性强的物料破碎作业。本机是一种节能、节材的高效破碎设备。

冲击式制砂机的入料最大粒度必须按该机的技术性能参数表规定的粒度，严禁大于规定粒度的物料进入破碎机。破碎物料的最大含水率为20%以下，一般经洗矿机出来的矿石可直接进入本机破碎。破碎机的出料产品粒度与矿石物性及入料粒度有关，矿石易碎、入料粒度愈小，其产品粒度合格率愈高，反之则低，改变叶轮速度，也可调节产品粒度。当破碎机的出料产品粒度不大于10mm时，其合格率为60%～90%，为了保证产品粒度合格率达到100%，采用分级设备进行闭路破碎是必要的。

冲击式制砂机还可用于粗磨作业，当破碎机的进料粒度为2～8mm时，其出料粒度可达0.149～0.92mm。

冲击式制砂机装机功率可根据物料的物性及产量在规定范围内配置（用户可提供破碎矿石及入料、出料粒度由制造厂选配，也可按用户要求配置）。

图24-1所示为PL冲击式制砂机示意图。物料经给料口、给料筒7、8进入转子1的叶轮2里，此种给料方式称为转子给料。

叶轮做高速旋转（45～95m/s）将物料从叶轮流道抛射出去并打在反击板4上而被破碎，然后细小颗粒物料从机架3底部排出。这种破碎机采用内部气流循环系统，叶轮高速旋转过程中产生的气流，在破碎机内部形成自循环。另外，对于需要将破碎产品中的粉料分离出来时，配置分级旋流器，依靠破碎机内部的气流产生的压力，实现物料分级、提取

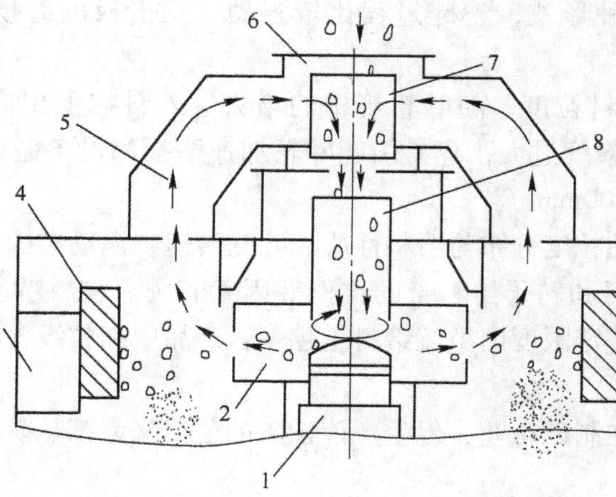

图 24-1　PL 冲击式制砂机示意图

1—转子；2—叶轮；3—机架；4—反击板；5—空气循环装置；
6—给料斗；7，8—给料筒

物料、解决粉尘的弥散和净化环境，而不增加功率消耗。这种装有反击板的冲击式制砂机被称为“石打铁”。若不装反击板的破碎机被叶轮抛出去的物料直接打在自然形成的料衬上，这种情况被称为“石打石”。

图 24-2*a* 所示，为溢流给料。就是转子给料同时又通过分料器，有一部分同样粒度物料从转子周边落入破碎腔中被叶轮抛出的物料冲击破碎。图 24-2*b* 为瀑落给料，就是溢流给料同时又通过分料器有一旁路给料，分料系统的作用就是旁路给到叶轮外侧的物料不从叶轮吸收能量。因此，对于相同的能量输入，采用分料系统的冲击式制砂机处理能力大。根据所需破碎物料细粒级含量的多少，可对分料器进行调节。这两种给料方式的破碎机均有一个较大的环形涡动破碎腔，在破碎腔内物料由自然安息角堆积起物料层，形成自衬。从叶轮抛射出的高速度物料在衬面上碰撞、摩擦并与在破碎腔间自由下落的物料剧烈碰撞，这种是“石打石”，它的成砂率约 30%。对于破碎机机架

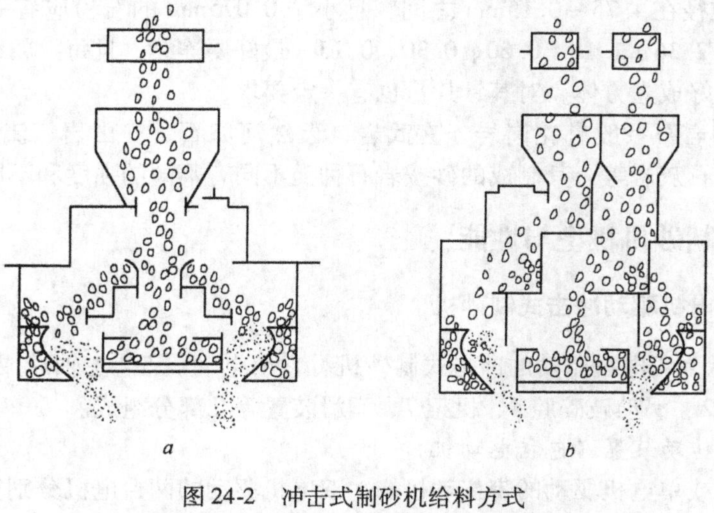

图 24-2　冲击式制砂机给料方式

a—溢流给料；*b*—瀑落给料

内部装有反击板的第一种形式，粉碎过程比较强烈，反击板的磨损很严重，但它的成砂率约50%以上。

PL冲击式制砂机入料粒度，随叶轮规格的增大，入料粒度相应增大，一般应小于60mm。给入叶轮的物料粒度过大，容易引起叶轮加速磨损和设备振动，给入叶轮外侧的瀑落入料粒度最大可达100mm。

冲击式制砂机的产品粒度分布与给料性质、叶轮转速、涡动破碎腔空间物料颗粒密度以及溢流（瀑落）给料量和转子给料量的比例等因素有关。物料越脆叶轮转速越高、细粒级产品含量越高；在一定限度内溢流给料量越多，产品中细粒级含量越低，但绝对量越多。

冲击式制砂机多用在制砂行业，但生产该设备的公司又大都是矿山机械制造厂，故对砂石的要求简介如下：

（1）矿山设备对破碎物料的颗粒要求是细。一般而言，对针片状的要求不严，相反针片状的物料进入磨机，反而更易被磨碎。而碎石的要求与上述相反，对其粒形、粒级的要求十分严格其原因在于立方形砂作为混凝土和沥青的骨料最好。机制砂不仅使混凝土强度提高，并能使水泥用量减少，从而降低了费用，其次立方形砂由于带棱角，使之颗粒间有一种相互锁紧的作用。而砂的连续级配又能使空隙大大降低。同时立方形砂比圆形砂占有更大的表面积，使沥青和物料或水泥和物料具有粘在一起减少位移的可能性；

（2）按照机制砂的定义，经除土处理，由机械破碎、筛分制成的粒径小于4.75mm的岩石颗粒。但不包含软质岩、风化岩石的颗粒；

（3）砂的规格按细度模数分为粗、中、细三种。其中粗砂的细度模数为3.7～3.1，中砂的细度模数为3.0～2.3，细砂的细度模数为2.2～1.6；

（4）砂的等级按其技术要求分为Ⅰ、Ⅱ、Ⅲ三个等级。Ⅰ类砂适用于强度等级大于C60的混凝土。Ⅱ类砂适用于强度等级C30～C60及抗冻、抗渗或其他要求的混凝土、水工混凝土。Ⅲ类砂适用于强度等级小于C30混凝土和建筑砂浆；

（5）砂的粒径在4.75～0.15mm之间，且小于0.075mm的石粉应有一定的限制，其粒级分为4.75、2.36、1.18、0.60、0.30、0.15，最好要连续，且每一粒级要有一定的百分比，其粒形最好成立方体，对其针片量也有一定要求；

（6）制砂的岩石一般有花岗岩、玄武岩、天然河卵石、安山岩、流纹岩、辉绿岩、闪长岩、砂岩、石灰岩等。其制成的砂按岩石种类不同有不同的强度和不同的要求。

24.2　冲击式制砂机机型与性能

24.2.1　双电机驱动冲击式制砂机

图24-3所示为双电机驱动的冲击式制砂机。它由电动机5、主轴总成6、叶轮3、给料斗1、分料器2、涡动破碎腔4、机架7、润滑装置等几部分组成。

24.2.1.1　传动装置（包括电动机）

采用双电机或单电机驱动的带传动机构，双电机驱动的两台电机分别安装在主轴总成的两侧，两电机带轮用传动带与主轴带轮相连，使主轴受力平衡，不产生附加力矩。而单

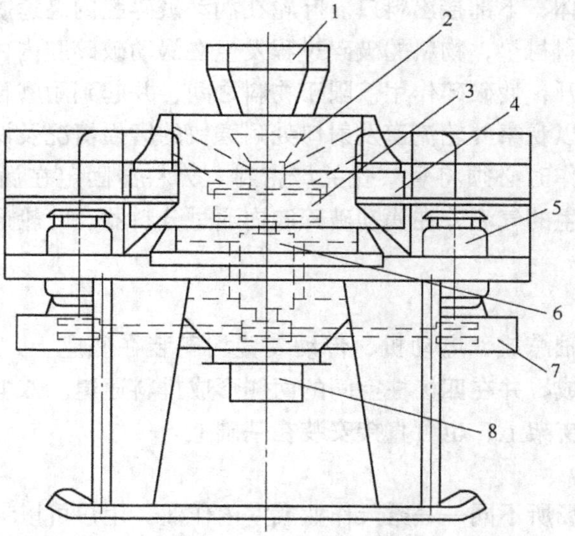

图 24-3 双电机驱动冲击式制砂机

1—给料斗；2—分料器；3—叶轮；4—涡动破碎腔；
5—电动机；6—主轴总成；7—机架；8—排料斗

电机驱动主轴受单侧力而产生附加力矩，一般电机功率在55kW 以上时（单个电机功率），推荐采用双电机驱动。

24.2.1.2 主轴总成

主轴总成安装在底座上，用以传递电动机由 V 带传来的动力及支承叶轮旋转运动。主轴总成由轴承座、主轴、轴承等组成。

24.2.1.3 叶轮

叶轮结构为一空心圆柱体，安装在主轴总成上端轴头上，用圆锥套和键连接传递转矩，并高速旋转，叶轮是冲击式制砂机的关键部件。矿物原料由叶轮上部分料器的中心入料管进入叶轮的中心。由叶轮中心的布料锥体将物料均匀地分配到叶轮的各个发射流道，在发射流道出口，安装特殊材料制成的耐磨块，耐磨块磨损后可以更换，叶轮将物料加速到45～90m/s 的速度抛射出去，冲击到涡动破碎腔内的矿石衬垫，进行强烈地自粉碎。

24.2.1.4 给料斗

给料斗的结构为一倒立的棱台体，进料口设置耐磨环，从给料设备的来料经给料斗进入破碎机。

24.2.1.5 分料器

分料器安装在涡动破碎腔的上部，其作用是将给料斗来料进行分流，使一部分物料由中心入料管直接进入叶轮被逐渐加速到较高度抛射出去，使另一部分物料从中心管的外侧，旁路进入涡动破碎腔内叶轮的外侧，被从叶轮抛射出来的高速物料冲击破碎，不增加动能消耗，增大生产能力，提高破碎效率。

24.2.1.6 涡动破碎腔

涡动破碎腔的结构为上、下两段圆柱体组成的环形空间，下圆柱体的上下盖板上开两个孔，上部接上圆柱体，下部接出料口。叶轮在涡动破碎腔内高速旋转，涡动破碎腔内也能驻留物料，形成物料衬垫，物料的破碎过程发生在涡动破碎腔内，由矿石衬垫将破碎作用与涡动破碎腔壁隔开，使破碎作用仅限于物料之间，并起到耐磨自衬作用。在上圆柱体盖板上设置观察孔，以观察叶轮流道发射口处耐磨块的磨损情况及涡动破碎腔顶部衬板的磨损情况，破碎机工作时必须将观察孔关严密封。分料器固定在涡动破碎腔的上部圆柱段。叶轮高速旋转产生的气流，在涡动破碎腔内通过分料器、叶轮形成内部气流自循环系统。

24.2.1.7　底座

涡动破碎腔、主轴总成、电动机、传动装置均安装在底座上，底座中部为四棱柱空间，用于安装主轴总成，并在四棱柱空间的两侧形成排料通道。双电动机安装在底座纵向两端，底座可安装在支架上，也可直接安装在基础上。

24.2.1.8　支架

根据破碎机工作场所不同——露天作业或室内作业，用户可以考虑配置支架或不配置支架。

24.2.1.9　润滑系统

采用二硫化钼干油润滑，润滑部位为主轴总成上部轴承和下部轴承，为了方便注油，本机用油管将油杯引到机器的外侧，用干油泵定期加油。

24.2.2　单电机驱动冲击式制砂机

图 24-4 所示为单电机驱动冲击式制砂机。它由回转机构 1、进料斗 2、筒体 3、转子 4、机座 5 以及电动机机座 6 组成。该机结构简单，上部机体是一个焊接结构圆筒，顶部

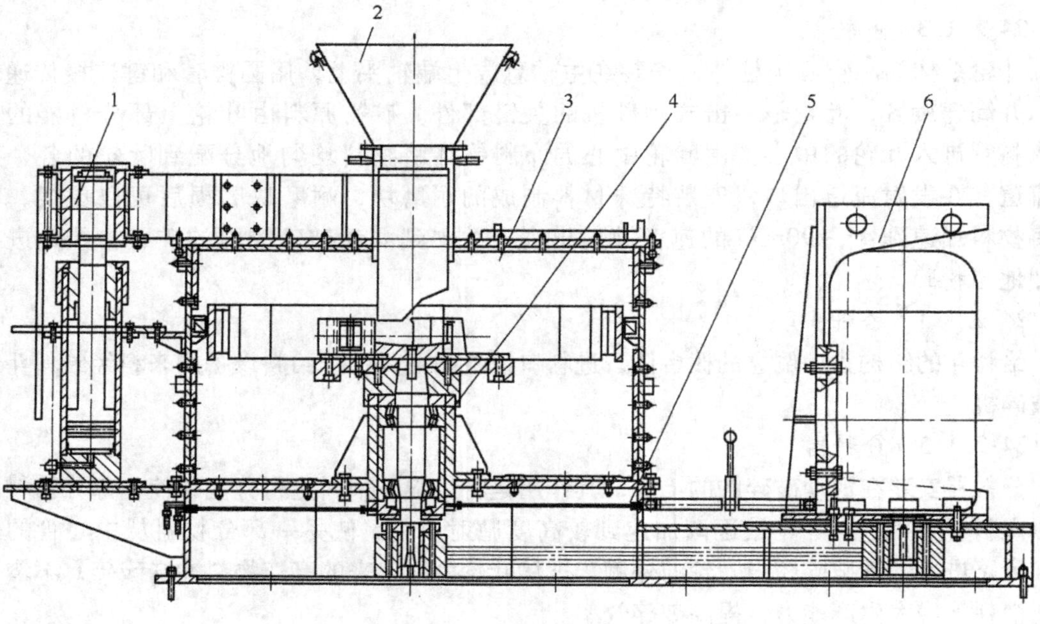

图 24-4　单电机驱动冲击式制砂机

1—回转机构；2—进料斗；3—筒体；4—转子；5—机座；6—电动机机座

装有进料斗2，物料经料斗直接进入叶轮。叶轮用螺栓固定在立轴上的转盘上，转盘与立轴连接在一起并随立轴旋转。主轴装在滚动轴承上，而轴承装在下部机架的轴承座内。轴的下端装有带轮，电动机经皮带驱动立轴，从而使叶轮做高速转动。叶轮有开式和闭式两种。对应叶轮，在机体内壁装有反击板（称为石打铁），若不装反击板，则物料自动形成料衬（称为石打石）。

破碎机检修或更换易损件时，卸掉连接上机体的螺栓后，可借用液压回转机构将其移开，非常方便。该机是采用润滑站稀油润滑，且设有振动保护装置，使其轴承寿命大大提高，在机器运转过程中，一旦振动超过设定值，会发信号给进料皮带机，使它停止给料，过一延时时间主机电动机会自动停止，以保护机器不受损坏。

破碎机立轴总成中最重要件就是叶轮，叶轮分闭式和开式两种。对于闭式叶轮，其给料方式分为转子给料或者转子给料和瀑落给料相结合以求取得更大的处理量，但由于闭式转子中有硬质合金刀片与其基体材料相结合，由于二者的热膨胀有差异，不可避免的有残余应力。再加上岩石碰撞时引起的冲击力，硬质合金刀片时有损坏。而且硬质合金刀片本身就是一种脆性材料，从而使大的硬质合金刀片更易产生裂纹，且其基体往往要被物料撞击，其外周侧部也极易磨损。这样依附在上的硬质合金刀片也往往容易脱落。这是闭式转子的弱点。故对其进料粒度控制要特别严格，绝不允许有不可破碎物如铁等物料进入。其转子制造采用焊接形式，在高速运转中设计时，要考虑其边缘应力的影响。对于闭式转子而言，如何防止硬质合金刀片和碰撞面出现缺口、裂纹或早期磨损，使其寿命得到提高，是今后的研究方向。对开式叶轮而言，是在一平板上焊有几个安装流道板的支撑柱。故按其支撑柱及流道板的形状，可分为径向式、前向式和后向式。流道板的形状可制成多种多样，以适应不同的物料，不同的处理量。目前多采用径向式，其出口处为3~6个，其进料方式为转子给料。开式叶轮对给料要求不向闭式叶轮要求那么严格，偶尔有小块不能破碎物料进入影响不大。但流道板的使用寿命较短，尤其是在湿法破碎上，其使用寿命不到干法破碎的1/2，故如何提高流道寿命也是非常重要的问题。

24.3 物料在叶轮和破碎腔流动状态的描述

掌握了冲击式制砂机工作原理和结构之后，现在再讨论物料在叶轮流道中的运动情况和物料被叶轮抛射出去后，在涡动破碎腔里的碰撞情况。

图24-5所示为物料由转子给料到叶轮中心进料处之后随高速旋转的叶轮的牵连速度 V_u（圆周速度）运动的同时，还沿流道板（叶片）做相对运动，其相对速度为 V_x，流动到出口处时，再沿绝对速度 V_j 方向被抛射出去。得到动能的粒子进入破碎腔与腔内粒子云产生粒子间的碰撞以及能量交换的连锁反应。高能量的大粒子与较小（或弱能）粒子碰撞时，形成剧烈冲击而实现选择性破碎，

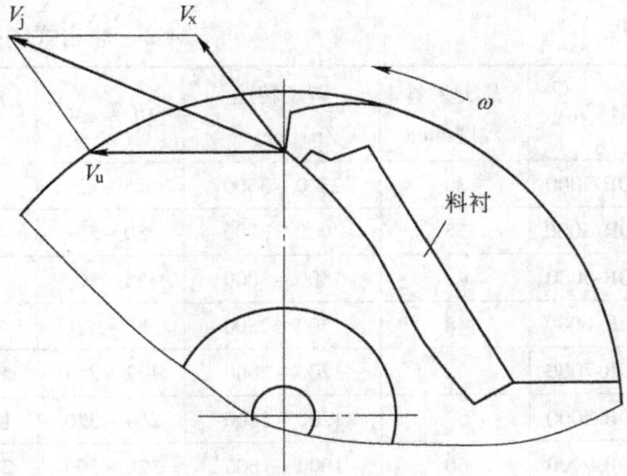

图24-5 物料在流道中运动情况示意图

粒子迅速减小；较低能量的中等粒子和前面冲击产生的粒子，再和其他粒子相遇时，彼此也形成冲击劈裂和磨蚀；最小的粒子、粉料和粉尘也以高速运动，虽然有很小的动能，但对与它们相遇的任何物料仍产生力的“砂喷（sandblast)”作用。整个粒子云在从叶轮内抛射出的物料驱动下，环绕破碎腔汹涌地涡动，从而使粒子互相撞击、摩擦和研磨而使粒度大大减小，直到它们失去足够的速度后掉出粒子云，然后离开破碎腔。一个粒子在破碎腔内滞留时间一般在 5 ~ 20s 之间。它与粒子质量、速度和它多次碰撞过程中的运动路线有关。由此可知，在功率一定的条件下，适当增加粒子云密度，从而增加碰撞几率和频次，借以提高破碎效果。

24.4　冲击式制砂机性能与发展

国内生产冲击式制砂机厂家很多，这里根据在矿山机械广告栏目刊出的冲击式制砂机性能参数介绍如下：

表 24-1 贵阳成智破碎设备有限公司生产的冲击式制砂机性能参数。

表 24-1　PL 系列冲击式制砂机规格与性能参数

型号规格	转子转速 /r · min^{-1}	最佳入料粒径/mm	生产率 /t · h^{-1}	电机功率 /kW	外形尺寸 /mm × mm × mm	质量/t
PL-5000	2500 ~ 3300	40	18 ~ 75	75	2800 × ϕ1980 × 3500	6.0
PL-6000	2000 ~ 3000	50	30 ~ 85	90	3000 × ϕ1680 × 3880	7.3
PL-7000	1400 ~ 2500	50	55 ~ 120	132	3000 × ϕ1680 × 3880	8.0
PL-8000	1200 ~ 2400	60	80 ~ 160	200	3400 × ϕ1960 × 4160	10.4
PL-8500	1000 ~ 1200	65	110 ~ 180	220	3400 × ϕ2100 × 4160	11.2
PL-8500	1000 ~ 1200	65	190 ~ 230	2 × 160	3400 × ϕ2100 × 4600	13.5
PL-9000S	1000 ~ 1600	75	180 ~ 350	2 × 200	5200 × ϕ2400 × 4800	19.0
PL-9500S	1000 ~ 1800	75	210 ~ 430	2 × 250	5200 × ϕ2600 × 5000	22.0

注：1. 石打石，粒径/mm：20 ~ 40 约占 20%；10 ~ 20 约占 25%；≤5 约占 30%；
2. 石打铁，粒径/mm：20 ~ 40 约占 3%；10 ~ 20 约占 12%；5 ~ 10 约占 25%；≤5 约占 60%。

表 24-2 洛阳百力克矿山机械有限公司生产的冲击式制砂机性能参数。

表 24-2　冲击式制砂机性能参数

型　号	最大入料粒度/mm	转子转速 /r · min^{-1}	功率/kW	料流的生产率/t · h^{-1}		产品粒度 P50mm		
				转子	总破碎量	软	硬	极硬
ROR-3000	30	2300 ~ 3500	15 ~ 22	7 ~ 15	7 ~ 25	4.0	6.7	7.6
ROR-4000	35	2000 ~ 3200	30 ~ 55	20 ~ 45	20 ~ 80	4.5	7.0	7.9
ROR-5000	45	1500 ~ 3000	55 ~ 90	35 ~ 82	35 ~ 135	5.0	7.8	8.2
ROR-6000	48	1500 ~ 2500	90 ~ 150	53 ~ 160	53 ~ 240	5.6	8.0	9.5
ROR-7000	52	1200 ~ 2000	132 ~ 264	80 ~ 290	80 ~ 430	6.0	8.2	11.0
ROR-8000	57	1200 ~ 1800	264 ~ 320	188 ~ 350	188 ~ 520	6.5	8.4	11.5
ROR-9000	60	1000 ~ 1600	320 ~ 500	270 ~ 560	270 ~ 600	7.5	9.5	12.0

注：2003 年矿山机械杂志广告栏目刊出。

表 24-3 洛阳市大华机器厂生产的冲击式制砂机性能参数。

破碎机主要技术性能有：生产率（t/h），能耗（kW · h/t），产品粒度分布和粒形，机器质量等。

根据表 24-1、表 24-2、表 24-3 首先计算出各厂家生产的破碎机的能耗列于表 24-4 中。

表 24-3　PL 系列冲击式制砂机性能参数

型号	入料形式	最大入料粒度/mm	叶轮转速 /r · min⁻¹	功率 /kW	生产率 /t · h⁻¹	外形尺寸 /mm × mm × mm	质量 /kg
PL-550（Ⅰ）	叶轮入料	35	2000 ~ 3000	15 ~ 30	10 ~ 20（ - 8mm 占 60% ~ 90%）	ϕ1500 × 1415 × 1939	约 4500
	溢流入料				5 ~ 10（ - 8mm > 30%）		
PL-550（Ⅱ）	叶轮入料	35	2000 ~ 3000	22 ~ 45	15 ~ 32（ - 8mm 占 60% ~ 90%）	ϕ1500 × 1415 × 2239	约 4500
	瀑落入料	35 ~ 60			7.5 ~ 16（ - 8mm > 30%）		
PL-700（Ⅰ）	叶轮入料	40	1500 ~ 2500	30 ~ 75	20 ~ 50（ - 8mm 占 60% ~ 90%）	ϕ1745 × 1490 × 2540	约 6000
	溢流入料				10 ~ 25（ - 8mm > 30%）		
PL-700（Ⅱ）	叶轮入料	40	1500 ~ 2500	45 ~ 90	30 ~ 60（ - 8mm 占 60% ~ 90%）	ϕ1745 × 1490 × 2890	约 6000
	瀑落入料	40 ~ 70			15 ~ 30（ - 8mm > 30%）		
PL-850（Ⅰ）	叶轮入料	50	1200 ~ 2000	75 ~ 110	50 ~ 80（ - 10mm 占 60% ~ 90%）	ϕ2125 × 1805 × 2745	约 11000
	溢流入料				25 ~ 40（ - 10mm > 30%）		
PL-850（Ⅱ）	叶轮入料	50	1200 ~ 2000	90 ~ 132	60 ~ 95（ - 10mm 占 60% ~ 90%）	ϕ2125 × 1805 × 3120	约 11000
	瀑落入料	50 ~ 80			30 ~ 47.5（ - 10mm > 30%）		
PL-1000（Ⅰ）	叶轮入料	60	1000 ~ 1700	132 ~ 180	88 ~ 130（ - 10mm 占 60% ~ 90%）	ϕ2455 × 2080 × 2920	约 17300
	溢流入料				44 ~ 65（ - 10mm > 30%）		
PL-1000（Ⅱ）	叶轮入料	60	1000 ~ 1700	150 ~ 260	100 ~ 180（ - 10mm 占 60% ~ 90%）	ϕ2455 × 2080 × 3630	约 17300
	瀑落入料	60 ~ 100			50 ~ 90（ - 10mm > 30%）		
PL-1200（Ⅰ）	叶轮入料	60	850 ~ 1450	180 ~ 300	120 ~ 215（ - 10mm 占 60% ~ 90%）	ϕ3000 × 2450 × 3175	约 22500
	溢流入料				60 ~ 107.5（ - 10mm > 30%）		
PL-1200（Ⅱ）	叶轮入料	60	850 ~ 1450	220 ~ 350	145 ~ 250（ - 10mm 占 60% ~ 90%）	ϕ3000 × 2450 × 4355	约 22500
	瀑落入料	60 ~ 100			72.5 ~ 125（ - 10mm > 30%）		

表 24-4 各机型冲击式制砂机能耗

破碎机型号、规格	溢流给料的能耗 q $/kW\cdot h\cdot t^{-1}$	转子给料的能耗 q $/kW\cdot h\cdot t^{-1}$	破碎机型号、规格	溢流给料的能耗 q $/kW\cdot h\cdot t^{-1}$	转子给料的能耗 q $/kW\cdot h\cdot t^{-1}$	破碎机型号、规格	溢流给料的能耗 q $/kW\cdot h\cdot t^{-1}$	转子给料的能耗 q $/kW\cdot h\cdot t^{-1}$
PL-550 Ⅰ	1	1.5	ROR-3000	0.83	1.48	PL-5000		1
PL-550 Ⅱ	1.18	1.4	ROR-4000	1.83	1.22	PL-6000		1.06
PL-700 Ⅰ	1	1.5	ROR-5000	0.67	1	PL-7000		1.1
PL-700 Ⅱ	1	1.5	ROR-6000	0.625	1	PL-8000		1.25
PL-850 Ⅰ	0.916	1.38	ROR-7000	0.605	0.985	PL-8500		1.22
PL-850 Ⅱ	0.929	1.4	ROR-8000	0.615	1	PL-8500S		1.39
PL-1000 Ⅰ	0.8	1.385	ROR-9000	0.80	1	PL-9000S		1.14
PL-1000 Ⅱ	0.963	1.44				PL-9500S		1.16
PL-1200 Ⅰ	0.93	1.395						
PL-1200 Ⅱ	0.93	1.4						
洛阳大华厂生产			洛阳百力克公司生产			贵阳成智公司生产		

根据表中数据可求得：对于转子给料，大华厂生产的破碎机能耗为 1.38～1.5kW · h/t；百力克公司生产的破碎机能耗为 1.25～1.5kW · h/t；贵阳成智公司生产的破碎机能耗为 1～1.39kW · h/t。

对于溢流给料，百力克公司生产的破碎机能耗为 0.615～0.8kW · h/t。大华厂生产的破碎机 0.8～1.18kW · h/t。根据求得能耗数据比较，从转子给料来看，贵阳成智公司生产的破碎机比较优越；从溢流给料来看，百力克公司生产的破碎机比较优越。

根据有关资料介绍：转子给料破碎机能耗为 1～2.5kW · h/t，对于溢流（瀑落）给料，使生产率增加，因此这种情况能耗为 0.67～0.75kW · h/t。这样虽然降低能耗，但破碎比降低，因此分流装置对转子给料比，一般应采用小于 1∶1 的比例。从表 24-1、表 24-2、表 24-3 实际可知，都是小于 1∶1 的比例。

应该指出，能耗多少还必须考虑破碎比，也就是考虑给料粒度和产品粒度组成和粒形，若是给料粒度相同，再看产品粒度组成和粒形。若评价破碎机优劣还有诸多因素，如易损件寿命和钢耗、机器质量、破碎机操作性和可靠性等。特别是用户的意见尤为客观而重要。根据多方面反映对贵州成智生产的立轴冲击破碎机评价较好。

目前国产冲击式制砂机，大多数是仿制的，自行开发少，起步较早但发展不快，各厂家产品大同小异。虽然凭借价格优势在市场销售数量上占有优势，但在技术质量方面与国外先进水平相比还有差距：国内破碎机易损件（抛料头、流道板、承料板、反击板、叶轮本体）寿命普遍比国外先进产品低，如表 24-5 所示。在产品性能和规格上，特别是在机型大型化方面的比较见表 24-6 所示。

表 24-5 易损件寿命（h/副）

名　称	抛料头	流道衬板	叶轮本体	承料板	反击板
神户制钢	530	1060	2120	530	510
国内产品	150	500		300	300

表 24-6 国外破碎机主要性能规格的比较

叶轮直径	装机容量/kW	导向板单重/kg	允许最大进料/mm	最大生产率/$t \cdot h^{-1}$
1600	1000	120	160	1500
1300	440	60	100	700

表中数据表明，国产冲击式制砂机与国外大型破碎机存在差距。为了缩小差距提高国产冲击式制砂机技术水平，应该采取以下措施：由于这种破碎机使用工况恶劣，因此易损件的使用寿命非常关键，所以，要引进特殊材料的加工工艺，不能停留在常规的高铬铸铁、超高锰钢等水平上，例如硬质合金的镶嵌、复合浇注、工业陶瓷等。将目前用3、4段的冲击式制砂机向2段破碎机方向发展，且接近反击式和圆锥式破碎机水平。提高国内冲击式制砂机水平，单纯停留在引进仿制的基础上是不够的，要在消化和吸收的基础上创新。这样，必须采用现代化的设计方法并大力开展实验工作，如物料在叶轮中的流动状态、流道衬板的磨损规律等。

24.5 冲击式制砂机参数计算

24.5.1 叶轮结构参数

24.5.1.1 叶轮直径确定

叶轮直径与破碎机处理能力和给料最大粒度有关。由于影响破碎机处理能力的因素很多，又比较复杂，故根据给料最大粒度来确定叶轮直径。一般给料粒度越大，叶轮直径也越大，反之亦然。现给出计算叶轮直径 D(mm)的公式为：

$$D = 600 + K(d_{max} - 40) \tag{24-1}$$

式中 K——系数，$K=20$；

d_{max}——最大给料粒度，mm。

例题：SCBF-900 冲击式制砂机最大给料粒度 $d_{max}=55$mm，将已知数据代入式（24-1）中，得 $D=900$mm；又 SCKF-1250 冲击式制砂机最大给料粒度 $d_{max}=70$mm，将已知数据代入式（24-1）中得 $D=1200$mm。

24.5.1.2 叶轮流道板安装方式

叶轮流道板安装方式有三种（图 24-6）：前向流道板（图 24-6*a*）、径向流道板（图 24-6*b*）和后向流道板（图 24-6*c*）。物料在流道出口处的速度与流道板安装角 ϕ 有关，现

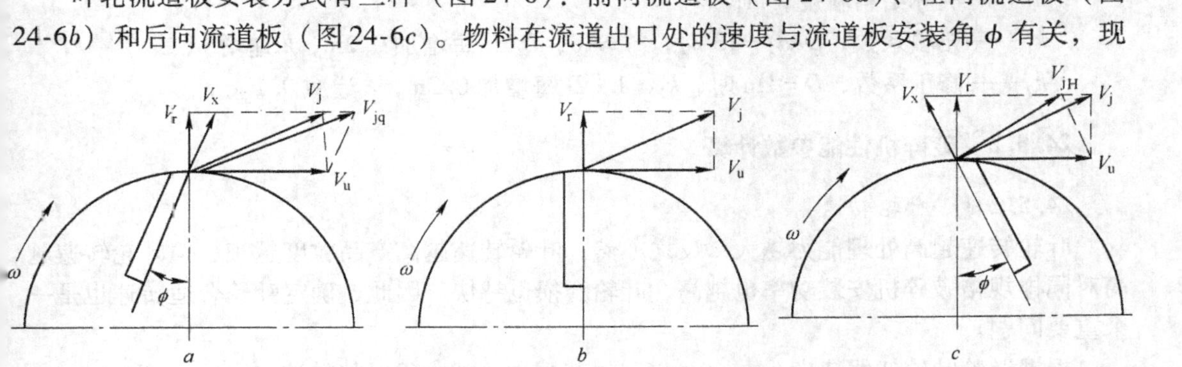

图 24-6 流道板安装角 ϕ 与速度关系

a—$\phi>0$ 前向流道板；*b*—$\phi=0$ 径向流道板；*c*—$\phi>0$ 后向流道板

分述如下。

如图 24-6 所示，物料在叶轮流道出口处的速度，对前向流道板 V_{jq} （m/s） 为

$$V_{jq} = [(V_x\cos\phi)^2 + (V_u + V_x\sin\phi)^2]^{\frac{1}{2}} \tag{24-2a}$$

对后向流道板 V_{jH}（m/s）为

$$V_{jH} = [(V_x\cos\phi)^2 + (V_u - V_x\sin\phi)^2]^{\frac{1}{2}} \tag{24-2b}$$

对径向流道板 V_j （m/s） 为

$$V_j = (V_r^2 + V_u^2)^{\frac{1}{2}} = V_u(2 - R_i^2/R_a^2)^{\frac{1}{2}} \tag{24-2c}$$

式中　V_u——转子线速度，$V_u = R_a\omega$，m/s；

V_r——物料的径向速度，$V_r = \omega\ (R_a^2 - R_i^2)^{\frac{1}{2}} = V_x\cos\phi$，m/s；

R_a——转子半径，m；

R_i——布料锥半径，m；

V_j——V_r 和 V_u 的合成速度，m/s。

讨论：从图 24-6 和式（24-2*a*）、式（24-2*b*）、式（24-2*c*）可看出，当叶轮尺寸、圆周速度 V_u 和 V_x 相同时，前向流道板物料出口速度 V_{jq} 大于径向流道板物料出口速度 V_j，而径向流道板的 V_j 又大于后向流道板物料出口速度 V_{jH}，即 $V_{jq} > V_j > V_{jH}$。同样大小的物料速度越高，则具有的动能也越高，故其碰撞后破碎效果越高，反之亦然；若物料出口速度相同时，则前向流道板的叶轮尺寸最小而后向流道板叶轮尺寸最大；由于安装角 ϕ 不同，物料的运动方向也不一样，故从磨损角度看，前向流道板磨损较重而后向流道板磨损较轻，径向流道板磨损居中。综合各种因素结果，对开式叶轮采用径向流道板而对闭式叶轮采用前向流道板为宜。但是，叶轮和流道板的磨损，特别是抛料头（刀片）磨损很快，一直是限制叶轮破碎机进一步发展的重要因素。

24.5.1.3　流道板数目的确定

流道板数取决于叶轮直径和进料粒度，可用下面经验公式求得：

$$z = \pi D/k_2k_1d_s \tag{24-3}$$

式中　D——叶轮直径，m；

d_s——实际给料粒度，m；

k_1——充填系数，$D/d_s = 13$ 时，$k_2 = 10$，D/d_s 每增加 0.2m，k 递增 1；

k_2——修正系数，$D = 1$m 时，$k_2 = 1$，D 每增加 0.2m，k 递减 0.1。

24.5.2　破碎机性能参数计算

24.5.2.1　叶轮转速

叶轮转速越高处理能力越大，反之亦然；叶轮转速越高产品粒度越细，但叶轮转速越高对同样规格破碎机安装功率也越高，叶轮磨损也越快。因此，确定叶轮合适转速也是一个重要问题。

根据经验叶轮切线速度 v_x 在 50 ~ 85m/s 范围内，故求得叶轮转速 n(r/min)为：

$$n = 60v_x/\pi D \tag{24-4}$$

式中 v_x——叶轮切线速度，m/s；

D——叶轮外径尺寸，m。

24.5.2.2 处理能力与电机功率

冲击式制砂机处理能力与电机功率、叶轮转速和尺寸、分流比以及物料流动性有关。决定处理能力的主要参数是电动机功率。在叶轮直径、转速一定条件下，叶轮中的物流量与功率成正比。当物料流动性增加，流量一定时，功率消耗量减少，小圆颗粒比大的片状颗粒流动性好。

设处理能力为 Q（t/h）、电机功率为 P（kW）、能耗为 q（kW · h/t），三者关系如下：

$$\left.\begin{aligned} P &= qQ \\ \text{或} \quad Q &= P/q \end{aligned}\right\} \tag{24-5}$$

设计时，可根据冲击式制砂机规格尺寸 D 和已知叶轮转速 n，在表 24-7 中初步选取所对应的处理能力 Q 值，然后按 $q = 1 \sim 2.5\text{kW} \cdot \text{h/t}$（转子给料）和 $q = 0.67 \sim 0.75\text{kW} \cdot \text{h/t}$（溢流给料）选定 q 值，最后可求得破碎机电动机功率 P 值；若初定电动机功率 P 值，便可按式（24-5）求得处理能力 Q 值。

国家建材行业标准规定的冲击式制砂机基本参数列于表 24-7 中。

表 24-7 基本参数

型 号	转子直径 /mm	转子转速 /r · min⁻¹	给料尺寸 (≤) /mm	砂石粒度 (≤) /mm	出砂率 (≤) /%	生产率 /t · h⁻¹	电机功率 /kW
SCBF-500	500	2000 ~ 3200	30	4.75	50	20 ~ 40	37 ~ 55
SCKP-500			40				
SCB-500			30		30		
SCK-500			40				
SCBF-600	600	1600 ~ 2700	30		50	35 ~ 55	55 ~ 75
SCKF-600			40				
SCB-600			30		30		
SCK-600			40				
SCBF-700	700	1500 ~ 2300	37		50	40 ~ 80	75 ~ 110
SCKF-700			45				
SCB-700			37		30		
SCK-700			45				
SCBF-800	800	1300 ~ 2000	40		50	60 ~ 130	110 ~ 185
SCKF-800			50				
SCB-800			40		30		
SCK-800			50				
SCBF-900	900	1100 ~ 1800	45		50	80 ~ 180	132 ~ 250
SCKF-900			55				
SCB-900			45		30		
SCK-900			55				

续表 24-7

型　号	转子直径/mm	转子转速/r·min^{-1}	给料尺寸（≤）/mm	砂石粒度（≤）/mm	出砂率（≤）/%	生产率/t·h^{-1}	电机功率/kW
SCBF-1000	1000	1000～1600	50	4.75	50	125～220	185～335
SCKF-1000			60				
SCB-1000			50		30		
SCK-1000			60				
SCBF-1250	1250	800～1300	55		50	200～450	315～630
SCKF-1250			70				
SCB-1250			55		30		
SCK-1250			70				

注：1. 生产率的确定以下列条件为依据：

1）物料的抗压强度为120～150MPa；

2）物料的堆积密度大于1.35t/m^3；

3）物料的水分含量小于4%；

4）给料连续、均匀。

2. 表24-1所列规格系列可根据市场和用户要求而调整和发展，其生产率等基本参数按设计技术文件的规定。

3. 当被破碎物料密度增大时，入料尺寸应适当减小。

24.6 破碎机安装、调试与维护

24.6.1 破碎机安装、调试

24.6.1.1 机器的安装

冲击式制砂机安装在混凝土基础上或钢结构基础上，基础应能承受四倍整机质量。破碎机安装在厂房内作业时，尽量采用混凝土基础，不要支架，以降低整机高度，节省安装空间；破碎机安装在露天作业时，可选用较高的钢结构支架，提高破碎机高度，以利于出料系统布置。安装时应将破碎机调整水平，使破碎机主轴与水平面垂直。

破碎机上方应设置起吊设备，其能力按破碎机最大件质量考虑，在破碎机上方应留有起吊空间，在破碎机一侧留有适当的空间，以备检修时用。

机器安装之前，按照装箱清单进行清点，检查各部件在运输过程中有无损伤之处，零部件及备件数量是否齐全。

24.6.1.2 机器的调整

破碎机在出厂前，制造厂已进行8h厂内试运转，各部正常才能包装出厂，尽管如此，在破碎机现场安装就位后，仍应按要求进行全面检查及试运转，其项目如下：

1）检查润滑油管是否连接可靠，在试运转前应重新加一次油，加入3号锂基润滑脂或二硫化钼（MoS_2）润滑脂；

2）检查各部件的连接件，应牢固可靠，仔细检查叶轮上是否有异物，如有应及时清理及排除；

3）检查电动机接线是否正确，电压是否正常（正常电压380V）；

4）在安装传动带之前，先点动电动机，其旋向应与破碎机标牌方向一致（即从给料口看，叶轮逆时针方向转动），若与标牌方向相反，应调整电动机接线，使其旋向与破碎机标牌方向一致；

5）对于双电机驱动，主轴总成与两侧电机，分别用相同数量的V带相连，两侧V带的拉紧力应调整至相同而且平直。

经检查无误后，在移交生产之前，必须进行空负荷和负荷试车，经试车合格后才能移交生产部门。

24.6.1.3 机器的试运转

A 空负荷试运转

空负荷试运转要求如下：

（1）空负荷试车时间为4h；

（2）试车前用手扳动带轮，应转动灵活；

（3）开车后，破碎机应运转平稳，机体不应有剧烈振动，无异常噪声，否则，应停车检查，并排除后再试车，直至正常；

（4）试车时，轴承温升不得超过45℃，或最高温度不得超过75℃，否则，应停机对轴承进行清洗并调整间隙。

B 负荷试运转

负荷试运转要求如下：

（1）负荷试运转必须在空负荷试运转合格后进行；

（2）负荷试运转时间为8~24h；

（3）开车前必须在涡动破碎腔内堆积粒度不大于25mm的物料，直至物料自流，形成矿石床层，堆积料应与被破碎料相同；

（4）入料粒度严格按破碎机技术参数表所要求的粒度范围内进入，严禁大于规定物料粒度进入；

（5）给料均匀连续，给料量达到冲击式制砂机的满负荷为止；

（6）轴承温升不得超过45℃或最高温度不得超过75℃，如超过应立即停车，并找出事故原因，排除后再行试车，直至合格。

24.6.2 操作和维护

24.6.2.1 操作

操作规程如下：

（1）开车前应通过观察孔检查涡动破碎腔内是否有矿石床层，如无，应向涡动破碎腔内堆积料粒度不大于25mm的物料，直至物料自流为止，形成矿石床层。

（2）检查叶轮旋转方向，从入料口看，叶轮应逆时针方向转动，否则应调整电动机的接线。

（3）破碎机与物料输送设备的启动顺序如下：排料口带式输送机——→立轴式叶轮破碎机——→给料带式输送机

破碎机必须空载启动，必须待破碎机运转正常后方可入料。

（4）入料粒度严格按各种规格规定的进料粒度进料，严格禁止大于规定的物料粒度进入破碎机，否则，会引起叶轮的不平衡及叶轮的过分磨损，甚至造成堵塞叶轮流道及中心入料管，使破碎机不能正常工作，当发现大块物料时应及时清除。

（5）排料带式输送机停止运转时，应立即停止入料，因此排料带式输送机应与给料系统连锁开、停车。否则会造成压死叶轮，从而烧毁电动机。

（6）给料应均匀连续。

（7）破碎机运转过程中，不得有剧烈振动和异常噪声，否则应立即停车检查，排除故障后才能按顺序开车。

（8）破碎机工作过程中各观察门应密封关严，装好皮带罩。

24.6.2.2　维护

A　常见故障及排除方法（表24-8）

表 24-8　PL 型破碎机常见故障及排除方法

故障及缺陷特性	产生原因	排除方法
产品粒度过大	传动带过松	调整拉紧螺栓
机体摆动	给料粒度过大	调节给料粒度
	叶轮流道堵塞	取出通道堵料
	耐磨块磨损	更换耐磨块
金属撞击声	分料器与叶轮相撞	调整分料器安装位置

B　日常维护和安全技术

日常维护和安全技术内容如下：

（1）定期停机，打开观察门检查破碎机内部机件磨损情况各耐磨衬环、衬板、叶轮流道衬板、圆周扩板及耐磨块的磨损程度，磨损后应及时更换或修补，耐磨块磨损后应全套同时更换，保证叶轮运转平衡。发现叶轮体磨损应及时更换或请制造厂修补。

（2）严禁破碎机工作时打开观察孔观察内部工作情况，以免发生危险。

（3）破碎机采用3号锂基润滑脂，或二硫化钼（MoS_2）润滑脂，加入量为轴承空腔1/3～1/2，破碎机工作400h加入适量润滑脂，工作2000h打开主轴总成对轴承进行清洗，工作7200～10000h，应更换新轴承。

主轴总成上端轴承为游动端，下端轴承为固定端，装配后用手扳动带轮应能转动灵活。

（4）传动V带拉紧力大小应调整合适，以保证V带受力均匀，双电机驱动时，两侧V带应进行分组选配，使其每组长度尽可能一致，应调整使两电机电流差值不超过15A。

25 辊式破碎机

25.1 辊式破碎机概述

辊式破碎机是1806年出现的，至今约有200余年的历史，所以它是一种最古老的破碎机。由于其结构简单、易于制造，特别是过粉破碎少，能破碎黏湿物料，故被广泛用于中低硬度物料破碎作业中。但是，由于辊式破碎机生产能力较低，设备质量大，破碎大块物料能力差，不适于破碎坚硬物料等所以它的应用范围受到一定限制，但在化工、煤炭、焦化等行业，对破碎后产品粒度、粒形和过粉碎现象要求很严，还必须使用辊式破碎机。

近年，随着生产建设的发展以及科技水平不断提高，辊式破碎机在结构和破碎机理方面均有新的改进和发展，如分级式破碎机、辊压机等，使得辊式破碎机应用范围不断的扩大和得到快速的发展。给建材、煤炭、化工以及选矿等行业，创造了节能降耗的条件，并给企业带来了高的效益。

辊式破碎机按辊子数目分，有单辊、双辊、三辊和四辊破碎机；按辊面形状分有光辊、齿辊和槽形辊破碎机。另外，还有异形辊破碎机。

图25-1所示为单辊破碎机示意图。辊子4外表面与悬挂在心轴2上的颚板3内侧曲面构成破碎腔，颚板下部有支承座5。物料由进料斗进入破碎腔上部被顺时转动的齿辊咬住后带到破碎腔，间隙逐步减小的区域受挤压、冲击和劈裂作用而破碎，最后从底部排出。

颚板内侧上的衬板可以是光面的、带沟槽的或带齿的。由于颚板是铰接在心轴2上，故它的角度可以调整，从而可以改变衬板与齿辊之间隙（排料口），达到调整产品粒度的目的。颚板可由弹簧支承。当不能破碎物料进入破碎腔时，颚板向后退让，排除破碎物，因此起到保护破碎机作用，它就是破碎保险装置。

图25-2所示为双辊破碎机示意图。辊子4支承在活动轴承7上，辊子2支承在固定轴承1上。活动轴承7借助弹簧5被推向左侧挡块（图中示出）处。两辊子做相向转动，

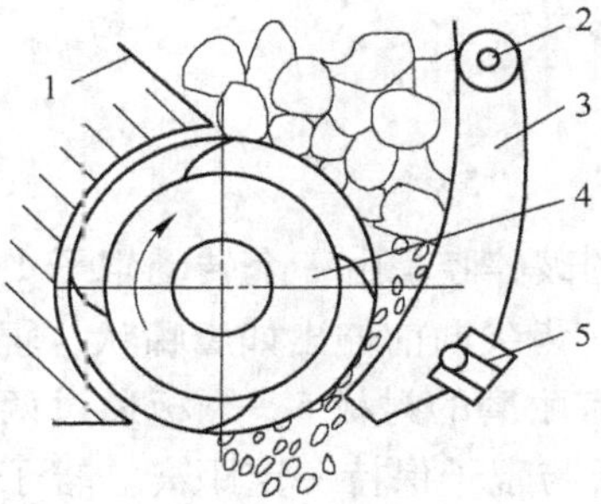

图25-1 单辊破碎机示意图

1—进料斗；2—心轴；3—颚板；4—齿辊；5—支承座

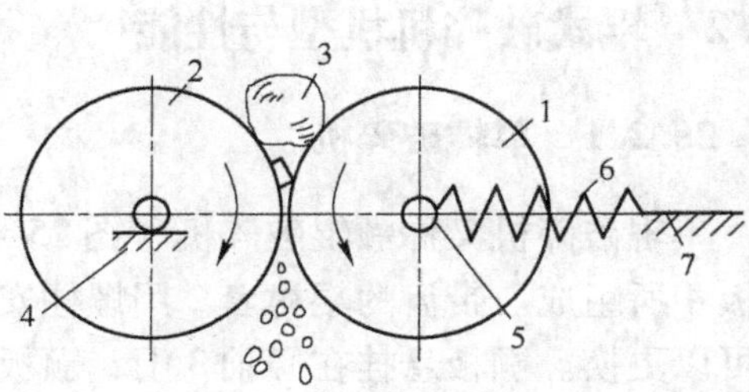

图25-2 双辊破碎机示意图

1—固定轴承；2，4—辊子；3—物料；5—弹簧；6—机架；7—活动轴承

给入两辊子之间的物料受辊子与物料之间摩擦力作用，随着辊子转动咬住进而被带入两辊之间的破碎腔内，受挤压破碎后从下部排出。两辊之间最小间隙为排料口宽度，破碎产品最大粒度就是由它的大小来决定。

活动轴承7沿水平方向可以移动，当非破碎物进入破碎腔时，辊子受力突增，辊子2和活动轴承7压迫弹簧5向右移动，使排料口间隙增加，非破碎物排出机外，从而防止破碎机的轴承等机件受到损坏。因此，它是破碎机的保险装置。活动轴承7在弹簧力的作用下，向左方推进至挡块位置。当排料口宽度需要调节时，可以改变挡块位置，因而，它也是机器的调节装置。

图25-3所示为三辊破碎机示意图。辊子1、2的轴承为固定的而辊子3为活动轴承并由杠杆机构5和油缸4来支撑。辊子3和辊子2组成初级破碎腔、辊子3和辊子1组成第二级破碎腔。物料给入初级破碎腔，经辊子2和辊子3的挤压、剪切和研磨，达到物料的粗碎要求，然后再通过下固定辊子1和摆动辊3的破碎，最终合格产品从下部排出。根据粒度要求，可借助杠杆和油缸改变摆动辊3的位置，调整破碎机排料口大小。当有不能破碎的物料进入破碎腔时，摆动辊退让，使油缸中液压油被压入蓄能器中，物料排除后，在蓄能器压力作用下，摆动辊又恢复原位，从而保护破碎机不受损坏。所以，杠杆5和油缸等就是破碎机的调整装置和保险装置。

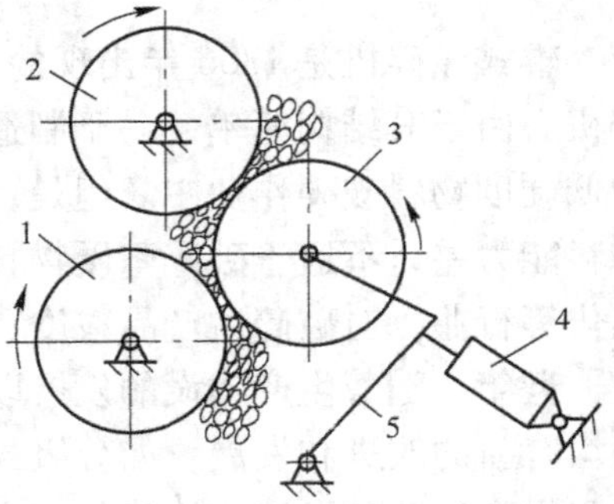

图25-3　三辊破碎机示意图
1，2—轴承固定的辊子；3—摆动辊；
4—油缸；5—杠杆

四辊破碎机就是两个双辊破碎机的组合。上部双辊为粗碎，而下部双辊为终碎，为两级辊式破碎机。由此看出，三辊破碎机就是四辊破碎机结构简化和改进的结果。单辊破碎机就是双辊破碎机结构简化和改进的结果。若进一步分析，不难看出，单辊比双辊破碎机的优点是：机器的重量和占地面积较小；传动较简单；破碎腔深，啮角小，故破碎比较大；产生剪切作用，对于破碎某些有韧性的物料是很有利的。

辊式破碎机型号规格示例：2PGC600×900，其中P为破碎机、2为双辊、G为辊式、C为齿，辊径600mm，辊长900mm。全称，型号为双齿辊破碎机，规格为600×900。若是光辊，则将C改为G，如2PGG600×900；若是三辊、四辊，可将2改为3、4，单辊破碎机不标注1。

25.2　辊式破碎机机型与性能

25.2.1　单辊破碎机

单辊破碎机又称颚辊破碎机（图25-4），因为它的破碎腔是由一个转动辊子1和一块颚板4所组成。带齿的辊衬套2用螺柱安装在辊芯上，齿尖向前伸出如鹰嘴状，辊套磨损后可以更换。颚板悬挂在心轴3上，颚板内侧表面镶有耐磨的衬板5，颚板通过两根拉杆6借助于顶在机架上的弹簧7的压力拉向辊子，使颚板与辊子保持一定距离。辊子轴支承在装于机架两侧壁的轴承上，工作时只有辊子旋转，物料从加料斗喂入，在颚板与辊子之间受挤压作用，并受到齿尖的冲击和劈裂而破碎。如遇有不能破碎物料落入破碎腔，此时

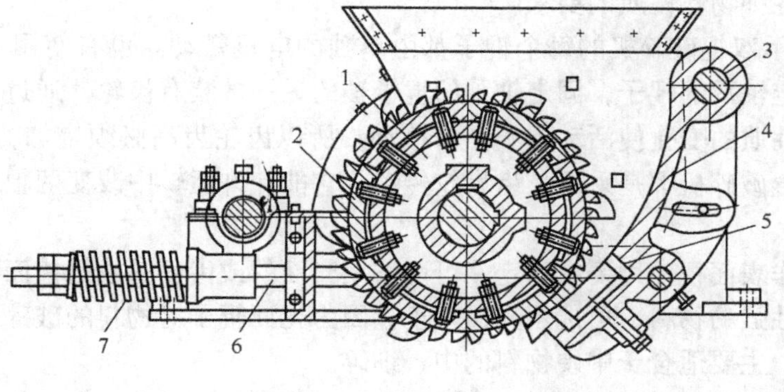

图 25-4 单辊破碎机

1—辊衬；2—辊子；3—心轴；4—颚板；5—衬板；6—拉杆；7—弹簧

弹簧被压缩，颚板离开辊增大排料口，使物料排出，避免破碎机损坏。破碎机辊子轴上装有飞轮，以平衡破碎机动能。此外，在辊子表面装有不同的破碎齿条，当大块物料喂入时，较高的齿条将大块物料钳住并以劈裂和冲击方式将其破碎，然后落到下方，再由较小的齿将其进一步破碎到所要求的尺寸从下部排出。

单辊破碎机宜用于破碎中硬或松软物料，如石灰石、硬质黏土及煤块等。当物料比较黏湿时，它的破碎效果比使用颚式和圆锥破碎机都好，特别是对破碎片状黏土物料，与颚式或圆锥破碎机比较，在性能和机体紧凑方面均占优势。

25.2.2 双辊破碎机

图 25-5 所示为双辊破碎机。它由机架、一对辊子、三角皮带传动装置和弹簧保险装置等主要部件组成。两台电机通过皮带轮 4 传动，带动两辊子 7 相向转动。一个辊子的轴支承在与机架固定在一起的固定轴承 3 上，另一个辊子的轴支承在活动轴承 2 上。活动轴承 2 可以沿机架导轨水平移动，使两辊子间的排料口宽度在必要时可以增大，将非破碎物排出机外。

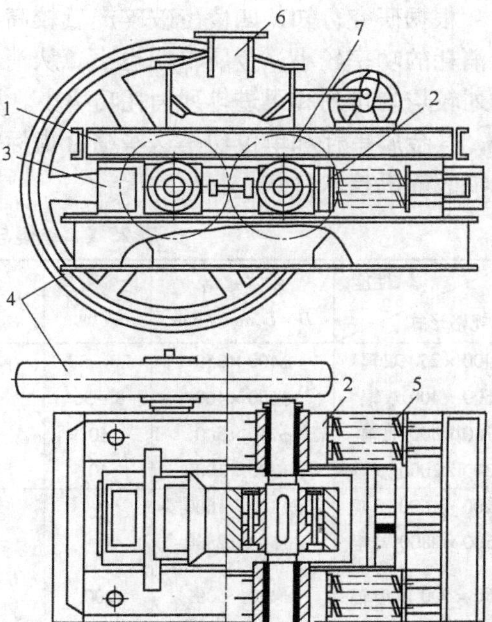

图 25-5 双辊破碎机

1—机架；2—活动轴承；3—固定轴承；4—皮带轮；5—弹簧；6—给料部；7—辊子

活动轴承 2 借助弹簧 5 的压力推向左方，在正常破碎状态下，弹簧力足以克服破碎物料所需要的破碎力。机架与活动轴承之间安放厚度不同的垫片，改变垫片的数目就可以调节两辊子间的排料口宽度。每个弹簧的另一端，支承在活动轴承座上，而活动轴承座又通过专用螺母与卡在机架上的螺柱连接，扭转螺柱，可以使与活动轴承座固定在一起的专用螺母前进或后退，可以调节弹簧力的大小，以适应各种物料性质的要求。

图 25-5 所示双辊破碎机的每个辊子都由单独的电机带动。也有使用一台电机通过皮带传动带动固定轴承的辊子，固定轴承的辊子轴的另一端装有齿轮，通过齿轮带动活动辊子。由于物料性质的变化使活动辊子左右移动，所以齿轮齿高必须增加，以防啮合脱离。所以，传统双辊破碎机都是采用长齿齿轮传动，它能允许运转中改变两辊中心距而不破碎啮合特性。

辊子的工作表面视使用要求而定，可以选用光面的或齿面的或是槽面的。若是破碎较坚硬的、磨蚀性强的物料，可选用光面辊子。因为光面辊子对物料的破碎作用主要是压碎兼有研磨作用，主要适合于中硬物料的中、细碎。

带有沟纹的槽形辊子破碎物料时，除具有挤压作用外，还兼有剪切作用，适合于强度低的脆性或粘湿性物料破碎，产品粒度均匀。槽面辊子还可帮助物料拉入破碎腔，当需要获得较大的破碎比时，一般宜采用槽面辊子。

齿面辊子对物料的破碎作用主要是挤压、劈碎并伴有剪切。因此适合于破碎具有片状节理的软质和低硬度的脆性物料。如煤、干黏土、页岩等。破碎产品粒度也比较均匀，槽面和齿面辊子都不适于破碎坚硬物料。

齿辊破碎机的齿形和齿的排列方式，对破碎机性能都有影响。齿形有圆柱形、四棱形和五棱形。齿的排列有三种方式如图 25-6 所示，该图为辊面展开的局部示意图。图中圆点示为均匀排列、方块示为齿差排列和三角形示为跟进排列。

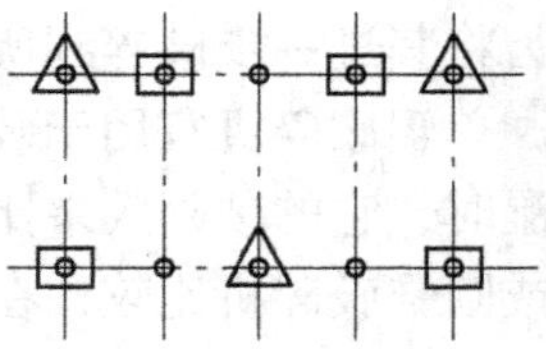

图 25-6 齿形的排列方式

根据研究可知，四棱齿破碎产量较高，而五棱齿破碎物料所消耗的功率较小，金属单耗也小。从消耗功率值来看，齿差排列较均匀排列和跟进排列消耗功率小。从综合效果看，采用五棱形齿和齿差排列方式最好，其金属单耗和单位功率这些综合指标优于其他齿形和排列方式。表 25-1 给出单辊与双辊破碎机技术参数。

表 25-1 单辊与双辊破碎机技术参数

性能 规格形式	辊子规格 $D \times L$/mm × mm	给料粒度 d_o/mm	排料粒度 d_p/mm	生产率 Q/t · h^{-1}	辊子转数 n/r · min^{-1}	电机功率 /kW	机器质量 /t
400 × 250 双辊	φ400 × 250	20 ~ 32	2 ~ 8	5 ~ 10	200	11	1. 3
600 × 400 双辊	φ600 × 400	8 ~ 36	2 ~ 9	4 ~ 15	120	2 × 11	2. 55
750 × 500 双辊	φ750 × 500	40	2 ~ 10	3 ~ 17	—	28	12. 25
1200 × 1000 双辊	φ1200 × 1000	40	2 ~ 12	15 ~ 90	122. 5	2 × 40	45. 3
1100 × 1600 单辊	φ1100 × 1600	—	≤100	—	—	20	15
1500 × 2800 单辊	φ1500 × 2800	—	≤200	—	—	55	55
450 × 500 双齿辊	φ450 × 500	200	0 ~ 25；0 ~ 50 0 ~ 75；0 ~ 100	20；35 45；55	64	8；11	3. 765
600 × 750 双齿辊	φ600 × 750	600	0 ~ 50；0 ~ 75 0 ~ 100；0 ~ 125	60；80 100；125	50	20；22	6. 712
900 × 900 双齿辊	φ900 × 900	800	100 ~ 150	125 ~ 180	37. 5	28	13. 27
1100 × 1620 单齿辊	φ1100 × 1620	—	<100	60 ~ 90	4. 35/5. 81	22	1. 5
1600 × 2640 单齿辊	φ1600 × 2640	—	150	400	6	40	37. 4

25.2.3　三辊破碎机

这里介绍的三辊破碎机是由洛阳矿山机械工程设计研究院研制的，如图25-7所示。破碎机主要由给料装置，上、下破碎辊装置，摆动辊装置，破碎辊间隙调节机构、传动部、机架、液压润滑系统和电控系统等部件组成。

25.2.3.1　给料装置

同类产品的给料装置都是直接连接料仓，中间没有布料装置，容易造成料偏，严重影响辊子磨损，产生偏载受力，影响轴寿命。本破碎机通过装在破碎机机体上部的电磁振动给料机均匀给料，通过给料机内部设置的调节翻板或可控硅整流器调节振动来实现对给料量的粗、细调节，从而精确地控制给料。

25.2.3.2　破碎辊装置

破碎机的破碎辊分上辊、下辊装置，摆动辊装置，其中上、下辊子工作时是固定辊，摆动辊为活动辊。根据生产需要，可以在一定范围内对摆动辊进行调节，控制摆动辊同上下辊子间的间隙。同时考虑物料情况，在每个辊子的侧面加装刮刀，减少沾料的现象。

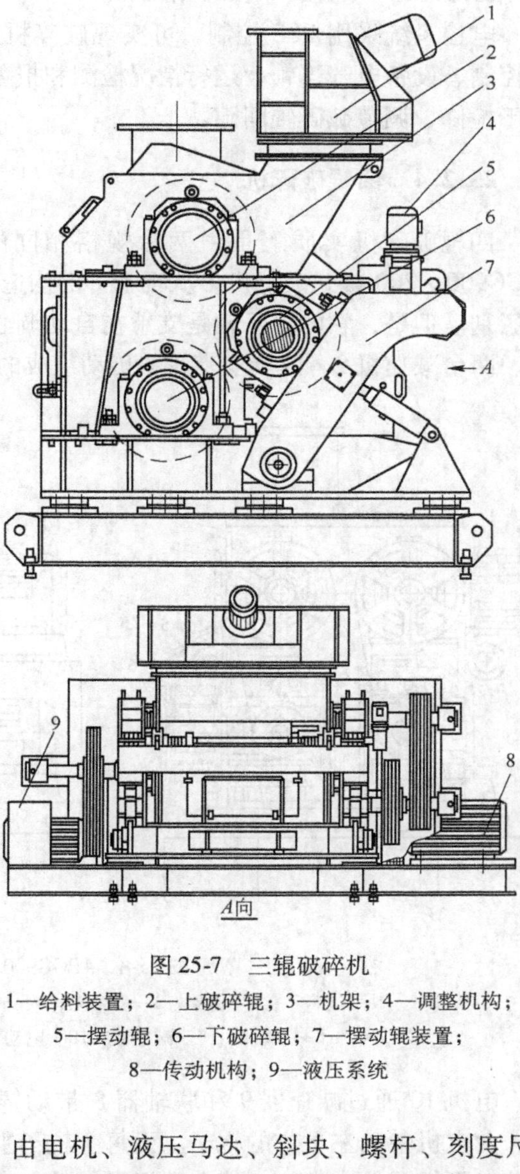

图25-7　三辊破碎机

1—给料装置；2—上破碎辊；3—机架；4—调整机构；5—摆动辊；6—下破碎辊；7—摆动辊装置；8—传动机构；9—液压系统

25.2.3.3　破碎辊间隙调节机构

破碎机上设置有方便、精确的调节机构来调整破碎辊的间隙，以保证破碎产品的粒度要求。间隙调整机构同中机架相连接，由电机、液压马达、斜块、螺杆、刻度尺、液压缸、行程控制机构、摆动支架等组成，可以通过电机调节，利用刻度尺可以精确调节辊子之间的间隙。调节机构中还设计了最小间隙保证装置即行程控制机构，可以避免两辊子在转动过程中直接接触，对辊子造成损坏。为缩短清理和维护工作时间，利用间隙调整机构的液压缸可以使摆动辊迅速脱开，同时采用电气连锁，避免在摆动辊脱开时设备运转。

25.2.3.4　传动装置和机架

传动装置采用两个普通电机或变频电机驱动，皮带传动摆动辊单独驱动的电动机37kW，上下固定辊由一台75kW电机驱动，机架为焊接机构，各面均有金属盖板或者清洁挡板，使维护清理方便。为防止粉尘黏结及对辊子表面进行清扫，并确保物料在破碎辊中间，在机架上设置有物料导向板及清扫刮板。

25.2.3.5　电控、液压润滑系统

电控系统采用 PLC 控制，可实现破碎机启动及停车、破碎辊速度检测、破碎机给料机控制、设备电气连锁、运行情况检测和报警，便于在控室远距离控制。液压系统主要为用于检修、调节破碎辊间隙。

25.2.4　四辊破碎机

四辊破碎机实质上是由两台规格相同的双辊破碎机重叠组成的。图 25-8 所示为 4PGG900 × 700 辊式破碎机。从辊子 7 的构造和弹簧保险装置 6 上看，它与对辊机没有什么区别。但是，它的辊子轴是支承在自动调心滑动轴承 4 上；它的传动装置是由两台电机 10、两台减速机 9、两套皮带轮 3 传动组成的。

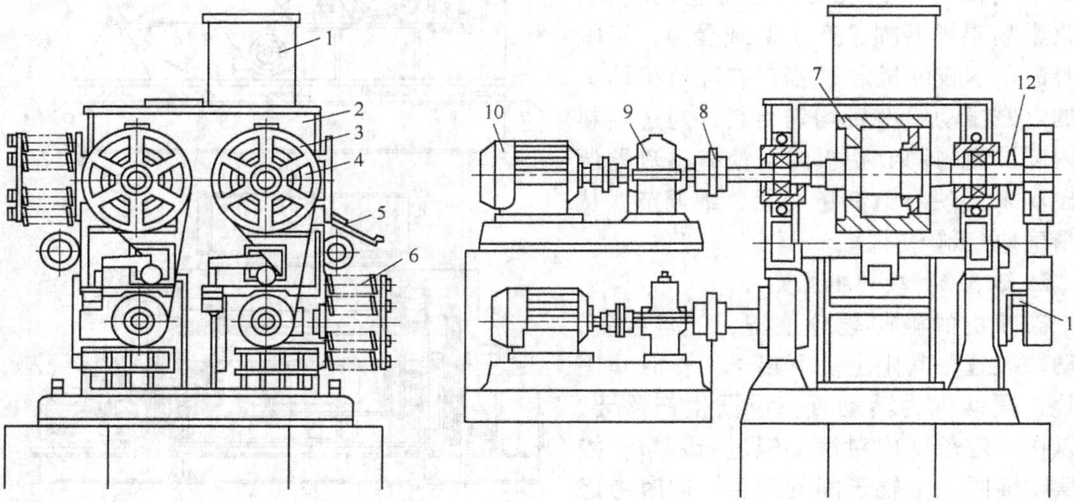

图 25-8　4PGG900 × 700 辊式破碎机
1—进料斗；2—机架；3—皮带轮；4—轴承；5—切削装置；6—弹簧；7—辊子；8—联轴器；9—减速器；10—电动机；11—干油润滑装置；12—链轮

电机 10 通过减速器 9 和联轴器 8 带动辊子转动，其中一台电机带动右上方的辊子，另一台电机带动左下方的辊子。而每个辊子主轴的另一端装有皮带轮。右上辊子的皮带轮带动右下辊子的皮带轮，使右下辊子转动；左下辊子的皮带轮，带动左上辊子的皮带轮，使左上辊子转动。由于活动轴承运动的方向垂直于皮带传动的方向，活动轴承移动时皮带的张力变化不大。物料经过上、下两套辊子破碎后，自下方排出机外。

四辊破碎机本身带有两套车削辊皮的切削装置 5。当辊面磨损出现沟槽、凹坑后，不必拆卸辊皮就可直接利用切削装置对辊子进行修整，以保证辊皮表面光整，减少许多停车时间，提高了设备运转率。

车削辊皮时，将辊子的防护罩取下、切削装置安装在走刀架上，再将皮带及张紧轮取下，把链子挂到链轮 12 上，并将上主动辊电机变为低速旋转，停止下主动辊电机。利用上主动辊电机传动，先车削成对角线的两个主动辊皮，然后将切削装置再重新装在走刀架的另一面，将电机反转，再车削成对角线位置的两个被动辊辊皮。

四辊破碎机两对辊子的轴承，采用干油集中润滑，减速器采用齿轮溅油润滑。

三辊破碎机就是单辊破碎机和双辊破碎机组合而成，也是对四辊破碎机结构和简化。美国 Portec 公司曾生产过三辊破碎机。它由一个固定辊和两个移动辊组成。移动辊由弹簧保持压力及固定工作位置。固定辊由齿轮驱动，移动辊由橡胶轮胎传动。可进行单向给料破碎和双向给料破碎。

前述国产 3PG-140/60 三辊破碎机所采用的排料口调整和过载保护的液压系统以及 PCL 控制系统显然是比较先进的，加上采用高转速 $n=500\mathrm{r/min}$、小直径 $D=600\mathrm{mm}$、齿光辊相结合以及增加了辊体宽度。因此该机破碎比较大 $i=5\times4=20$，处理能力大幅度提高，结构简化、降低了设备重量以及采用了先进的控制系统，保证设备工作可靠性。为了具体说明三辊破碎机的优越性，将三辊和四辊破碎机参数比较列于表 25-2 中。

表 25-2 三辊、四辊破碎机参数比较

机 型	给料粒度/mm	排料粒度/mm	生产率/$\mathrm{m^3 \cdot h^{-1}}$	电动机功率/kW	机重/kg
3PG-140/60	≥40	1~4	50	37+75	19100
4PG900×700	40~100	2~10	10~60	30+12/24	28700

25.2.5 分级破碎机

所谓分级破碎机，就是它既能破碎大块物料又能将小于排料口的物料不经破碎随辊子转动而排出，也就是它有破碎和分级的双重作用，故叫分级破碎机。实质上是一种具有新的破碎机理和结构的双齿辊破碎机。

分级破碎机是 20 世纪 80 年代中后期国际破碎领域发展起来的高效节能设备、结构先进、破碎机理优越、破碎辊采用大齿形小辊径，多破碎盘且螺旋交叉布齿，挟持大块能力强，重复破碎少，对物料有选择性破碎，排料粒度均匀，又称筛分破碎机。该机利用剪切、弯曲和劈裂作用破碎物料，功耗小，生产能力大，结构简单、无振动，质量较轻，是很有发展的一种破碎机。

国外有英国采矿机械开发公司 MMD 破碎机、美国 MCLANAHAN 的 DDC-Sizer 型破碎机和澳大利亚爱邦机械工程公司的齿辊型碎煤机以及 Krupp Fordertechnik 公司制造 H-BRN20220 型大型双辊破碎机，辊径 2m，辊宽为 2.2m，使用 2 台 400kW 电动机，排料粒度为 350mm，用于黑山北部某露天矿。这些破碎机的结构形式、破碎机理、齿形的设计、齿的布置方式和安装形式到破碎齿材质的选择等方面都已走在世界前列。

国内在借鉴 MMD 破碎机上，先后开发研制了各种规格的分级破碎机。具有代表性的有煤科总院唐山分院研制开发的 2PLF 系列及后续开发研制的 SSC 系列新型齿辊破碎机、山东莱芜煤矿机械厂的 2PCL 系列、郑州长城冶金的 FP500 系列、洛阳矿山机械设计研究院研制的 2PGC 系列各种规格的双齿辊破碎机，如内蒙古元宝山露天煤矿 $1400\mathrm{m^3/h}$ 半移动破碎站用 2PGC-1370 分级破碎机，进料块为 1500mm、出料块为 300mm 以及新疆铁厂沟煤矿、大屯煤炭公司研制 2PG980 和 2PGCQ500 双齿辊机。还为内蒙古海拉尔宝日西勒露天煤矿破碎站研制了产量为 2000t/h、入料粒度为 2000mm、出料粒度小于 50mm 分级破碎机。粗碎采用 2PGC1630 双齿辊破碎机，将物料破碎到 300mm。为了保证破碎产品都能小于 300mm，在破碎机下方装破碎棒，棒上也装有破碎齿。细碎采用 2000t/h 的 2PGCF820

双齿辊破碎机。此外，还为霍林河露天煤矿设计生产了 2000t/h 单齿辊破碎站和 1200t/h 双齿辊破碎站。由此看出，国内在分级破碎机研制方面取得很大进展，并且逐步向大型化方向发展。

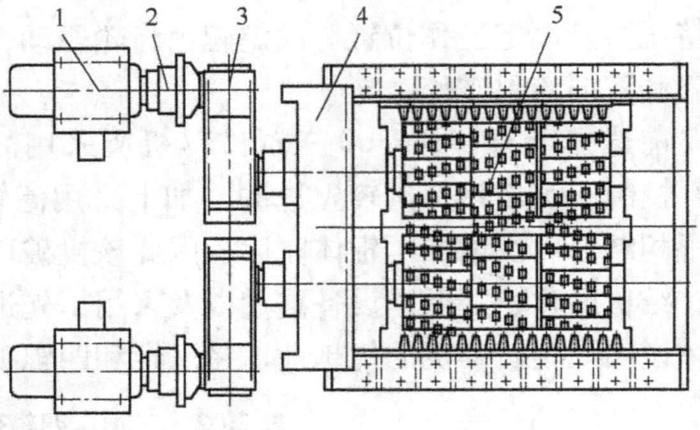

图 25-9 双齿辊破碎机
1—电机；2—液力耦合器；3—减速机；4—机架；5—齿辊

图 25-9 所示为双齿辊破碎机简图。该机由齿辊部分、传动系统、润滑与控制系统所构成。机架 4 是整个破碎机基础，齿辊由辊套、辊芯和传动轴组成部件，两个齿辊借助两根轴和四个轴承装在机架 4 上。采用具有锥孔外圈带沟槽的双列球面滚子轴承。两个轴承均为固定式，故两辊之间中心距不变，保证产品粒度。辊齿采用跟进排列方式并在轴向方向按一定螺旋角排列，这样同时只有一对齿参与破碎物料。两齿辊相向方向转动时，破碎机是以破碎为主，如 2PGC1630 双齿辊破碎机，若两齿辊相背方向转动而齿辊与两边齿 6 形成两个破碎腔，破碎机是以分级为主如 2PGC820 细碎双齿辊破碎机。齿套采用整体分段铸造结构，使结构简化便于拆装。另外，对齿辊的材质：当破碎中硬以下物料常采用 30CrMnSi 和 Mn13。前者硬度为 HRC43-45，后者硬度为 HRC21。若破碎煤炭时多采用 30CrMnSi 而不用 Mn13。

传动部分，采用双电动机分别经变矩型液力耦合器 2、减速机 3、联轴器驱动齿辊转动破碎物料。

破碎机采用自动干油站，用的二硫化钼锂基润滑脂。轴承用迷宫或迷宫加油封密封，一般用 6 ~ 12 个月。

破碎机装有 PCL 自动控制系统，便于远距离操作，增加运行监控性和可靠性。

根据前述，可以得出分级破碎机特点：

（1）电机液力耦合器传动。当双齿辊破碎机正常作业时，限矩液力耦合器的涡轮既输出转速，又输出转矩；当齿辊遇异物时，齿辊转动所需要的转矩增加，由于涡轮不能提供如此大的转矩，所以涡轮减速并停止转动，与此同时齿辊也停止转动。齿辊停止转动信号被用于切断电动机电源，从而保护整个系统的零部件免遭损坏。当故障排除后，破碎机恢复正常工作。此外，还减少电动机启动持续时间，减少启动电流的均值。由于液力耦合器的缓冲作用，电动机瞬时电流变化减小。

（2）保证产品粒度。采用固定中心距，结构上保证对物料进行强行破碎，破碎辊不退让，齿辊结构尺寸根据产品粒度要求设计，严格控制产品通过空间尺寸，故能严格保证产品粒度。

（3）具有破碎分级双重作用。破碎齿形、齿距和螺旋布置在齿辊上，两辊相对运动如旋转的格筛。可将小粒度物料筛去，只对大块物料破碎。从而避免了进入破碎机的物料掺杂破碎。采用分级破碎机后，破碎流程可采用开路破碎，原煤经拣矸、除杂后直接进入分级破碎机，便可直接生产出合格粒度的产品，无需先检查筛分而后再返回破碎机的闭路流程，极大地简化了工艺流程，节省了设备及基建投资。

（4）过粉碎极少，处理能力大。小块物料直接排出机外，采用剪切原理，只破碎大块物料，有很少的过粉碎率。根据不同的入料组成及破碎比，选择两齿辊旋转方向，增加了破碎通道，所以具有较大的处理能力。

（5）设备能耗低。分级破碎机采用最合理的破碎机理，对物料施以剪切、劈裂、刺破作用实现破碎，充分利用物料强度特性，物料在齿尖与齿间不会遭到二次破碎，所以它的能耗低，如破碎煤炭、焦炭和石灰石等中硬物料时，分级破碎机能耗为 0.21 ~ 0.45 kW · h/t，而颚式破碎机能耗为 0.46 ~ 1.5kW · h/t，反击式破碎机为 0.94 ~ 1.27kW · h/t，环锤式存在机为 0.86 ~ 1.24kW · h/t。传统齿辊破碎机为 0.35 ~ 0.56kW · h/t。

（6）整机高度低、无振动。分级破碎机都具有高度低，内力平衡和无振动等优点，可有效地降低厂房高度，降低对厂房强度要求，有利于工厂的更新改造和新建厂房的基建投资。

双齿辊破碎机技术参数见表 25-3。

表 25-3 2PGC 型辊式破碎机技术性能及参数

型　号	2PGC-980	2PGC-1370A	型　号	2PGC-980	2PGC-1370A
生产率/$m^3 \cdot h^{-1}$	500	1400	电动机功率/kW	160	220 × 2
破碎物料强度/MPa	≤100	≤200	电动机电压/V	380	6000
入料粒度/mm	≤100	≤1500	电动机转速/$r \cdot min^{-1}$	1450	1480
排料粒度/mm	≤200	≤300	外形尺寸（长 × 宽 × 高）/mm × mm × mm	5367 × 2720 × 1968	8200 × 5640 × 1800
破碎辊形式	双辊 5 环 4 齿	双辊 5 环 4 齿			
破碎辊辊径/mm	980	1370			
辊子转速/$r \cdot min^{-1}$		24	质量/t	32	103

注：制造单位：中信重型机械公司（原洛阳矿山机械厂）；洛阳矿山机械工程设计研究院。

25.3 调整保险与传动装置

25.3.1 调整保险装置

辊式破碎机为了得到不同粒度产品，其排料口大小必须是可调整的。为了防止破碎机过铁损坏，又必须装有保险装置，双辊破碎机活动辊轴承是借助弹簧压力支撑，在正常工作状态下，弹簧力足以克服破碎物料所要的破碎力。机架与活动轴承之间安放不同厚度的垫片，改变垫片数目就可以调整两辊间的排料口宽度来满足不同产品粒度的要求，当有不能破碎物料进入破碎腔，则弹簧被压缩，活动辊退让排料口增大，物料排出后，在弹簧压力下，活动辊复位。这就是机械式排料口调整与过载保护装置（保险装置）。

从图 25-10 可见，两辊分别由两台电动机经皮带驱动，活动辊轴承由双活塞及连杆 5 支撑，蓄能器 3 中充以氮气，其压力视所需的破碎力而定。当排料口需调小时，油泵 1 将油经阀门 $2a$ 进入油缸 4，活塞另一侧的油经阀门 $2d$ 返回油箱 7。当排料口宽度需调大时，油经阀门 $2c$ 进入油缸，活塞另一侧的油经阀门 $2b$ 返回油箱。

当非破碎物进入破碎腔时，活塞受力将大于蓄能器中氮气的压力，使活动辊向左方移动。由于补偿油缸 6 之间交叉连接，它将保证活动辊移动时，其轴线与固定辊轴线保持平行。

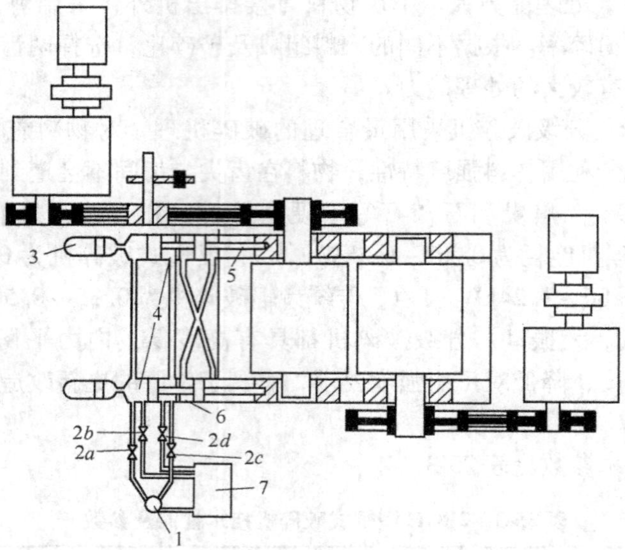

图 25-10　液压双辊破碎机

1—油泵；2a、2b、2c、2d—阀门；3—蓄能器；
4—油缸；5—连杆；6—补偿油缸；7—油箱

25.3.2　辊式破碎机传动装置

前面提及破碎机为了适应不同产品粒度要求和破碎机“过铁”时，两辊中心距都得发生变动，而且两破碎辊还得同步旋转。为适应这种情况早期生产的破碎机多采用单电动机长齿齿轮传动。这种传动方式的缺点是：中心距位移量小、齿轮不容易制造、齿轮磨损严重，甚至打牙齿。采用双电动机驱动如图 25-10 所示，即每一个电动机经皮带或减速机驱动一个辊子，这样可去掉一对长齿齿轮传动。但是必须配备两个减速机，成本又高。此外，由于活动轴承需要移动，对皮带传动使其张紧力随之变动；若减速机传动，又必须装万向节，才能允许轴随辊水平移动而不影响破碎机正常工作。对于细破双辊破碎机，采用单电动机驱动时，可用一对汽车轮胎代替长齿齿轮传动。实际上，这是将齿轮啮合传动改为一对轮胎的摩擦传动。这种传动方式在日本、美国生产的破碎机上均有应用。如美国的波太克（Portec）公司生产的先锋（Pioneer）型双辊破碎机，其传动系统为电动机、小齿轮、大齿轮、固定辊、固定辊的轮胎（主动）、活动辊轮胎（从动）带动活动辊转动。由于轮胎有弹性，即使活动辊稍微移动，固定辊的轮胎仍然能把运动传给活动辊的轮胎，传动时噪声也较小。这种破碎机辊子直径有 750mm、1000mm、1350mm 和 1375mm 四种规格，其功率为 110 ~ 330kW。

分级破碎机一般采用双电动机、液力耦合器、齿轮减速机驱动齿辊。这种传动方式主要优点是：传递功率大，适于大处理能力和高强度的破碎条件；易于实现破碎辊的较低速度。缺点是：传递环节相对多，故障点多，维修量大，维护费用高；两辊间距可调性差。

对中心距变化量较大的情况，可采用单电动机配有时变轴距等速比传动机构，如图

25-11 和图 25-12 所示。图中 CA 与 OO_1，平行且相等，CAO_1O 为平行四边形，O_1ABO_1 为等腰梯形，由于 CAO_1O 为平行四边形，从而保证 O_1ABO_1 在任意中心距 a（t）下为等腰梯形。齿轮 1、2、3、5 和 4 组成行星传动。

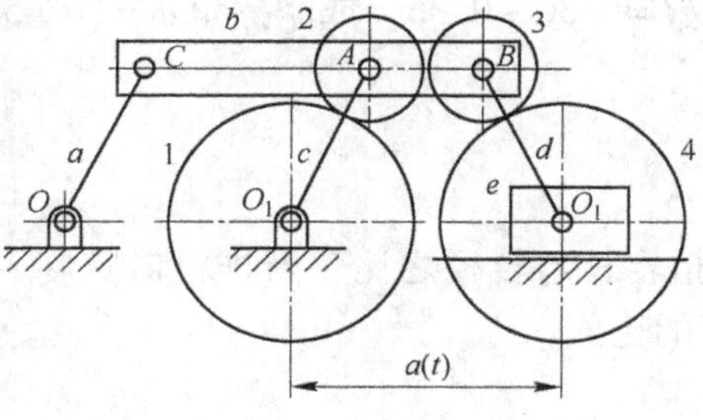

图 25-11　六杆机构的四齿轮传动机构
1～4—传动齿轮；a，c，d—连架杆；
b—连杆；e—滑块

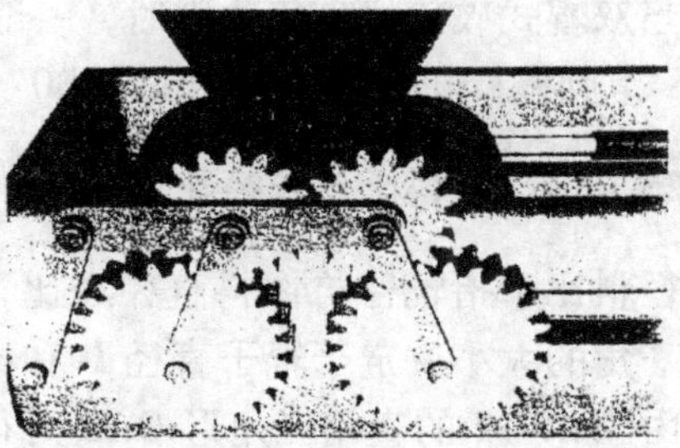

图 25-12　六杆机构的四齿轮传动立体示意图

该种组合机构传动不但实现了时变轴距等速比传动所能允许的中心距变化量可以达到正常工作状态下的中心距而且可以实现等强度设计（针对五杆机构四齿轮传动而言）存在设计空间较小的问题，从而大大的提高了传动机构使用寿命。齿轮 1、2 之间的传动比以小于 1 为宜，可以取 $i_{12}=0.9$。

25.4　辊式破碎机参数计算

辊式破碎机参数主要有啮角、辊径与长径比、辊子转速、处理能力、电动机功率以及破碎力等。

25.4.1　啮角

辊式破碎机啮角如图 25-13 所示。为计算方便，假设物料为球形并且忽略物料自重。过物料与两光辊接触点作切线，则两切线之间地夹角 α 为破碎机的啮角。当破碎机工作时，作用于料块上的压力为 F 以及 Ff 摩擦力，f 为物料与辊子之间的摩擦系数。

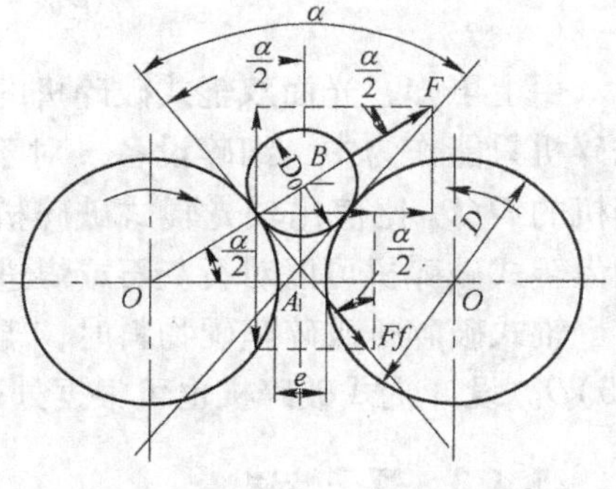

图 25-13　辊式破碎机啮角

将作用力 F 及摩擦力 fF 分解为水平分力和垂直分力，由图 25-13 知，物料能被两个相向运动辊子卷入破碎腔不上滑，必须满足以下条件：

$$2F\sin\frac{\alpha}{2}\leqslant 2fF\cos\frac{\alpha}{2} \tag{25-1}$$

由式（25-1）则得：

$$\tan\frac{\alpha}{2}\leqslant f \tag{25-2}$$

根据力学中的静摩擦原理，则有：

$$f = \tan\phi \tag{25-3}$$

由式（25-2）和式（25-3），则得

$$\alpha \leqslant 2\phi \tag{25-4}$$

由此可知，啮角 α 不应大于物料与辊子间摩擦角 ϕ 的 2 倍。

当双辊式破碎机破碎物料时，一般摩擦系数取 $f=0.30 \sim 0.35$，或摩擦角 $\phi=16°45' \sim 19°18'$，则破碎机最大啮角 $\alpha \leqslant 33°30' \sim 38°36'$。

25.4.2　径料比与长径比

径料比系指辊径与物料直径之比，长径比系指辊长与辊径之比。当排料口宽度一定时，啮角的大小决定于辊子直径 D 和给料粒度 D_0 的比值。

由图 25-13 的直角三角形 OAB 可得：

$$\cos\frac{\alpha}{2} = \frac{\dfrac{D+e}{2}}{\dfrac{D+D_0}{2}} = \frac{D+e}{D+D_0} \tag{25-5}$$

e 与 D 相比很小，可以忽略不计，则：

$$D_0 = \frac{D\left(1-\cos\dfrac{\alpha}{2}\right)}{\cos\dfrac{\alpha}{2}} \tag{25-6}$$

当取 $f=0.325$ 时，$\phi=\dfrac{\alpha}{2}=18°$，$\cos 18°=0.951$，于是则得：

$$D_0 = \frac{1}{20}D \quad 或 \quad D = 20D_0 \tag{25-7}$$

由上可知，光面双辊式破碎机的辊子直径约等于最大给料粒度的 20 倍。所以，这种破碎机只能作为中、细碎设备。对于黏湿物料，$f=0.45$，则 $D \approx 10D_0$。但是，齿辊式破碎机的 D/D_0 比值比较光辊式破碎机要小，齿形的 $D/D_0=2 \sim 6$，槽形的 $D/D_0=10 \sim 12$。故齿辊式破碎机可以对石灰石或煤进行粗碎。

辊式破碎机破碎坚硬物料时，辊子长度 $L \approx (0.3 \sim 0.7)D$，而破碎软物料时 $L \approx (1.2 \sim 1.3)D$。设计辊式破碎机也可根据处理能力调整辊子长度。

25.4.3　辊子转速

辊子的最适当的转速与辊子表面的特征、被破碎物料的坚硬性和大小有关。一般都是根据试验来决定。它要保证高产、低能耗和得到均匀的产品，同时，也应使辊面磨损轻。物料粒度愈大，转速应愈低；辊子带槽和带齿的破碎机的转速，应低于光辊破碎机；当破碎软、脆性物料时，转速应大一些，而破碎硬性物料时，转速应小一些。

提高辊子的转速，可使生产能力提高。但是转速的提高应有一定的限度。超过此限度，落在转辊上的料块在较大的惯性离心力作用下，就不易嵌进转辊之间。这时，生产率不但没有提高，反而引起电耗增加，辊子表面的磨损以及机械的振动增大。根据物料在辊子上受的惯性离心力与各作用力的平衡条件，可得出当破碎比 $i=4$ 时，光辊式破碎机的极限转数（r/min）为：

$$n_j = 616\sqrt{\frac{f}{\rho D_0 D}} \tag{25-8}$$

式中 f——物料与辊子表面间的摩擦系数；

ρ——物料的密度，kg/cm³；

D_0——给料粒度，cm；

D——辊子直径，cm。

实际上，为了减小破碎机的振动和辊子表面的磨损，取：

$$n = (0.4 \sim 0.7) n_j \tag{25-9}$$

辊子的合理转速一般通过实验确定。光面辊子取上限值，槽面和齿面辊子则取下限值。

芬基（Finkey）提出光辊式破碎在破碎中硬物料时，破碎比 $i=4$ 时，辊子表面的圆周速度 v（m/s）为：

$$v = \frac{1.27\sqrt{D}}{\sqrt[4]{\left(\frac{D+D_0}{D+e}\right)^2 - 1}} \tag{25-10}$$

对于硬质物料，取 3～6m/s；而对于软质物料可取 6～7m/s。一种快速细碎双辊破碎机。对辊表面圆周速度可达 26.2m/s。机座考虑了消振问题，使振动减小。

对于分级破碎机线速度一般小于 3.5m/s，采用较低线速度主要目的有两个：一是降低过粉碎；二是提高破碎辊的使用寿命。因为齿辊线速度越高其磨损程度越严重，使用寿命越短，致使频繁更换齿辊，不仅增加成本，而且影响生产，2PGX-1000 双齿辊破碎机齿辊线速度为 4.5m/s。一般齿辊破碎机线速度 $v \leqslant 7.5$m/s，而光辊破碎机 $v \leqslant 11.5$m/s。

25.4.4 生产率的计算

双辊破碎机的理论生产率与工作时两辊子的间距 e、辊子圆周速度 v 以及辊子规格等因素有关。假设在辊子全长上均匀地填满物料，而且破碎机的给料和排料都是连续进行的。料带的宽度等于辊子长度 L，厚度等于辊子的间距 e，卸出速度等于辊子圆周速度 v。因此，破碎机的体积生产率（m³/h）为：

$$Q_T = 3600Lev \tag{25-11}$$

实际上，喂入物料并布满整个长度，同时卸出物料是松散的，故必须乘以系数 μ 加以修正，而物料落下的速度与辊子圆周速度的关系为 $v = \frac{\pi D n}{60}$，则得生产率 Q(t/h)为：

$$Q = 188\mu LeDn\rho \tag{25-12}$$

式中 D——辊子直径，m；

L——辊子长度，m；

e——排料口宽度，m；

n——辊子转速，r/m；

ρ——物料密度，t/m^3；

μ——物料松散系数，对于干硬物料，$\mu=0.2\sim0.3$，对于湿软物料，$\mu=0.4\sim0.6$。

当破碎硬物料时，在破碎力的作用下，后辊弹簧受压缩，使两辊间距增大，通常间距约增大0.25，故生产率Q(t/h)为：

$$Q = 235\mu LDen\rho \tag{25-13}$$

式中，符号意义同前。

对分级破碎机，破碎机啮入空间如图25-14所示。每排破碎齿旋转一周所形成的破碎空间减去破碎齿所占的空间即为物料通过空间。由此得出分级破碎机生产率Q(t/h)计算式：

$$Q = 60nV_1\rho\mu k \tag{25-14}$$

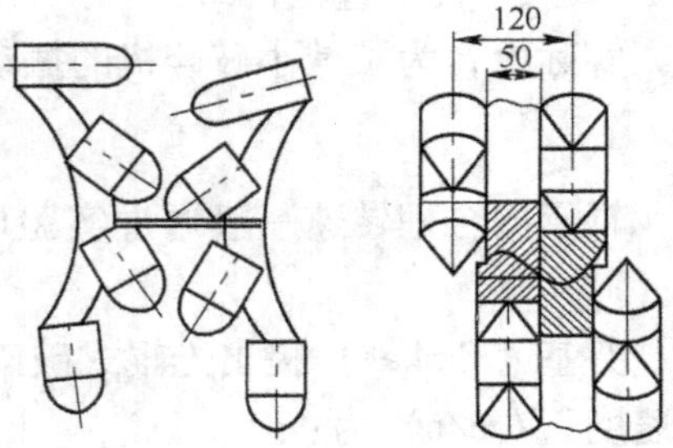

图25-14 破碎机啮入空间示意图

式中 V_1——两破碎辊转动一周所形成的通过空间，m^3，

$$V_1 = z(V_h - mV_0)$$

z——两破碎辊共含破碎齿的排数；

V_h——每排破碎齿旋转一周形成的破碎空间体积，m^3；

m——每排破碎齿的齿数；

V_0——每个破碎齿在破碎空间内所占体积，m^3；

n——破碎辊转数，r/min；

ρ——物料的密度，t/m^3；

μ——物料松散系数，一般为0.25～0.4；

k——给料不均匀系数，由给料的均匀性、物料矿岩特性、给料粒度组及破碎比等因素决定，一般对煤为0.4～0.8。

25.4.5 电动机功率计算

辊式破碎机电动机功率可根据经验公式计算。对光辊破碎机破碎中硬物料的电动机功率P(kW)为：

$$P = 0.8KLv \tag{25-15}$$

式中 L——辊子长度，m；

v——辊子圆周速度，m/s；

K——考虑给料和排料粒度系数，$K=0.6\dfrac{D_0}{d}+0.15$，D_0和d分别是给料与排料粒度。

对齿辊破碎机破碎煤或焦炭时电动机功率P(kW)为：

$$P = KLDn \tag{25-16}$$

式中 D——辊子直径，m；

L——辊子长度，m；

n——辊子转速，r/min；

K——系数，破碎煤时，$K=0.85$。

根据体积学说经诱导分析求得计算辊式破碎机电动机功率 P(kW)的理论公式为：

$$P = 1.695 \times 10^{-4}\frac{\sigma}{E}eLDni \tag{25-17}$$

式中　e——排料口宽度，m；

σ——物料抗压强度，对于煤 $\sigma=7\sim24$MPa；

其他符号同前。

对分级破碎机，根据裂缝学说求得电动机功率 P(kW)为：

$$P = kW_1\left(\frac{10}{\sqrt{d}} - \frac{10}{\sqrt{D_0}}\right)Q \tag{25-18}$$

式中　W_1——功指数，kW · h/t，可通过试验求得；

d——产品质量的 80% 通过的粒度，μm；

D_0——给料质量的 80% 通过的粒度，μm；

k——通过实验确定的修正系数，随物料、破碎齿的形状布置而异；

Q——生产率，t/h。

25.5　辊式破碎机破碎力计算

25.5.1　破碎力与弹簧压力计算

设被碎物料的抗压强度为 σ_b(MPa)，物料与辊子接触面积为 A(mm²)。当辊子给物料的破碎力为 F(N)，只有 $F>\sigma_b A$ 时物料才能被破碎。接触面积 A 与进料口宽度 ie（i 为破碎比）、排料口 e、辊子半径 R、啮角 α 等有关。

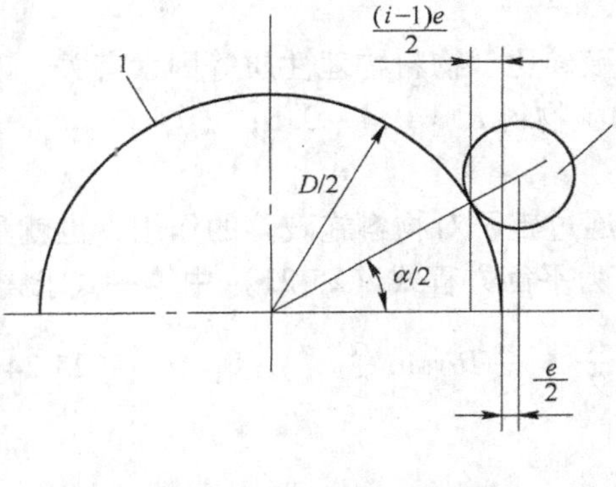

图 25-15　辊子与物料几何关系

1—辊子；2—物料

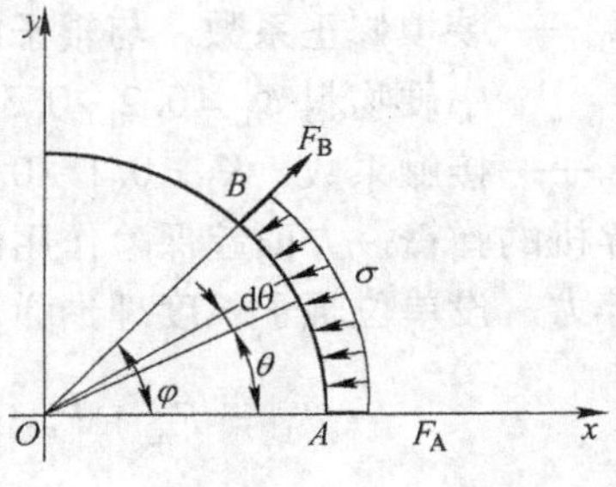

图 25-16　单位辊长上的微元截面

从图 25-15 所示的几何关系知：

$$R - \frac{e}{2}(i-1) = R\cos\frac{\alpha}{2}$$

故
$$\cos\frac{\alpha}{2} = 1 - \frac{e}{D}(i-1) \tag{25-19}$$

式中，i，α，R，D，e 符号意义同前。

如图 25-16 所示，取单位辊子长度上的微元截面分析，不难得出平衡方程：

$$\Sigma F_x = 0$$

$$\Sigma F_y = 0$$

得
$$\left.\begin{aligned} F_A + F_B\cos\frac{\alpha}{2} &= \int_0^{\frac{\alpha}{2}} \sigma R\cos\varphi \mathrm{d}\varphi \\ F_B\sin\frac{\alpha}{2} &- \int_0^{\frac{\alpha}{2}} \sigma R\sin\varphi \mathrm{d}\varphi \end{aligned}\right\} \tag{25-20}$$

$$F_B = \frac{1}{\sin\frac{\alpha}{2}}\int_0^{\frac{\alpha}{2}} \sigma R\sin\varphi \mathrm{d}\varphi = \frac{1}{\sin\frac{\alpha}{2}}[-\sigma R\cos\varphi]_0^{\alpha/2}\sin\frac{\alpha}{2} \tag{25-21}$$

解得

$$F_B = \sigma R\tan\frac{\alpha}{2}$$

求得辊子对物料施以单位压力 F_B，也叫单位辊压力，故可求得破碎力 F'(N)为：

$$F' = LF_B = \sigma RL\tan\frac{\alpha}{2} \tag{25-22}$$

由于布料不均匀和齿形不同等原因，实际辊压力 F(N)为：

$$F = \frac{1}{2}K_1K_2\sigma DL\tan\frac{\alpha}{2} \tag{25-23}$$

式中　K_1——装填修正系数，与辊子的给料特征、破碎比、物料物理性质等因素有关，对中硬物料 $K_1=0.2\sim0.3$，对黏性或潮湿物料 $K_1=0.4\sim0.6$；

K_2——接触系数，$K_2=0.1\sim0.12$。

破碎机的弹簧一方面起保险作用而另一方面又通过辊子对物料施破碎的作用，也就是提供破碎力，设单位辊子长度理论弹簧力为 T_1 可由力平衡方程式（25-21）中第一式求得

$$T_1 = F_A + F_B\sin\frac{\alpha}{2} = \sigma R\sin\frac{\alpha}{2} = \frac{1}{2}D\sigma\sin\frac{\alpha}{2} \tag{25-24}$$

同理，实际弹簧 T(N)为：

$$T = \frac{1}{2}K_1K_2D\sigma L\sin\frac{\alpha}{2} \tag{25-25}$$

实际上，物料在破碎腔与辊面接触弧形区域内，其单位压力分布是不均匀的，而是从入料口到出料口急剧变大的过程。因为理论与实践均可证明，破碎力随压缩行程增加而增大，并且产品中细粒含量也随之增多。这种情况，还可从辊压塑性黏土的理论分析中，可明显看出。

25.5.2　辊压塑性黏土的辊压力

25.5.2.1　辊压塑性黏土的基本理论

根据在各种辊式破碎机中加工黏土时，对黏土流动性的研究表明，塑性黏土的变形情况可用流体方程式描述。

$$\tau = \tau_0 + \mu \frac{\mathrm{d}v}{\mathrm{d}t} \tag{25-26}$$

式中　τ——剪应力，$\mathrm{N/m^2}$；

τ_0——极限剪应力，$\mathrm{N/m^2}$；

μ——动力黏度，$\mathrm{SN/m^2}$；

$\mathrm{d}v/\mathrm{d}t$——速度梯度，$\mathrm{s^{-1}}$。

这说明黏土塑性变形时的流动类似黏性液体的流动，所以，对辊间塑性黏土的变形可运用流体流动的理论。

物料在两个有限平面内的运动理论可用下列方程表示。

$$\left.\begin{aligned} \frac{\mathrm{d}p}{\mathrm{d}y} &= \frac{\mathrm{d}t}{\mathrm{d}x} \\ \frac{\mathrm{d}p}{\mathrm{d}x} &= 0 \end{aligned}\right\} \tag{25-27}$$

式中　$\mathrm{d}p/\mathrm{d}y$——运动方向的压力梯度，$\mathrm{N/m^2}$；

$\mathrm{d}p/\mathrm{d}x$——水平方向的压力梯度，$\mathrm{N/m^2}$；

$\mathrm{d}t/\mathrm{d}x$——剪力梯度，$\mathrm{N/m^2}$。

以两辊的间隙为 t_0，圆周速度为 V_1 和 V_2，辊长为 L，以及辊径为 $R_1 = R_2 = R$，并做相向运动的两辊间物料变形为例，对式（25-27）作数学分析。

将式（25-26）代入式（25-27），得：$\mathrm{d}p/\mathrm{d}y(\mathrm{N/m^2})$

$$\frac{\mathrm{d}p}{\mathrm{d}y} = \frac{\mathrm{d}}{\mathrm{d}x}\left(\tau_0 + \mu \frac{\mathrm{d}v}{\mathrm{d}x}\right) \tag{25-28}$$

对式（25-28）积分，求得辊间物料的流动速度为 $v(\mathrm{m/s})$：

$$v = \frac{1}{\mu}\left(-\tau_0 x + c_1 x + \frac{\mathrm{d}p}{\mathrm{d}y} \times \frac{x^2}{2} + c_2\right) \tag{25-29}$$

式中　c_1，c_2——积分常数。

积分常数是利用辊子有不同圆周速度的限制条件求得。

当 $x = \dfrac{t}{2}$ 时，$v = V_1$；

当 $x = -\dfrac{t}{2}$ 时，$v = fV_1$。

式中　f——辊子圆周速度比（$f > 1$）；

V_1——辊子圆周速度，m/s。

最后，将常系数 c_1 和 c_2 值代入式（25-29）中，经简化整理，得 $v(\mathrm{m/s})$：

$$v = \frac{1}{8\mu} \times \frac{\mathrm{d}p}{\mathrm{d}y}(4x^2 - t^2) + \frac{V_1(1-f)}{t}x + \frac{V_1(1+f)}{2} \tag{25-30}$$

$\mathrm{d}p/\mathrm{d}y$ 应按被处理全部物料计算。

$$Q = \int_{x_2}^{x_1} vL\mathrm{d}x \tag{25-31}$$

式中　Q——被处理的全部物料，$\mathrm{m^3/s}$；

L——辊子长度，m。

将式（25-30）的速度 v 代入式（25-31），解积分式，并将 $x_1 = t/2$ 和 $x_2 = -t/2$ 代入，得：

$$Q = \frac{LV_1(1+f)}{2}t - \frac{L}{12\mu} \times \frac{\mathrm{d}p}{\mathrm{d}y}t^3 \tag{25-32}$$

但是，从另一方面看，经过间隙 t_1 被处理的总物料又可按下式确定：

$$Q = \frac{LV_1(1+f)}{2}t_1$$

因为单位时间内，通过任意间隙的物料是相等的，所以：

$$\frac{LV_1(1+f)}{2}t - \frac{L}{12\mu} \times \frac{\mathrm{d}p}{\mathrm{d}y}t^3 = \frac{LV_1(1+f)}{2}t_1$$

经简化整理，得 $\mathrm{d}p/\mathrm{d}y(\mathrm{N/m^2})$：

$$\frac{\mathrm{d}p}{\mathrm{d}y} = \frac{6\mu V_1(1+f)}{t^2}(t - t_1) \tag{25-33}$$

从图 25-17 可见，间隙 $t_1 > t_2$。由实验得知，在各种情况下，$t_1 \approx 4t_0/3$。

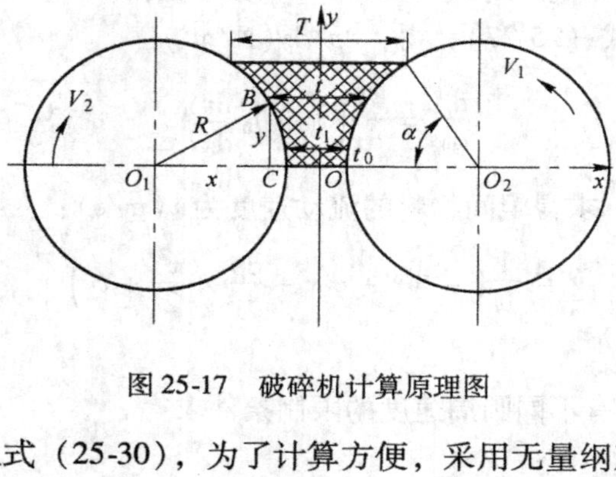

图 25-17　破碎机计算原理图

将式（25-33）代入式（25-30），为了计算方便，采用无量纲系数表示。

$$\delta = \frac{t}{t_0} \tag{25-34}$$

最终，得到物料流动速度 $v(\mathrm{m/s})$ 为：

$$v = \frac{3V_1(1+f)}{4\delta}(\delta - 1)\left(\frac{4x^2}{\delta^2 t_0^2} - 1\right) + \frac{V_1(1-f)x}{\delta t_0} + \frac{V_1(1+f)}{2} \tag{25-35}$$

根据式（25-35），有不同圆周速度辊间料流速度的分布情况。必须指出，流动速度与物料的性质无关。

将式（25-35）对 dy 微分求得辊间物料速度梯度，

$$\frac{\mathrm{d}v}{\mathrm{d}y} = \frac{6xV_1(1+f)}{\delta^3 t_0^2}(\delta - 1) + \frac{V_1(1-f)}{\delta t_0}c^{-1} \tag{25-36}$$

速度梯度表明，辊间物料速度从上层到下层变化较快。最后，用物料黏度 μ、速度梯度 dv/dx 的坐标曲线确定黏度时，速度梯度值必须已知。

25.5.2.2 辊间单位压力的计算

影响辊间单位压力的因素很多，如材料物理机械性质、破碎比、辊子直径、间隙大小等。

对于破碎塑性黏土辊间单位压力，可将 t 和 y 值代入式（25-33）求得。由图25-17中三角形 O_1BC 得知。

$$x^2 = R^2 - y^2 \tag{25-37}$$

从另一方面可知：

$$x = R + \frac{t_0}{2} - \frac{t}{2} \tag{25-38}$$

将式（25-38）的 x 值代入式（25-37），得：

$$R + \frac{t_0}{2} - \frac{t}{2} = \sqrt{R^2 - y^2} \tag{25-39}$$

由此得出：

$$t = t_0 + 2(R - \sqrt{R^2 - y^2})$$

而 $t_0 < R$。

将式（25-39）分解化简，保留基本项而省略前面的一些因素，得：

$$t = t_0 + \frac{y^2}{R} \tag{25-40}$$

对式（25-40）左右部分微分，得：

$$\mathrm{d}t = \frac{2y}{R}\mathrm{d}y \tag{25-41}$$

由式（25-40）和式（25-41）得：

$$\mathrm{d}y = \pm \frac{\sqrt{R}}{2\sqrt{t - t_0}}\mathrm{d}t \tag{25-42}$$

正号 $y>0$，负号 $y<0$。用 $t=\delta t_0$ 代入式（25-42），得：

$$\mathrm{d}y = \pm \frac{\sqrt{Rt_0}}{2\sqrt{\delta - 1}}\mathrm{d}\delta \tag{25-43}$$

将式（25-42）代入式（25-43），得 $\frac{\mathrm{d}p}{\mathrm{d}t}$：

$$\frac{dp}{dt} = \frac{3\mu V_1(1-f)\sqrt{R}(t_1-t)}{t^3\sqrt{t-t_0}} \tag{25-44}$$

对式（25-44）积分，积分限为 T 至 t_0。最后整理求得辊间单位压力 P(N/m^2)：

$$P = 2\mu V_1(1+f)\sqrt{R}\frac{\sqrt{t-t_0}}{t^2} \tag{25-45}$$

从式（25-45）可见，单位压力的大小与间隙值的关系（随间隙减小，单位压力增加很快）。

25.5.2.3　总压力计算

一般情况下，根据辊间单位压力的总和确定总压力。

$$P = L\int_{\delta=1}^{\delta} p\,dy \tag{25-46}$$

将式（25-33）的 dy 和式（25-45）的 p 代入式（25-46）得 P(N)：

$$P = \frac{L\mu V_1(1+f)R}{t_0} \times \frac{1-\Delta}{\Delta} \tag{25-47}$$

式中　Δ——弹簧变形量，$\Delta = T/t_0$。

式（25-47）求得的弹簧压力是指破碎机在正常工作状态下，破碎物料所必需的横向压力。当掉入非破碎物料时，弹簧将受到更大的压缩。假定正常工作时，弹簧变形为 Δ_1（初变形），则掉入非破碎物所产生的最大变形为 Δ_1'（mm），则：

$$\Delta_1' = \Delta_1 + d' + e \tag{25-48}$$

式中　d'——非破碎物的最大直径，mm；

e——排料口宽度，mm。

根据弹簧最大变形，利用下述比例关系式求得最大的压力：

$$P_{max} = P\frac{\Delta_1'}{\Delta_1} \tag{25-49}$$

P 和 P_{max} 是计算弹簧攻破碎机其他零件强度的原始数据。

将速度梯度式（25-36）代入式（25-28）中，得剪应力为：

$$\tau = \tau_0 + \mu\left[\frac{6\times V_1(1+f)(\delta-\delta_0)}{\delta^3 t_0^2} + \frac{V_1(1-f)}{\delta t_0}\right] \tag{25-50}$$

将 $x = \pm\delta t/2$ 代入式（25-49），对低速辊子为：

$$\tau_{t/2} = \tau_0 + \mu\left[\frac{3V_1(1+f)(\delta+\delta_0)}{\delta^2 t_0} + \frac{V_1(1-f)}{\delta t_0}\right] \tag{25-51}$$

对高速辊子为：

$$\tau_{-t/2} = \tau_0 + \mu\left[\frac{3V_1(1+f)(\delta-\delta_0)}{\delta^2 t_0} - \frac{V_1(1-f)}{\delta t_0}\right] \tag{25-52}$$

辊式破碎机破碎黏土时，利用式（25-50）、式（25-51）和式（25-45）、式（25-35）绘制出的辊间剪应力、单位压力和速度分布区，见图 25-18。

从图 25-18 可见，辊间速度区域明显地分为两种情况：中间物料与靠近辊面物料流动方向相反；所有物料都向一个方向流动。第一种情况，使辊间黏土层发生相对位移，而且辊子间隙从大到小方向，相对位移也越强烈，辊子圆周速度越大，则相对位移也越强烈。

物料在 t_1 截面有一个明显的特征，是速度为线性变化，即因流体静压力所引起的，沿此截面两侧作用力近似相等。而此截面的剪应力等于零和物料不产生剪切变形。

物料进入最小间隙 t_0 区域力平衡被破坏和在此间隙里中间物料层比靠近辊面物料层的速度相差更大。

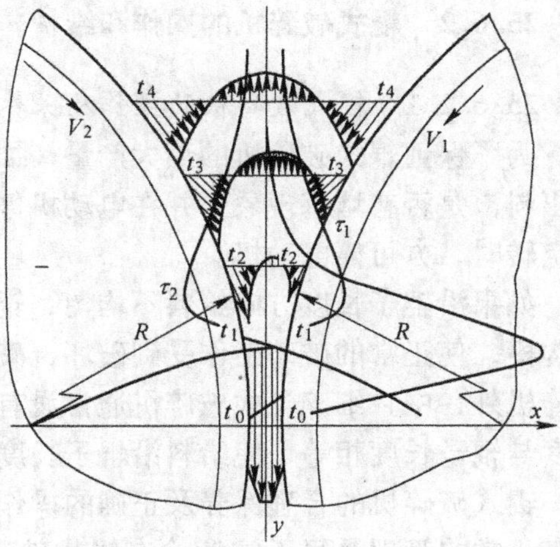

图 25-18　辊式破碎机破碎温度为 22% 的黏土时，剪应力、单位压力和速度的分布区

剪应力曲线在 t_1 截面经过零点后，又转向最大，继之，再返回向最小方向变化。剪应力的这种变化特征，促使物料产生剪切变形。因此，辊间物料不仅有相对位移，同时，还有塑性物料局部分散作用，从而增加了分散效果。但随着剪应力的减小，物料这种分散作用很快就会消失。

以上的理论计算是建立在流体动力学理论的基础上，并被实验所证明，可供辊式破碎机的设计与计算时参考。

25.6　辊式破碎机的安装、操作和维护

25.6.1　辊式破碎机的安装与试车

25.6.1.1　辊式破碎机的安装

辊式破碎机切勿长期堆放在不通风容易生锈的场合，辊式破碎机可安装在混凝土基础上或安装在建筑物的楼板上。为了更好地承受机器工作时所产生不均匀力，在底架下安置木条，使整台机器与木条贴合，遇到钢板焊接处，把木条在此位置铲低些，使木条能与焊缝处的型钢也能贴合，木条根数及一般断面可在辊式破碎机的布置图上找到，也可依据安装的具体情况来进行选择。

25.6.1.2　辊式破碎机的试车

试车要求如下：

(1) 检查各部件间相对位置，应符合图纸要求；

(2) 辊式破碎机在装配后空运转 4h；

(3) 在运转时 V 带轮、齿轮、辊子等旋转部件，都应平稳无振动，齿面辊子的齿面不得与机体摩擦，不应有不正常响声；

(4) 轴承温升不得超过 30℃，最高温度不得超过 70℃；

(5) 空负荷试车合格后，进行带负荷试车，其试车时间可按系统要求进行。

25.6.2 辊式破碎机的操作和维护

25.6.2.1 辊式破碎机的操作及保养

为了保证辊式破碎机的最大产量，加料必须连续均匀分布于辊子的全长上，应定期检查出料口是否有堵塞现象，并在电动机停止工作前先停止给料，当料块完全落下，辊子变为空转时，方可停电动机。

如果沿辊子长度方向给料不均匀，辊面不仅磨损较快，而且各点磨损不均，将出现环形沟槽，使正常的破碎工作受到破坏，破碎产品的粒度不均匀。因此，除用于粗碎的辊式破碎机外，中、细碎辊式破碎机通常设有给料机，以保证给料连续、均匀，而且给料机的长度与辊子长度相等，使给料沿辊子长度方向均匀一致。

辊式破碎机的合理保养及正确的操作使用，可以保证长期连续工作，减少停车时间，只有正常的管理及每天注意检查辊式破碎机的工作情况，才能防止故障，保证其连续工作。为此，操作人员应注意下列事项：

（1）注意各部件螺栓紧固情况，如发现松动应立即拧紧；

（2）工作前必须先开动辊式破碎机，待转速正常后，再向机内送料，停车时程序相反；

（3）定期检查出料口情况，如发现有堵塞时，应进行清除；

（4）注意检查易磨损件的磨损程度，随时注意更换被磨损的零件；

（5）不应使机器产生过负荷，应随时注意电气仪表；

（6）轴承加油要及时，并不使轴承内有漏油之处；

（7）应控制轴承温度温升不得高于周围空气25～30℃；

（8）放活动装置的底架平面，应除去灰尘等物料，以免辊式破碎机遇到不能破碎的物料时，活动轴承不能在底架上移动，以致发生严重事故。

25.6.2.2 辊式破碎机的维护

辊式破碎机在运转时需要对辊面经常进行维修，光面辊式破碎机有时在机架上装有砂轮，当辊面磨出凹坑或沟槽时，可以不拆掉辊面而在机器上对辊面进行磨削修复。齿面辊式破碎机的齿板或齿环是可以更换或调头使用的。当齿牙磨损至一定程度后，必须更换或修复，否则导致破碎产品粒度不均匀、功耗增加、生产量下降等。有的机器上还装有堆焊装置，可直接在机器上进行修复。有的光面辊式破碎机附有辊子自动轴向往复移动装置，使辊面磨损均匀。

辊面磨损后，排料口宽度增加，需要对活动辊进行调节（单辊破碎机则调节颚板）。调节时需要注意保持两个辊子互相平行，防止歪斜。

采用滑动轴承的辊式破碎机，应注意辊子轴承的间隙。辊子轴瓦与轴颈的顶间隙通常是轴颈直径的1/1000～1.5/1000，轴瓦的侧间隙是顶间隙的1/3～1/2。

为了保证破碎机正常工作，需要经常检查轴承的润滑情况。滑动轴承常采用油杯加油或定期由人工注入稀油，滚动轴承则定期注油进行润滑和密封。

辊式破碎机的注油处有：传动轴承；辊子轴的轴承；所有齿轮；活动轴承滑动平面。

25.7 辊压机简介

25.7.1 辊压机概述

自 1985 年世界上第一台辊压机问世以来，由于它是一种高效节能设备，所以很快在水泥行业得到推广并逐步扩展到粉磨其他各种坚硬物料。国内于 1988 年由天津水泥设计院、合肥水泥设计院、唐山水泥机械厂、洛阳矿山机器厂等单位联合从前联邦德国洪堡公司引进设计制造技术，在消化和吸收的基础上开发了两种型号的辊压机 $\phi800\times200$ 型和 $\phi1000\times300$ 型并在国内水泥行业中使用。每吨水泥电耗降低 10kW · h 左右、增产约 30% 有明显的增产降耗效果。通过几年的使用，洛阳矿山机器厂对产品作了进一步改进。目前已有多个品种可供选用，其中 $\phi800\times150$ 和 $\phi1000\times260$ 辊压机全部采用国内配套件。当时 RPV 型辊压机的主轴承还需国外配套。

辊压机可用于细碎水泥生料、熟料、高炉炉渣、石灰石、煤和其他脆性物料。此外，在化肥、选矿等工业领域逐步得到使用。

如图 25-19 所示，辊压机是由两个速度相同，辊面平整，相向转动的辊子对物料进行高压挤压作用而粉碎的。

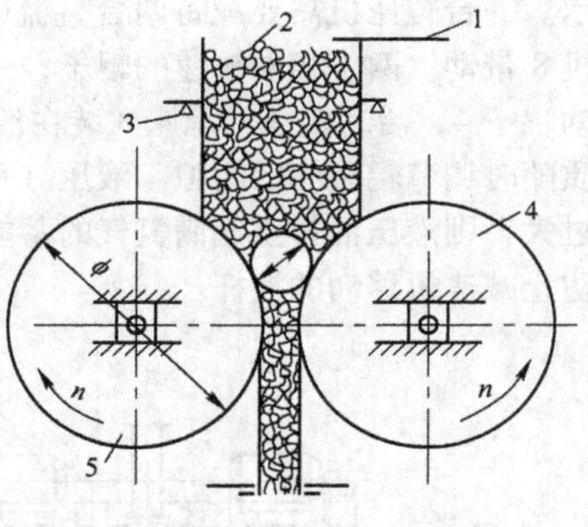

图 25-19 辊压机工作原理示意图

1—皮带秤；2—料仓；3—传感器；4，5—辊子

物料由皮带秤 1，送入定量料仓 2，传感器 3 的作用是控制料仓物料质量。物料由辊子上方喂料口卸下，进入两辊间的间隙内，在高压（50 ~ 300MPa）挤压力作用下，将物料压成了密实但充满裂纹的料饼。这些料饼的机械强度很低，含有大量的细粉，甚至用手指就可以捻碎。

辊压机辊压方式与辊式破碎机相似，但根本区别在于辊压机辊子间的压力远大于后者。因此，经辊压机处理的物料含有的细粉量远比辊式破碎机的多。

辊压机的产品除了得到较多的细粒外，还有部分粗颗粒，其内部也充满了裂纹，所以易碎性得到了显著改善，提高了粉碎效率。辊压机比球（棒）磨机粉磨效率高。由于物料在球磨机中受到的是压力和剪力，且是两种力的综合效应。而辊压机中，物料基本上只受压力，使颗粒层压实，产生大量裂纹，并产生粉碎作用。经试验表明，在某些方面颗粒物料粉碎过程中，如只施加纯粹的压力，所产生的应变五倍于剪力所产生的应变。

辊压机粉碎原理是高压料层粉碎或称粒间粉碎。实现料层粉碎的条件是：

（1）物料在被压辊咬入前应具有一定的料压，否则就难以获得所需要的料层，它是借助一定高度的喂料柱来实现的；

（2）物料粒度必须小于辊隙值（即工作开口），否则就不能形成粉碎料层。对大于辊隙的物料，辊压机在形成料层前能够首先进行颗粒破碎。但是，入料粒度大小变化严重，将增加设备振动，对辊压机零部件寿命产生不利影响；

（3）液压系统要有足够的挤压力，否则不能进行料层的高压粉碎。试验证明，挤压力小于 50MPa 时，不能产生料子间的粉碎。但不是压力越高越好，当压力超过一定值后，增加压力不但不能改善效果，反而会产生不利影响。一般应通过试验，经分析比较后确定最佳压力值。

辊压机形式上很像传统的辊式破碎机，但实质上有两点区别：辊压实施的是准静压破碎与冲击式破碎机相比，节省能量约 30%；它的物料实施的是料层粉碎，是粒间粉碎，粉碎效率高，物料之间的挤压应力可通过辊子压力来调节，辊间压力一般可达 150 ~ 300MPa。它与圆锥破碎机相比，处理能力提高约 27%，单位能耗降低约 21%，生产费用降低 8%，产品粒度在 3mm 左右，其网格柱钉式衬板使用寿命约 12000h（每 1000h 磨损 0.6mm）。

25.7.2　辊压机机型与性能

辊压机主要由两个辊子、轴承、液压系统、传动装置及机架等部分组成，如图 25-20 所示。一台辊压机需要配备两台直流电动机 10，每个辊子分别由一台电动机通过行星减速机 8 带动。两个相同转速的辊子，一个是固定辊子 5，用螺栓固定在机架上，另一个是活动辊子 4，活动辊子轴承座 3 装在滑块上，沿机架可以前后移动，以便按喂料量和物料性质随时调节辊子间的间隙。液压缸 6 使活动辊子以一定的压力向固定辊子靠近，如果压力过大，则液压油排至充满氮气的蓄能器 7 中，使活动辊后移，起到保护机器的作用。9 是防止减速机移动的拨杆。

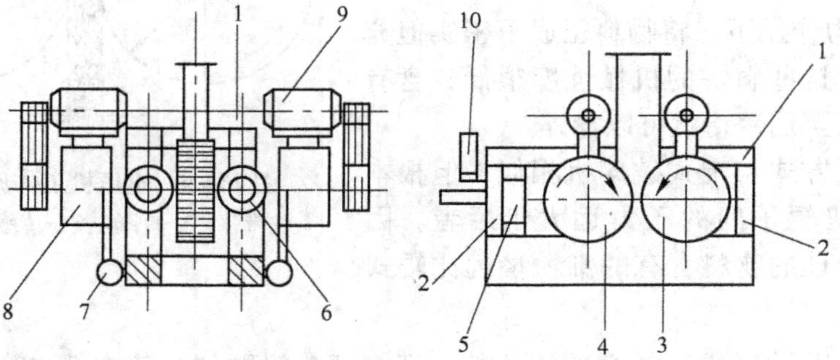

图 25-20　辊压磨机的构造示意图

1—纵梁；2—横梁；3—固定辊子；4—活动辊子；5—机架液压油缸；6—活动辊子轴承座；7—转动拔杆；8—减速机；9—直流电机；10—蓄能器

两个辊子平行安装，为防止两辊直接接触，之间装有挡块。液压系统通过滑块对活动辊施加所需的粉碎压力，辊间压力在 50 ~ 300MPa 之间。为了防止物料中混入铁块之类非粉碎物损坏辊子，所以在液压系统中装设一个压力缓冲保护装置（即蓄能器）。当铁块等硬物掉入时，可以使活动辊瞬时退回原来位置，这时两辊间隙增大，放走铁块，保护设备不受损坏。辊子间距靠位移传感器检测控制。辊子通水冷却，采用电控集中润滑。

辊子直径与宽度之比 $\frac{D}{L} = 3 \sim 1$。辊子表面常用两种辊面：一种是可更换的耐磨套辊面，由耐磨性能良好的合金材料制造，做成整体套筒与辊芯固定；另一种是堆焊辊面，堆焊厚度为7mm。

辊压机的主要特点：结构紧凑、质量轻、体积小，对粉磨设备的生产能力得以充分发挥、节省投资；结构简单，占用空间小，操作维护较方便；与其他粉磨设备相比，粉尘少，噪声低，工作环境有较大的改善；能耗低。

$\phi800\times150$、$\phi1000\times260$、RPV100-40、RPV100-63、RPV115-100 型辊压机的技术性能见表 25-4，HFC800/200、$\phi1000\times250$、HFC1000/300 型辊压机技术性能见表 25-5。

表 25-4 $\phi800\times150$、$\phi1000\times260$、RPV100-40、RPV100-63、RPV115-100 型辊压机技术性能

型 号	$\phi800\times150$	$\phi1000\times260$	RPV100-40	RPV100-63	RPV115-100
挤压辊直径/mm	800	1000	1000	1000	1150
挤压辊宽度/mm	150	160	400	630	1000
主电动机功率/kW	2×55	2×115	2×200	2×315	2×500
入料粒度/mm	≤50	≤60	≤60	≤60	≤60
入料温度/℃	≤150				
入料水分/%	≤15				
生产率/t·h⁻¹	30	50	90	150	240
产品粒度/mm <0.09		25%			
产品粒度/mm <2.0		65%~80%			
设备质量/t	16	30	28	45	82

注：1. 生产率、产品粒度等参数，与物料特性有关，需对物料样品试验后才能确定其准确数值；

2. 表列数值，适合于V带传动，制造厂也可根据用户要求设计制造万向节轴传动方式的辊压机。

表 25-5 HFC800/200、$\phi1000\times250$、HFC1000/300 型辊压机技术性能

型 号	HFC800/200	$\phi1000\times250$	HFC1000/300
挤压辊直径/mm	800	1000	1000
挤压辊长度/mm	200	250	300
主电动机功率/kW	2×75	2×75	2×132
入料粒度/mm	≤40	≤50	≤60
入料水分/%	5	5	5
生产率/t·h⁻¹	25~30	26~34	40~60
产品粒度/mm	<2.0 占65%~80%		<0.09 占25%
设备质量/t	23	32.6	33
制造单位	海安建材机械厂	上海重型机械厂	海安建材机械厂

HFC1000/300 辊压机，系合肥水泥研究设计院设计，海安建材机械厂制造，在江阴水泥厂使用，用于细碎熟料，配两台 $\phi1800\times3000$ 磨机，生产率约为22t/h，最大生产率可达52t/h，入料粒度不大于40mm，出料粒度小于2mm，其中 -0.08mm 达37%，使用辊压机后系统节电 8.5kW·h/t。

ϕ1000×250 辊压机由南京水泥工业设计研究院设计，上海重型机器厂制造，用于熟料的细碎，该机于1991 年4 月通过鉴定，各项指标均已达到设计要求。

HFC800×250 辊压机由合肥水泥研究设计院设计，海安建材机械厂制造。南化公司磷肥厂在海安作了磷矿石粉碎试验，试验样品为开阳磷矿的矿石 8.24t，原矿粒度10～60mm 的占40%，10mm 以下的占60%，含水率为9.8%。粉碎操作33min，中途停车三次，实际操作时间约14min，排料缝隙宽度12mm，出料呈饼状，一碰即碎，出料细度小于12mm 达100%，0.833mm（－20 目）的占62.5%，0.147mm（－100 目）的占26%。

25.7.3 辊压机主要参数计算

25.7.3.1 辊子直径与宽度

辊子直径 D 与宽度 L 是设计辊压机的最基本参数。辊子直径大小直接影响生产率，如表25-6 所示。

表25-6 辊子尺寸与生产率关系

$D\times L$/mm×mm	300×100	300×200	400×250	520×250	520×400	711×550	850×650	1100×800
D/L	3	1.5	1.6	2.08	1.3	1.29	1.3	1.375
Q/t·h^{-1}石灰石	1.65	3.36	5.7	7.4	11.8	22.3	31.3	50.0

对同一种物料，辊子尺寸越大，生产率越高。对几何参数（D/L）相似或恒定的辊压机，以同样的 α 角（物料的给入处与两辊子中心连线之间的夹角）和线速度工作时，其生产能力随辊子直径的平方增加。

例如：$D_1\times L_1=520\text{mm}\times400\text{mm}$，它的 $L_1/D_1=0.77$，$v_1=0.5\text{m/s}$

$Q_1=11.8\text{t/h}$

$D_2\times L_2=850\text{mm}\times650\text{mm}$，它的 $L_2/D_2=0.77$，$v_2=0.5\text{m/s}$

$Q_2=31.3\text{t/h}$

故 $(D_2/D_1)^2=2.7$，$Q_2/Q_1=2.7$

此外，辊径 D 与辊宽 L 之比，没有一定的规律可遵循。只能按已有辊压机实际数据分析比较找出一个可用的 D/L 比值范围：如表25-6 中的 D/L 比值可归纳为 $D/L=1.3\sim1.5$。国外辊压机技术很成熟，但各公司生产的辊压机 D/L 比值也不尽相同，如 Polysisu 公司 $D/L>2.5$，KHD 公司 $D/L=2.5$。Fuller 公司 $D/L=1.4\sim0.8$ 等。因此，$D/L=1.3\sim3$ 之间的比值与国外的数值相当，故可作为设计辊压机参考。

25.7.3.2 辊子的线速度

辊子线速度不能过低或过高。过高或过低的线速度都会导致产量下降，存在一个速度上限，超过这一上限，设备运转不稳定。

最大线速度的选取决定于所要求的产品细度。若产量一定，所取线速度越高，辊子尺寸就小。辊压机线速度一般取为0.5～2m/s，最高可达3.0m/s。

25.7.3.3 粉碎力

粉碎力 F(N)的大小与物料被压实的程度成正比。物料的压实的程度最大为0.85 密实度。

辊压机粉碎物料过程，物料是在两辊子间被钳住（钳角 α 处如图 25-21 所示），受到辊子逐渐增加的压力作用而被挤压粉碎。最大的挤压力 F_{max} 产生的两辊的水平轴线处，一般达 50MPa 以上。

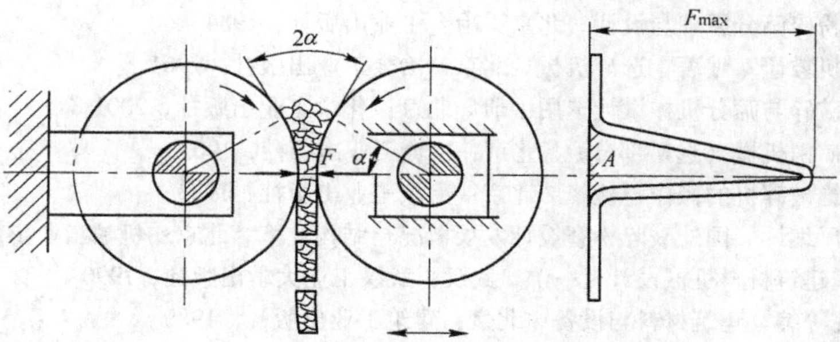

图 25-21 辊压机作用力变化

25.7.3.4 辊子间隙宽度 e

辊子间隙宽度 e 是根据物料性质（硬度、形状、结构等）、湿度、物料粒度组成，最大给料粒度、物料与辊子间摩擦力、比磨碎力等而确定。

辊子间隙宽度 e 与直径 D 之比称为相对间隙宽度，比值为 0.01 ~ 0.02，即约为辊径的 1% ~2%。

25.7.3.5 最大给料粒度 d_{max}

采用光面辊子时，给料中粒度大于间隙宽度 e 的物料含量应小于 20%，比值 d_{max}/e 应小于 3。辊径与最大给料粒度的比值 D/d_{max} 应大于 30 ~ 40。

参考文献

1 郎宝贤．郎世平著．颚式破碎机设计与检修．北京：机械工业出版社，1990
2 郎宝贤．郎世平编著．圆锥破碎机．北京：机械工业出版社，1998
3 刘树英编著．破碎粉磨机机械设计．辽宁：东北大学出版社，2001
4 任德树编著．粉碎筛分原理与设计．北京：冶金工业出版社，1984
5 东北工学院矿机教研室编著．选矿机械．北京：冶金工业出版社，1961
6 唐敬麟主编．破碎与筛分机械设计选用手册．北京：化学工业出版社，2001
7 周恩浦等编．矿山机械（选矿部分）．北京：冶金工业出版社，1961
8 郎宝贤编．圆锥破碎机的操作与检修．北京：冶金工业出版社，1983
9 沈阳重型机器厂编译．国外破碎粉磨设计发展概况与结构计算．北京：机械工业出版社，1975
10 许林发主编．建筑材料机械设计（一）．武汉：武汉工业大学出版社，1990
11 武汉建材学院等编．建筑材料与设备．北京：建筑工业出版社，1980
12 周恩浦主编．粉碎机械的理论与应用．长沙：中南大学出版社，2004
13 戴少生等主编．粉碎工程及设备．北京：中国建材出版社，1994
14 张庆今编著．硅酸盐工业机械及设备．广州：华南理工大学出版社，1992
15 郎宝贤等编．矿冶机械．北京：冶金工业出版社，1962
16 廖汉元．复摆颚式破碎机最优动力平衡．矿山机械，1989(6)
17 郎宝贤．颚式破碎机运动学．矿山机械，1977(1)
18 郎宝贤．颚式破碎机破碎腔的研究．矿山机械，1985(12)
19 郎宝贤．郎世平．复摆颚式破碎机运动学与动力学的计算机辅助分析．选矿机械，1986(4)
20 郎世平．郎宝贤．复摆颚式破碎机构优化设计．矿山机械，1986(2)
21 郎宝贤．颚式破碎机衬板磨损特性对破碎力的影响．矿山机械，1983(3)
22 郎世平．郎宝贤．颚式破碎机动颚有限元分析．选矿机械，1988
23 郎宝贤．颚式破碎机肘板磨损的研究．金属矿山，1988(11)
24 李本仁．复摆颚式破碎机轴承．矿山机械，2006(4)
25 刘淑英等．颚式破碎机平衡的计算机辅助设计．矿山机械，1987(1)
26 郎宝贤．对传统颚式破碎机的改进．第四届全国粉碎工程技术研讨会论文集，1988
27 郭年琴等．层压破碎模型及破碎特性研究．矿山机械，2005(7)
28 郎宝贤．郎世平．物料压碎试验与破碎机载荷研究．矿山机械，1984(4)
29 郎宝贤．颚式破碎机机架结构设计．冶金矿山设计与建设，1997(5)
30 郎宝贤等．颚式破碎机动颚结构设计．第三届全国选矿设备学术会议论文集．北京：冶金工业出版社，1995
31 郎宝贤．颚式破碎机现状与发展．矿山机械，2004(1)
32 祁明晰．郎宝贤．大传动角新型颚式破碎机．矿山机械，1995(4)
33 刘淑英．新型振动圆锥破碎机的研究．矿山机械，2005(1)
34 唐威．惯性圆锥破碎机机理研究及石英减少过粉碎的试验分析．北京矿冶研究总院硕士研究生论文．1994
35 郎宝贤．圆锥破碎机偏心部件的磨损．冶金矿山设计与建设，1999(3)
36 郎宝贤．圆锥破碎机偏心轴套．中国专利．9132393
37 郎宝贤．郎世平．圆锥破碎机破碎腔综述．冶金矿山设计与建设，2000(4)
38 郎宝贤．对引进国外新型圆锥破碎机的分析．冶金矿山设计与建设，1998(5)
39 郎宝贤．圆锥破碎机现状与发展方向．矿山机械，2001(1)

40 郎宝贤．郎世平．国内外破碎机的差距与发展趋势．矿山机械，2004(9)
41 郎世平等．对 HP 圆锥破碎的分析．矿山机械，2006(4)
42 郎宝贤．郎世平．圆锥破碎机机架、球面轴承的磨损与损坏．矿山机械，2007(10)
43 郎世平．圆锥破碎机偏心轴套跳动现象的分析．矿山机械，2001(7)
44 胡百鸣．郎宝贤．HP 圆锥破碎机动力学计算．矿山机械，2003(1)
45 胡百鸣．郎宝贤．圆锥破碎机动锥惯性力矩的简明计算方法．矿山机械，2003(4)
46 郎世平．郎宝贤．论圆锥破碎机动锥的稳定性．矿山机械，2003(10)
47 胡百鸣．郎宝贤．旋回破碎机下架体内力分析．矿山机械，2004(10)
48 郎宝贤．圆锥破碎机运动学研究．武汉冶金科技大学学报，1996(1)
49 吴建明．国际粉碎工程领域的新进展．中国有色金属报，2007
50 饶绮麟．破碎设备的研究现状及发展前景．金属矿山，2003(10)
51 王宏勋等．破碎筛分理论、工艺及设备进展．金属矿山，2003(10)
52 郎宝贤．圆锥破碎机动锥摆动次数计算．金属矿山，1996(10)
53 郎宝贤．圆锥破碎机动锥球面轴承检修质量对动锥的稳定性和自转的影响．金属矿山，1978(3)
54 郎宝贤．对中细碎圆锥破碎机偏心部件磨损情况的分析．金属矿山，1979(40)
55 郎宝贤．细碎圆锥破碎机腔形改进与设计．矿山机械，1989(9)
56 郎宝贤．旋回破碎机破碎腔优化设计．矿山机械，1990(11)
57 郎宝贤．圆锥破碎机轴面轴承设计计算．矿山机械，1984(2)
58 郎宝贤．改善圆锥破碎机主轴与动锥配合种类和结构形状的探讨．矿山机械，1981(6)
59 郎宝贤．旋回破碎机破碎腔的分析与设计．第三届全国粉碎工程技术研讨会论文集，1986(10)
60 郎宝贤．圆锥破碎机锥衬套裂纹的分析．矿山机械，1984(6)
61 郎宝贤．对影响细碎圆锥破碎机产品粒度各因素的分析．矿山机械，1982(2)
62 郎宝贤．对缩短圆锥破碎机锥衬套尺寸的探讨．矿山机械，1984(6)
63 郎宝贤．对传统圆锥破碎机结构的改进．第二届全国破碎磨矿学术会议论文集，1983(11)
64 郎宝贤．用于圆锥破碎机的顶部液压支承装置．专利号 ZLZ012014-91. 5
65 王宏勋等．粉碎工程及其加工设备的发展［I］．金属矿山增刊 2005(8)
66 郑录庆等．生料入磨粒度的研究．新世纪水泥导报，2003(3)
67 于鹏军．锤式破碎机销轴孔位置的确定．矿山机械，2002(7)
68 朱致明．锤式破碎机锤头质量的确定．矿山机械，1983(5)
69 齐学超．无箅条可逆锤式破碎机．矿山机械，2002(1)
70 张国旺．锤式破碎机电动机功率的确定．矿山机械，1992(5)
71 张国旺．环式破碎机主要参数设计的探讨．矿山机械，1990(5)
72 李本仁．反击式破碎机的发展．矿山机械，2001(10)
73 宋希敏．PFQ 涡旋强力反击式破碎机及其应用．矿山机械，2001(1)
74 陈文龙．砂石料系统反击式破碎机．矿山机械,2004(9)
75 杨桦等．MFD 型反击式碎煤机鼓风问题的讨论．矿山机械，1985(9)
76 郎宝贤．反击式破碎机破碎腔设计．矿山机械，2004(10)
77 郎宝贤．反击式破碎机反击板设计．矿山机械，2007(4)
78 王静娟．低转速多腔型冲击式破碎机的研制．矿山机械，1998(10)
79 李本仁．浅谈立轴冲击式破碎机．矿山机械，2004(1)
80 郑鸣皋．立轴破碎机综述．矿山机械，1999(1)
81 曹学民等．立式反击破碎机设计与应用中几个问题．矿山机械，2004(10)
82 银金光．节能型立轴式冲击粉碎机基本参数的确定．矿山机械，2006(10)

83 张秀琨等. PXL系列细碎冲击式破碎机的研究. 矿山机械，2000(1)
84 彭齐伟. 立轴复合式破碎机的研究及应用. 矿山机械，1996(6)
85 王保良. 立式反击式破碎机转速的计算与确定. 矿山机械，2002(10)
86 忻耀庆. 浅谈钢衬式立轴冲击式破碎机. 矿山机械，2005(7)
87 M. D. Hamer. 巴马克立式冲击破碎机及其应用. 矿山机械，1991(1)
88 魏建功. PL-1000立式冲击破碎机. 矿山机械，1992(2)
89 余志新. BARMAC“石打石”高效破碎机. 矿山机械，1997(4)
90 王建义等. PL立式冲击破碎机的工作特点及应用. 矿山机械，1994(7)
91 郎宝贤. 辊式破碎机主要参数的计算. 选矿机械，1990(2)
92 杨怀义. 齿辊式破碎机设计中功率及弹簧力的计算. 矿山机械，1987(9)
93 王洪欣. 辊式破碎机变轴矩恒速比传动机构的设计计算. 矿山机械，1996(1)
94 母福生. 单齿辊破碎机齿形和齿布置的研究. 矿山机械，1996(5)
95 王洪欣等. 变轴距恒速比传动机构的改进. 矿山机械，1997(11)
96 姜国桢等. 双齿辊破碎机的液力耦合器传动. 矿山机械，1999(10)
97 潘永泰等. 分级破碎机的研究及应用. 矿山机械，2002(4)
98 黄继荣. 异形辊式破碎机的设计探讨. 矿山机械，2002(7)
99 李鹤一等. 双齿辊破碎机的设计. 矿山机械，2002(7)
100 邵彬. 大型细碎双齿辊破碎机. 矿山机械，2006(10)
101 苏凯等. 大型中碎高强力双齿辊破碎机的研制. 矿山机械，2006(10)
102 洪从华等. 辊式破碎机传动机构的设计与仿真. 矿山机械，2007(1)
103 赵经国等. 新型高效辊式破碎机的研发. 矿山机械，2007(7)
104 吴晓红等. 一个2000t/h破碎系统简介. 矿山机械，2008(1)
105 郎宝贤. 螺旋锥齿轮啮合印痕的调整. 汽车技术，1980(4)
106 郎宝贤. 螺旋锥齿轮啮合印痕的调整原理. 施工机械管理，1992(7)
107 赵广跃. 轻型液压旋回破碎机中部机架的静强度刚度分析. 矿山机械，1987
108 褚瑞卿. 建材通用机械与设备. 武汉：武汉工业大学出版社，1996
109 廖汉元，孔建益等. 腭式破碎机. 北京：机械工业出版社，1998